计算机技术入门丛书

# 大数据分析导论

## 第2版

金大卫　主　编
吴良霞　沈　计　鲁　敏　副主编
易思华　刘　琪　陈　旭　范爱萍　周　巍　黄任众　编著

清华大学出版社
北京

## 内 容 简 介

本书以大数据分析技术及其应用为核心,介绍了信息技术与大数据分析基础、大数据分析工具、信息网络技术与数据获取、文本和表格数据处理、数据分析、大数据分析实战等内容。本书通过一系列实例分析,深入浅出地向读者具体介绍了 AI Studio 云计算平台、Python 程序设计语言、Word 2016、Excel 2016 和 PowerPoint 2016 等工具和软件的使用方法及其在大数据分析技术中的应用。

本书内容完整,文字深入浅出,理论知识通俗易懂,可作为大数据时代"新文科"与"新工科"建设背景下高等院校信息科学与大数据分析导论的教学用书,十分适合非计算机专业人士自学使用,也可以作为全国计算机等级考试二级 MS Office 与 Python 语言程序设计的重要参考用书。

**图书在版编目(CIP)数据**

大数据分析导论/金大卫主编. —2 版. —北京:清华大学出版社,2022.9(2024.8重印)
(计算机技术入门丛书)
ISBN 978-7-302-61093-9

Ⅰ. ①大… Ⅱ. ①金… Ⅲ. ①数据处理 Ⅳ. ①TP274

中国版本图书馆 CIP 数据核字(2022)第 101035 号

责任编辑:陈景辉 张爱华
封面设计:刘 键
责任校对:徐俊伟
责任印制:宋 林

出版发行:清华大学出版社
    网    址:https://www.tup.com.cn,https://www.wqxuetang.com
    地    址:北京清华大学学研大厦 A 座    邮    编:100084
    社 总 机:010-83470000    邮    购:010-62786544
    投稿与读者服务:010-62776969,c-service@tup.tsinghua.edu.cn
    质量反馈:010-62772015,zhiliang@tup.tsinghua.edu.cn
    课件下载:https://www.tup.com.cn,010-62795954
印 装 者:北京同文印刷有限责任公司
经   销:全国新华书店
开   本:185mm×260mm    印   张:25.75    字   数:643 千字
版   次:2020 年 9 月第 1 版  2022 年 9 月第 2 版    印   次:2024 年 8 月第 4 次印刷
印   数:13501~18500
定   价:69.90 元

产品编号:097189-01

# 编　委　会

（按姓氏笔画排序）

# 前言

## FOREWORD

随着互联网的日益普及、网络技术和人类生活的交汇融合,全球数据呈现爆发式增长,人们已经进入了大数据时代。大数据是指海量数据随时间流逝而不断产生,且很难用传统计算机工具进行捕捉、处理与管理的数据集合,它对我们的影响不仅体现在商业贸易、产业格局方面,甚至上升到国家未来发展层面。另外,为主动适应新一轮科技革命与产业变革,支撑服务创新驱动发展、"中国制造 2025"等一系列国家战略,2019 年 4 月,教育部等 13 单位启动"六卓越一拔尖"计划 2.0 工程,开始全面推进"新工科""新医科""新农科""新文科"建设,先后形成了"复旦共识""天大行动"和"北京指南",并发布了《关于开展新工科研究与实践的通知》《关于推进新工科研究与实践项目的通知》。在大数据时代"新工科""新文科"建设背景下,对数据的处理、分析及运用其背后的信息指导决策、提高竞争力需求迫切,对广大高等院校知识授予和人才培养也提出了新的要求。大数据时代需要能熟练掌握大数据技术、有效挖掘数据价值的人才。大数据基础素养的培养不应该仅作为专业教育目标,而应该尽早渗透至各专业、各领域的知识学习和运用中。新时代人才应具备将自身专业学科知识体系与信息科学新技术、新方法相融合的能力,从而借助信息技术开阔专业视野,优化思维体系。鉴于此,在高校人才培养中加强信息化技术教学、融合大数据意识和技术显得尤为重要,这已在我国教育界形成广泛共识。

为满足大数据时代"新工科""新文科"建设背景下高校人才培养对信息技术基础知识及大数据基础素养能力的新要求,结合不同学生的学科和专业特点,根据《中国高等院校计算机基础教育课程体系 2014》(清华大学出版社,2014)的要求,我们组织多年从事大学信息基础通识课程教学和科研工作的教师,结合信息科学和大数据技术最新的应用技术和研究成果,编写了此书。

本书的内容以大数据分析技术及应用为核心,共分 7 章。第 1 章介绍信息技术与大数据分析基础,内容包括信息社会与计算机、计算机基础知识、大数据基础知识、大数据分析理论方法和大数据分析应用前沿等,让读者建立信息科学与相关技术的基础概念,并对大数据分析的基本思路、对象、平台和模型有一个初步的认识;第 2 章介绍大数据分析主要工具,包括百度 AI Studio 平台介绍、Python 语言的基础知识等,让读者对大数据分析的实现工具、平台和方法有初步的认识;第 3 章介绍信息网络的基础知识和网络爬虫工具的相关内容,以及获取大数据分析所需的原始数据集的方法;第 4 章和第 5 章分别介绍大数据技术应用过程中文本与表格数据处理和管理方法,包括 Office 2016 工具包中的 Word、Excel 和PowerPoint 的使用方法,让读者了解使用上述工具进行简单的结构化与非结构化数据处理和展示的方法;第 6 章介绍数据分析相关理论与方法,包括数据分析基础、描述性统计分析、投资决策分析、时间序列预测分析和相关分析与回归分析等,引导读者利用 Excel 2016 工具进行简单的数据分析,从海量数据集中挖掘和提取关键决策信息,完成数据分析的应用和实践;第 7 章通过两个大数据分析综合案例将前 6 章相关理论知识、方法和工具进行串联,引导读者完成包括数据获取、数据预处理、数据分析、结果展示在内的大数据分析实战任务。除上述内容外,本书还涉及各类信息技术工具和软件的基础介绍和应用实践,包括 Windows 10 操作系统、百度 AI Studio 云计算平台、Python 3 程序设计语言、Office 2016 办公软件等,这些内容均根据全国计算机等级考试 MS Office 高级应用与 Python 语言程序设计科目的考试大纲和要求编写,软件与语言版本均与计算机二级考试要求一致。

通过本书的学习,读者将对信息技术及计算机基础知识、大数据基础知识、Internet、网络爬虫、数据处理与数据分析等内容有一个较为全面的认识和理解,并能基于百度 AI Studio 平台,熟练掌握利用 Python 程序设计语言和 Office 2016 软件完成简单的数据获取、数据预处理、数据分析和数据展示等大数据分析技术的应用方法,为学习信息科学相关后续课程和利用信息科学的有关知识与工具解决本专业及相关领域的问题打下良好的基础。本书内容丰富,案例典型,教师在讲授过程中可根据需要对部分章节的内容和案例进行选择。为保证教学内容的连贯性,建议教师按照原始章节顺序介绍大数据分析技术的应用路线与过程,如有需要,也可提前介绍第 4 章、第 5 章有关 Office 2016 的相关基础内容,以便开展课程实践教学。

**配套资源**

为便于教与学,本书配有 930 分钟微课视频、源代码、案例素材、教学课件、教学大纲、教学进度表。为便于阅读理解,本书的部分图片在印制纸质版的同时,还提供了电子版彩图。

(1) 获取微课视频方式:读者可以先扫描本书封底的文泉云盘防盗码,再扫描书中相应的视频二维码,观看教学视频。

(2) 获取源代码和案例素材以及彩色图片的方式:扫描下方二维码,即可获取。

源代码和案例素材

彩色图片

(3) 其他配套资源可以扫描本书封底的"书圈"二维码,关注后回复本书的书号即可下载。

本书在《大数据分析导论》(ISBN:9787302561781)基础上进行了修订。对部分章节结构和名称进行了调整,使其更加清晰地反映大数据分析应用的核心思路。同时对部分章节内容进行了优化和更新,更加突出当前信息技术及大数据领域的前沿发展动态和成果。最后考虑本书内容具有很强的实践性,加入了新章节"第 7 章大数据分析实战",设计了两个贯穿全书各章知识体系的大数据分析综合案例,让读者通过实践操作进一步加深对相关理论、方法和工具的认识。

本书内容完整,文字深入浅出,理论知识通俗易懂,可作为大数据时代"新文科"与"新工科"建设背景下高等院校信息科学与大数据分析导论的教学用书,十分适合非计算机专业人士自学使用,也可以作为全国计算机等级考试二级 MS Office 与 Python 语言程序设计的重要参考用书。

　　本书由金大卫任主编并负责全书的统稿工作,由吴良霞、沈计、鲁敏任副主编。参与本书编写工作的还有易思华、刘琪、陈旭、范爱萍、周巍、黄任众等,其中,第 1 章由吴良霞执笔,第 2 章由鲁敏执笔,第 3 章由刘琪、陈旭、易思华执笔,第 4 章由范爱萍、周巍执笔,第 5 章由黄任众执笔,第 6 章由沈计执笔,第 7 章由沈计、陈旭执笔。

　　本书在编写过程中得到了中南财经政法大学教务部、信息与安全工程学院领导和老师们的大力支持,同时清华大学出版社为本书的顺利出版付出了很大的努力,本书部分图片取自互联网,部分文字也参考了网上内容,在此对相关作者一并致以深深的谢意。

　　尽管编者对本书内容进行了反复修改,但由于水平和时间有限,书中疏漏之处在所难免,敬请读者提出宝贵意见,以便修订时更正。

编　者

2022 年 5 月

# 目 录

CONTENTS

# 第 **1** 章

## 信息技术与大数据分析基础

目前,由于互联网技术的兴起,其应用也逐渐影响着社会和生活等领域。例如,通过简单易用的移动平台和基于云端的数据服务,人们就可以足不出户地完成交易支付、获取各类实体或虚拟产品等活动;互联网还能根据对人们的行为习惯的追踪,从而使用户得到个性化的推荐。随着人们对互联网的依赖度的不断提升,互联网每天都会产生大量的数据。对这些大量的数据进行分析与处理,可以为各领域提供更加精准、可靠的决策支持与服务。大数据的分析处理和应用已日益成为人们关注的焦点,而大数据及其分析技术离不开以计算机为核心的信息技术的支持。本章主要介绍计算机基础知识,以及大数据分析相关理论基础及大数据分析应用前沿知识,为读者了解计算机文化、大数据分析理论和实践背景以及学习后续章节奠定基础。

## 1.1 信息社会与计算机

在信息社会中,信息收集、处理和发布需要各种信息技术的支持。信息技术主要有传感(Sensor)技术、计算机(Computer)技术、通信(Communication)技术和控制(Control)技术。其中,计算机技术是信息技术的核心。

### 1.1.1 信息与信息处理

在知识爆炸的信息时代,信息非常易于访问和获取,而在海量的、杂乱的数据面前人们往往也会无所适从。如何在大量的数据中提炼重要、有用的信息,从信息中找到知识,进而从知识升华到智慧,是人们在信息时代需要不断探索的问题。

DIKW(Data Information Knowledge Wisdom)体系是人们在探索过程中总结的一种学习方法。它使信息更容易被接受、记忆、管理和使用。

DIKW 体系如图 1-1 所示。在信息科学领域 DIKW 简称为"信息体系",有时也称为"信息金字塔"。它较清晰地反映了数据—信息—知识—智慧之间的关系。

图 1-1　DIKW 体系

数据是 DIKW 体系最底层、最基础的一个概念，是形成信息、知识和智慧的源泉。任何事物的存在方式和运动状态都可以通过数据来表示，数据经过加工处理后，使其具有知识性并对人类活动产生作用，从而形成信息。

信息可定义为人们对客观事物属性和运动状态的反映。客观世界中任何事物都在不停地运动和变化，呈现出不同的状态和特征。可以说信息是有一定含义的、经过加工处理的、对决策有价值的数据，即：信息＝数据＋处理。信息必然来源于数据并高于数据。经过沉淀的有价值的信息形成知识，用以参与指导人们的社会活动、经济活动及生产活动。

通常所说的信息处理实际上就是对数据的处理，而它的技术基础是构建在数字电子器件之上的，即利用计算机对各种类型的数据进行处理。

计算机处理信息的过程大体分为数据输入、数据加工和结果输出 3 个步骤。人们通过输入设备将各种原始数据输入到计算机，计算机对输入的数据进行加工处理，然后将结果经由输出设备以文件、图像、动画或声音等形式表示出来。

事实上，计算机与人处理信息的过程有着本质的区别：计算机对信息的处理能力不是自发产生或学习形成的，而是人事先赋予的。即人设计好程序，再将程序输入计算机，计算机按照程序的规定，一步一步完成程序设计者交给的任务。所以，计算机处理信息的过程其实是人所编制的程序的执行过程，是人的思维的一种体现。

计算机是一种能够按照事先存储的程序，自动、高速地进行大量数值计算和信息处理的现代化智能电子设备。其处理速度快、计算精度高、存储容量大、逻辑判断能力强、可靠性和通用性强。由于其像人脑一样具有记忆能力和逻辑判断能力，故又称其为电脑。计算机的出现及各类信息技术的飞速发展将人们迅速带入了信息社会。

## 1.1.2　计算机的起源与发展

### 1. 计算机的起源

"计算机"这个词在英语中的历史可以追溯到 1646 年，其最早的定义是"执行计算任务的人"。在 1940 年以前，为执行计算任务而设计的机器称为计算器或制表机，而不是计算机。直到 20 世纪 40 年代，当第一台电子计算设备问世时，人们才开始使用"计算机"这一术语并赋予它现代的定义。

1946 年 2 月，美国出于军事目的，由宾夕法尼亚大学莫尔学院电工系和阿伯丁弹道研究实验室历时两年半制造完成世界上第一台电子计算机 ENIAC（Electronic Numerical Integrator and Computer，电子数字积分计算机），如图 1-2 所示。该机共用 18 000 个电子管，1800 个继电器，每秒运算 5000 次，耗电 150kW，重约 30t，占地 170m$^2$，长度约 30m。研制 ENIAC 的目的在于计算炮弹及火箭、导弹武器的弹道轨迹，即解决复杂的科学计算问题。这台计算机从 1946 年 2 月开始投入使用，到 1955 年 10 月最后切断电源，服役 9 年多。虽然它每秒只能进行 5000 次加减运算，但它预示了科学家们将从奴隶般的科学计算中解脱出来。人们公认，ENIAC 的问世，标志着电子计算机时代的到来，具有划时代的意义。

ENIAC 本身存在两大缺点：一是没有存储器；二是控制非常麻烦，求解问题的程序是靠接线板来设定的，问题改变时需要重新接线，有的问题虽然只计算几分钟，接线却要花费几个小时，计算速度也就被这一工作抵消了。所以，ENIAC 的发明仅仅表明电子计算机的问世。

在 ENIAC 的研制过程中，美籍匈牙利数学家冯·诺依曼（John von Neumann）总结并提出了两点改进意见：计算机内部直接采用二进制数进行运算；将指令和数据都存储起

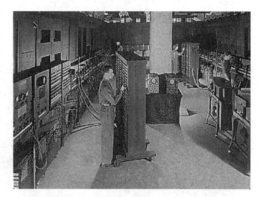

图 1-2　世界上第一台电子计算机 ENIAC

来，由程序控制计算机自动执行。冯·诺依曼和他的同事们研制了第二台电子计算机 EDVAC（Electronic Discrete Variable Automatic Computer，离散变量自动电子计算机），EDVAC 的发明才为现代计算机在体系结构和工作原理上奠定了基础，对后来的计算机设计具有重大影响。在 EDVAC 中采用了"存储程序"的概念，以此概念为基础的各类计算机统称为冯·诺依曼机。多年来，虽然计算机系统从软硬件各种指标方面与当时的计算机有很大差别，但基本结构都属于冯·诺依曼机。不过，冯·诺依曼自己也承认，他的关于计算机"存储程序"的想法都来自图灵。

计算机科学的奠基人是英国科学家艾伦·麦席森图灵（Alan Mathison Turing，1912—1954）。第二次世界大战期间，图灵设计并完成了真空管机器 Colossus，多次成功地破译了德军密码，为二战的胜利做出了卓越贡献。他在计算机科学领域的主要贡献有两个：一是建立图灵机（Turing Machine，TM）模型，奠定了可计算理论的基础；二是提出图灵测试（Turing Test），阐述了机器智能的概念。

图灵机的概念是现代可计算性理论的基础。图灵证明图灵机能解决的计算问题，实际计算机也能解决；如果图灵机不能解决的计算问题，则实际计算机也无法解决。图灵机的能力概括了数字计算机的计算能力。因此，图灵机对计算机的一般结构、可实现性和局限性都产生了深远的影响。

1950 年 10 月，图灵在哲学期刊 *Mind* 上发表了一篇著名论文 *Computing Machinery and Intelligence*（计算机器与智能）。他提出了一个关于判断机器是否能够思考的试验。图灵认为，如果人们与计算机进行文字对话后，人无法判定对方是计算机还是人，那就证明计算机会"思考"。今天人们把这个论断称为图灵测试，它奠定了人工智能的理论基础。

为了纪念图灵对计算机的贡献，美国计算机学会（Association for Computing

Machinery，ACM）于 1966 年创立了"图灵奖"，每年颁发给计算机科学领域的领先研究人员，号称计算机业界和学术界的诺贝尔奖。

**2. 计算机的发展**

自第一台电子计算机 ENIAC 诞生以来，计算机以惊人的速度发展。根据计算机所使用的电子元器件不同，计算机的发展经历了传统意义上的 4 个时代。

1）第一代：电子管计算机（1946—1957 年）

它的主要特征：以电子管为基本电子元器件，如图 1-3（a）所示；使用机器语言和汇编语言；应用领域主要局限于科学计算。这一代计算机是计算机发展的初级阶段，运算速度每秒只有几千次至几万次，且体积大、功耗大、价格昂贵、可靠性差。

(a) 电子管　　　　(b) 操作人员手工控制输入　　　　(c) 电子管计算机

图 1-3　电子管和电子管计算机

另外，电子管计算机没有操作系统，由人手工控制作业的输入和输出，通过控制台开关启动程序的运行。用户使用电子管计算机的过程大致如下：先把程序纸带装上输入机，启动输入机把程序和数据送入计算机，然后通过控制台开关启动程序运行，程序计算完毕后，用户拿走打印结果，如图 1-3（b）和图 1-3（c）所示。

2）第二代：晶体管计算机（1958—1964 年）

它的主要特征：采用晶体管为主要元器件，如图 1-4 所示；软件技术上出现了程序设计语言（如 FORTRAN）和操作系统的雏形（批处理操作系统）；主要应用领域由科学计算转为数据处理。与第一代电子计算机相比，其体积缩小、功耗降低、可靠性有所提高，而运算速度则达到了每秒几万次至几十万次。

图 1-4　晶体管和晶体管计算机

3）第三代：集成电路计算机(1965—1970 年)

集成电路(Integrated Circuit,IC)产生于 1958 年,是一种微型电子器件,如图 1-5 所示。它的产生揭开了人类 20 世纪电子革命的序幕,同时宣告了数字信息时代的来临。集成电路的发明者是美国工程师杰克·基尔比(Jack Kilby,1923—2005 年),如图 1-5 所示。他在 2000 年获得了诺贝尔物理学奖,这是一个迟来了 42 年的诺贝尔物理学奖。迄今为止,人类的计算机、手机、电视、照相机、DVD 及所有的电子产品内的核心部件都是"集成电路"。

(a) 集成电路示意　　　　　　　　　(b) 杰克·基尔比

图 1-5　集成电路和集成电路的发明者杰克·基尔比

集成电路计算机的主要特征：普遍采用了集成电路,使体积、功耗均显著减小,可靠性大大提高；运算速度达到每秒几十万次至几百万次；操作系统的功能日臻完善；出现了多道程序、并行处理技术、虚拟存储系统等。

4）第四代：大规模或超大规模集成电路计算机(1970 年至今)

它的主要特征：大规模或超大规模集成电路成为计算机的主要元器件；运算速度提高到每秒几百万次至上亿次；随着大规模集成电路技术的发展,微型计算机诞生,它将计算机的运算器与控制器集成在一块芯片上,进一步缩小了体积和降低了功耗；多机系统和网络化是第四代计算机的又一个重要特征,多处理机系统、分布式系统、计算机网络发展迅速；系统软件的发展不仅实现了计算机运行的自动化,而且正在向工程化和智能化迈进。

**3. 未来的计算机**

1965 年,英特尔(Intel)公司(以下简称英特尔)创始人之一戈登·摩尔(Gordon Moore)提出了被称为计算机第一定律的摩尔定律。该定律指出：集成电路上可容纳的晶体管和电阻数目将每年增加一倍。1975 年,摩尔根据当时的实际情况将该定律进行了修正,把"每年增加一倍"改为"每两年增加一倍"。而普遍被引用的"18 个月"的说法,则是由英特尔首席执行官大卫·豪斯(David House)提出：预计 18 个月后芯片的性能将提高一倍(即更多的晶体管使其更快),是一种以倍数增长的观测。尽管近现代的数十年间摩尔定律均成立,但它仍应被视为是对现象的观测或对未来的推测,是简单评估半导体进展的经验法则,而不应被视为一个物理定律或者自然界的规律。

随着大规模集成电路工艺的发展,芯片的集成度越来越高,但也越来越接近工艺甚至物理的极限。在传统的计算机的基础上,大幅度提高计算机的性能必将遇到难以逾越的障碍。很多专家和学者将目光投向了最基本的物理原理,因为在过去几百年里,物理学原理的应用导致了一系列应用技术的革命，未来以超导、分子、光子和量子计算机为代表的第五代计算机将推动新一轮计算技术的革命。

1）超导计算机

超导是指在接近绝对零度的温度下，电流在某些介质中传输时所受阻力为零的现象。1962年，英国物理学家约瑟夫逊提出了"超导隧道效应"，即由超导体-绝缘体-超导体组成的器件（约瑟夫逊元件），当对其两端加电压时，电子就会像通过隧道一样无阻挡地从绝缘介质中穿过，形成微小电流，而该器件的两端电压为零。目前制成的超导开关器件，其开关速度已达到几微微秒（0.000 000 000 001s）的高水平。这是当今所有电子、半导体、光电器件都无法比拟的，比集成电路要快几百倍。超导计算机运算速度比现在的电子计算机快100倍，而电能消耗仅是电子计算机的1/1000。如果目前一台大中型计算机每小时耗电10kW，那么同样一台的超导计算机只需一节干电池就可以工作了。

2）分子计算机

分子计算机就是尝试利用分子计算的能力进行信息的处理。分子计算机的逻辑元件采用生物芯片，它由生物工程技术产生的蛋白质分子构成。在这种芯片中，信息以波的形式传播，运算速度大大加快，而能量消耗仅相当于普通计算机的1/10，且拥有巨大的存储能力。由于蛋白质分子能够自我组合，再生新的微型电路，使得分子计算机具有生物体的一些特点，能发挥生物体本身的调节机能自动修复芯片发生的故障，能模仿人脑的思考机制。生物分子计算机是一种用生物分子元件组装成的纳米级计算机，将其植入人体能自动扫描身体信号、检测生理指标、诊断疾病并控制药物释放等。

3）光子计算机

光子计算机利用光子取代电子进行数据运算、传输和存储。在光子计算机中，不同波长的光表示不同的数据，可快速完成复杂的计算工作。

与传统的电子计算机相比，光子计算机的优点在于超高速的运算速度、强大的并行处理能力、大存储量、非常强的抗干扰能力、能量消耗小、与人脑相似的容错性等。由于光子比电子速度快，光子计算机的运行速度可高达每秒一万亿次。它的存储量是现代计算机的几万倍，还可以对语言、图形和手势进行识别与合并。

4）量子计算机

1982年，美国物理学家理查德·费因曼（Richard Feynman）提出利用量子体系实现通用计算的新奇想法。随后，英国牛津大学物理学家戴维·多伊奇（David Deutsch）于1985年提出了量子图灵机模型，初步阐述了量子计算机的概念，并提出量子并行处理技术会使量子计算机比传统的计算机功能更强大。

量子计算机是指利用处于多现实态下的量子进行运算的计算机，是一种使用量子逻辑进行通用计算的设备。不同于电子计算机，量子计算用来存储数据的对象是量子比特，它使用量子算法来进行数据操作。与传统的电子计算机相比，量子计算机具有运算速度快、存储量大、搜索功能强和安全性较高等优势。

**4. 计算机的分类**

计算机是一种用途广泛的机器，但某些类型的计算机比其他类型的计算机更适合完成某些特定任务。可根据计算机的使用范围、用途、规模和性能等标准将计算机分成下述几种不同的类型。

1）按照功能和用途

（1）通用计算机。

通用计算机的特点是通用性强，具有很强的综合处理能力，能够解决各种类型的问题，既可以进行科学和工程计算，又可用于数据处理和工业控制等。它是一种用途广泛、结构复杂的计算机。

（2）专用计算机。

专用计算机的特点是功能单一，配以解决特定问题的软硬件，能够高速、可靠地解决特定的问题，如数控机床、银行存取款等。专用计算机针对性强、效率高，结构比通用计算机简单。

2）按照规模和性能

（1）微型计算机。

微型计算机又称为个人计算机（Personal Computer，PC），是指为满足个人计算需要而设计的一种使用微处理器的计算设备，分为桌面计算机（Desktop Computer）和便携式计算机（Notebook）。

（2）工作站。

工作站既可以指连接到网络的普通个人计算机，也可以指用来进行高性能任务处理的功能强大的桌面计算机，它具有很快的处理速度，能进行医学成像和计算机辅助设计等工作。

（3）服务器。

服务器既可以指计算机硬件，也可以指特定类型的软件，还可以指软件与硬件的结合体。其作用是通过给网络上的计算机提供数据来向它们提供“服务”。任何向服务器请求数据的软件或数字设备都称作客户端。

（4）大型计算机。

大型计算机指通用性能好、外部设备负载能力强、具有较快的处理速度和较强处理能力的一类计算机，一般作为大型“客户机/服务器”系统的服务器，或者“终端/主机”系统中的主机。

（5）巨型机。

巨型机也称超级计算机，是指运算速度极快、存储容量大、处理能力极强的计算机。一般会用于执行专门的计算密集型任务，包括气候研究、密码破译、核武器模拟、石油勘探、天气预报、基因测序等。

（6）手持计算机。

许多手持设备含有计算机大部分的特性，它们可以接收输入、产生输出、处理数据，并且具有一定的存储能力。但不同手持设备的可编程性与多功能性是有差别的。那些允许用户安装应用的手持设备（如智能手机）可以归类为手持计算机。

（7）可穿戴计算机。

近年来，计算机已经小到可以穿戴，并且能配备各种传感器，在医疗保健和工作场所有许多潜在的用途。

**5. 计算机的应用**

计算机的应用领域从最初诞生时的科学计算扩大到人类社会的各个方面，并改变着人们传统的工作、学习和生活方式。计算机的应用主要有以下 8 个方面。

1）科学计算

科学计算也称数值计算，是指计算机用于完成科学研究和工程技术中所提出的数学问题的计算。科学计算是研制电子计算机的最初目的，也是计算机最早的应用领域。

2）数据处理

数据处理是指计算机对大量的数据及时记录、整理、统计并加工成所需要的形式。计算机不仅能应用于处理日常的事务，而且能支持科学的管理与决策，是现代化管理的基础。

3）过程控制

过程控制也称实时控制，是自动控制原理在生产过程中的应用，现已广泛应用于冶金、石油、化工、水电、纺织、机械、军事和航天等领域。在过程控制中，首先用传感器在现场采集受控对象的数据，求出它们与设定数据的偏差；接着由计算机按控制模型进行计算，产生相应的控制信号，驱动伺服装置对受控对象进行控制或调整。

4）计算机辅助系统

计算机辅助系统包括计算机辅助设计（Computer Aided Design，CAD）、计算机辅助制造（Computer Aided Manufacturing，CAM）和计算机辅助教育（Computer Based Education，CBE）等。

5）人工智能

人工智能（Artificial Intelligence，AI）是使计算机模拟人类的智能活动：学习、理解、判断、识别、推理和问题求解等。它涉及计算机科学、控制论、信息论、仿生学、神经生理学和心理学等诸多学科，是计算机应用研究的前沿和交叉学科。其主要应用于机器视觉、指纹识别、人脸识别、视网膜识别、专家系统、自动规划等。近年来，人工智能的研究再次成为热点并取得不少成果，如机器人战胜人类职业围棋选手、无人驾驶汽车等。

6）多媒体技术

多媒体（Multimedia）技术是指以数字化为基础，能够对多种媒体信息（包括文字、声音、图形、动画、图像、视频等）进行采集、加工处理、存储和传递，并能使各种媒体信息之间建立起有机的逻辑联系，集成为一个具有良好交互性的系统技术。

多媒体技术涉及的内容主要有数据压缩、多媒体处理（音频信息处理，如语音识别、图像处理）、多媒体数据存储（多媒体数据库）、多媒体数据检索（基于内容的图像检索、视频检索）、多媒体著作工具（多媒体同步、超媒体和超文本）、多媒体通信与分布式多媒体（视频会议系统、视频点播技术等）、多媒体专用设备技术（多媒体专用芯片技术）、多媒体应用技术（远程教学、多媒体远程监控）等。多媒体技术的各方面均涉及一定的规范和标准，根据不同标准制作的多媒体文件其格式均有所不同。其应用领域主要有知识学习、多媒体出版物、远程医疗、视频会议、语音识别等。

7）虚拟现实和增强现实

虚拟现实（Virtual Reality，VR）和增强现实（Augmented Reality，AR）从技术上来讲是多媒体技术的一个发展方向。VR是利用计算机生成的一种模拟环境，通过多种传感设备使用户"进入"到该环境中，实现用户与环境直接进行交互，如虚拟课堂、虚拟工厂、虚拟主持人、数字汽车等。这种模拟环境是用计算机构成的具有表面色彩的立体图形，它可以是某一现实世界的真实写照，也可以是纯粹构想出来的世界。

在AR系统中，虚拟世界与现实世界叠加在一起，用有用的信息对人们看到的现实世界进行补充。例如百度地图的实景路线导航,美图的美颜功能等都用到了 AR 技术。

8）网络应用

计算机网络是利用通信设备和线路将地理位置不同且功能独立的多个计算机系统互联起来,通过网络软件实现资源共享和信息传递的系统。网络的出现为计算机应用开辟了空前广阔的前景,对人类社会产生了巨大的影响,给人们的生活、工作、学习带来了巨大的变化。

### 1.1.3 计算思维

计算机原本只是人们解决问题的工具,但当这种工具在几乎每一个领域中都得到广泛使用后,工具就会反过来影响人们的思维方式。2006 年,时任美国卡内基-梅隆大学计算机系主任的周以真（Jeannette M. Wing）教授提出了计算思维（Computational Thinking）概念,第一次从思维层面阐述了运用计算机科学的基础概念求解问题、设计系统和理解人类行为的过程。

计算思维即是抽象实际问题的计算特性,利用计算机求解。涉及如何在计算机中表示问题、如何让计算机通过执行有效的算法过程来解决问题。其本质是基于三个阶段的 3A 迭代过程。

抽象（Abstraction）：问题表示。

自动化（Automation）：解决方案表达。

分析（Analyse）：解决方案执行和评估。

从问题的计算机表示、算法设计直到编程实现,计算思维贯穿于全过程。

**1. 常见思想和方法**

基于计算机的能力和局限,计算机科学家提出了很多关于计算的思想和方法,从而建立了利用计算机解决问题的一整套思维工具。下面简要介绍在不同阶段所采用的常见思想和方法。

1）问题表示

用计算机解决问题,首先要建立问题的计算机表示。抽象是用于问题表示的重要思维工具。例如,小学生经过学习都知道将应用题"原来有五个苹果,吃掉两个后还剩几个"抽象表示成"5－2",这里显然只抽取了问题中的数量特性,完全忽略了苹果的颜色或吃法等不相关特性。一般意义上的抽象,就是指这种忽略研究对象的具体的或无关的特性,而抽取其一般的或相关的特性。计算机科学中的抽象包括数据抽象和控制抽象,简言之就是将现实世界中的各种数量关系、空间关系、逻辑关系和处理过程等表示成计算机世界中的数据结构（数值、字符串、列表、堆栈、树等）和控制结构（基本指令、顺序执行、分支、循环、模块等）,或者说建立实际问题的计算模型。另外,抽象还用于在不改变意义的前提下隐去或减少过多的具体细节,以便每次只关注少数几个特性,从而有利于理解和处理复杂系统。显然,通过抽象还能发现一些看似不同的问题的共性,从而建立相同的计算模型。总之,抽象是计算机科学中广泛使用的思维方式。

可以在不同层次上对数据和控制进行抽象,不同抽象级对问题进行不同颗粒度或详细程度的描述。人们经常在较低抽象级之上再建立一个较高的抽象级,以便隐藏低抽象级的复杂细节,提供更简单的求解方法。例如,在互联网上发送一封电子邮件实际上要经过不同抽象级的多层网络协议才得以实现,写邮件的人肯定不希望先掌握网络底层知识才能发送邮件。再如,人们经常在现有软件系统之上搭建新的软件层,目的是隐藏底层系统的观点或功能,提供更便于理解或使用的新观点或新功能。

2)算法设计

问题得到表示之后,接下来的关键是找到问题的解法——算法。算法设计是计算思维大显身手的领域,计算机科学家采用多种思维方式和方法来发现有效的算法。例如,利用分治法的思想找到了高效的排序算法,利用递归思想轻松地解决了 Hanoi 塔问题,利用贪心法寻求复杂路网中的最短路径,利用动态规划方法构造决策树,等等。计算机在各个领域中的成功应用,都有赖于高效算法的发现。而为了找到高效算法,又依赖于各种算法设计方法的巧妙运用。

3)编程技术

找到了解决问题的算法,接下来就要用编程语言来实现算法,这个领域同样是各种思想和方法的宝库。例如,类型化与类型检查方法将待处理的数据划分为不同的数据类型,编译器或解释器借此可以发现很多编程错误,这和自然科学中的量纲分析的思想是一致的。又如,结构化编程方法使用规范的控制流程来组织程序的处理步骤,形成层次清晰、边界分明的结构化构造,每个构造具有单一的入口和出口,从而使程序易于理解、排错、维护和验证正确性。又如,模块化编程方法采取从全局到局部的自顶向下设计方法,将复杂程序分解成许多较小的模块,解决了所有底层模块后,将模块组装起来即构成最终程序。又如,面向对象编程方法以数据和操作融为一体的对象为基本单位来描述复杂系统,通过对象之间的相互协作和交互实现系统的功能。本书后续章节中所用的 Python 即是支持面向对象的高级程序设计语言。

4)可计算性与算法复杂性

在用计算机解决问题时,不仅要找出正确的解法,还要考虑解法的复杂度。这和数学思维不同,因为数学家可以满足于找到正确的解法,决不会因为该解法过于复杂而抛弃不用。但对计算机来说,如果一个解法太复杂,导致计算机要耗费几年、几十年乃至更久才能算出结果,那么这种"解法"只能抛弃,问题等于没有解决。有时即使一个问题已经有了可行的算法,计算机科学家仍然会去寻求更有效的算法。

虽然很多问题对于计算机来说难度太高甚至是不可能完成的任务,但计算思维具有灵活、变通、实用的特点,对这样的问题可以去寻求不那么严格但现实可行的实用解法。例如,当计算机有限的内存无法容纳复杂问题中的海量数据时,计算机科学家设计出了缓冲方法来分批处理数据。当许多用户共享并竞争某些系统资源时,计算机科学家又利用同步、并发控制等技术来避免竞态和僵局。

**2. 日常生活中的计算思维**

人们在日常生活中的很多做法其实都和计算思维不谋而合,也可以说计算思维从生活中吸收了很多有用的思想和方法。部分例子如下。

算法过程:菜谱可以说是算法(或程序)的典型代表,它将一道菜的烹饪方法一步一步地罗列出来,即使不是专业厨师,照着菜谱的步骤也能做出可口的菜肴。这里,菜谱的每一步骤都必须足够简单、可行。例如,"将土豆切成块状""将一两油入锅加热"等都是可行的步骤,而"使菜肴具有神秘香味"则不是可行的。

查找：如果要在英汉词典中查一个英文单词，相信不会从第一页开始一页页地翻看，而是会根据字典是有序排列的事实，快速地定位单词词条。又如，如果现在老师说请将本书翻到第 4 章，书前的目录可以帮助直接找到第 4 章所在的页码。这正是计算机中广泛使用的索引技术。

回溯：人们在路上遗失了东西之后，会沿原路边往回走边寻找。或者在一个岔路口，人们会选择一条路走下去，如果最后发现此路不通就会原路返回，到岔路口选择另一条路。这种回溯法对于系统地搜索问题空间是非常重要的。

缓冲：学生随身携带所有的教科书是不可能的，因此每天只能把当天要用的教科书放入书包，第二天再换入新的教科书，这就是缓冲。

并发：厨师在烧菜时，如果一个菜需要在锅中煮一段时间，厨师一定会利用这段时间去做点别的事情（例如将另一个菜洗净切好），而绝不会无所事事。在此期间如果锅里的菜需要加盐加佐料，厨师可以放下手头的活儿去处理锅里的菜。就这样，虽然只有一个厨师，但他可以同时做几个菜。

类似的例子还有很多。要强调的一点是，在学习用计算机解决问题时，如果经常想想生活中遇到类似问题时的做法，一定会对找出问题解法有所帮助。

## 1.2　计算机基础知识

### 1.2.1　信息编码

**1. 数字化**

计算机和其他数字设备一样能处理文本、图像、语音和视频等各种信息，而这些信息最终都转化为简单的电脉冲，并以 0 和 1 序列的形式存储起来。将信息只用 0 和 1 这两个符号构成的符号串来表示的过程称为编码。对数据进行编码后进行处理、存储、传递称为信息的数字化。

数字化的一个显著优势就是，诸如书籍、电影、歌曲、通话、文档和照片等各种不同的内容都可以转换为同一类信号，这些信号不需要单独的设备来处理。在数字化之前，电话通话需要电话机和专门的电话线路，浏览照片需要幻灯片投影仪和投影幕，阅读需要纸质书籍，拍照需要相机胶卷，看电影则需要胶片放映机。不过，一旦完成数字化，通话、照片、书籍和电影都可以由一个设备来管理，并可以通过一组通信线路来传输。

数据的类型有很多，数字和文字是最简单的类型，表格、声音、图形和图像则是复杂的类型，编码也是一件非常重要的工作，要考虑数据的特性并便于计算机的存储和处理。

**2. 进制及其转换**

1）数的进制

计算机中存放的是二进制数，为了书写和表示方便，还引入了八进制数和十六进制数。无论哪种数制，其共同之处都是进位计数制。

一般来说，如果数制只采用 $R$ 个基本符号（如 $0,1,2,\cdots,R-1$）表示数值，则称数值为"$R$ 进制数"，$R$ 为该数值的"基数"。例如，十进制数采用 10 个基本符号（$0,1,\cdots,9$），其基数为 10,二进制采用 2 个基本符号(0,1),其基数为 2。而数值中每一固定位置对应的单位值称为"权"。

**【例 1-1】** 将十进制数 $(368.19)_D$ 按权展开。

$$368.19 = 3 \times 10^2 + 6 \times 10^1 + 8 \times 10^0 + 1 \times 10^{-1} + 9 \times 10^{-2}$$

任意一个 $R$ 进制数 $N$ 可表示为:

$$N = a_{n-1} \times R^{n-1} + a_{n-2} \times R^{n-2} + \cdots + a_1 \times R^1 + a_0 \times R^0 +$$

$$a_{-1} \times R^{-1} + \cdots + a_{-m} \times R^{-m}$$

$$= \sum_{i=-m}^{n-1} a_i \times R^i$$

其中,$a_i$ 是数码,$R$ 是基数,$R^i$ 是权;$m$ 和 $n$ 为正整数,$n$ 为小数点左边的位数,$m$ 为小数点右边的位数。

不同的基数,表示不同的进制数。例如:

$$(123.45)_O = 1 \times 8^2 + 2 \times 8^1 + 3 \times 8^0 + 4 \times 8^{-1} + 5 \times 8^{-2}$$

其中,下标 O 表示该数是八进制数。

通常用下标 B(或 2)、O(或 8)、D(或 10)、H(或 16)表示该数是二进制数、八进制数、十进制数和十六进制数。

计算机中常用的各种进制数的表示如表 1-1 所示。

表 1-1　计算机中常用的各种进制数的表示

| 进位制 | 二进制数 | 八进制数 | 十进制数 | 十六进制数 |
| --- | --- | --- | --- | --- |
| 规则 | 逢二进一 | 逢八进一 | 逢十进一 | 逢十六进一 |
| 基数 | $R=2$ | $R=8$ | $R=10$ | $R=16$ |
| 基本符号 | 0,1 | $0,1,2,\cdots,7$ | $0,1,2,\cdots,9$ | $0,1,2,\cdots,9,A,B,\cdots,F$ |
| 权 | $2^i$ | $8^i$ | $10^i$ | $16^i$ |
| 表示形式 | B(或下标 2) | O(或下标 8) | D(或下标 10) | H(或下标 16) |

2) $R$ 进制数转换为十进制数

基数为 $R$ 的数值,只要将各位数码与它的权相乘,其积相加,和数就是十进制数。展开式为:

$$N = \sum_{i=-m}^{n-1} a_i \times R^i$$

**【例 1-2】** 将二进制数 $(10001100.101)_B$ 转换为十进制数。

$$(10001100.101)_B = 1 \times 2^7 + 0 \times 2^6 + 0 \times 2^5 + 0 \times 2^4 + 1 \times 2^3 + 1 \times 2^2 +$$

$$0 \times 2^1 + 0 \times 2^0 + 1 \times 2^{-1} + 0 \times 2^{-2} + 1 \times 2^{-3}$$

$$= 128 + 0 + 0 + 0 + 8 + 4 + 0 + 0 + 0.5 + 0 + 0.125$$

$$= 140.625$$

因此,$(10001100.101)_B = (140.625)_D$。

**【例 1-3】** 将八进制数 $(167)_O$ 转换为十进制数。

$$(167)_O = 1 \times 8^2 + 6 \times 8^1 + 7 \times 8^0 = (119)_D$$

**【例1-4】** 将十六进制数$(3A7)_H$转换为十进制数。

$$(3A7)_H = 3 \times 16^2 + A \times 16^1 + 7 \times 16^0 = (935)_D$$

3）十进制数转换为$R$进制数

将十进制数转换为$R$进制数时，可将此数分成整数与小数两部分分别转换，然后拼接而成。十进制数整数部分转换为$R$进制数整数，采用"除$R$取余"法：用十进制整数连续地除以$R$取余数，直到商为0，余数从右到左排列，第一次取得的余数为最低位，最后所得余数为最高位。小数部分转换为$R$进制数采用"乘$R$取整"法：将十进制小数不断乘以$R$取整数，直到小数部分为0或达到所要求的精度为止，所得的整数从小数点自左向右排列。

**【例1-5】** 将$(123.125)_D$转换为二进制数。

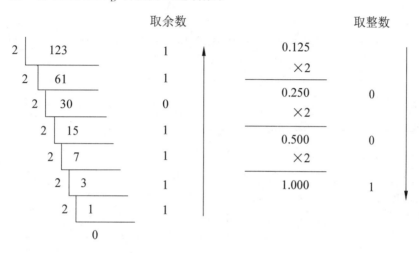

$$(123.125)_D = (1111011.001)_B$$

类似地，将十进制数234.12转换为八进制数的结果为：

$$(234.12)_D = (352.075)_O$$

4）二进制数、八进制数、十六进制数之间的转换

由前面的例子可以看到，将十进制数转换为二进制数，转换的书写过程较长。同样，二进制数表示的数比等值的十进制数占更多的位数，书写也长，容易出错。为方便起见，就借助于八进制数和十六进制数进行转换或表示。由于二进制数、八进制数和十六进制数间存在特殊关系：$2^3 = 8, 2^4 = 16$，即1位八进制数相当于3位二进制数，1位十六进制数相当于4位二进制数，因此转换时就比较容易。它们之间的关系见四种进制对照表，如表1-2所示。

表1-2　四种进制数对照表

| 十进制数 | 二进制数 | 八进制数 | 十六进制数 | 十进制数 | 二进制数 | 八进制数 | 十六进制数 |
|---|---|---|---|---|---|---|---|
| 0 | 0000 | 00 | 0 | 8 | 1000 | 10 | 8 |
| 1 | 0001 | 01 | 1 | 9 | 1001 | 11 | 9 |
| 2 | 0010 | 02 | 2 | 10 | 1010 | 12 | A |
| 3 | 0011 | 03 | 3 | 11 | 1011 | 13 | B |
| 4 | 0100 | 04 | 4 | 12 | 1100 | 14 | C |
| 5 | 0101 | 05 | 5 | 13 | 1101 | 15 | D |
| 6 | 0110 | 06 | 6 | 14 | 1110 | 16 | E |
| 7 | 0111 | 07 | 7 | 15 | 1111 | 17 | F |

根据这种对应关系,二进制数转换为八进制数时,以小数点为中心向左右两边分组,每 3 位为一组,两头不足 3 位补 0 即可。同样,二进制数转换为十六进制数只要以每 4 位为一组进行分组,两头不足 4 位补 0 即可。

**【例 1-6】** 将二进制数 $(1011111011.0011001)_B$ 转换为十六进制数。

| 0010 | 1111 | 1011. | 0011 | 0010 | 二进制数 |
|------|------|-------|------|------|---------|
| ↓ | ↓ | ↓ | ↓ | ↓ | |
| 2 | F | B. | 3 | 2 | 十六进制数 |

因此,$(1011111011.0011001)_B = (2FB.32)_H$。

**【例 1-7】** 将二进制数 $(1011111011.0011001)_B$ 转换为八进制数。

| 001 | 011 | 111 | 011. | 001 | 100 | 100 | 二进制数 |
|-----|-----|-----|------|-----|-----|-----|---------|
| ↓ | ↓ | ↓ | ↓ | ↓ | ↓ | ↓ | |
| 1 | 3 | 7 | 3. | 1 | 4 | 4 | 八进制数 |

因此,$(1011111011.0011001)_B = (1373.144)_O$。

同样,将八(十六)进制数转换为二进制数只要将一位化为 3(4)位即可,中间的 0 不能省略,整数前的高位 0 和小数后的低位 0 可以去掉。

**【例 1-8】** 将 $(1A3D.B2)_H$ 转换为二进制数。

| 1 | A | 3 | D. | B | 2 | 十六进制数 |
|------|------|------|------|------|------|-----------|
| ↓ | ↓ | ↓ | ↓ | ↓ | ↓ | |
| 0001 | 1010 | 0011 | 1101. | 1011 | 0010 | 二进制数 |

因此,$(1A3D.B2)_H = (1101000111101.1011001)_B$。

### 3. 数值信息编码

1) 计算机中数据的存储单位:位、字节与字长

(1) 位(bit,b)。

位是计算机中表示信息的最小单位,代码为 0 和 1;$n$ 位二进制数能表示 $2^n$ 种状态。

(2) 字节(Byte,B)。

字节是计算机中存储信息的基本单位,每字节由 8 位二进制数组成。计算机是以字节来计算存储容量的。一个英文字母(不分大小写)占 1 字节的空间,一个中文汉字占 2 字节的空间。英文标点占 1 字节,中文标点占 2 字节。

换算关系如下:

$$1B = 8b$$
$$1KB = 1024B = 2^{10}B$$
$$1MB = 1024KB = 2^{20}B$$
$$1GB = 1024MB = 2^{30}B$$

$$1TB = 1024GB = 2^{40}B$$
$$1PB = 1024TB = 2^{50}B$$
$$1EB = 1024PB = 2^{60}B$$

(3) 字长。

计算机进行数据处理和运算的单位,即 CPU 在单位时间内能一次处理的二进制数据的位数,称为字长。字长由若干字节组成,如 16 位、32 位、64 位等。目前常用的是 32 位计算机和 64 位计算机。字长较长的计算机在相同的时间内能处理更多的数据。字长是衡量计算机性能的重要指标。

2) 机器数

前面提到,计算机内部采用二进制表示各类数据。对于数值型数据,数据有正负和小数之分,因此,必须解决数符、小数点在计算机内部的表示问题。

通常,把一个数在计算机内二进制的表示形式称为机器数,该数称为这个机器数的真值。一个机器数一般由 3 类符号构成:数字 0 和 1(表示数符的＋和－)以及小数点。数字 0 和 1 的二进制编码是直接的,剩下的就是解决数符和小数点的问题。

机器数具有如下三个特点。

(1) 由于计算机设备的限制和操作上的便利,机器数有固定的位数。

机器数所表示的数受到固定位数的限制,具有一定的范围,超过这个范围就会产生"溢出"。例如,一个 8 位的机器数,所能表示的无符号整数的最大值是全"1":11111111,即十进制数 255。如果超过这个值,就会产生"溢出"。

(2) 机器数把其真值的符号数字化。

通常机器数中规定的符号位(一般是最高位)取 0 或 1,分别表示其值的正或负(0 表示正数,1 表示负数)。例如,一个 8 位机器数,其最高位是符号位,对于 00101110 和 10010011,其真值分别为十进制数＋46 和－19。

(3) 机器数中,采用定点和浮点方式来表示小数点的位置。

定点表示法是将小数点的位置固定在一个二进制的某一位置。它分为定点纯小数(小数点固定在符号位之后、数的最前面)和定点整数(小数点固定在数据最后一位之后,表示一个纯整数)。

浮点表示法是指表示一个数时,其小数点的位置是浮动(可变)的,是数的科学(指数)记数法在计算机中的具体实现。浮点表示法表示数的范围大,但运算规则复杂,运算速度相对来说较慢。

3) 原码、反码与补码

(1) 原码。

带符号的机器数,也称为数的原码。但是实际上计算机中不是用这种方法存储有符号数的。为什么呢? 机器数在进行运算时,若将符号位和数值位同时参与运算,则会得出错误的结果。例如:

$$X = +6 \qquad [X]_原 = 00000110$$
$$Y = -3 \qquad [Y]_原 = 10000011$$
$$X + Y = +6 + (-3) = 6 - 3 = 3$$

原码相加,得到−9。

$$00000110$$
$$+10000011$$
$$10001001\cdots\cdots\cdots-9$$

原码相减,得到−3。

$$00000110$$
$$-10000011$$
$$10000011\cdots\cdots\cdots-3$$

因此,为了运算方便,计算机中引入了反码和补码的概念,将加减法运算统一转换为补码的加法运算。

正数的原码、反码和补码形式完全相同,而负数则有不同的表示形式。

整数 $X$ 的原码表示是:整数的符号位用"0"表示正,"1"表示负,其数值部分是该数的绝对值的二进制表示。

$$[X]_{原}=\begin{cases} 0X & X\geq 0 \\ 1|X| & X\leq 0 \end{cases}\quad \begin{matrix}+7:00000111 & +0:00000000\\ -7:10000111 & -0:10000000\end{matrix}$$

表示数的范围是−127 ～ 127(1 1111111 ～ 0 1111111),在原码表示中,0 有两种表示方法。

(2)反码。

反码是求补码的中间过渡。负数的反码是对该数的原码除了符号位外各位取反。

$$[X]_{反}=\begin{cases} 0X & X\geq 0 \\ 1|\overline{X}| & X\leq 0 \end{cases}\quad \begin{matrix}+7:00000111 & +0:00000000\\ -7:11111000 & -0:10000000\end{matrix}$$

在反码表示中,0 有两种表示方法。

(3)补码。

负数的补码是在其反码的基础上末位加 1。

$$[X]_{补}=\begin{cases} 0X & X\geq 0 \\ 1|\overline{X}|+1 & X\leq 0 \end{cases}\quad \begin{matrix}+7:00000111 & +0:00000000\\ -7:11111001 & -0:00000000\end{matrix}$$

补码表示中,0 有唯一的表示形式,即[+0]=[−0]=00000000,因此,可以用多出来的编码 10000000 来扩展补码的表示范围值为−128,最高位 1 即可看作符号位负数,又可表示为数值。所以对于一个八位的二进制表示的机器数,补码表示数的范围为−128～127。这就是补码与原码、反码最小值不同的原因。

【例 1-9】 利用补码进行(+6)+(−6)运算。

$$X=+6\quad [X]_{原}=00000110\quad [X]_{补}=00000110$$
$$Y=-6\quad [Y]_{原}=10000110\quad [Y]_{补}=11111010$$

两数相加:

$$00000110\cdots\cdots\cdots +6\ 的补码$$
$$+11111010\cdots\cdots\cdots -6\ 的补码$$
$$100000000\cdots\cdots\cdots 0\ 的补码$$

【例 1-10】 利用补码进行(+6)+(−3)运算。

$$X=+6\quad [X]_{原}=00000110\quad [X]_{补}=00000110$$
$$Y=-3\quad [Y]_{原}=10000011\quad [Y]_{补}=11111101$$

两数相加：

$$00000110 \cdots\cdots\cdots +6\text{的补码}$$
$$+11111101 \cdots\cdots\cdots -3\text{的补码}$$
$$100000011 \cdots\cdots\cdots +3\text{的补码}$$

数的原码、反码和补码表示总结如下。

对于正数，其原码、补码和反码的表示相同，即$[X]_\text{原}=[X]_\text{补}=[X]_\text{反}$，符号位用 0 表示，其余各位为该数的绝对值。

对于负数：

(1) 原码，符号位用"1"表示，加上该数的绝对值；

(2) 反码，符号位"1"不变，其余各位求反；

(3) 补码，$[X]_\text{补}=[X]_\text{反}+1$（末位加 1）。

### 4. 字符编码

1) ASCII 码

ASCII 码，即 American Standard Code for Information Interchange（美国信息交换标准代码），是对西文字符的一种编码规范，它原为美国国家标准，1967 年被国际标准化组织（ISO）定为国际标准。ASCII 码是 1 字节编码，编码范围是 0～255。这样 ASCII 码最多可表示 256 个不同字符。具有 256 组编码的 ASCII 码分为两大部分：标准 ASCII 码和扩充 ASCII 码。

(1) 标准 ASCII 码。

在 ASCII 码中，二进制最高位为 0 的编码称为标准 ASCII 码，其编码范围是十进制 0～127，即标准 ASCII 码有 128 组编码。可见，标准 ASCII 码只需 7 位二进制进行编码就可以了，所以又称为 7 位字符编码。而在实际存储时，由于存储器是按字节作为最小单位来组织的，7 位编码仍然需要占 1 字节的存储空间，必须在编码前补一个二进制 0 成为 1 字节。标准 ASCII 码如表 1-3 所示。

表 1-3　标准 ASCII 码

| 低 4 位 | 高 4 位 | | | | | | | |
|---|---|---|---|---|---|---|---|---|
| | 0000 | 0001 | 0010 | 0011 | 0100 | 0101 | 0110 | 0111 |
| 0000 | NULL | DLE | 空格 | 0 | @ | P | ` | p |
| 0001 | SOH | DC1 | ! | 1 | A | Q | a | q |
| 0010 | STX | DC2 | " | 2 | B | R | b | r |
| 0011 | ETX | DC3 | # | 3 | C | S | c | s |
| 0100 | EOT | DC4 | $ | 4 | D | T | d | t |
| 0101 | ENQ | NAK | % | 5 | E | U | e | u |
| 0110 | ACK | SYN | & | 6 | F | V | f | v |
| 0111 | BELL | ETB | ' | 7 | G | W | g | w |
| 1000 | BS | CAN | ( | 8 | H | X | h | x |
| 1001 | HT | EM | ) | 9 | I | Y | i | y |

续表

| 低 4 位 | 高 4 位 | | | | | | | |
|---|---|---|---|---|---|---|---|---|
| | 0000 | 0001 | 0010 | 0011 | 0100 | 0101 | 0110 | 0111 |
| 1010 | LF | SUB | * | : | J | Z | j | z |
| 1011 | VT | ESC | + | ; | K | [ | k | { |
| 1100 | FF | FS | , | < | L | \ | l | \| |
| 1101 | CR | GS | — | = | M | ] | m | } |
| 1110 | SO | RS | . | > | N | ^ | n | ~ |
| 1111 | SI | US | / | ? | O | | o | DEL |

这样，英文中的每一个字符都有一个固定的编码，保存字符时只需保存它的 ASCII 码即可。

ASCII 码表中有 33 个控制符编码（00H～1FH，7FH）和 95 个可显字符编码（20H～7EH）。它确定了西文字符的大小顺序：小写字母大于大写字母，其大小顺序与字母的字典顺序一致。不难发现，只要记住字母"A""a"和数字"0"的 ASCII 码，就容易推算出所有英文大、小写字母和数字的 ASCII 码。

（2）扩充 ASCII 码。

扩充 ASCII 码的二进制最高位为 1，其范围为 128～255。扩充 ASCII 码也是 128 个，虽然这些代码也有国际标准，但它们是可变字符。各国都利用扩充 ASCII 码来定义自己国家的文字代码。例如，日本将其定义为片假名字符，我国则将其定义为中文文字的代码。

2）汉字编码

ASCII 码只对英文字母、数字和标点符号等进行了编码。为了用计算机处理汉字，同样需要对汉字进行编码。由于汉字是象形文字，种类繁多，远比进行西文信息处理复杂。而且在一个汉字处理系统中，输入、内部处理、输出对汉字编码的要求不尽相同，因此要进行一系列的汉字编码及转换，即必须要解决汉字的输入码、交换码、机内码和字形码的问题。

（1）输入码。

为了通过计算机的西文键盘输入汉字，必须提供汉字的输入编码，即汉字的输入码，也称外码。一般来说，汉字输入码应具有单一性、方便性、高速性和可靠性。目前，有多种汉字输入编码。

① 数字编码。

数字编码是用等长的数字串为汉字逐一编号，以这个编号作为汉字的输入码。例如，区位码、电报码等都属于数字编码。数字编码规则简单，易于和汉字的内部码转换，但难于记忆，不宜推广使用。

1980 年，为了使每个汉字有一个全国统一的代码，我国发布了《信息交换用汉字编码字符集—基本集》，即国家标准 GB 2312—1980，它是我国国家标准简体中文字符集，由中国国家标准总局发布，1981 年 5 月 1 日实施。该编码通行于中国大陆，新加坡等地也采用此编码，是目前使用最多的汉字编码标准。

该标准基于区位码设计，将编码表分为 94 个区，每个区对应 94 个位，每个位置就放一个字符(包括汉字、符号、数字等)。这样每个字符的区号和位号组合起来就成为该汉字的区位码。区位码一般用十进制来表示。例如,"啊"字位于 16 区 01 位,它的区位码就是 1601。为了处理与存储的方便,每个汉字的区号和位号在计算机内部分别用一个字节来表示。

在 GB 2312—1980 表中(如表 1-4 所示),01～09 区是符号、数字区,16～87 区是汉字区,10～15 和 88～94 是未定义的空白区。其中,共含有 6763 个简化汉字(分为两级,第一级 3755 个汉字,属常用汉字,按汉字拼音字母顺序排列;第二级 3008 个汉字,属次常用汉字,按部首排列)和 682 个汉字符号。

**表 1-4　GB 2312—1980 汉字区位码**

| 区码 | 位　码 | | | | | | | | | | | | | | | …… … …… | 91 | 92 | 93 | 94 |
|---|---|---|---|---|---|---|---|---|---|---|---|---|---|---|---|---|---|---|---|---|
| | 01 | 02 | 03 | 04 | 05 | 06 | 07 | 08 | 09 | 10 | 11 | 12 | 13 | 14 | 15 | | 91 | 92 | 93 | 94 |
| 01 | 、 | 。 | · | ˉ | ˘ | ¨ | ″ | 々 | — | ～ | ‖ | ∣ | … | ‘ | ' | …… … …… | ← | ↑ | ↓ | ═ |
| 02 | ⅰ | ⅱ | ⅲ | ⅳ | ⅴ | ⅵ | ⅶ | ⅷ | ⅸ | ⅹ | | | | | | …… … …… | ⅺ | ⅻ | | |
| 03 | ！ | ″ | ＃ | ￥ | ％ | ＆ | ′ | （ | ） | ＊ | ＋ | ， | － | ． | ／ | …… … …… | ｛ | ｜ | ｝ | ‾ |
| 04 | ぁ | あ | ぃ | い | ぅ | う | ぇ | え | ぉ | お | か | が | き | ぎ | く | …… … …… | | | | |
| 05 | ァ | ア | ィ | イ | ゥ | ウ | ェ | エ | ォ | オ | カ | ガ | キ | ギ | ク | …… … …… | | | | |
| 09 | | | — | — | ∣ | ∣ | … | … | ┆ | ┆ | … | … | ┅ | ┅ | ┇ | …… … …… | ┇ | ┇ | | |
| 16 | 啊 | 阿 | 埃 | 挨 | 哎 | 唉 | 哀 | 皑 | 癌 | 蔼 | 矮 | 艾 | 碍 | 爱 | 隘 | …… … …… | 胞 | 包 | 褒 | 剥 |
| 11 | 薄 | 雹 | 保 | 堡 | 饱 | 宝 | 抱 | 报 | 暴 | 豹 | 鲍 | 爆 | 杯 | 碑 | 悲 | …… … …… | 丙 | 秉 | 饼 | 炳 |
| 55 | 住 | 注 | 祝 | 驻 | 抓 | 爪 | 拽 | 专 | 砖 | 转 | 撰 | 赚 | 镰 | 桩 | 庄 | …… … …… | | | | |
| 56 | 丁 | 丌 | 兀 | 丐 | 廿 | 卅 | 丕 | 亘 | 丞 | 鬲 | 孬 | 噩 | 丨 | 禺 | 丿 | …… … …… | 伫 | 攸 | 佚 | 佝 |
| 87 | 鳌 | 鳍 | 鳎 | 鳏 | 鳐 | 鳓 | 鳔 | 鳕 | 鳗 | 鳘 | 鳙 | 鳜 | 鳝 | 鳟 | 鳢 | …… … …… | 齈 | 齉 | 齇 | 齏 |
| 94 | | | | | | | | | | | | | | | | …… … …… | | | | |

② 字音编码。

字音编码是以汉字读音为基础的一种编码,常用的是拼音码。拼音码简单易学,用户只需要能正确写出汉字的拼音即可。由于同音汉字较多,拼音码的重码率较高,在输入时常要进行屏幕选字,对输入速度有影响。

③ 字形编码。

字形编码是根据汉字字形的一种编码,如五笔字型码、表形码等。这类编码主要用字母表示组成汉字的基本笔画,按汉字基本笔画的书写顺序和组成进行编码。它的特点是输入速度较快,重码率低,但是由于要对汉字进行拆分,因此需要学习如何拆字、记忆字根等。

需要指出的是,以上所说的均是编码输入的方式,目前还有一些非编码输入方式,如手写板输入、光学字符识别输入、语音输入等,均是模式识别输入方式,这些方法大大方便了汉字的输入操作。与编码输入的确定性不同,模式识别输入存在不确定性,识别难度较大,对算法要求较高。

（2）交换码。

交换码是指不同的具有汉字处理功能的计算机系统之间在交换汉字信息时所使用的编码标准。我国一直沿用 GB 2312—1980 所规定的国标码作为统一的汉字信息交换码。

由于区位码无法用于汉字通信，因为它可能与通信使用的控制码（ASCII 码表中的控制字符 00H～1FH，即 0～31）发生冲突，于是，ISO 2022 规定每个汉字的区号和位号必须分别加上 20H（即十进制的 32），得到对应的国标交换码，简称国标码，也称交换码。国标码通常用十六进制来表示。例如，"啊"字的区位码（16 01）的十六进制表示为 1001H，则其国标码为 3021H。

一个汉字的国标码用两字节来表示，每字节的最高位为 0。

（3）机内码。

由于文本中通常混合有汉字和西文字符，汉字信息如果不加以特别标识，就会与单字节的 ASCII 码混淆。例如，"啊"字的国标码为 3021H，用来表示其国标码的两个字节最高位均为 0，即两个字节分别为 30H 和 21H，那么可以解析成两个字符"0"和"!"。

为解决这一问题，将一个汉字看成是两个扩展 ASCII 码，将表示 GB 2312—1980 中汉字的两个字节的最高位都置为 1。即国标码加上 80H（即二进制数 10000000，十进制的 128）。这种高位为 1 的双字节汉字编码即为 GB 2312—1980 中汉字的机内码，简称为内码，又称汉字 ASCII 码。它是计算机内部存储、处理加工和传输汉字时所用的代码。每个汉字的外码可以有多种，但是内码只有一个。

【例 1-11】　"啊"字的区位码（16 01）的十六进制表示为 1001H，国标码为 3021H，则"啊"字的机内码则为 B0A1H（30H+80H=B0H，21H+80H=A1H）。

汉字机内码、国标码和区位码三者之间的关系为：

$$国标码 = 区位码 + 2020H$$

$$机内码 = 国标码 + 8080H$$

即，机内码 = 区位码 + A0A0H。

【例 1-12】　求汉字"爪"的机内码，可以先对照表 1-4，找到该字的区位码 55 06，对应的十六进制数为 3706H，则其机内码为 3706H+A0A0H=D7A6H。

除了 GB 2312—1980 编码之外，常用的汉字编码标准还有如下几个。

Big5：又称大五码或五大码，是使用繁体中文社区中最常用的汉字字符集标准，共收录 13 053 个汉字，使用 2 字节表示。

GBK：为了更好地适应如古籍研究等方面的文字处理需要，我国在 1995 年颁布了 GBK 汉字内码扩充规范，它除包含 GB 2312—1980 中规定的全部汉字和符号外，还收录了繁体字在内的大量汉字和符号。它是 GB 2312—1980 的扩展，共收录了 21 003 个文字，支持国际标准 ISO 10646 中的全部中、日、韩汉字，也包括了 Big5（台、港、澳）编码中的所有汉字，使用 2 字节编码。

GB 18030：是对 GBK 的扩充，覆盖中国少数民族文字、中日韩和繁体汉字。其编码空间约为 161 万码位，收录 70 244 个文字。它采用变长多字节编码，每个字可以由 1 字节、2 字节或 4 字节组成。

当采用 GB 2312—1980、GBK 和 GB 18030 三种不同的汉字编码标准时，一些常用的汉字如"中""国"等，它们在计算机中的表示（内码）是相同的。

（4）字形码。

字形码是为了解决汉字的显示和打印等输出问题而进行的编码。汉字的字形码表示汉字字形的字模数据，又称汉字字模。字模通常有点阵和矢量两种汉字字形码。用于显示输出的主要是点阵码，而用于其他输出的则有点阵码和矢量码。

用点阵表示字形时，汉字字形码指的就是这个汉字字形点阵的代码，如图1-6所示。系统提供的所有汉字字形码的集合组成了系统的汉字字形库，简称汉字库。

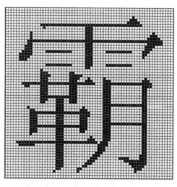

| 字节 | 数据 | 字节 | 数据 | 字节 | 数据 | 字节 | 数据 |
| --- | --- | --- | --- | --- | --- | --- | --- |
| 0 | 3FH | 1 | FCH | 2 | 00H | 3 | 00H |
| 4 | 00H | 5 | 00H | 6 | 00H | 7 | 00H |
| 8 | FFH | 9 | FFH | 10 | 00H | 11 | 80H |
| 12 | 00H | 13 | 80H | 14 | 02H | 15 | A0H |
| 16 | 04H | 17 | 90H | 18 | 08H | 19 | 88H |
| 20 | 10H | 21 | 84H | 22 | 20H | 23 | 82H |
| 24 | C0H | 25 | 81H | 26 | 00H | 27 | 80H |
| 28 | 21H | 29 | 00H | 30 | 1EH | 31 | 00H |

图1-6 汉字"示"的点阵表示（16×16点阵）和汉字"霸"的点阵表示（64×64点阵）

汉字点阵有多种规格：简易型16×16点阵、普及型24×24点阵、提高型32×32点阵、精密型48×48点阵和64×64点阵。点阵规模越大，字形也越清晰美观，在汉字库中所占用的空间也越大。

矢量码存储的是描述汉字字形的轮廓特征，用数学曲线描述，字体中包含了符号边界上的关键点、连线的导数信息等。当要输出汉字时，通过计算机的计算，描述出生成所需大小和形状的汉字字形。矢量化字形描述与最终文字显示的大小、分辨率无关，因此可产生高质量的汉字输出。

点阵字形码使用方便、易于理解，但不同大小的字形需要不同的点阵库，占用的存储空间较大，且字形放大时容易产生锯齿状失真，但可以直接送到输出设备进行输出。矢量码占用的存储空间较少，进行字号变化时不会改变字形，效果较好，但需要进行适当处理后才能送到输出设备输出。

（5）汉字处理的过程。

计算机对汉字处理的一般过程是这样的（如图1-7所示）：在输入汉字时，操作者在键盘上输入输入码→通过输入码找到汉字的区位码，再计算出汉字的机内码，保存内码→而当显示或打印汉字时，则首先从指定地址取出汉字的内码，根据内码从汉字库中取出汉字的字形码，再通过一定的软件转换，将字形输出到屏幕或打印机上。

3）Unicode

很多传统的编码方式允许计算机处理双语环境（通常使用拉丁字母以及其本地语言），但却无法支持多语言环境，因此产生了Unicode（统一码、国际码、万国码、单一码）。它为每种语言中的每个字符设定了统一并且唯一的二进制编码，以满足跨语言、跨平台进行文本转换、处理的要求。它是一种可以容纳全世界所有语言文字的编码方案。

Unicode编码系统可分为编码方式和实现方式两个层次。

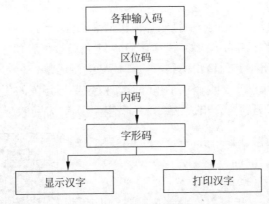

图 1-7　汉字处理的过程

Unicode 的编码方式即规定每个字符的数字编号是多少，并不规定这个编号如何存储。

Unicode 的实现方式称为 UTF（Unicode Transformation Format，Unicode 转换格式）。一个字符的 Unicode 编码是确定的，但是在实际传输过程中，出于跨平台以及节省空间的目的，对 Unicode 编码的实现方式有所不同。常见的 UTF 格式有 UTF-8、UTF-16 以及 UTF-32。自 2009 年以来，UTF-8 一直是互联网最主要的编码形式。

UTF-8 使用变长字节表示，理论上可以最多到 6 个字节长，实际上其通常使用 1～4 字节为每个字符编码。具体编码规则如下：

- 一个 ASCII 字符只需 1 字节编码；
- 带有变音符号的拉丁文、希腊文、西里尔字母、亚美尼亚语、希伯来文、阿拉伯文、叙利亚文等字母使用 2 字节编码；
- 中日韩文字、东南亚文字、中东文字等使用 3 字节编码；
- 其他极少使用字符使用 4～6 字节编码。

UTF-8 可以用来表示 Unicode 标准中的任何字符，而且其编码中的第一个字节仍与 ASCII 相容，使得原来处理 ASCII 字符的软件无须或只进行少部分修改后，便可继续使用。

## 1.2.2　计算机系统组成

### 1. 计算机的工作原理

1）冯·诺依曼型体系结构

当要利用计算机来完成某项工作时，如完成一道复杂的数学计算或是进行信息的管理，都必须先制定该项工作的解决方案，再将其分解成计算机能够识别并能执行的基本操作指令，这些命令按一定的顺序排列起来，就组成了"程序"。计算机按照程序规定的流程依次执行一条条的指令，最终完成程序所要实现的目标。由此可见，计算机的工作方式取决于它的两个基本能力：一是能存储程序，二是能够自动地执行程序。

1944 年，美籍匈牙利数学家冯·诺依曼提出计算机基本结构和工作方式的设想，为计算机的诞生和发展提供了理论基础。时至今日，尽管计算机软硬件技术飞速发展，但计算机本身的体系结构并没有明显的突破，当今的计算机仍属于冯·诺依曼型体系结构，是一种将程序指令存储器和数据存储器合并在一起的计算机设计概念结构。

它的主要思想是将程序和数据存放到计算机内部的存储器中,计算机在程序的控制下一步一步地进行处理,直到得出结果。

尽管计算机的结构有了重大变化,性能有了惊人的提高,但就结构原理来说,至今占统治地位的仍是"存储程序"式的冯·诺依曼型计算机体系结构,如图1-8所示。

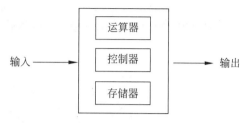

图1-8　冯·诺依曼型计算机体系结构

冯·诺依曼结构的特点如下所述。

(1)由运算器、控制器、存储器、输入设备和输出设备五大部分组成,这五大部分依次对应着计算机的五大功能。

① 运算器:运算功能,能完成各种算术运算、逻辑运算及数据传输等操作。

运算器也称为"算术/逻辑单元"(Arithmetic and Logic Unit,ALU)。

运算器是计算机处理数据、形成信息的加工厂,它的主要功能是对二进制数进行算术运算或逻辑运算。所以,也称其为算术逻辑部件。运算器主要由一个加法器、若干个寄存器和一些控制线路组成;在控制器控制下,它对取自存储器或其内部寄存器的数据进行算术或逻辑运算,其结果暂存在内部寄存器或送到存储器。

运算器的性能指标是衡量整个计算机性能的重要因素之一,与运算器相关的性能指标包括计算机的字长和运算速度。其中,字长是指计算机运算部件一次能同时处理的二进制数据的位数,字长越长,则计算机的运算速度和精度就越高。运算速度通常是指每秒所能执行加法指令的数目,常用百万次每秒(Million Instructions Per Second,MIPS)来表示,这个指标能直观地反映机器的速度。

运算器中的数据取自内存,运算结果又被送回内存。运算器在控制器的控制下对内存进行读写操作。

② 控制器:控制功能,能根据程序的规定或操作结果,控制程序的执行顺序及计算机各部件之间的协调工作。

在计算机中,控制计算机进行某一操作的命令称为指令。控制器是计算机的神经中枢,它由程序计数器、指令寄存器、指令译码器、工作脉冲形成控制电路、时序控制信号形成部件、地址形成部件和中断控制逻辑组成。

控制器的工作过程如下:

• 从内存中取出指令,并确定下一条指令在内存中的地址;
• 对所取指令进行译码和分析,根据指令的要求向有关部件发出控制命令;
• 有关部件执行指令规定的操作;
• 将执行结果返回内存,并读取下一条指令。

从宏观上看,控制器的作用是控制计算机各部件协调工作。从微观上看,控制器的作用是按一定顺序产生机器指令以获得执行过程中所需要的全部控制信号,这些控制信号作用于计算机的各个部件以使其完成某种功能,从而达到执行指令的目的。所以,对控制器而言,真正的作用是对机器指令执行过程的控制。

运算器和控制器一起组成了中央处理单元,即CPU(Central Processing Unit),它是计算机的核心部件。中央处理单元的性能决定着整个计算机系统的性能。

③ 存储器:存储功能,能记忆和保存输入的程序、数据及各种结果。

存储器是计算机中用来存储程序和数据的部件。它主要用于在控制器的控制下按照指定的地址存入和取出信息。它由若干存储单元组成,每个存储单元有一个编号,称为地址。

存储器分为内存储器和外存储器。

- 内存储器简称为内存(主存),是计算机的信息交流中心。用户通过输入设备输入的程序和数据最初送入内存,控制器执行的指令和运算器处理的数据取自内存,运算的中间结果和最终结果保存在内存中,输出设备输出的信息同样来自内存,内存中的信息如要长期保存,则应保存在外存储器中。总之,内存要与计算机各个部件打交道,进行数据传送。因此,内存的存取速度直接影响计算机的运算速度,内存容量是衡量计算机数据信息处理能力的重要标志。内存的特点是密度大、重量轻、体积小、存取速度快。

  内存又分为只读存储器(ROM)和随机存储器(RAM)。ROM 只能从中读取信息,而不能写入信息。当停电或死机时,其中的信息仍能保留。RAM 可以从中读出和写入信息,但在断电以后将丢失其存储的内容。计算机在运行时,系统程序、应用程序以及用户数据都临时存放在 RAM 中。

- 外存储器简称外存,用来存放计算机系统的系统软件、用户程序以及用户的数据。通常,外存只和内存交换数据而不和计算机的其他部件直接交换数据。当需要执行外存中的程序或处理外存中的数据时,必须通过 CPU 的输入/输出指令将其调入内存。常见计算机存储设备有硬盘、光盘、U 盘等。外存的特点是容量大,速度较慢,价格较便宜。

在个人计算机中常使用三种存储技术:磁存储(如 Hard Disk Drive,即 HDD)、光存储(如 CD、DVD)和固态存储(如各类内存卡、U 盘以及 Solid State Drive,即 SSD)。每种存储技术都有其优缺点,通常从通用性、耐用性、速度和容量等方面来考虑使用何种存储设备。

计算机的运算器、控制器和内存储器合称为计算机的主机。

④ 输入设备:输入功能,将程序和数据送到计算机的存储器中。

输入设备是人与计算机进行会话的一个接口。常用的输入设备有键盘、鼠标、扫描仪、摄像头、麦克风等。

⑤ 输出设备:输出功能,能根据人们事先给出的格式要求,将程序、数据及结果输出给操作人员。

常用的输出设备有显示器、打印机、音响、绘图仪等。

(2) 数据和程序以二进制代码形式不加区别地存放在存储器中,存放位置由地址指定,地址码也为二进制形式。

(3) 控制器是根据存放在存储器中的指令序列即程序来工作的,并由一个程序计数器(PC,即指令地址计数器)控制指令的执行。控制器有判断能力,能按计算结果选择不同的动作流程。

2) 计算机工作原理和基本结构

计算机硬件系统的各大部件并不是孤立存在的,它们在处理信息的过程中需要相互连接和传输,组成部件相互之间基本上都有单独的连接线路。计算机工作原理和基本结构如图 1-9 所示。

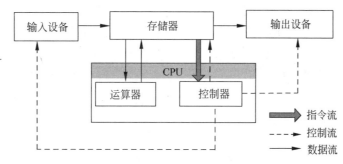

图 1-9　计算机工作原理和基本结构

　　计算机操作系统启动后,输入设备处于等待用户输入数据的状态,用户输入时,输入设备向控制器发出输入请求,控制器向输入设备发出输入命令,用户将编写的源程序、命令以及各种数据通过输入设备传送到内部存储器中,依次执行输入的命令或程序指令,控制器发出存取命令,数据存入内部存储器或从内部存储器中取出数据;根据程序指令的运算请求,控制器发出取数据命令,从内部存储器中取数据送到运算器的缓冲器中参与运算,运算的结果保存到内部存储器中。当程序需要输出时,控制器通知输出设备,输出设备准备好后向控制器发输出请求,控制器发输出命令,数据从内部存储器传送到输出设备,输出运行结果。

### 2. 计算机系统的组成

　　计算机系统由硬件系统和软件系统两大部分组成,如图 1-10 所示。硬件是指由电子线路、元器件和机械部件等构成的具体装置,是看得见、摸得着的实体,是机器系统。软件系统

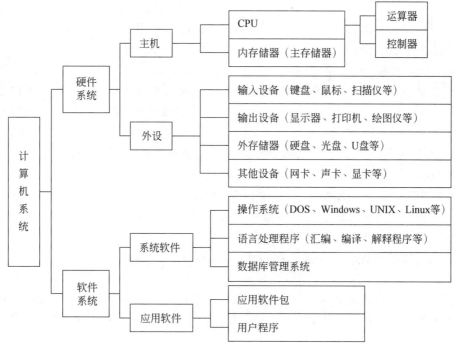

图 1-10　计算机系统的组成

是计算机中运行的程序及其使用的数据以及相应的文档的集合。没有软件系统的计算机几乎是没有用的。计算机的功能不仅仅取决于硬件系统，而更大程度上是由所安装的软件系统所决定的。

**3. 微型计算机的硬件系统**

微型计算机是指以微处理器为中心，同时配置相应的主存储器、输入输出接口电路以及组成这个系统的系统总线和总线接口，并在这些接口上配置相应的外围设备软件组成的计算机系统。

微型计算机的硬件系统主要由系统主板、CPU、存储器以及各种输入输出设备组成。

1）系统主板

系统主板又称为母板，用于连接计算机的多个部件。它安装在主机箱内，是微型计算机最基本、最重要的部件之一。主板主要包括 CPU 插槽、内存插槽、总线扩展槽、各种接口（硬盘和光驱的 IDE 或 SCSI 接口、串行口、并行口、USB 接口、键盘、鼠标接口）、BIOS 芯片、CMOS 芯片、DIP 开关等。目前主板一般都集成了显卡、声卡、网卡、无线网卡等。

（1）CPU 插槽。

CPU 插槽用于固定连接 CPU 芯片。

（2）内存插槽。

用户购买所需数量并与主板插槽匹配的内存就可以实现扩充内存，即插即用。

（3）芯片组。

芯片组是主板的灵魂，由一组超大规模集成电路芯片构成。芯片组控制和协调整个微机系统的正常运转和各个部件的选型，它被固定在主板上，不能像 CPU、内存等进行简单的升级换代。芯片组的作用是在 BIOS 和操作系统的控制下，按照统一规定的技术标准和规范为计算机中的 CPU、内存、显卡等部件建立可靠的安装、运行环境，为各种接口的外部设备提供可靠的连接。芯片组的外观就是集成块。目前，芯片组的生产厂家主要由 Intel、VIA、AMD、NVIDIA、ATI 等，其中 Intel 和 VIA 的芯片组最为常见。

（4）总线扩展槽。

总线扩展槽主要用于扩展微型计算机的功能，也称为 I/O 插槽。在它上面可以插入许多标准选件，如显卡、声卡、网卡等，以扩展微机的各种功能。任何插卡插入扩展槽后，都可以通过系统总线与 CPU 连接，在操作系统的支持下实现即插即用。这种开放式结构方便用户对微机相应子系统进行局部升级，使厂家和用户在配置机型方面具有更大的灵活性。

（5）BIOS。

BIOS 即"基本输入输出系统"（Basic Input/Output System），是主板的核心，它保存着计算机系统中的基本输入输出程序、系统信息设置、自检程序等，并反馈诸如设备类型、系统环境等信息。现在的 BIOS 芯片中还加入了电源管理、CPU 参数调整、系统监控、PNP（即插即用）、病毒防护等功能。

（6）各种接口。

接口是指计算机系统中，在两个硬件设备之间起连接作用的逻辑电路。接口的功能是在各个组成部件之间进行数据交换。主机与外部设备之间的接口称为输入输出接口，简称 I/O 接口。

① 集成设备电子部件（Intergrated Device Electronics，IDE）接口。主要连接 IDE 硬盘

和 IDE 光驱。主板上有两组 IDE 设备接口，分别为 IDE1 和 IDE2。IDE1 通常连接引导硬盘，IDE2 多用于接入光驱。

② 串行接口(Serial Port)简称为"串口"。微型机中采用串行通信协议的接口称为串行接口，也称为 RS-232 接口。

③ 并行接口(Parallel Port)简称为"并口"，用一组线同时传送几组数据。在微型机中，一般配置一个并行接口，标记为 LPT1 或 PRN。并口一般连接老式的打印机，现今很多主板已不提供并口了。

④ USB 接口(Universal Serial Bus)即符合通用串行总线硬件标准的接口，用于外部设备。USB 能使相关外设在机箱外连接，允许"热插拔"(连接外设时不必关闭电源)，实现安装自动化，且比传统串口快成百上千倍。各类设备如鼠标、键盘、打印机、扫描仪等均已转为使用 USB 接口。

2) CPU

CPU 是一个大规模集成电路芯片，包括运算器、控制器、寄存器组、内部总线等。寄存器用于暂存参与运算的数据、结果和状态等，高档 CPU 芯片中还有高速缓冲存储器(Cache)，用于解决 CPU 与内存之间速度不匹配的问题。

CPU 的性能指标主要包括两个：机器字长和主频。

机器字长是指计算机的运算部件能同时处理的二进制数据的位数。字长决定了计算机的运算精度，字长越长，计算机的运算精度就越高。因此，高性能的计算机字长较长，而性能较差的计算机字长相对要短一些。字长也影响计算机的运算速度，字长越长，计算机在一个周期内处理的数据位数就越多，运算速度就越快。字长通常是字节的整倍数，如 Intel 奔腾系列 CPU 字长为 32 位，而酷睿 2 系列 CPU 字长达到 64 位。近几年流行的大多数为 64 位字长的微处理器。CPU 字长为 64 位，处理器一次可以运行 64 位数据。64 位计算机主要有两大优点：可以进行更大范围的整数运算，可以支持更大的内存。

主频即计算机 CPU 的时钟频率，又称时钟周期和机器周期，单位是兆赫(MHz)或吉赫(GHz)，它反映了 CPU 的基本工作节拍。例如，规格 2.4GHz 的意思是 CPU 时钟能在 1s 内运行 2.4 亿个周期。周期是 CPU 的最小时间单位。CPU 的每一项活动都以周期来度量。但需要注意的是，时钟的速度并不等于处理器在 1s 内能执行的指令数目。在很多计算机中，一些指令能在 1 个周期内完成，但是也有一些指令需要多个周期才能完成。有些 CPU 甚至能在单个时钟周期内执行几个指令。

主频是衡量 CPU 性能高低的一个重要技术指标。主频越高，表明指令的执行速度越快，指令的执行时间也就越短，对信息的处理能力和效率就越高。

【注意】 只有在比较同系列芯片的 CPU 时，才可以直接对时钟速度加以比较。

另外，对多核处理器来说，核心的数量也会影响性能。所谓双核、多核结构就是在一个 CPU 中集成多个单独的 CPU 单元。这种技术的好处是可以在一个时钟周期内执行多条指令，因而理论上可以成倍提高 CPU 的处理能力。多核心通常会带来更快的处理速度。2.4GHz 的 i5 处理器有两个核心，等效性能为 4.8GHz(2.4GHz×2)。而 1.6GHz 的 i7 处理器有 4 个核心，等效性能为 6.4GHz(1.6GHz×4)。

如果是不同架构、不同品牌的 CPU，仅对比主频没有可比性，还需要看 CPU 的核心架构、个性数量以及缓存容量等这几个重要指标。

3）存储器

存储器（Memory）是用来存储程序和数据的部件。使用时，可以从存储器中取出信息，不破坏原有的内容，这种操作称为存储器的读操作；也可以把信息写入存储器，原来的内容被抹掉，这种操作称为存储器的写操作。存储器分为内存（又称主存储器）和外存（又称辅助存储器）两大类。

内存与运算器和控制器直接相连，存放当前正在运行的程序和有关数据，存取速度快。外存存放计算机暂时不用的程序和数据，需要时才调入内存，它的存取速度相对较慢。通常，将运算器、控制器、主存储器合称为计算机的主机。

4）输入输出设备

输入（Input）设备（如键盘、鼠标等）能把程序、数据、图形、声音、控制现场的模拟量等信息，通过输入接口转换为计算机可接收的形式。输出（Output）设备（如显示器、打印机等）能把计算机的运行结果或过程，通过输出接口转换为人们所要求的直观形式或控制现场能接受的形式。而不少设备同时集成了输入、输出两种功能。例如，光盘刻录机可作为输入设备，将光盘上的数据读入到计算机内存，也可作为输入设备将数据刻录到 CD-R 或 CD-RW 光盘。

**4. 计算机的软件系统**

计算机的软件系统就是指支持计算机运行或解决某些特定问题而需要的程序、数据以及相关的文档的集合。

计算机的硬件系统也称为裸机，裸机只能识别由 0 和 1 组成的机器代码。没有软件系统的计算机是无法工作的，它只是一台机器而已。实际上，用户所面对的是经过若干层软件"包装"的计算机，计算机的功能不仅仅取决于硬件系统，在更大程度上是由所安装的软件系统决定的。硬件系统和软件系统互相依赖，不可分割。计算机硬件、软件与用户之间的关系是一种层次结构，其中硬件处于内层，用户在最外层，而软件则是在硬件与用户之间，用户通过软件使用计算机的硬件。计算机系统的层次结构如图 1-11 所示。

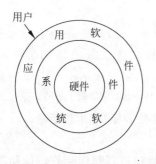

图 1-11　计算机系统的层次结构

1）软件的定义及特点

（1）软件的定义。

软件是计算机的灵魂，没有软件的计算机毫无用处。软件是用户与硬件之间的接口，用户通过软件使用计算机硬件资源。计算机科学对软件的定义：软件就是在计算机系统支持下，能够完成特定功能和性能的程序、数据和相关的文档。于是，软件可以形式化地表示为：

$$软件＝知识＋程序＋数据＋文档$$

程序是用计算机程序设计语言描述的。无论是低级语言（如汇编语言），还是高级语言（如 C++、Java、Python 等），程序都可以在相应的语言编译器的支持下转换为操纵计算机硬件执行的代码。

（2）软件的特点。

① 具有抽象性，是一种逻辑实体。只能通过运行状况来了解其功能、特性和质量。

② 软件没有明显的制作过程。

③ 软件不存在磨损、老化问题，但存在缺陷维护和技术更新。

④ 软件的开发和运行必须依赖于特定的计算机系统环境,对于硬件有依赖性,为了减少依赖,开发中提出了软件的可移植性。

⑤ 复杂性高、成本高,软件的开发渗透了大量的脑力劳动、人的逻辑思维、智能活动和技术水平。

⑥ 软件的开发涉及诸多社会因素,如知识产权等。

2) 软件的分类

计算机软件分为系统软件(System Software)和应用软件(Application Software)两大类。

(1) 系统软件。

系统软件是管理、监控和维护计算机资源的软件,是用来扩大计算机的功能、提高计算机的工作效率、方便用户使用计算机的各种程序的集合。人们借助软件使用计算机。系统软件是计算机正常运转不可缺少的,一般在购买计算机时由厂家提供。任何用户都要用到系统软件,其他程序都要在系统软件的支持下运行。系统软件分为操作系统、语言处理系统、数据库管理系统及系统工具软件 4 类。

① 操作系统。

操作系统(Operating System,OS)是介于用户和计算机硬件之间的操作平台,只有通过操作系统才能使用户在不必了解计算机系统内部结构的情况下正确使用计算机。所有的应用软件和其他的系统软件都是在操作系统下运行的。目前使用的操作系统有很多不同的版本,其功能各具特色,适用于不同的场合。目前在微机上运行的操作系统主要有 MS-DOS、Windows、Mac OS、UNIX、Linux 等;在手持计算机上运行的操作系统主要有 Android、iOS 等。

② 语言处理系统。

语言处理系统将高级语言编写的源程序翻译成由机器语言(一种以二进制代码"0"和"1"形式来表示的、能够被计算机直接识别和执行的语言)组成的目标程序。高级语言贴近自然语言,用户不必了解计算机的内部结构,只需把解决问题的执行步骤输入到计算机即可。高级语言不能直接被计算机执行,必须通过语言处理系统转换为计算机能够识别的机器语言,其转换过程有如下两种方式。

- 编译方式:编译程序把高级语言的源程序整个地翻译成用机器指令生成的目标程序,然后再由计算机执行该目标程序并得到计算结果。
- 解释方式:解释程序对源程序逐句地进行翻译,每翻译一句就由机器执行一句,即边解释边执行。

不同的高级语言有不同的语言处理系统。C++等高级语言源程序采用编译执行方式,而 Python 等则采用解释执行方式。

③ 数据库管理系统。

数据库管理系统(Database Management System,DBMS)是有效地进行数据存储、共享和处理的工具。当今计算机已广泛应用于各种管理工作中,而进行这种管理工作的信息管理系统几乎都是以数据库为核心的。简单地说,数据库管理系统是管理系统中大量、持久、可靠、共享的数据的工具。数据库管理系统在操作系统支持下工作。常见的数据库管理系统有 Access、Oracle、DB2、SQL Server、MySQL 等。

④ 系统工具软件。

系统工具软件是指用来管理、维护、使用计算机的服务性程序,如诊断和修复工具、调试程序、编辑程序、文件压缩程序和磁盘整理工具等。这些程序主要是为了维护计算机系统正常运行,方便用户在软件开发和实施过程中的应用,如 Windows 中的磁盘整理工具程序等。还有一些著名的工具软件如 360 软件管家,它集成了对计算机维护的各种工具程序。实际上,Windows 和其他操作系统都有附加的实用系统工具程序。

(2) 应用软件。

应用软件是用于解决某一特定应用领域内的任务而开发的软件。应用软件是在系统软件的支持下工作的。常用的应用软件如下。

① 通用应用软件。

通用应用软件由计算机专业人员与相关专业的技术人员共同开发完成,是为解决带有通用性问题而研制开发的程序。通常由软件开发商发布发行,使用范围较广,如文字处理软件 Word、WPS;电子表格软件 Excel;绘图软件 AutoCAD、网络浏览软件 Internet Explore、Chrome、Firefox 等。

② 专用的应用软件。

专用的应用软件也称用户程序,是指用户自行开发或者委托软件企业开发的针对特定问题而编制的程序。专用应用软件专门用于某一个专业领域,如股票分析软件、银行管理软件、气象预报分析系统,还有如企业财务管理系统、仓库管理系统、人事档案管理系统、设备管理系统、计划管理系统等,这些均广泛应用于各种管理信息系统(Management Information System,MIS)中。

### 1.2.3　操作系统和文件管理

**1. 操作系统基础知识**

1) 操作系统的概念

操作系统是计算机系统中的一个系统软件,它是这样一些程序模块的集合——它们管理和控制计算机系统中的软件和硬件资源,合理地组织计算机工作流程,以便有效地利用这些资源为用户提供一个功能强大、使用方便和可扩展的工作环境,从而在计算机与其用户之间起到接口的作用。

操作系统追求的目标主要有两点:一是方便用户使用计算机,一个好的操作系统应提供给用户一个清晰、简洁、易于使用的用户界面;二是提高系统资源的利用率,尽可能使计算机系统中的各种资源得到最充分的利用。

2) 操作系统的功能

操作系统的主要功能可以分为处理机管理、存储管理、设备管理、文件管理和作业管理等。

(1) 处理机管理。

处理机管理主要是对 CPU 进行管理,又称为进程管理。CPU 是计算机系统中最重要的硬件资源,计算机的一切处理运算都是在 CPU 中完成的。处理机的占用和它的利用率直接关系计算机和用户任务的处理效率。

CPU 的每个周期都是可用于完成任务的资源。许多称为"进程"的计算机活动会竞争 CPU 的资源。进程(Process)是指进行中的程序,即进程＝程序＋执行。进程是程序的一次执行过程,是系统进行调度和资源分配的一个独立单位。简单地说,进程就是一个正在执行的程序。一个程序被加载到内存,系统就创建了一个进程,程序执行结束后,该进程也就消亡了。当有一个或多个用户提交作业请求服务时,操作系统对进程的管理是协调各作业之间的运行,充分发挥 CPU 的作用,为所有的用户服务,提高计算机的使用效益,使 CPU 的资源得到充分利用。

在 Windows 等操作系统中,用户可以查看到当前正在执行的进程。有时"进程"又称"任务"。例如,在 Windows 任务管理器(按 Alt＋Ctrl＋Delete 组合键)中,可以快速查看进程信息,或者强行终止某个进程。当然,结束一个应用程序的最好方式是在应用程序的界面中正常退出,而不是在进程管理器中删除一个进程,除非应用程序出现异常而不能正常退出时才这样做。如果怀疑程序没有正确关闭或是有恶意软件在暗中捣鬼,用户可以查看 CPU 正在执行哪些进程。

(2) 存储管理。

存储管理的主要任务是对内存资源进行合理分配。当多个程序共享有限的内存资源时,如何为它们分配内存空间,使它们既彼此隔离、互不干扰,又能保证在一定条件下及时调配,尤其是当内存不够用时,如何把当前未运行的程序与程序所需数据及时调出内存,要运行时再从外存调入内存等,都是存储管理的任务。

(3) 设备管理。

设备管理是指计算机系统中除了 CPU 和内存以外的所有输入输出设备的管理。除了进行实际输入输出操作的设备外,还包括各种支持设备。设备管理的首要任务是为这些设备提供驱动程序或控制程序,使用户不必了解设备及接口技术细节,就可方便地对这些设备进行操作。另外,就是使相对低速的外部设备尽可能与 CPU 并行工作,以提高设备的使用效率并提高整个系统的运行速度。

(4) 文件管理。

文件是具有某种性质的信息集合。文件包括的范围很广,例如文本文件、程序文件、应用文件等。文件通常存放在外存(如磁盘)上,通过文件名即可对文件的内容进行读写操作。文件是计算机系统的软件资源,有效地组织、存储、保护文件,使用户方便、安全地访问它们,是文件管理的任务。

(5) 作业管理。

所谓作业,就是在一次提交给计算机处理的程序和数据的集合或一次事务处理中,要求计算机系统所做的工作的集合。可以说,计算机的一切工作都是为了完成作业。用户应如何向计算机系统提交作业、系统如何以较高的效率来组织和调度它们的运行,这就是作业管理的任务。

3) 操作系统的演变与发展

操作系统伴随着计算机技术及其应用的发展而逐渐发展和不断完善,它的功能由弱到强,在计算机系统中的地位不断提高,至今,它已成为计算机系统的核心。操作系统的发展历史如下。

(1) 无操作系统时代。

1946 年,世界上第一台电子计算机 ENIAC 诞生,计算机硬件主要采用电子管器件,输入输出等各类操作命令均手工实现。

(2) 第一代操作系统。

20 世纪 50 年代初期,产生了第一个简单的批处理操作系统,即操作系统的雏形——批处理系统(监督程序),用来控制作业的运行。用户将作业交到机房,操作员将一批作业输入到外存(如磁带)上,形成一个作业队列。当需要调入作业时,监督程序从这一批作业中选一道作业调入内存运行。当这一道作业完成时,监督程序再调入另一道作业,直到这一批作业全部完成。

(3) 第二代操作系统。

20 世纪 60 年代中期,产生了多道操作系统、分时操作系统。

① 多道操作系统:在计算机内存中同时存放几道相互独立的程序,在管理程序控制之下,使它们在系统内相互穿插地运行。

② 分时操作系统:在一台主机上连接多个带有显示器和键盘的终端,同时允许多个用户通过自己的键盘,以交互的方式使用计算机,共享主机中的资源。

(4) 第三代操作系统。

20 世纪 70 年代,通用计算机操作系统开始出现,如 UNIX、MS-DOS 等操作系统相继问世。

① UNIX 系统自 1969 年踏入计算机世界以来已 50 多年,仍然是 PC、服务器、中小型机、工作站、巨型机及集群等的通用操作系统,而且以其为基础形成的开放系统标准(如 POSIX)也是迄今为止唯一的操作系统标准。

② MS-DOS 是 Microsoft Disk Operating System 的简称,是由美国微软公司提供的单用户磁盘操作系统,从 4.0 版开始具有多任务处理功能。

(5) 第四代操作系统。

20 世纪 80、90 年代以后,出现 Windows 系列操作系统、网络操作系统、分布式操作系统等。

① Windows 系列操作系统自 1985 年推出 Windows 1.0 以来不断推陈出新,因其易学易用、友好的图形用户界面,以及多任务及内存扩展等功能得以很快流行并迅速占领市场,至今仍是操作系统的主流产品。

② 网络操作系统能够管理网络通信和网络上的共享资源,协调各个主机上任务的运行,并向用户提供统一、高效、方便易用的网络接口的一种操作系统。UNIX、Linux 以及能用于服务器上的 Windows 版本都是网络操作系统。

③ 分布式操作系统是指由多个分散的处理单元经网络的连接而形成的系统。在分布式操作系统中,系统的处理和控制功能都分散在系统的各个处理单元上,系统中的所有任务可以动态地分配到各个处理单元中去。分布式操作系统是网络操作系统的更高形式。

(6) 第五代操作系统。

第五代操作系统与硬件结合更加紧密,嵌入式操作系统(Embedded Operating System, EOS)及移动平台操作系统均是这一代操作系统的代表。

嵌入式系统是一种"完全嵌入受控器件内部,为特定应用而设计的专用计算机系统"。它结构精简,在硬件和软件上都只保留需要的部分,而将不需要的部分裁去。一般都具有便携、低功耗、性能单一等特性,在智能家居、交通管理、环境监测、电子商务等领域各智能终端均有广泛的应用。嵌入式操作系统是指用于嵌入式系统的操作系统,是一种用途广泛的系统软件,例如嵌入式 Linux、WinCE。它负责嵌入式系统的全部软硬件资源的分配、调度工作,控制协调并发活动。

另外,移动操作系统也随着智能手机和平板计算机的不断发展而发展起来,主流的移动操作系统有苹果的 iOS 和 Google 的 Android 等。

**2. 文件基础知识**

文件是具有文件名的一组相关信息的集合,所有的程序和数据都是以文件的形式存放在计算机的外存上。想有效地使用计算机文件,就需要对文件基础知识有很好的理解。

1) 文件名和扩展名

任何一个文件都有文件名,文件名是存取文件的依据,即"按名存取"。在保存文件时,必须提供符合特定规则的有效文件名,这些特定规则称为文件命名规范。

用户给文件命名时,必须遵循以下规则:

(1) 在文件和文件夹的名字中,用户最多可使用 255 个字符。

(2) 可使用多个间隔符"."的文件名,如 jsj. jsj. docx。

(3) 文件名可以有空格但不能有"\""/"":"" * ""?""""""<"">""|"等。

(4) Windows 保留文件名的大小写格式,但不能利用大小写区分文件名。例如,JSJ. TXT 和 jsj. txt 被认为是同一文件名。

(5) 当搜索和显示文件时,用户可以使用通配符"?"和" * "。其中,问号"?"代表一个任意字符,星号" * "代表任意个任意字符。

(6) 文件名中最后一个"."后的字符串被称为扩展名,用以标识文件类型。如 jsj. jsj. docx 的扩展名为 docx,表示该文件是一个 Word 文档。

在 Windows 10 系统中的平铺显示方式下,文件主要由文件名、文件扩展名、分隔点、文件图标及文件描述信息等部分组成,如图 1-12 所示。

图 1-12 文件的组成

常用的 Windows 文件扩展名及其表示的文件类型如表 1-5 所示。

表 1-5 常用的 Windows 文件扩展名及其表示的文件类型

| 扩 展 名 | 文 件 类 型 | 扩 展 名 | 文 件 类 型 |
|---|---|---|---|
| AVI | 视频文件 | FON | 字体文件 |
| BAK | 备份文件 | HLP | 帮助文件 |
| BAT | 批处理文件 | INF | 信息文件 |
| BMP | 位图文件 | MID | 乐器数字接口文件 |
| COM | 执行文件 | MMF | Mail 文件 |
| DAT | 数据文件 | RTF | 文本格式文件 |
| DCX | 传真文件 | SCR | 屏幕文件 |
| DLL | 动态链接库 | TTF | TureType 字体文件 |
| DOC | Word 文件 | TXT | 文本文件 |
| DRV | 驱动程序文件 | WAV | 声音文件 |

可以通过设置来显示或隐藏文件的扩展名。设置显示和隐藏文件扩展名的方法：首先打开"此电脑"或"文件资源管理器"窗口，选择"查看"→"选项"，在弹出的"文件夹选项"对话框中选择"查看"选项卡，在"高级设置"中，有一项复选框"隐藏已知文件类型的扩展名"，若要显示文件扩展名，则取消勾选该复选框，若要隐藏文件扩展名，则勾选该复选框。

2）文件夹和路径

要指定文件的位置，首先必须指定文件存储在哪个设备中。在 Windows 操作系统中，个人计算机的每一个存储设备都是以驱动器名（也叫盘符）来进行识别的。盘符通常由图标、名称和信息组成，用大写字母加一个冒号来表示，如"C:"，简称 C 盘。

在 Windows 中硬盘驱动器被指定为"C:"，用户可以根据自己的需求创建多个硬盘分区，在不同的磁盘上存放相应的内容，一般来说，C 盘是第一个磁盘分区，用来存放系统文件，程序和数据可以存放在其他分区。各个磁盘在计算机中的显示状态如图 1-13 所示。

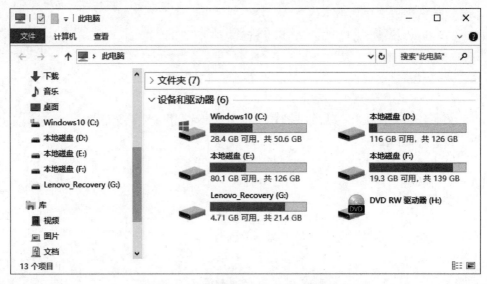

图 1-13　各个磁盘在计算机中的显示状态

操作系统为每个存储设备维护着一个称为目录的文件列表。主目录也称为根目录。根目录通过驱动器名加反斜杠来表示。如，"C:\"就是硬盘的一个根目录。根目录还可以进一步细分为更小的列表，每一个列表就称为一个子目录。

在 Windows 中子目录即为文件夹，简单地说，文件夹就是文件的集合，类似于文件柜中存放的相关文件的文件夹。如果计算机中的文件过多，则会显得杂乱无章，要想查找某个文件也不太方便，此时用户可将相似类型的文件整理起来，统一地放置在一个文件夹中，这样不仅可以方便用户查找文件，而且还能有效地管理好计算机中的资源。

图 1-14　文件夹名称及图标

文件夹中可以包含文件和子文件夹，子文件夹中又可以包含文件和子文件夹，以此类推，即可形成文件和文件夹的树形关系。文件夹中可以包含多个文件和文件夹，也可以不包含任何文件和文件夹。不包含任何文件和文件夹的文件夹称为空文件夹。文件夹名称及图标如图 1-14 所示。

路径指的是文件或文件夹在计算机中存储的位置,当打开某个文件夹时,在地址栏中即可看到进入的文件夹的层次结构,地址栏如图 1-15 所示。由文件夹的层次结构可以得到文件夹的路径。

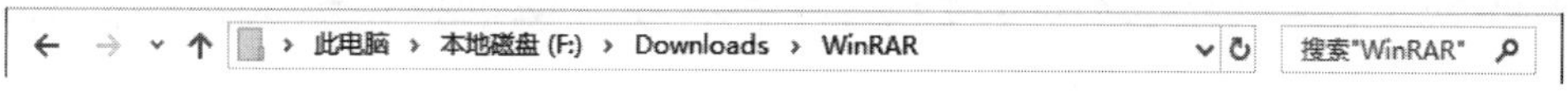

| ← → ∨ ↑ | 此电脑 > 本地磁盘 (F:) > Downloads > WinRAR | ∨ ↻ | 搜索"WinRAR" ⌕ |

图 1-15 地址栏

路径的结构包括盘符、文件夹名称和文件名称,它们之间用"\"隔开。如在 D 盘下的"歌曲"文件夹里的"你眼中的奇迹.mp3",文件路径显示为 D:\歌曲\你眼中的奇迹.mp3。

3) 文件格式

文件格式是指存储在文件中的数据的组织和排列方式。显然,对于音乐文件的存储方式与文本文件和图形文件的存储方式是不同的,甚至对同一类数据,也有很多不同的文件格式,例如,图形数据可存储为 BMP、GIF、JPEG 或 PNG 这样的文件格式。对程序、文字、图片等每一类信息,都可以以一种或多种文件格式保存到计算机中。每一种文件格式通常会有一种或多种扩展名来识别,但也可以没有扩展名。扩展名可以帮助应用程序识别文件格式。

每一种应用软件都可以处理特定的文件格式。在使用"打开"对话框时,多数应用程序会自动筛选文件,只显示那些以它们能处理的文件格式存储的文件。在 Windows 中,可使用文件关联列表把文件格式和相应的应用软件连接起来,以便当用户双击某个文件名时,计算机会自动地打开能处理正确文件格式的应用软件。

此外,也可以对文件格式进行转换。例如,若某人创建了一个 Word 文档,想将其发布到 Web 上,则可以将此文档格式转换为 HTML 格式后发布。转换文件格式最简单的方法就是找到一种能处理这两种文件格式的应用软件,然后使用这种软件打开这个文件,使用"导出"或"另存为"对话框选择一种新的文件格式,给这个文件重新命名后保存该文件。

# 1.3 大数据基础知识

信息是数据的内涵,数据是信息的载体。从上古时代的壁画到如今的文字、音频、视频,这些统统可以视为数据。伴随着人类文明的发展,人类能够处理的数据不断增加。农业时代的指南针、造纸术、印刷术,以及工业时代的火车、电话、计算机与互联网等技术的发明与发展,都有效提升了数据的传递与处理效率。当社会发展到一定程度,属于大数据(Big Data)的时代必然出现。

## 1.3.1 大数据的产生及概念

近年来,互联网、物联网的高速发展引领人类进入了一个信息量爆炸性增长的时代。互联网(社交、搜索、电商)、移动互联网(微信、微博)、物联网(传感器,智慧地球)、车联网、GPS、医学影像、安全监控、金融(银行、股市、保险)、电信(通话、短信)都在飞速地产生数据。从科技发展的角度来看,"大数据"是"数据化"趋势下的必然产物。并且随着这一趋势的不断深入,在不远的将来,人们将身处于一个"一切都被记录,一切都被数字化"的时代。

有研究根据数据产生的不同方式将大数据分为存量数据和增量数据,其中增量数据是主体。经过行业信息化建设,医疗、交通、金融等领域已经积累了许多内部数据,这些数据构成大数据资源的"存量";而移动互联网和物联网的发展,大大丰富了大数据的采集渠道,来自外部社交网络、可穿戴设备、车联网、物联网及政府公开信息平台的数据将成为大数据"增量"数据资源的主体。当前移动互联网、物联网深度普及,为大数据应用提供了丰富的数据源。

顾名思义,大数据表示数据规模庞大,但是仅仅数量上的庞大显然无法看出"大数据"这一概念和传统的"海量数据""超大规模数据"等概念之间的区别。通常认为大数据应该具备4V特点:Volume(数据体量巨大)、Variety(数据多样性)、Value(价值密度低)、Velocity(处理速度快)。

对于大数据的定义,权威机构们给出了不同的表述。研究机构 Gartner 给出的定义:大数据是需要新处理模式才能具有更强的决策力、洞察发现力和流程优化能力的海量、高增长率和多样化的信息资产。

维基百科对大数据的定义则简单明了:大数据是指利用常用软件工具捕获、管理和处理数据所耗时间超过可容忍时间的数据集。

咨询公司麦肯锡(McKinsey)给出的定义:一种规模大到在获取、存储、管理、分析方面大大超出了传统数据库软件工具能力范围的数据集合,具有海量的数据规模、快速的数据流转、多样的数据类型和价值密度低4大特征。

不管是信息资产还是数据集合,这些定义无不在昭示着大数据对于人们未来社会的价值。

不管是哪一种定义,都体现出了大数据的4大特性。

(1) 数据体量巨大。从数据存储的角度来看,最小的存储单位为 B(字节),按顺序依次往上 KB(Kilobyte,千字节)、MB(Megabyte,兆字节)、GB(Gigabyte,吉字节)、TB(Terabyte,太字节)、PB(Petabyte,拍字节)、EB(Exabyte,艾字节)、ZB(Zettabyte,泽字节)、YB(Yottabyte,佑字节)。

我国四大名著之一《红楼梦》含标点符号一共87万字,每个汉字占2字节,1GB约等于671部《红楼梦》;1TB约等于631 903部《红楼梦》;1PB约等于647 068 911部《红楼梦》。而到2022年1月,百度搜索处理的网页数据量已经超过1000PB。

根据国际权威机构 Statista 的统计,全球数据量在2020年达到59ZB(1ZB$=10^{12}$GB),近十年全球产生数据量估算如图1-16所示。从图中可以看出,自2016—2025年,全球数据增长量将比过去几千年人类所积累的数据的总和还要多。据IDC预测,到2025年,全球数据量将扩展至175ZB。

(2) 数据多样性。主要体现在数据来源多、数据类型多和数据之间关联性强这三个方面。

① 数据来源多。企业所面对的传统数据主要是交易数据,而互联网和物联网的发展,带来了诸如社交网站、传感器等多种来源的数据。

② 数据类型多。由于数据来源于不同的应用系统和不同的设备,决定了大数据类型的多样性。大体可以分为三类:一是结构化数据,如财务系统数据、信息管理系统数据、医疗系统数据等,其特点是数据间相关关系强;二是非结构化数据,如图片、音频、视频等,其特点是数据间没有相关关系;三是半结构化数据,如 HTML 文档、邮件、网页等,其特点是数据间的相关关系弱。大数据以非结构化数据为主。传统的企业中,数据都是以表格的形式保存。而大数据中有70%~85%的数据是如图片、音频、视频、网络日志、链接信息等非结

图 1-16 近十年全球产生数据量估算

构化和半结构化数据。

③ 数据之间关联性强。例如,游客在旅游途中上传的照片和日志,就与游客的位置、行程等信息有很强的关联性。

(3)价值密度低。以大量连续监控的视频为例,可能有价值的数据仅仅一两秒。价值密度的高低与数据总量的大小成反比。数据总量越大,无效冗余的数据则越多,如何通过强大的机器算法迅速地完成数据的价值"提纯"是目前大数据背景下亟待解决的难题。

(4)处理速度快。这是大数据区分于传统数据挖掘的最显著特征。大数据从生产到消耗,时间窗口非常小,可用于生成决策的时间非常少,时效性要求高。大数据处理遵循"1s定律"或者秒级定律,就是说对处理速度有要求,一般要在秒级时间范围内给出分析结果,时间太长就失去价值了。

## 1.3.2 大数据发展现状

### 1. 大数据政策法规日益完善

目前,大部分国家都高度重视大数据产业的发展。自 2012 年来密集出台多项专门政策予以支持。从各国举措来看,政策着力点主要在于 3 个方面:其一是开放数据,给予产业界高质量的数据资源;其二是在前沿及共性基础技术上增加研发投入;其三是积极推动政府和公共部门应用大数据技术。

美国在推动大数据研发和应用上最为迅速和积极,强化顶层设计,力图引领全球大数据发展。2012 年 3 月,奥巴马科技政策办公室发布《大数据研究和发展计划》,成立大数据高级指导小组,旨在大力提升美国从海量复杂的数据集合中获取知识和洞见的能力。美国政府还在积极推动数据公开,已开放 37 万个数据集和 1209 个数据工具。同时,美国政府也是大数据的积极使用者,2013 年曝光的"棱镜门事件"显示出美国国家安全部门大数据应用的强大实力,其应用范围之广、水平之高、规模之大都远远超过人们的想象。

2013 年 11 月,美国信息技术与创新基金会发布《支持数据驱动型创新的技术与政策》,

建议世界各国的政策制定者应采取措施,鼓励公共部门和私营部门开展数据驱动型创新。

2014年5月,美国总统行政办公室发布《大数据:把握机遇,保存价值》。报告中提醒,在发挥正面价值的同时,应该警惕大数据应用对隐私、公平等长远价值带来的负面影响。

2016年5月,美国总统科技顾问委员会发布了《联邦大数据研究和开发战略计划》。该计划在已有基础上提出美国下一步的大数据7大发展战略,代表大数据研究和开发(R&D)的关键领域。

在全球经济衰退、新冠肺炎疫情暴发的影响下,世界经济运行的不稳定性与不确定性因素持续增加,相比商品和资本全球流动受阻,数字化驱动的新一轮全球化仍保持高速增长,推动以数据为基础的战略转型成为各个国家和地区抢占全球竞争制高点的重要战略选择。2021年,各国继续深化数据领域实践,探索发展方向,推动经济的复苏与繁荣。

美国作为数据强国,率先施行"开放政府数据"行动,旨在通过开放公共领域数据增强政府与公众间的互动,激发数据经济在社会经济增长中的引擎作用。2019年12月,美国发布国家级战略规划《联邦数据战略与2020年行动计划》,《联邦数据战略与2020年行动计划》中明确提出将数据作为战略资源,并以2020年为起点,勾画联邦政府未来十年的数据愿景。2020年10月,美国管理和预算办公室(OMB)发布2021年的行动计划,鼓励各机构继续实行联邦数据战略。在吸收了2020年行动计划经验的基础上,2021年行动计划进一步强化了在数据治理、规划和基础设施方面的活动。计划具体包括40项行动方案,主要分为三个方向:一是构建重视数据和促进公众使用数据的文化;二是强化数据的治理、管理和保护;三是促进高效、恰当地使用数据资源。可以看出,美国在数据领域的政策越来越强调发挥机构间的协同作用,促进数据的跨部门流通与再利用,充分发掘数据资产价值,从而巩固美国数据领域的优势地位。

英国政府为促进数据在政府、社会和企业间的流动,于2020年9月发布《国家数据战略》。《国家数据战略》中明确指出了政府需优先执行的五项任务以促进英国社会各界对数据的应用:一是充分释放数据价值;二是加强对可信数据体系的保护;三是改善政府的数据应用现状,提高公共服务效率;四是确保数据所依赖的基础架构的安全性和韧性;五是推动数据的国际流动。五项任务发布以来,英国政府采取了一系列行动促进数据的高效合规应用,如颁布《政府数据质量框架》、助力公共部门提升数据管理效率以及建立数据市场部门等。2021年5月,英国政府在官方渠道上发布《政府对于国家数据战略咨询的回应》,强调2021年的工作重心是"深入执行《国家数据战略》",并表明将通过建立更细化的行动方案,全力确保战略的有效实施,由此可以看出英国政府利用数据资源激发经济新活力的决心。

2020年2月19日,欧盟委员会推出《欧盟数据战略》,该战略勾画出欧盟未来十年的数据战略行动纲要。区别于一般实体国家,欧盟作为一个经济政治共同体,其数据战略更加注重加强成员国之间的数据共享,平衡数据的流通与使用,以打造欧洲共同数据空间、构建单一数据市场。为保障战略目标的顺利实现,欧盟实施了一系列重要举措。《欧盟数据治理法案》作为《欧盟数据战略》系列举措中的第一项,于2021年10月获得成员国表决通过,该法案旨在"为欧洲共同数据空间的管理提出立法框架",其中主要对三个数据共享制度进行构架,分别为公共部门的数据再利用制度、数据中介及通知制度和数据利他主义制度,以此确保在符合欧洲公共利益和数据提供者合法权益的条件下,实现数据更广泛的国际共享。为保证战略的可持续性以及加强公民和企业对政策的支持和信任,2021 年 9 月 15 日,欧委会提交《通向数字十年之路》提案,该提案以《2030 年数字指南针》为基础,为欧盟数字化目标的落地提供具体治理框架,具体包括:建立监测系统以衡量各成员国目标进展;评估数字化发展年度报告并提供行动建议;各成员国提交跨年度的数字十年战略路线图等。

大数据是国家性战略资源,是 21 世纪的"钻石矿"。党中央、国务院高度重视大数据在经济社会发展中的作用,提出"实施国家大数据战略"。自 2014 年以来,我国国家大数据战略的谋篇布局经历了 4 个不同阶段,各阶段内容如图 1-17 所示。

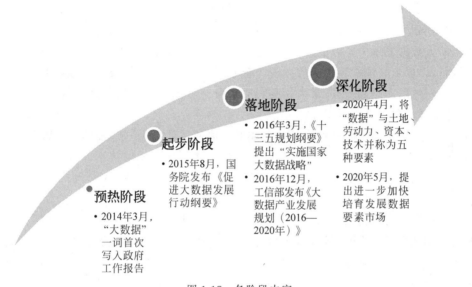

图 1-17 各阶段内容

预热阶段:2014 年 3 月,"大数据"一词首次写入政府工作报告,为我国大数据发展的政策环境搭建开始预热。从这一年起,"大数据"逐渐成为各级政府和社会各界的关注热点,中央开始提供积极的支持政策与适度宽松的发展环境,为大数据发展创造机遇。

起步阶段:2015 年 8 月,国务院正式印发的《促进大数据发展行动纲要》(国发〔2015〕50号),成为我国发展大数据的首部战略性指导文件,对包括大数据产业在内的大数据整体发展做出了部署,体现出国家层面对大数据发展的顶层设计和统筹布局。

落地阶段:2016 年 3 月,《中华人民共和国国民经济和社会发展第十三个五年规划纲要》(简称《十三五规划纲要》)的公布标志着国家大数据战略的正式提出,彰显了中央对于大数据战略的重视。2016 年 12 月,工业和信息化部(简称工信部)发布《大数据产业发展规划(2016—2020 年)》,为大数据产业发展奠定了重要的基础。

深化阶段:随着国内相关产业体系日渐完善,各类行业融合应用逐步深入,国家大数据战略开始走向深化。2020 年 4 月,中共中央、国务院发布《关于构建更加完善的要素市场化配置体制机制的意见》,将"数据"与土地、劳动力、资本、技术并称为五种要素,提出"加快培育数据要素市场"。5 月,中央在《关于新时代加快完善社会主义市场经济体制的意见》中提出进一步加快培育发展数据要素市场。这意味着数据已经不仅是一种产业或应用,而已成为经济发展赖以依托的基础性、战略性资源。数据要素市场化配置上升为国家战略,将对发展数字经济、完善现代化治理体系产生深远影响。在数字社会,数据扮演基础性战略资源和关键性生产要素双重角色,一方面,有价值的数据资源是生产力的重要组成部分,是催生和推动众多数字经济新产业、新业态、新模式发展的基础;另一方面,数据区别于以往生产要素的突出特点是对其他要素资源具有乘数作用,可以放大劳动力、资本等要素在社会各行业价值链流转中产生的价值。作为生产要素之一,数据的流通、交易、资产化、资本化等各种配置手段获得了前所未有的关注。

**2. 大数据的开放共享与隐私保护**

大数据的发展推动了政府部门和企业数据的爆发式增长,政府和企业在信息化和网络化过程中都积累了海量数据,这些数据成为最重要的数据资源库。如何推动数据的开放共享成为当前大数据发展中各方的重要关切点。政府可以从公开的数据中了解整个国民经济社会的运行,以便更好地指导社会的运转。企业则可以从公开的数据中了解客户的行为,从而推出有针对性的产品和服务,最大化其利益。研究者则可以利用公开的数据,从社会、经济、技术等不同的角度来进行研究。

随着大数据技术的不断发展以及对大数据价值的深入挖掘,越来越多的政府和企业已将数据视为数据资产进行管理和研究。结构化数据之外的数据也被纳入数据资产的范畴,数据资产边界拓展到了海量的标签库、企业级知识图谱、文档、图片、视频等内容。明确数据权属是数据资产化的前提,数据权不同于传统物权,因此法律专家们倾向于将数据的权属分开,即不探讨整体数据权,而是从管理权、使用权、所有权等维度进行探讨。由于数据从法律上目前尚没有被赋予资产的属性,因此数据所有权、使用权、管理权、交易权等权益没有被相关的法律充分认同和明确界定。数据也尚未像商标、专利一样,有明确的权利申请途径、权利保护方式等,对于数据的法定权利,尚未有完整的法律保护体系。

随着大数据的开放共享,数据隐私问题日趋严重,将形成新的信息安全机制。大数据时代的隐私性主要体现在不暴露用户敏感信息的前提下进行有效的数据挖掘,主要尝试在尽可能少损失数据信息的同时最大化地隐藏用户隐私。但是,现在微博、搜索引擎、社交网络、电商购物等已经成了人们生活中不可少的一部分,根据每个人在互联网上留下的痕迹,通过大数据分析,很容易分析出一个人的爱好、习惯、性格、癖好等,在大数据时代,个人隐私得不到很好的保护。2018年,十三届全国人大常委会立法规划中的"条件比较成熟、任期内拟提请审议的法律草案"包括了《个人信息保护法》《数据安全法》两部。

2019年以来,大数据安全合规方面不断有事件曝出。9月6日,多家大数据风控公司高管被警方带走协助调查。有观点认为被查或与公司的爬虫业务有关。爬虫业务作为工具而言并无问题,但数据的用途可能会导致出现问题。业内人士透露,近期已有多家第三方服务商暂停运营商爬虫业务。一时间,大数据安全合规的问题,特别是对于个人信息保护的问题,再次成为了行业关注热点。《网络信息内容生态治理规定》自2020年3月1日起施行。其明确规定,网络信息内容服务者和生产者、平台不得开展网络暴力、人肉搜索、深度伪造、流量造假、操纵账号等违法活动。个人信息和数据保护的综合立法时代即将来临。

**3. 云数融合和数智融合成为大数据技术发展的重要特征**

云数融合是指大数据基础设施向云上迁移,大大降低了技术使用门槛。各大云厂商纷纷推出了自己的云平台,如阿里云、百度云、谷歌云、腾讯云以及亚马逊云等。使用云平台的最大优点是用户不需要关心如何维护底层的硬件和网络,只需要专注于数据和业务逻辑,因此在很大程度上降低了大数据技术的学习成本和使用门槛。如果将各种大数据的应用比作一辆辆"汽车",支撑起这些"汽车"运行的"高速公路"就是云计算。正是云计算技术在数据存储、管理与分析等方面的支撑,才使得大数据有了用武之地。而大数据应用也给云计算带来落地的途径,使得基于云计算的业务创新和服务创新成为现实。

数智融合是指大数据分析与人工智能多方位深度融合。这种融合主要体现在大数据平台的智能化与数据治理的智能化。目前,在大数据分析领域,用机器学习、深度学习的算法手段来分析数据是获得数据价值的重要方法,这促成了大数据平台和机器学习平台深度整合的趋势。

大数据与人工智能的融合则成为大数据领域当前最受关注的趋势之一,各大云厂商也纷纷推出了自己的人工智能平台。

百度 AI Studio 是面向 AI 学习者的一站式开发实训平台,该平台集成了丰富的免费 AI 课程、深度学习样例项目、各领域经典数据集、云端超强 GPU 算力及存储资源,帮助开发者快速创建和部署模型。AI Studio 让 AI 学习更简单。

腾讯的智能钛机器学习平台是为 AI 工程师打造的一站式机器学习服务平台,为用户提供从数据预处理、模型构建、模型训练、模型评估到模型服务的全流程开发及部署支持。智能钛机器学习平台内置丰富的算法组件,支持多种算法框架,满足多种 AI 应用场景的需求。自动化建模的支持与拖曳式任务流设计让 AI 初学者也能轻松上手。

2019 年底,阿里巴巴基于 Flink 开源了机器学习算法平台 Alink,并已在阿里巴巴搜索、推荐、广告等核心实时在线业务中有广泛实践。

在国外,Databricks 为数据科学家提供一站式的分析平台 Data Science Workspace,Cloudera 也推出了相应的分析平台 Cloudera Data Science Workbench。

# 1.4　大数据分析理论方法

大数据处理流程可以粗略地分为三个环节:大数据收集、大数据分析以及大数据可视化。本节重点展示大数据分析环节中的基本理念、步骤、对象、模型以及应用平台。

## 1.4.1　大数据分析的基本理念

维克托·迈尔·舍恩伯格[①]在其著作《大数据时代》中提出,相对于传统的思维模式,大数据时代需要做出的三个转变,也就是大数据分析的三项基本理念。

**1. 全量数据代替随机采样**

在人类历史中的大多数时间,数据都难以被完整地获取。在这个数据匮乏的阶段,以采

---

① 曾任哈佛大学肯尼迪学院信息监管科研项目负责人,哈佛国家电子商务研究中心网络监管项目负责人以及新加坡国立大学李光耀学院信息与创新策略研究中心主任。现任牛津大学网络学院互联网治理与监管专业教授,并担任耶鲁大学、芝加哥大学、弗吉尼亚大学、圣地亚哥大学、维也纳大学的客座教授。

样的方式收集数据为基础的统计学，为数据分析做出了巨大的贡献。而采样的有效性，依赖于其随机性及频率。一旦采样存在"偏见"或频度过低，分析结果可能就相去甚远，例如伯克森悖论①。

如果获得全量数据，就能有效避免了信息的丢失，随机采样也就不存在意义了。《大数据时代》中举了一个日本相扑的例子。在日本相扑界，消极比赛屡禁不止。芝加哥大学经济学家史蒂夫·列维通过对 11 年中 64 000 多场比赛记录的分析发现，消极比赛现象通常出现在不太重要的比赛之中。分析还发现，该现象源自相扑界的一项规则，即选手需要在 15 场赛事中的大部分场次取得胜利才能保证地位和收入。这种规则会自然地带来利益不对称的问题，也就是一名 7 胜 7 负的选手比一名 8 胜 6 负的选手更需要一场胜利。于是二者在比赛中相遇时，后者往往会以消极比赛的方式输掉。这个分析在对数据的进一步挖掘中还发现，当二者再次相遇时，先前失利的选手拥有比对方更高的胜率，这就是之前消极比赛的"回报"。

在上述相扑比赛的案例中，如果通过随机采样而非全量数据的分析方法，是较难发现这个深层次问题的。大数据的本质并非数据量绝对值的大小，而是采用可获取到的所有数据代替随机采样进行分析的方法。而全量数据的获取，需要足够的存储和处理能力，需要先进的分析技术和廉价的数据收集方法。

**2. 混杂性难以避免**

各种理论往往是相通的，量子物理学里存在不确定性原理②，而在大数据领域也有类似的原理，即在测量的密度增大之后，测量值的不确定性就会增加。当然，这并不能阻碍大数据的使用，因为这样的数据之间是可以进行相互印证的。

一般情况下，"大数据"是不会只使用一种数据来源的，它会将多个数据来源进行综合分析，从而实现各数据信息之间的相互印证。而这种互相印证的过程，也是去粗存精、去伪存真的过程，这样一来利用不精确的数据源，反而能够获得更加准确的结论。

不过，这导致了数据的结构化程度降低。对于传统技术而言，一般处理的都是结构化数据，即每条记录都有同样的结构，而且几乎包含了所有指标的信息。然而，"大数据"所处理的数据还包含半结构化或者非结构化数据，甚至是图片、音频、视频等非文本数据。这也是相对于传统技术而言，大数据技术的一个飞跃性的提升。

**3. 注重相关性而非因果性**

人们偏向用因果关系来看待周边的一切，即使这种关系并不存在。基于因果关系的思维方式能够帮助人们在信息匮乏的条件下快速做出决策。这种认知方式与文化背景、生长环境和教育水平并不相关。当看到事情接二连三的发生，人会习惯性性地从因果关系来看待它们。

因为社会活动的复杂性，因果关系难以被数学模型所证实，需要进行不断的实验，并尽

---

① 美国医生和统计学家约瑟夫·伯克森在 1946 年发现，一个医院患有糖尿病的人群中，同时患胆囊炎的人数比例较低；而没有糖尿病的人群中，患胆囊炎的人数比例较高。这似乎说明患有糖尿病可以保护病人免遭胆囊炎的折磨，但是医学上无法证明糖尿病能对胆囊炎起到任何保护作用。伯克森悖论产生的最主要原因是文章中统计的患者都是医院的病人，从而忽略了那些没有住院的人。

② 德国物理学家海森堡 1927 年提出：无法同时确定一个粒子的位置和它的速度。

可能排除诱因的干扰。在数学、物理、化学、生物等学科研究上已经有充足的案例证实,绝对的因果关系难以被断定。相比因果关系,大数据分析目前更加关注相关关系,即客观事物或现象之间的关联。以美国的沃尔玛超市为例,它发现当季节性飓风来临之前,手电筒和蛋挞的销售都上升了。这是为什么?它们之间有一个数学公式吗?这个公式还能推导出其他结论吗?这个问题的答案对于沃尔玛的经理来说没那么重要,他要做的就是在合适的时机,把这两种商品摆在一起,以便行色匆匆的顾客将两种商品都购买走。也就是说,如果能够知道因果关系固然也好,但如果能够指导人们下一步该做些什么,也就足够了。建立在务实基础上的大数据分析,能够控制成本、提升利润并辅助商业决策,就能带来最大的价值。

在大数据时代,证明相关关系的门槛越来越低。以大量的数据作为基础,事实胜于雄辩,假设带来的偏见因素更容易被发现,也就使得结论更趋于真实的情况。好比在"小数据"时代,经济学家和政治家一直认为收入水平和幸福感是成正比的。但拥有大量数据基础后会发现,收入水平在某个水平之下,幸福感才和收入水平成正比;超过这条线,幸福感并没有呈现出和收入水平有明显正比的情况。因此政治家在制定政策时,就可能对这两类人群进行差异化对待,而不是一味地提高社会的收入水平。

这并非是说因果关系不重要,舍恩伯格也提出:"在大多数情况下,一旦我们完成了对大数据的相关性分析,而又不再仅仅满足于'是什么'时,我们就会继续向更深层次研究因果关系,找出背后的为什么。"

## 1.4.2 大数据分析的主要步骤

一般来说,大数据分析的主要步骤如图1-18所示,具体如下。

需求分析 ➡ 数据收集 ➡ 数据预处理 ➡ 数据分析 ➡ 数据展现 ➡ 报告撰写

图1-18 大数据分析的主要步骤

(1)需求分析。在进行数据分析前,首先应明确分析的对象是什么,为什么要开展数据分析,通过数据分析要解决什么问题。分析目的确定之后梳理分析思路,搭建分析框架,把分析目的分解成若干个不同的分析要点,即如何具体开展数据分析、需要从哪几个角度进行分析、采用哪些分析指标。

(2)数据收集。数据分析是建立在大量数据基础上的,因此在确定分析目的和内容后,需要按照确定的数据分析框架,对相关的数据进行收集和整合,这一过程称为数据收集。数据收集是数据分析的基础,如何获取足够的、可用的数据是数据收集过程中需要解决的主要问题。随着网络技术的发展和普及,互联网成为大量信息的载体,也成为数据分析的主要数据来源。网络爬虫是目前数据收集的主要手段,在本书第2章中,将介绍利用Python语言编写网络爬虫并进行网络数据收集的相关内容。

(3)数据预处理。完成数据收集工作后,采集到的数据可能是海量的、杂乱无章的、难以理解的,因此需要对其进行加工和处理,提取并推导出对解决问题有价值、有意义的数据以便展开数据分析,这一过程被称为数据预处理。数据预处理是数据分析前必不可少的阶段,其具体操作通常包括数据清洗、补全、抽样、转换和计算。在本书第4、5章中,将介绍利用 Office 2016 完成各类数据处理的相关内容。

(4) 数据分析。完成数据预处理后,即可使用适当的数据分析方法和工具对处理过的数据进行分析,提取有价值的信息,形成有效结论。常用的数据分析方法包括描述性统计、决策分析、时间序列分析、相关分析、回归分析等。常用的数据分析工具和语言包括 Excel、R 语言、Python 语言、SPSS、SAS 等。在本书第 6 章中,将介绍利用 Excel 2016 完成各类数据分析的相关内容。

(5) 数据展现。数据本身通常是枯燥的,俗话说"字不如表,表不如图",因此数据分析的结果往往通过表格和图形的方式呈现,常用的数据图表包括柱形图、折线图、散点图、饼图、雷达图、金字塔图、帕累托图等。借助这些可视化的数据展现手段,能更直观地表述数据分析的结果。在本书第 5 章中,将介绍利用 Excel 2016 制作各类图表的相关内容。

(6) 报告撰写。完成相关图表的制作后,便可以总结数据分析的目的、过程、结果及观点等内容,形成数据分析报告,从而对整个数据分析结果进行呈现,以供决策者参考。数据分析报告的常用表现形式是文档或者演示文稿。在本书第 4 章中,将介绍利用 Word 2016和 PowerPoint 2016 制作文档与演示文稿的相关内容。

## 1.4.3　大数据分析的数据对象

大数据类型的多样性让数据被分为三种数据结构:结构化数据、非结构化数据和半结构化数据。

结构化数据是指由二维表结构来逻辑表达和实现的数据,严格地遵循数据格式与长度规范,主要通过关系数据库进行存储和管理。简而言之,能够用数据或统一的结构加以表示,称为结构化数据,如数字、符号。因为结构化的数据的存储和排列很有规律的,因此很方便查询和修改。其一般特点是:数据以行为单位,一行数据表示一个实体的信息,每一行数据的属性是相同的。结构化数据及关系数据库示例如图 1-19 所示。

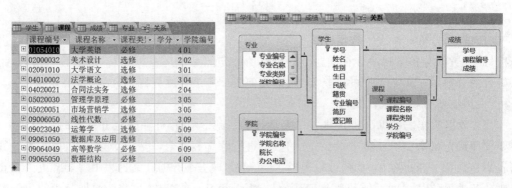

图 1-19　结构化数据及关系数据库示例

非结构化数据,顾名思义,就是没有固定结构的数据。各种办公文档、文本、图像、音频、视频等都属于典型的非结构化数据。对于这类数据,一般直接整体进行存储,而且一般存储为二进制的数据格式。因此,互联网行业产生的数据以非结构化数据为主。

半结构化数据是结构化数据的一种形式,它并不符合关系数据库或其他数据表的形式关联起来的数据模型结构,但包含相关标记,因此,它也被称为自描述的结构。所谓半结构化数据,就是介于完全结构化数据和完全无结构的数据之间的数据,XML、HTML 和 JSON 文档就属于半结构化数据。它一般是自描述的,数据的结构和内容混在一起,没有明显的区分。而不同的半结构化数据的属性的个数不一定是一样的。半结构化数据示例如图 1-20 所示。

```
<title>主页链接其他网站或网页</title>
<body background="http://www.zuel.edu.cn/wskc/html/download/b
  <h1 align="center">选择你要进入的页面或网站</h1>
  <br>
    <a href="gif.htm">
      <font size=5 face="黑体" color="green">有动画的网页</font>
    </a>
  </br>
    <a href = "http://www.zuel.edu.cn">
      <font size=6 color="navy">我们的校园主页</font>
    </a>
  <br>
    <a href = "http://www.zuel.edu.cn" target="_blank">
      <font size=6 color="navy">新窗口打开春雨主页</font>
    </a>
</body>
</html>
```

图 1-20 半结构化数据示例

有研究表明,在全球新增的数据中,半/非结构化数据占到整个数据总量的 80%～90%,包括网络日志、音频、视频、图片、地理位置信息等,这些多类型的数据对数据的处理能力提出了更高要求。

## 1.4.4 大数据分析的主要模型

针对研究对象的不同,大数据分析模型可以分为针对客观事物或现象及其联系的数据学习模型,以及针对网络用户行为及其影响的业务分析模型。

**1. 数据学习模型**

本节的数据学习模型指的是通过使用机器学习、数据挖掘等领域的思想,从已经采集到的大数据中获取感兴趣的信息的方法。

1)降维

降维属于在具体实现大数据分析前对数据实施的预处理步骤。对大规模的数据进行数据挖掘时,往往会面临"维度灾害"。对客观事物的多视角、多维度描述导致数据集的维度在无限地增加,而计算机的处理能力又存在上限,最终会导致学习模型的可扩展性不足,乃至许多时候优化算法难以收敛。考虑数据集的多个维度之间可能存在线性相关,在预处理阶段需要减少数据的维度总数并降低维度间的共线性危害。数据降维也称为数据归约或数据约减。它的目的就是减少数据计算和建模中涉及的维数,消除冗余和噪声信息。例如,每个人都包含多方面的特征信息,但当需要评价其业务能力时,如果将所有特征均作为参考对象,就会导致输入数据维度过大,评价模型过于复杂,这时就可以通过降维操作,将与目标相关的特征信息(如专业证书、从业经验等)保留,而将与目标相关性较低的特征(如身高、体重等)剔除,从而完成降维操作,简化模型计算难度。常见的数据降维方法包括主成分分析(PCA)、独立成分分析(ICA)、线性判别分析(LDA)和流形学习(Manifold Learning)。降维模型示例如图 1-21(a)所示。

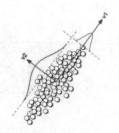

(a) 降维模型示例：通过分析数据
的内在结构，寻找数据的主要
维度方向

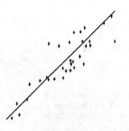

(b) 回归模型示例：找出
一条线，使得线到数
据点的距离差异最小

(c) 分类模型示例：分析已知类别的数据点，
找到最合适的分类器（超平面），从而
能对新到的数据点进行有效分类

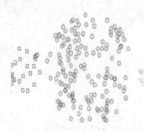

(d) 聚类模型示例：分析数据在特征空间中
的分布，从而将数据点划分为不同的簇

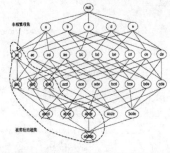

(e) 关联规则模型示例：通过筛选查找同时出现
频度较高的数据项，判断目标间的联系

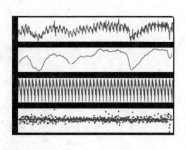

(f) 时间序列分析模型示例：通过统计学
模型研究数据随时间变化的规律，进
而对未来变化趋势进行预测

(g) 异常数据检测模型示例：通过
统计数据的分布特征，找出距
离数据分布较远的异常值

图 1-21　数据学习模型示例

2）回归

回归模型是对统计关系进行定量描述的一种数学模型。它是研究一个变量（被解释变量）关于另一个（些）变量（解释变量）的具体依赖关系的计算方法和理论，是建模和分析数据的重要工具。以线性拟合为例，回归分析试图找出一条线，从而使得线到数据点的距离差异最小。常见的回归分析包括线性回归、逻辑回归、多项式回归、逐步回归、岭回归、套索回归等。回归分析能够表明自变量和因变量之间的显著关系，或衡量不同尺度的变量之间的相互影响。例如，根据某一商品在不同定价条件下的销量数据，将商品价格作为自变量，将销量作为因变量进行回归分析，得到回归模型用于描述两者之间的变化关系，即可根据不用的定价预测商品可能的销量值，进而寻找能够使销量达到最大的定价信息以供参考。回归模型示例如图 1-21(b)所示。

3）分类

分类方法是根据对已知类别的训练数据集合各个特征维度的学习分析，从中发觉类别标准，以此判断新数据的所属类型的类别优化算法。例如，已知箱子中放有苹果和梨子两种类别的水果，即可依据每个水果的部分特征（如颜色、大小、味道等）构建分类器，进而构建分类模型将箱子中的每个水果划分为两种类别中的一种。常见分类算法包括 k 近邻（kNN）、回归树（CART）、朴素贝叶斯（Naive Bayes）、自适应提升（AdaBoost）、支持向量机（SVM）以及人工神经网络等。分类模型示例如图 1-21(c)所示。

4）聚类

聚类分析指在没有先验知识的条件下，将物理或抽象对象的集合，分组为由类似的对象组成的多个簇的分析过程。同一个簇中的对象有很大的相似性，而不同簇间的对象有很大的相异性。从统计学的观点看，聚类分析是通过数据建模简化数据的一种方法。例如，在不清楚一箱水果具体包含哪些种类的条件下，可以利用聚类分析算法对其进行建模分析，得到这箱水果所包含的类别数量以及每个水果所属的类别结果。传统的聚类分析方法包括 k 均值（k-means）、均值漂移（Mean Shift）、多高斯混合聚类、密度聚类和层次聚类等。聚类模型示例如图 1-21(d)所示。

5）关联规则

关联规则的目的在于在一个数据集中找出项/集合之间的关系，也称为购物篮分析（Market Basket Analysis）。例如，购买鞋的顾客，有 10% 的可能也会买袜子；买面包的顾客，有 60% 的可能也会买牛奶。通过了解哪些商品频繁地被顾客同时买入，由此能够帮助零售商制定合理的营销策略。常见的关联规则学习算法包括先验（Apriori）算法和频繁模式树（FP-Tree）算法等。关联规则模型示例如图 1-21(e)所示。

6）时间序列分析

时间序列分析往往通过统计学模型研究数据随时间变化的规律。假设客观事物的发展具有规律的连续性，事物的发展是按照其内在规律进行的。那么在一定的条件下，只要规律作用的条件不发生质的变化，事物的基本发展趋势就能得到较为准确的预测。例如，已知某地近 10 年来每日历史温度数据，可以将其视为时间序列，构建时间序列分析模型描述其变化规律，进而对未来某日该地的气温进行预测。常用的时间序列分析模型包括自回归滑动平均模型（ARMA）等。时间序列分析模型如图 1-21(f)所示。

7）异常数据检测

在大多数数据分析工作中，异常值将被视为“噪声”，并在数据预处理过程中消除，以避免其对整体数据评估和分析挖掘的影响。然而，在某些情况下，如果数据工作的目标是关注异常值，免备案服务器，这些异常值将成为数据工作的焦点。例如，在测试一组灯泡的质量时，发现大多样本使用寿命为 10 000～12 000h，但个别样本的测量结果明显异于其他样本（如在 100h 后就无法工作），经过判别发现是由于其他环境因素导致而非质量问题，则可将其作为异常值进行剔除。而当对市面灯泡产品宣传信息的真实性进行判别时，则需要特别关注异常数据，如同型号同材质的产品，某一产品宣传其使用寿命可达 100 000h，且价格与其他产品持平，那么就需要对该数据进行重点关注，分析其是否为虚假广告。常用方法包括均方差、箱形图、噪声干扰下基于密度的空间聚类（DBScan）、孤立森林、鲁棒随机裁剪森林

(Robust Random Cut Forest)等。异常数据检测模型示例如图1-21(g)所示。

**2. 业务分析模型**

国内大数据平台针对网络用户行为的分析模型，即业务模型，主要包括以下9种。

1）行为事件模型

该模型用来研究用户行为事件（如移动端按钮点击次数行为分析、注册用户、浏览产品详情等）的发生对项目运营组织价值的影响程度。事件分析对互联网产品每天产生的点击量（PV）、用户数（UV）和日活跃用户数（DAU）等总体数据有一个直观的把握，包括它们的数值以及趋势。行为事件分析环节包括：①事件定义与选择，即用户在某个时间点、某个地方、以某种方式完成某个具体的事件；②下钻分析，最高行为事件分析需要支持任意下钻分析和精细化条件筛查；③解释与结论，需要对分析结果进行合理化的解释和说明。

2）留存分析

留存分析是一种用来分析用户参与情况、活跃程度的分析模型，是用来衡量产品对用户价值高低的重要方法。考查进行初始行为的用户中，有多少人会进行后续行为。一般来讲，留存率是指目标用户在一段时间内回到网站/App中完成某个行为的比例，即若满足某个条件的用户数为$n$，在某个时间点进行回访行为的用户数为$m$，那么该时间点的留存率就是$m/n$。常见的指标有次日留存率、七日留存率、次周留存率等。

3）分布分析模型

分布分析是用户在特定指标下的频次、总额度的归类展现。它可以展现出单个用户对互联网产品的依赖程度，分析客户在不同地区、不同时段使用不同类型的产品数量、购买频次，帮助运营人员了解当前客户状态。如使用频次（100次以下、100～300次、300次以上）等用户分布情况。分布分析模型可支持按时间、次数、时间指标进行用户条件筛选及数据统计分析。为不同角色人员统计用户在某天、周、月内，有多少个自然时间段（小时、天）进行了某项操作、操作次数，进行事件指标统计。例如，通过分布分析模型可针对在日、周、月时间周期内对人均使用时长、次均使用时长和使用频率进行展示，针对用户业务属性的画像分析和特征分布分析年龄分布、学历分布、地域分布等。

4）行为路径模型

为了衡量产品或服务的优化效果或营销推广效果，以及了解用户行为偏好，需要对用户访问页面的路径跳转数据进行分析。行为路径是进行全量用户行为的还原。如果仅PV/UV这类数据，平台是无法理解用户如何使用产品的。用户行为路径可以帮助运营者关注用户的真实体验，发现具体问题，了解用户的使用习惯。用户行为路径分析模型可对网络使用频率、页面访问、页面路径、页面来源进行跟踪，获取访问行为、访问次数、访问时长、跳出率、人均使用时长等访问统计数据。访问路径还可以展现用户从一个界面趋向其他各个界面的分流情况，了解用户在界面之间的跳转行为，以及界面的访问流量的来源情况。

5）用户分群分析

针对产品的用户运营，会用到分群分析的方法。用户分群就是通过一定的规则找到对应的用户群体。实际使用中，可以根据不同业务需要定义群组，常用的方法包括找到做过某些事情的人群（例如过去7天完成过3次购物车计算）；有某些特定属性的人群

（例如年龄在 25 岁以下的男性）；在转化过程中流失的人群（例如提交了订单但没有付款）。

6）用户属性分析

用户属性分析根据用户自身属性对用户进行分类与统计分析。属性分析是实现用户行为精细化运营的必备分析方法之一。例如查看用户数量在注册时间上的变化趋势、查看用户按省份的分布情况。用户属性涉及用户信息，如姓名、年龄、家庭、婚姻状况、性别、最高教育程度等自然信息，也有产品相关属性，如用户常驻省市、用户等级、用户首次访问渠道来源等。属性分析主要价值体现在丰富用户画像维度，让用户行为洞察粒度更细致。科学的属性分析方法，对于所有类型的属性都可以将"去重数"作为分析指标，数值类型的属性可以将"总和""均值""最大值""最小值"作为分析指标，添加多个维度。数字类型的维度可以自定义区间，方便进行更加精细化的分析。

7）点击分析模型

点击分析模型主要应用于用户行为分析领域，分析用户在网站或 App 显示页面的点击行为、浏览次数、浏览时长等，以及页面区域中不同元素的点击情况，包括首页各元素点击率、元素聚焦度、页面浏览次数和人数以及页面内各个可点击元素的百分比等。点击分析采用可视化设计思想和架构，直观呈现用户访问热门的区域或元素，帮助管理运营人员评估页面设计科学性、合理性。

8）漏斗分析模型

漏斗分析是一套流程式数据分析，它能够科学反映用户行为状态以及从起点到终点各阶段用户转化率情况的重要分析模型。运营人员可以通过观察不同属性的用户群体（如新注册用户与老客户、不同渠道来源的客户）各环节转化率、各流程步骤转化率的差异对比，了解转化率最高的用户群体，分析漏斗合理性，并针对转化率异常环节进行调整。漏斗分析模型已经广泛应用于网站用户行为分析和 App 用户行为分析的流量监控、产品目标转化等日常数据运营与数据分析的工作中。漏斗分析最常用的是转化率和流失率两个互补型指标。用一个简单的例子来说明，假如有 100 人访问某电商网站，有 30 人点击注册，有 10 人注册成功。这个过程共有三步：第一步到第二步的转化率为 30%，流失率为 70%；第二步到第三步的转化率为 33%，流失率为 67%；整个过程的转化率为 10%，流失率为 90%。该模型就是经典的漏斗分析模型。

9）安全评估模型（针对安全场景的）

安全评估模型基于行业与地域的移动安全数据分析、展示。通过多维度的数据分析以及展现，提供直观的威胁感知服务，能灵活、动态地掌握所属行业或者地域的移动安全态势信息。安全评估模型将态势感知数据按照地域或者行业进行分析后进行展示，以提供用户所关心的各类数据，为用户进行移动安全事件的预防、处置、响应提供数据支撑，并利用数据可视化展现平台为其进行可视化分析。安全评估包括：①威胁评估（对于所关注的行业及地域的移动终端威胁状态通过算法模型进行整体评估，以分值直观展示）；②威胁目标（针对所关注的行业或者地域范围对已受害的终端用户进行统计）；③移动威胁事件分布（能够按照地域、行业对移动威胁事件进行统计分析，精确提供行业化、区域化的攻击行为特征）；④攻击者信息（通过攻击信息、攻击者和攻击行动三个维度展示，为事前预警，以及掌握最佳处置打击提供依据）。

### 1.4.5　大数据分析应用平台

基于全量数据代替随机采样的基本思想，大数据应用对于数据的存储和处理速度都有较高的要求，个人计算机的软硬件资源往往难以达到，因此需要依托基于分布式计算及存储的云计算平台来实现。

云计算（Cloud Computing）是一种新兴的商业计算模型，它是由分布式计算（Distributed Computing）、并行处理（Parallel Computing）、网格计算（Grid Computing）逐步发展而来的。中国云计算专家委员会委员刘鹏教授曾给出如下定义："云计算是把用户提交的任务分配到数据中心服务器集群所构成的资源池上，系统可以根据用户的需要来提供相应的计算能力、存储空间或者各类软件服务。"

云计算中的"云"可以通俗地理解为存在于云数据中心服务器集群上的各种类型的资源集合。这些资源分为硬件资源和软件资源，其中，硬件资源包括服务器、存储器和 CPU 等，软件资源包括应用软件和集成开发环境等。用户只需要通过网络发送请求就可以从云端获取满足需求的资源到本地计算机，所有的计算任务都是在远程的云数据中心完成的。用户之所以可以按需来获得各种计算服务、存储服务和各类软件资源，正是得益于云计算强大的虚拟化资源池的架构，数据中心的资源池本身不仅可以动态地扩展，而且用户使用完毕后的资源还可以及时、方便地回收。采用这样的服务提供模式极大地增加了云数据中心的资源利用率，同时云计算服务商也能更好地提升服务质量。

相比个人终端，云计算平台的优势如下。

（1）降低软件成本：无须购买昂贵的应用软件程序，用户几乎可以在平台上直接使用大部分所需的软件。

（2）降低硬件成本：由于应用程序直接在云中运行，因此个人终端不再需要提供应用软件所需的处理能力或硬盘空间。

（3）优化性能：云计算平台中的计算机启动并运行速度更快，因为其加载到内存中的程序和进程较少。

（4）即时软件更新：基于网络的应用程序可以自动更新，当用户访问这些程序时，将自动获取最新版本。

（5）改进的文档格式兼容性：用户不必担心自己创建的文档与其他用户的应用程序或操作系统发生兼容问题。

（6）无限存储容量：云计算提供几乎无限的存储空间。

（7）提高数据可靠性：如果个人计算机崩溃，用户所有在云中存放的数据仍是安全的，可以准确访问。

（8）更轻松的团队协作：多位用户可以轻松协作处理文档和项目。

（9）设备独立性：用户使用云服务时不再受限于特定的计算机或网络。

目前，无论国外的微软、谷歌、亚马逊，还是国内的百度、阿里巴巴或腾讯，都拥有自己的云计算平台。本书将在第 2 章进一步介绍百度的云计算平台 AI Studio。

# 1.5 大数据分析应用前沿

麦肯锡环球研究所早于 2011 年 5 月就发布了题为《大数据:创新、竞争和生产力的下一个前沿》的调查报告。报告中认为数据已经渗透到了当今每一个行业和业务职能领域,成为重要的生产因素。对于海量数据的挖掘和运用,预示着新一波生产率增长和消费者盈余浪潮的到来。此外,报告将大数据的前沿应用主要归纳为金融、零售、制造、医疗保险等若干领域,在各个领域中对人类的数据驾驭能力提出了新的挑战,也为人们获得更为深刻、全面的洞察能力提供了前所未有的空间。

## 1.5.1 大数据分析在金融领域中的应用

### 1. 银行业

传统金融行业中,银行业可谓大数据应用的领头羊。而银行业的诸多应用领域中,风险控制又有着最为活跃的大数据分析实践。20 世纪 80 年代,美国 FIGO 公司开发了一套基于逻辑回归算法的信用评分方法,这成为了当时美国社会个人信用评分的通用标准。然而随着大数据技术的发展与进步,传统信用评分系统的作用逐渐下降,出现了模型老旧、信用分数区分度下滑及存在刷分漏洞等问题。

为了解决上述这些问题,如今美国的 ZestFinance 公司基于大数据分析技术中的决策树、随机森林、自适应提升(AdaBoost)及神经网络等多种算法,开发出新的个人信用评分及风险控制系统,目前已经成为风险控制领域新的典范。

就国内而言,中国银行征信中心全面收集企业及个人信息,系统收录自然人逾 8.6 亿,收录企业及组织 2000 多万户。目前,中国银行征信中心选用了支持向量机(SVM)、决策树、随机森林、自适应提升以及梯度提升决策树(GBDT)共 5 种大数据分析算法,致力于解决传统信用评估体系的各类问题,从而优化信用评分体系的稳定性与准确性。

### 2. 保险业

大数据分析在保险业中同样大有可为。以汽车保险为例,大数据分析企业可以通过记录驾驶行为等数十种不同类型的参数并完成建模,从而计算出驾驶员可能引发事故的概率,并最终以此精确地计算保险费。类似地,大数据企业还可以通过计算瓦斯泄漏、水管破裂、火灾等风险的发生概率,从而厘定合适的财产保险。此外,大数据能够通过分析用户的病史,并在获取相应权限后,访问得到用户的身体健康数据,从而计算得出适当的人寿及健康保险。

### 3. 证券业

基于抓取的各类网络信息,再通过大数据分析决策选股的做法,在国内外都有可观的经典案例。如美国的 Cayman Atlantic 公司,就是一家专门基于互联网数据进行投资的资产管理公司。该公司通过分析社会媒体信息中的情感信息来交易金融衍生品,且发行了第一支"Twitter 基金"(Derwent Absolute Return Fund,德温特绝对回报基金)并获取了正收益。在国内,百度旗下的百度百发、阿里巴巴旗下的淘宝 100 等基金也是典型的大数据基金。

由于大数据分析在证券领域的热门应用,目前国内外诞生了大量的量化交易平台,例如国外的 Quantopian(研究、回测和算法众包平台)、QuantConnect(研究、回测和投资交易平台)、Zulutrade(自动交易平台)、Algotrading101(策略研究平台)、WealthFront(财富管理平台)等,国内的聚宽(量化回测平台)、优矿(通联量化实验平台)、况客(基于 R 语言量化回测平台)等。这些平台为使用者提供免费的量化数据,供其通过不同的大数据分析方法开发量化交易策略,完成回测、投资交易等一系列功能。

## 1.5.2　大数据分析在零售领域中的应用

大数据在零售业的应用可以帮助企业更好地了解客户,并为他们定制更加个性化的服务。基于数据的洞察有助于企业做出正确的决策、了解市场趋势并应对不确定性。

商家可以通过大数据技术收集分析客户数据,从而更好地了解目标受众的偏好、购物习惯、地理区域等信息,并以此制定相应的营销策略,改善客户服务,并优化选择销售的商品。此外,零售商可以通过大数据技术分析竞争对手的定价及当前的库存水平,自适应地选择利润最优的价格。最后,零售商还可以通过大数据预测分析产品的实时信息,避免供应短缺,优化仓储。

世界知名电商亚马逊公司,通过基于大数据分析的推荐引擎创造了其销售额的 35%。亚马逊在客户使用该公司门户网站时收集客户偏好、搜索历史、愿望清单和购物车等信息,从而预测客户的购买意愿。同时还考虑了注册客户的送货地址,选择最近的仓库送货,减少交货时间和相关成本。进一步地,美国零售商 Target 公司通过分析女性的购物行为,使用大数据分析判断其是否怀孕,并以此向客户发送个性化母婴产品的优惠报价,从而在竞争中脱颖而出。时装销售商 Asos 公司推出了服装扫描选项和推荐引擎,它允许客户扫描他们喜欢的一件衣服,以此收集客户偏好并为客户扫描的商品找到更合适的商品。在 2020 年,Asos 公司宣布在疫情暴发期间收入增长了 19%。

## 1.5.3　大数据分析在制造业中的应用

在制造业领域,可以通过安装传感器的方式从生产线和生产设备上采集信息数据,从而实现对生产过程的实时监控。而生产过程中所获取的数据又能经过大数据分析反馈回生产中,从而将传统流水线升级为具备自适应学习调整能力的智能网络,使得工业控制和管理最优化。这种升级能够促使对有限资源进行最大限度的使用,从而降低工业和资源的配置成本,使得生产过程能够更加高效地进行。

传统制造业在设备运行的过程中,其自然磨损本身会使产品的品质发生一定的变化。而现在可以通过传感技术实时感知数据,自动判断产品出了什么故障、哪里需要配件,确保生产过程中的这些因素受到精确控制,实现生产智能化。在一定程度上,工厂/车间的传感器所产生的大数据直接决定了制造设备的智能水平。

此外,从生产能耗角度看,利用传感器监控所有的生产流程,能够发现能耗的异常或峰值情况,由此在生产过程中不断实时调整降低能源消耗。同时,对所有的生产流程进行大数据分析,也会在整体上大幅优化生产能耗。

现如今,德国"工业 4.0"正在通过信息物理系统(CPS)实现工厂/车间的设备传感和控制层的数据与企业信息系统融合,使得生产大数据传到云计算数据中心进行存储、分析,形成决策并反过来指导生产。

## 1.5.4　大数据分析在医疗领域中的应用

早在 2008 年,IBM 公司就率先提出了"智能医疗"的概念,把物联网和 AI 技术结合应用到医疗领域,致力于实现医疗信息互联、共享协作、临床创新、诊断科学以及公共卫生预防等。随着大数据技术的发展与普及,如今智能医疗正在成为医疗领域中的焦点。大数据分析在医疗领域中的应用主要包含如下方面。

(1) 智能预警:包括对受众的生活习惯监督、风险识别监测、早期预测、早期预防与干预等。

(2) 智能诊断:医学影像与诊断、疾病筛查、机器人诊断、虚拟医生、助理护士等。

(3) 智能管理:生活健康管理、电子病例管理、康复医疗管理、医院管理等。

(4) 智能研发:药物研发、医学研究、临床试验研究、病情病种研究等。

以开发 AlphaGo 成名的 DeepMind 公司于 2016 年与英国国家医疗服务体系(NHS)合作开发了一款智能眼部诊断工具,通过对眼部 OCT 图像的扫描,可识别出 50 多种威胁到视力的眼科疾病,准确率高达 94%,超过了人类专家的表现。

美国智能医疗诊断服务提供商 Enlitic 利用大数据分析从数十亿的临床案例中提炼出可操作的建议从而制定解决方案。这些临床案例包含大量的非结构化医疗数据,如 CT 扫描、核磁共振(MRI)等医疗影像,以及临床记录、病理或放射学报告、实验室数据、患者报告等文档数据。其开发的恶性肿瘤检测系统在一项临床试验中的准确度比专业的放射科医师高出了 50%。

云服务公司 Arterys 以改变临床护理与诊断确定性为理念,搭建了世界上第一个在线医学影像平台,主营业务是为医疗机构提供更精准的 3D 血管影像,并提供量化分析。该平台是一个云分析平台,可以为用户提供 SaaS 分析服务,具有可视化、可量化和深度学习三大功能。

国内投身于智能医疗的大数据企业同样不在少数。腾讯旗下的腾讯觅影主要涉及 AI 影像和 AI 辅诊。目前 AI 影像功能已经能对食管癌、肺癌、糖尿病、乳腺癌、结直肠癌、宫颈癌等进行早期筛查;AI 辅诊可以进行智能导诊、病例智能管理、诊疗风险监控等。

阿里健康提供了三大开放式的智能医疗辅助平台:临床医学科研辅助平台提供智慧病例库矩阵、临床科研数据矩阵、多源异构医疗数据处理、大数据科研辅助分析引擎开发服务等;AI 医疗开放平台面向不同设备,提供多部位、多病种 AI 辅助筛查应用引擎;临床医师能力训练平台提供沉浸式医师仿真教学培训系统、脱敏病例虚拟病人等服务。

百度医疗大脑的对标产品是 Google 和 IBM 的同类产品,通过海量医疗数据、专业文献的采集与分析,进行智能化的产品设计,模拟医生问诊流程,与用户多轮交流,依据用户的症状提出可能出现问题,并在反复验证后给出最终建议。整个过程中可以收集、汇总、分类、整理病人的症状描述,提醒医生更多可能性,辅助基层医生完成问诊。

推想科技主要针对肺部、心脑血管、肝癌等领域进行模型搭建,推出了肺部、胸部、脑卒中辅助筛查产品和医疗影像深度学习中心。目前每日可以完成肺癌辅助筛查近万例,累计辅助诊断病人数已超过 450 万，同时已经和超过 100 家顶级医院合作。

　　羽衣甘蓝（DeepCare）聚焦于口腔医学领域，具有全球首款口腔影像 AI 辅助分析系统，目前已在口腔医院应用。可以进行数据查询及管理、病灶区标记、辅助诊断并自动化生成报告等。

## 本章小结

　　本章介绍了信息与数据的基础知识，包括以下 6 点。

　　（1）计算机的起源和发展、计算机的分类和应用。

　　（2）计算机中数的表示：数的进制与转换，计算机中数据的存储单位，数的定点与浮点表示，原码、反码和补码。

　　（3）计算机中字符的表示：ASCII 码、汉字编码（输入码、交换码、机内码和字形码）以及 Unicode。

　　（4）计算机的系统构成：硬件系统和软件系统、微型计算机的硬件构成。

　　（5）操作系统的概念和功能、文件及文件夹的基础知识。

　　（6）大数据的基本概念、大数据分析的理论方法以及前沿应用。

　　学习本章的内容有助于读者了解信息技术与大数据的前沿知识，为学习后续章节的内容打下基础。

## 思考题

　　1. 计算机是什么？计算器是不是一种计算机？为什么？

　　2. 计算机为何使用二进制数作为数据的编码方式？与十进制数相比，二进制数有何优缺点？为何要使用八进制和十六进制数？

　　3. 观赏电影《模仿游戏》，谈谈你对艾伦·麦席森·图灵传奇人生的看法。

第2章

# 大数据分析工具

随着大数据时代的来临,各行各业所积累的数据呈爆炸式增长,大数据分析在各个领域的需求将会越来越强烈,与各个专业领域的结合也将会越来越广泛。大数据分析是一个对大量数据进行综合分析与处理的过程。其一般包括大数据采集、大数据存储、大数据分析以及大数据展现。针对不同专业领域不同需求的数据分析问题,可以采用不同的工具进行分析。其中,大数据采集常用的工具有网络爬虫工具,如八爪鱼、集搜客 GooSeeker 等;大数据存储常用的工具有数据库软件,如 MangoDB、Cassandra 等;大数据分析的工具使用得最为广泛,如 Excel 数据处理软件、SPSS 统计数据分析与处理软件,以及编程语言 Python 和 R 等;大数据展现常用的工具包括利用 Word 字处理软件撰写大数据分析报告,以及用 PowerPoint 演示文稿对大数据分析结果进行汇报展示等。

## 2.1　大数据分析工具简介

目前,各行各业对大数据分析工具的使用非常广泛,下面介绍一些常用的大数据分析工具。

**1. Hadoop**

Hadoop 是一个能够对大量数据进行分布式处理的软件框架。Hadoop 解决了以下几个问题:海量数据存储即 HDFS(Hadoop 分布式文件系统)、海量数据计算即 MapReduce(分布式计算编程模型)以及资源调度平台即 YARN。其 HDFS 允许用户将 JSON、XML、视频、图像和文本等多种数据保存在同一文件系统上。

Hadoop 以一种可靠、高效、可伸缩的方式进行数据处理。

(1) 可靠性。它假设计算元素和存储会失败,因此它维护多个工作数据副本,确保能够针对失败的节点重新分布处理。

(2) 高效性。它以并行的方式工作,因此通过并行处理加快处理速度。

(3) 可伸缩性。Hadoop 能够处理 PB 级数据,并凭借其自身在数据提取、变形和加载(ETL)方面的天然优势,在大数据处理应用中广泛应用。

Hadoop 是最流行的软件框架之一，它为大数据集提供了低成本的分布式计算的能力。

**2. 编程类语言：Python 和 R**

1）Python

Python 是数据分析、数据科学与机器学习的第一大编程语言，它可轻松执行几乎所有的大数据分析操作。

Python 具有语法简单易学、编程高效、免费开源、可移植、面向对象等优点，广泛应用于数据分析、数据挖掘、人工智能、机器学习等方面。随着大数据分析的飞速发展和人工智能应用的广泛普及，Python 成了全球增长最快的主流编程语言。国内外用 Python 做科学计算的研究机构日益增多，众多开源的科学计算软件包也都提供了 Python 的调用接口。

Python 的强大之处在于可以方便地安装和使用第三方库，目前 Python 拥有超过几十万个第三方库，覆盖大数据分析技术几乎所有领域。例如，网络爬虫、自动化、数据分析与可视化、机器学习、人工智能等。2.3 节将详细介绍 Python 的基础知识和大数据分析应用。

2）R

R 是一款用于统计分析、统计绘图的语言和操作环境。它不单是一门语言，更是一个数据计算与分析的环境。R 最主要的特点是免费、开源、各种各样的模块十分齐全，它是一个用于统计计算和统计制图的优秀工具。目前 R 也在机器学习、统计计算、高性能计算中得到广泛应用。R 是由来自新西兰奥克兰大学的 Ross Ihaka 和 Robert Gentleman 开发的，由于它是统计学家编写的语言，因此在统计领域的研究中，R 比 Python 更胜一筹。但是 Python 与 R 相比，执行速度更快，应用场景也更广泛。

**3. 云计算平台**

云计算平台也称为云平台，是指基于硬件资源和软件资源的服务，提供计算、网络和存储能力。大数据因数据量庞大，必然无法仅用单台的计算机进行数据处理，因此必须采用云计算平台进行分布式计算和存储。

云计算平台就是将任何开发者都可能需要的软件集成到一个平台上，开发者只需要登录这个平台，就可以选择自己所需要的软件、数据库、开发环境等，不必耗费本地内存和资源，并具有更高的安全性。传统的工作方式中，开发者需要将数据库、开发环境、软件等部署在本地服务器上，这样一来服务器部署、维护等工作就要投入大量成本，并且安全性能上也存在较大隐患。相比而言，云计算平台具有便捷高效、节约成本、安全可靠等优势。

百度 AI Studio 和阿里云天池都是商业公司为学习者提供的云计算平台。2.2 节会详细介绍该平台的使用方法。

**4. 数据分析的基础工具 Excel**

Excel 是一款专业的表格制作和数据处理软件，可以从各种数据源导入数据，通过各种函数和公式对数据进行预处理，并对整理好的数据集进行描述性统计分析、投资决策分析以及时间序列预测分析、相关分析与回归分析等。它具有出色的数据计算、统计分析、辅助决策以及图表绘制功能，广泛地应用于管理、统计、财经、金融等众多领域，为用户提供了实现智能化工作的强大工具。

第 5、6 章会详细介绍 Excel 工具的使用方法。

**5. 统计数据分析与处理软件 SPSS**

社会科学统计软件包(Statistical Package for the Social Science,SPSS)是一款优秀的统计分析软件,着重于统计分析运算、数据挖掘、预测分析等功能的实现。SPSS 可以在不需要编程语言的情况下很好地进行回归分析、方差分析等研究,具有界面简单、功能强大等优点。

**6. 大数据展现工具 Word 和 PowerPoint**

大数据分析的最后阶段是撰写数据分析报告,这是对整个数据分析成果的一个呈现。通过分析报告,把数据分析的目的、过程、结果及方案完整呈现出来,为商业目的提供参考。

通过 Word 字处理软件和 PowerPoint 演示文稿软件提供的强大的文本编辑和排版、图文混排、与其他多种软件进行信息交换等功能,可以对大数据分析的结果进行处理和展示。本书第 4 章会详细介绍这两款软件的使用方法。

# 2.2　百度 AI Studio 平台介绍

百度的 AI Studio 平台是集成了大数据和人工智能的云计算平台。特别地,AI Studio 还是针对 AI 学习者的在线一体化开发实训平台。该平台集合了 AI 教程、AI 项目工程、各领域的经典数据集、云端的超强运算力及存储资源,以及比赛平台和社区。

使用百度 AI Studio 平台可以轻松地完成大数据和人工智能相关的项目,解决 AI 学习过程中的一系列难题。例如,高质量的数据集不易获得,以及本地难以使用大体量数据集进行模型训练等。下面来运行一个简单的项目。

## 2.2.1　运行一个简单的项目

在百度 AI Studio 平台上运行项目只需要在浏览器中完成以下 3 步操作即可。

第 1 步:使用百度账号登录 AI Studio 平台。AI Studio 平台网址为 https://aistudio.baidu.com/aistudio/index。登录账号为百度账号,用百度搜索、百度贴吧、百度云盘、百度知道、百度文库等账号都可以直接登录。如果没有注册过百度账号,可以通过短信快捷登录,或者注册后再登录。AI Studio 登录后的界面如图 2-1 所示。

图 2-1　AI Studio 登录后的界面

第2步：找到要运行的项目并保存至"我的项目"。首先，单击界面左上角的"项目"，显示出最新的"公开项目"页面，单击"新手入门"，可以看到机器学习入门实践-鸢尾花分类案例，AI Studio 公开项目中的新手入门项目如图 2-2 所示。

图 2-2    AI Studio 公开项目中的新手入门项目

将"公开项目"保存为"我的项目"。需要通过 fork 操作来完成：单击项目标题进入鸢尾花分类项目，单击页面右上角的 fork 按钮，弹出"fork 项目"对话框，如图 2-3 所示，单击"创建"按钮即可将该公开项目保存为"我的项目"。

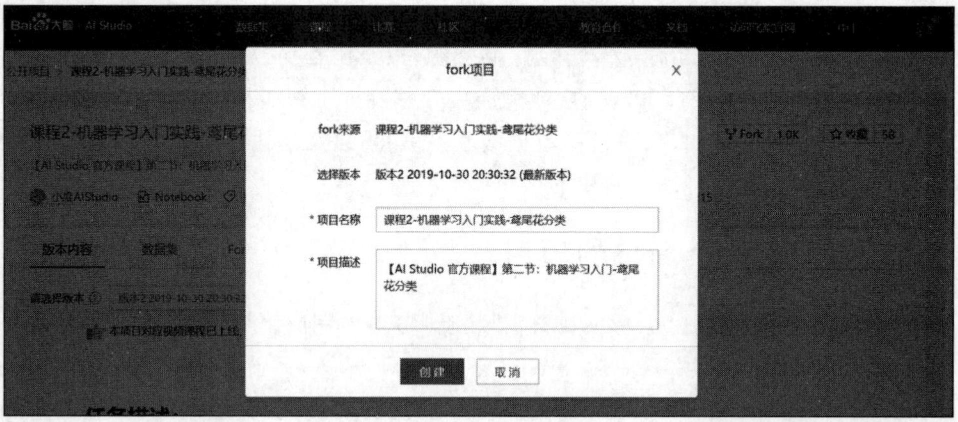

图 2-3    "fork 项目"对话框

第3步：选择运行环境来运行项目。通过 fork 操作创建项目后，可以直接开始运行项目，也可以在"我的项目"里面找到 fork 操作得到的项目进行运行。总之，要运行项目首先要保存到"我的项目"里面，也就是建立好项目的副本后，才能进行运行或修改等操作。

单击"启动环境"按钮，弹出"选择运行环境"对话框，如图 2-4 所示。如果选择"基础版"，则项目在本地环境中运行；如果选择"高级版"，则项目就运行在云端，也就是由云端的 GPU 和 CPU 计算能力来负责运行。很显然，对于大型的项目需要云端的大量计算资源，因为鸢尾花案例对计算能力要求不高，所以可以直接选择"基础版"在本地运行。

单击"确定"按钮，开始启动本地项目环境，启动成功后进入 AI Studio 本地项目运行界面，如图 2-5 所示。AI Studio 项目的运行环境为 Notebook，Notebook 是一个集说明性文字、数学公式、代码和可视化图表于一体的网页版的交互式计算环境，广泛用于数据分析、数据可视化和其他交互和探索性计算中。

图 2-4　AI Studio 平台"选择运行环境"对话框

图 2-5　AI Studio 本地项目运行界面

Notebook 允许用户把所有与程序代码相关的文本、图片、公式，以及程序段运行的中间结果全都结合在一个 Web 文档里面，还可以轻松地修改和共享文档。

Notebook 编程环境中包括代码单元格和标签单元格，只有代码单元格能够执行。单击右上角的"运行"菜单下的"全部执行"子菜单，即可运行该项目。代码单元格执行的结果显示在该代码单元格下方。

目前，AI Studio 平台上 Notebook 有两个版本，分别是 BML Codelab 和 AI Studio 经典版，创建项目时 Notebook 版本选择如图 2-6 所示。当创建一个新的项目时，可以选择所需的 Notebook 版本。其中，AI Studio 经典版是基于 Jupyter Notebook 架构，是 AI Studio 平台最早使用的版本；BML Codelab 是基于全新的 JupterLab 架构，除了包括 Jupyter Notebook 的架构外，还增加了很多新的特性。

JupyterLab 是包括 Jupyter Notebook 的下一代用户界面，支持多个 Notebook 或文件（HTML、TXT、Markdown 等）的查看与编辑、双语言、亮暗主题切换、代码实时自动补全、变量重命名、编写用户实时提醒等众多新特性。

Jupyter Notebook 和 JupyterLab 统一被称为 Notebook 编程环境。

图 2-6　创建项目时 Notebook 版本选择

## 2.2.2　GPU 算力

云计算平台上提供的计算能力简称为算力,算力是大数据时代的必然产物。从大数据分析的角度来讲,算力也代表着数据处理的能力。随着时代的发展,算力会更加广泛地运用于生活的各个层面。

AI Studio 平台配备工业级 NVIDIA Tesla V100 GPU 资源。NVIDIA Tesla V100 GPU 是当今市场上加速人工智能、高性能计算和图形的数据中心 GPU 中的精尖之作,提供 AI Studio 平台的算力支持。图形处理器(Graphics Processing Unit,GPU)最初是专门用来处理图形渲染的,即做一系列图形的计算。因为游戏、3D 对渲染的要求越来越高,所以随着技术的进步,GPU 越来越强大,性能也越来越高。

在 AI Studio 平台上启动计算环境时会提示选择算力方案,如图 2-4 所示。目前,AI Studio 平台提供的算力选择方案包括基础版、高级版和至尊版。

(1) 基础版 CPU 是指本地计算机硬件环境,包括 CPU 性能、内存和硬盘的大小。

(2) 高级版 GPU 是指云端配置了 GPU 和 CPU 的计算环境(GPU:Tesla V100; Video Memory:16GB;CPU:2 Cores;RAM:16GB;Disk:100GB)。

(3) 至尊 GPU 也是云端配置了 GPU 和 CPU 的计算环境(GPU:Tesla V100;Video Memory:32GB;CPU:4 Cores;RAM:32GB;Disk:100GB),比高级版的 GPU 和 CPU 内存多一倍,CPU 性能也高出一倍。

AI Studio 上的 GPU 算力获取方式主要是运行项目自动获取、分享拉新赢算力以及运营人员手工发放三类。算力卡单位为点,每点可使用高级版算力 2h 或至尊版算力 1h。每日运行项目即送 8 点算力,可使用高级版算力运行 16h。

那么,加载了 GPU 的计算环境计算能力如何呢?在人工智能中广泛使用的深度学习卷积神经网络里面包含了大量的矩阵运算,这些操作和 GPU 本来的图形点的矩阵运算是一样的,因此深度学习就可以非常恰当地用 GPU 来进行加速。在进行纯理论计算时,GPU

的性能要比 CPU 高出几十倍,甚至上百倍。

下面给出一个简单的求矩阵乘法的代码,通过在不同算力环境下运行代码来比较矩阵乘法运算的运行时长。

```
import numpy as np              #导入 numpy 库
m, n, k = 500, 500, 500          #设置矩阵的维度
A = np.random.rand(m,n)          #生成 m 行 n 列的矩阵 A
B = np.random.rand(n,k)          #生成 n 行 k 列的矩阵 B
res = np.dot(A, B)               #求矩阵 A 和矩阵 B 的乘积
```

分别在本地计算机环境、高级版 GPU 环境和至尊版 GPU 环境中运行给定的矩阵乘法计算代码,得到的运行结果分别如图 2-7~图 2-9 所示。由图中显示的运行时长可以发现,GPU 比 CPU 的性能高出很多倍;另外,随着代码中矩阵维度的增加(相当于问题的复杂度增加),时间性能差异会更大。

图 2-7 本地计算机环境中不同维度矩阵乘法运行时长

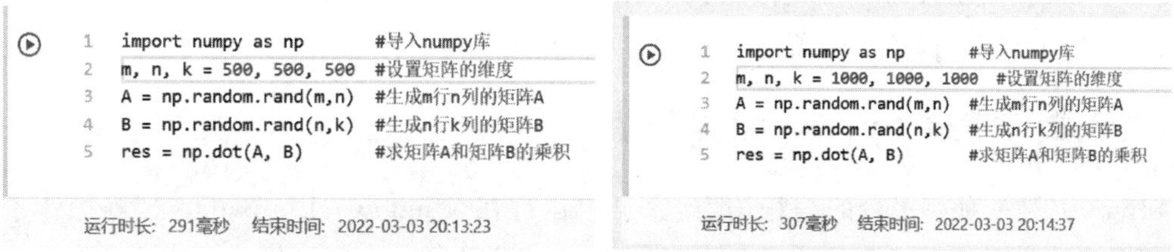

图 2-8 高级版 GPU 环境中不同维度矩阵乘法运行时长

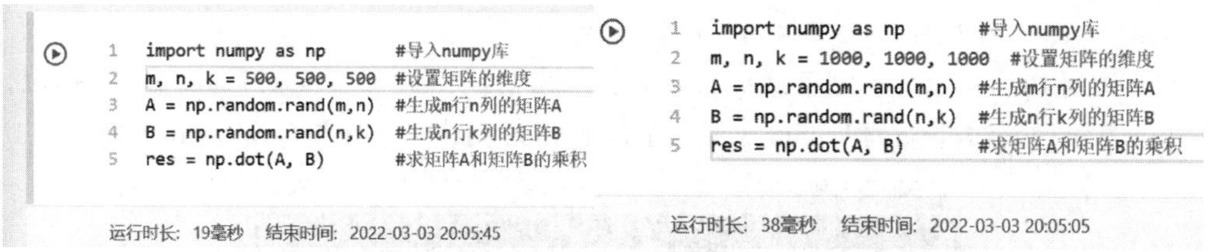

图 2-9 至尊版 GPU 环境中不同维度矩阵乘法运行时长

## 2.3 Python 基础

Python 是学习大数据分析和人工智能的入门级语言。随着大数据分析的飞速发展和人工智能应用的广泛普及,Python 成了全球增长最快的主流编程语言。

未来是 AI 的时代,Python 是最接近人工智能的语言。下面就一起来学习 Python。

## 2.3.1　Python 的特点和发展

Python(巨蟒、蟒蛇的意思,英国发音为/ˈpaɪθən/,美国发音为/ˈpaɪθɑːn/),是一种面向对象的解释型计算机程序设计语言,由荷兰人 Guido van Rossum 于 1989 年发明,1991 年第一个公开发行版发行。

Python 是一种高级程序设计语言,语法极其简单易懂,非常容易上手,是全球用户增长最快的主流编程语言。2019 年 5 月全球编程语言排行榜 Python 上升至第三名,前两名分别是 Java 和 C 语言。其中,Python 和 Java 是解释型的编程语言,而 C 是编译型的编程语言。

Python 是一种效率极高的语言,相比于其他语言,使用 Python 编程时,程序包含的代码更少,编写的程序更加易于阅读、调试和扩展。

Python 也是一种免费开源的编程语言,任何人可以自由地发布这个软件的副本、阅读它的源代码、对它做改进等。由于它的开源本质,Python 已经被移植在许多平台上,所有 Python 程序无须修改就可以在下述任何平台上面运行,如 Windows、Linux、OS X 等。

正是因为 Python 具有语法简单易学、编程高效、免费开源、可移植、面向对象等优点,Python 成为有史以来最盛行的编程语言之一,广泛应用于数据分析、数据挖掘、人工智能、机器学习等方面。根据 KDnuggets 网站调查显示,在数据科学领域,自从 2017 年来,Python 一直是数据分析、数据科学与机器学习的第一大编程语言。

自 2018 年 3 月起,我国教育部将"Python 语言程序设计"纳入全国计算机等级考试二级科目。目前,山东省在六年级信息技术课中已经加入 Python 的学习。北京、山东、浙江已经将 Python 纳入高考考核范围。

## 2.3.2　搭建 Python 编程环境

Python 是一种跨平台的编程语言,它可以运行在 Windows、Linux、OS X 等操作系统中,但是在不同的操作系统平台上,Python 的安装步骤存在一些区别。在大多数的 Linux 和 OS X 操作系统平台上都默认安装了 Python。但是 Windows 操作系统并没有默认地安装 Python,本章主要讲解在 Windows 平台上搭建 Python 的编程环境。

搭建 Python 编程环境的步骤如下所述。

(1)访问 Python 官方网站下载页面(http://www.python.org/downloads/),如图 2-10 所示。在下载页面,有最新版的 Windows 系统下的 Python 安装程序单击 Download Python 3.10.2

图 2-10　Python 官方网站下载页面

按钮,即可下载。

Python 有两个主要的版本,一般称为 Python 3 和 Python 2。Python 3 和 Python 2 语法上有些差异,并且不兼容,可以看成是两门不同的语言。因为 Python 3 是 Python 2 的优化版本(改进了一些语法和模块、增加了新的语法、统一了字符编码等),且比 Python 2 更加符合时代发展的趋势,因此,本章主要介绍 Python 3 的安装及使用。

(2) 单击 Python 3 的"下载"按钮,会进入当前 Python 3 版本的下载页面。在下载页面的最下方,有 Python 当前版本在不同系统中的不同安装程序文件,Python 下载版本的选择如图 2-11 所示。对于现在主流的 64 位 Windows 操作系统计算机,选择最后一条"Windows Installer(64-bit)"。

### Files

| Version | Operating System | Description | MD5 Sum | File Size | GPG |
|---|---|---|---|---|---|
| Gzipped source tarball | Source release | | 67c92270be6701f4a6fed57c4530139b | 25067363 | SIG |
| XZ compressed source tarball | Source release | | 14e8c22458ed7779a1957b26cde01db9 | 18780936 | SIG |
| macOS 64-bit universal2 installer | macOS | for macOS 10.9 and later | edced8c45edc72768f03f66cf4b4fa27 | 39805121 | SIG |
| Windows embeddable package (32-bit) | Windows | | 44875e70945bf45f655f61bb82dba211 | 7541211 | SIG |
| Windows embeddable package (64-bit) | Windows | | f98f8d7dfa952224fca313ed8e9923d8 | 8509629 | SIG |
| Windows help file | Windows | | 342cabb615e5672e38c9906a3816d727 | 9575352 | SIG |
| Windows installer (32-bit) | Windows | | ef91f4e873280d37eb5bc26e7b18d3d1 | 27072760 | SIG |
| Windows installer (64-bit) | Windows | Recommended | 2b4fd1ed6e736f0e65572da64c17e020 | 28239176 | SIG |

图 2-11　Python 下载版本的选择

(3) 下载完毕后,双击运行安装程序,弹出如图 2-12 所示的安装界面。本书使用的是 Python 3.10.2 安装软件。

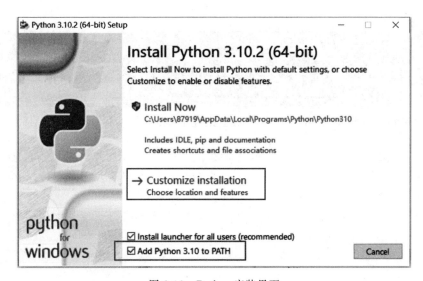

图 2-12　Python 安装界面

在如图 2-12 所示的安装界面中,首先,务必要勾选 Add Python 3.10 to PATH 复选框,这样可自动将 Python 路径配置到系统的环境变量中。

其次，可以通过选择图 2-12 中的 Customize installation 选项，在弹出的设置界面中将默认的较长的 Python 安装路径更改为 C:\Python\Python310，方便后期的使用。配置Python 安装路径如图 2-13 所示，可以在该界面下的文本框中直接输入安装路径，或者单击Browse 按钮选择相应的安装路径。

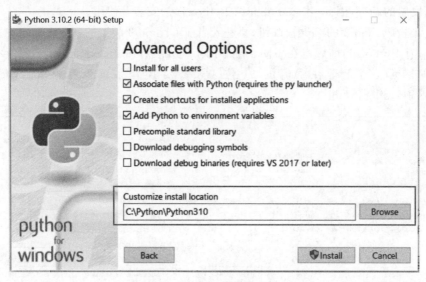

图 2-13　配置 Python 安装路径

（4）在 Windows 命令窗口中检查 Python 安装是否成功。在"开始"菜单的"搜索"栏里面输入 cmd.exe，打开 Windows 命令窗口，输入 Python 后，按 Enter 键，启动 Python 交互式命令执行终端，如图 2-14 所示，该结果则表示 Python 安装成功。

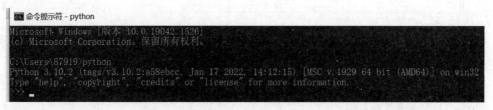

图 2-14　启动 Python 交互式命令执行终端

如图 2-14 所示，命令执行终端显示了系统安装的 Python 版本，最后的符号>>>是一个提示符，表示可以输入 Python 命令。在交互式命令执行终端输入命令后按 Enter 键，系统将执行 Python 命令并输出结果。

如果出现如下问题，就是 Windows 操作系统不知道 Python 安装在系统的哪个目录下，需要把 Python 的安装目录加入系统环境变量里面。

```
C:\Users > Python
'Python' 不是内部或外部命令，也不是可运行的程序
或批处理文件。
```

视频讲解

### 2.3.3 运行简单的 Python 程序

一般通过 Python 安装程序自带的 IDLE(Integrated Development and Learning Environment,集成开发和学习环境,一般简称集成开发环境)来运行 Python 程序。

#### 1. 打开 IDLE

(1)找到 idle. bat 文件。可以通过 Windows 系统自带的搜索功能来查找,也可以直接在 Python 安装目录下查找(本书为 C:\Python\Python310\Lib\idlelib)。可以通过右击"发送到桌面快捷方式"简化下一次的使用。

(2)双击 idle. bat 文件,弹出 Python IDLE 交互式命令执行窗口,如图 2-15 所示,此时已经完成了打开 IDLE 的操作。

```
IDLE Shell 3.10.2                                    —   □   ×
File Edit Shell Debug Options Window Help
Python 3.10.2 (tags/v3.10.2:a58ebcc, Jan 17 2022, 14:12:15) [MSC v.1929 64 bit (AMD64)] o
n win32
Type "help", "copyright", "credits" or "license()" for more information.
>>>
                                                              Ln: 3 Col: 0
```

图 2-15 Python IDLE 交互式命令执行窗口

#### 2. 在 IDLE 中运行 Python 程序

1)在 IDLE 中运行 Python 程序的两种方法

(1)方法 1:通过 IDLE 直接执行语句。

在图 2-15 的>>>提示符后面输入 Python 代码,即可以显示输出。

学习编程语言的第一个程序,一般都是在屏幕上显示消息"Hello world!"。用 Python编写这样的程序,只需要在交互式命令执行终端用 print()函数输出信息,Python IDLE 交互式命令执行窗口如图 2-16 所示。

```
IDLE Shell 3.10.2                                    —   □   ×
File Edit Shell Debug Options Window Help
Python 3.10.2 (tags/v3.10.2:a58ebcc, Jan 17 2022, 14:12:15) [MSC v.1929 64 bit (
AMD64)] on win32
Type "help", "copyright", "credits" or "license()" for more information.
>>> print("Hello world!")
hello world!
>>>
                                                              Ln: 5 Col: 0
```

图 2-16 Python IDLE 交互式命令执行窗口

其中,>>>提示符后面表示代码命令行,没有>>>提示符表示是输出的结果。请动手试一试,编写 Python 代码,在屏幕上输出消息"Hello Python world!",代码如下:

```
>>> print("Hello Python world!")
Hello Python world!
```

(2)方法 2:通过 IDLE 建立 py 源程序文件。

当解决比较复杂的问题时,需要编写多行代码而后执行,可以通过 Python IDLE 建立和编写 py 源程序文件。方法如下：

第 1 步，选择 IDLE 窗口中的 File→New File 命令，新建一个空白文档。

第 2 步，选择 File→Save 命令，将文件保存为 hello_world. py 文件，选择文件所在的位置为 C:\Python 文件夹。

第 3 步，在 hello_world. py 文件中输入显示消息"Hello world!"的代码并保存，如图 2-17 所示。

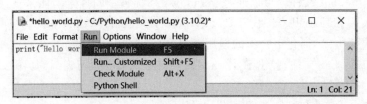

图 2-17　通过 Python IDLE 运行 py 文件

运行 py 文件有如下两种方法。

① 选择 Run→Run Module 命令，或者按 F5 键，即可通过 Python IDLE 运行 py 文件，如图 2-17 所示，并给出运行结果。

② 在 Windows 命令终端窗口 cmd. exe 中运行 hello_world. py 文件，命令为 python c:\python\hello_world. py。在命令终端运行 py 源程序后结果如图 2-18 所示。

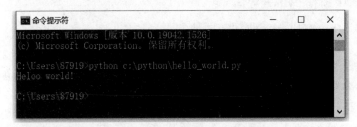

图 2-18　在命令终端运行 py 源程序

注意，如果此时命令终端为 Python 交互式命令执行窗口，可以先通过在>>>提示符后输入 exit()函数或者 quit()函数来退出 Python 环境。然后再执行 python c:\python\hello_world. py，获得输出结果，如图 2-18 所示。

### 2.3.4　Python 程序的语法结构

Python 程序语法的格式框架主要包括两个部分：代码缩进、注释。

在编写多行 Python 代码来求解问题时，为了方便程序能够被轻松地读懂，一般要为程序添加注释。注释的形式有两种。一种是用井号（♯）来注释一行，♯后面的内容不管写什么都不会执行。如下面代码所示。

```
♯这是一行 Python 注释
print("Hello Python world!")
```

另一种是用两个三引号（'''）来注释多行，两个三引号（'''）之间的部分为注释内容，将不会被执行。如下面代码所示。

```
'''这是多行注释,用三个单引号
这是多行注释,用三个单引号'''
print("Hello Python world!")
```

注释内容要尽量以简洁清晰的语言把代码的功能讲清楚,方便今后的代码阅读和修改等。

Python 程序运行时,根据缩进来解读代码,不考虑空行,所以空行一般用来增加程序的可读性,对于程序的运行没有影响。缩进一般是 4 个空格。

注意,并不是所有的代码都可以通过缩进来包含其他的代码,否则会出现 unexpected indent 错误。如下所示,代码中误用了一个多余的缩进。

```
print("Life is short, I use Python!")
    print("Me too!")
```

运行代码后错误信息为:

```
File "C:/Python/untitled1.py", line 8
    print("Me too!")
    ^
IndentationError: unexpected indent
```

Python 语法结构的说明是通过在交互式运行终端输入 import this 命令获得,相关代码及运行结果如下:

```
>>> import this
The Zen of Python, by Tim Peters

Beautiful is better than ugly.
Explicit is better than implicit.
Simple is better than complex.
Complex is better than complicated.
Flat is better than nested.
Sparse is better than dense.
Readability counts.
Special cases aren't special enough to break the rules.
Although practicality beats purity.
Errors should never pass silently.
Unless explicitly silenced.
In the face of ambiguity, refuse the temptation to guess.
There should be one -- and preferably only one -- obvious way to do it.
Although that way may not be obvious at first unless you're Dutch.
Now is better than never.
Although never is often better than * right * now.
If the implementation is hard to explain, it's a bad idea.
If the implementation is easy to explain, it may be a good idea.
Namespaces are one honking great idea -- let's do more of those!
```

Python 具有设计理念和哲学。例如，Python 以编写优美的代码为目标，而优美的代码应当具有简洁明了、命名规范、风格相似等优点。在这种设计哲学的指引下，Python 逐渐发展成为一种特别简明友好、容易上手、功能强大的语言，在编程序时可以慢慢体会。

# 2.4　变量及数据的使用

变量（Variable）是指在程序中可以发生改变的量。变量一般包含变量名和变量值两部分，变量值就是各种各样的数据。

Python 一般通过定义变量来处理多种数据，如数字、字符串、字符等。虽然程序中可以直接使用数据，但是为了方便使用一般会将数据保存到变量中。变量可以看成一个小箱子，专门用来"盛装"程序中的数据。每个变量都拥有独一无二的名字，通过变量的名字就能找到变量中的数据。

视频讲解

## 2.4.1　变量的使用

变量是通过"变量名 ＝ 值"这一方法定义的。在编程语言中，"＝"与数学意义上的"相等"的含义不同，表示赋值运算符，即将右侧的值存放到左侧的变量中。

在 hello_world.py 程序文件中添加一个名为 message 的变量，用来存储"Hello world!"消息内容。只需要在开始添加一行语句，代码如下：

```
message = 'Hello world! '
```

然后将 print('Hello world! ')改写成 print(message)，得到的输出与之前一模一样。其中，print()函数打印输出变量的值，即字符串的内容。

进一步修改程序为 helloworld.py，文件代码如下：

```
# helloworld.py 程序文件
message = 'Hello world! '
print(message)

message = 'Welcome to our Python world! '
print(message)
```

运行程序，会得到如下两行输出：

```
Hello world!
Welcome to our Python world!
```

由此可见，在程序中可以随时修改变量的值，而变量只能保存最后修改的值。另外，中间的空行是为了方便阅读程序，并不会对输出造成任何影响。

在解决复杂问题时，经常要使用变量来简化程序的逻辑。变量的命名需要遵循如下规则。

（1）变量只能包含字母、数字和下画线，变量名的第一个字符可以是字母或下画线，但不能是数字。例如，\_\_name、name\_1、\_name\_1 等都是正确的变量名，但是 1name、1\_name 等都是错误的变量名。

（2）变量名区分大小写并且不能包含空格，可以使用下画线或首字母大写来分隔较长的变量名中的单词，如 first name 不是变量名，但是 first\_name、firstName、FirstName 是 3 个不同的变量名。

（3）Python 的关键词和函数名不能用作变量名，如 print、if、True、False 等。

在使用变量的过程中，最容易出现如下命名错误："NameError：name 'mesage' is not defined"。相关代码及运行结果如下：

```
>>> message = "Welcome to our Python world!"
>>> print(mesage)
Traceback (most recent call last):
  File "<pyshell#2>", line 1, in <module>
    print(mesage)
NameError: name 'mesage' is not defined
```

如果出现这样的错误，那么表明变量名的书写有错误，仔细比较并改正错误后，程序就可以正常运行了。

在 Python 中，变量是可以发生变化的量，在 Python 中变量是没有类型之分的，但是 Python 中数据有类型之分，包括字符串类型、数字类型、逻辑类型、列表类型、字典类型等。一般将存储字符串的变量简称为字符串变量，将存储数字的变量称为数字变量，以此类推。

一般通过 type()函数查看数据或数据变量的类型。相关代码及运行结果如下：

```
>>> type("hello")
<class 'str'>
>>> message = "hello"
>>> type(message)
<class 'str'>
>>> message = False
>>> type(message)
<class 'bool'>
```

## 2.4.2 字符串及字符串变量的使用

在 Python 中，用两个单引号或者两个双引号表示的一串字符，就是字符串。例如：

```
"Life is short, use Python. "
'人生苦短,我用 Python.'
```

视频讲解

字符串中可以嵌套包含其他成对出现的引号，如下面的例子所示，双引号表示的字符串里面应该嵌套单引号才不会出错，而单引号表示的字符串里面要嵌套双引号才不会出错。

如果多个单引号或多个双引号嵌套出现,那么会有问题。代码如下:

```
>>> print("Life is short, use "Python".")
SyntaxError: invalid syntax
>>> print("Life is short, use 'Python'.")
Life is short, use 'Python'.
>>> print('人生苦短,我用'Python'.')
SyntaxError: invalid syntax
>>> print('人生苦短,我用"Python".')
人生苦短,我用"Python".
```

### 1. 用 len()函数得到字符串的长度

在 Python 中不管是对于英文字符还是中文字符,用 len()函数得到的字符串长度都是1。相关代码及运行结果如下:

```
>>> len("Hello!")
6
>>> len("你好!")
3
```

### 2. 用 title()、upper()、lower()方法改变字符串的大小写形式

Python 为字符串以及字符串变量提供了一系列方法,可以直接调用并改变字符串的显示形式。方法是属于对象(如字符串、列表、字典等)的函数,可以由对象用(.)直接调用。

相关代码及运行结果如下:

```
>>> print("Life is short, use 'Python'!".title())
Life Is Short, Use 'Python'!
>>> print("Life is short, use 'Python'!".upper())
LIFE IS SHORT, USE 'PYTHON'!
>>> print("Life is short, use 'Python'!".lower())
life is short, use 'python'!
```

其中,title()方法是将字符串里面每一个英文字符的首字母大写,upper()方法是将字符串中所有的英文字母变成大写形式,lower()方法是将字符串中所有的英文字母变成小写形式。

因为字符串'the'和'The'是不相同的字符串,所以如果要计算一篇英文文章中某些单词出现的频率,首先要通过 title()方法或者 upper()方法或者 lower()方法把字符串中所有单词的不同形式调整为统一形式后,才能准确计算该单词出现的次数。

### 3. 字符串的拼接

在实际求解问题时,还会经常遇到将多个字符串变量的内容拼接在一起后打印显示出来的情况。Python 使用加号(+)来拼接字符串,可以方便地将字符串和字符串变量拼接起来。

motto.py 程序代码如下：

```
#motto.py 程序文件
name = 'bruce eckel'
motto = 'Life is short, you need Python.'
message = name.title() + ' said:" ' + motto + '"'
print(message)
```

运行结果为：

```
Bruce Eckel said:" Life is short, you need Python."
```

### 4. 字符串中转义字符的使用

字符串打印显示出来时往往要进行格式的控制，如果要换行，可以使用转义字符'\n'来实现；如果要添加制表符，那么可以使用转义字符'\t'来实现。字符'\t'和'\n'都是 ASCII 码中的控制字符，不能直接显示，所以通过\的形式来进行控制显示。

如下面"转义字符.py"程序文件所示。

```
#转义字符.py 程序文件
Header = '排名\t 姓名\t 成绩'
stu1 = '1 \t 小明 \t 100'
stu2 = '2 \t 小王 \t 91'
print(Header + '\n' + stu1 + '\n' + stu2)
```

运行结果为：

```
排名    姓名    成绩
1       小明    100
2       小王    91
```

### 5. 字符串索引

字符在字符串中的编号叫作"索引"。Python 中字符串索引从 0 开始，一个长度为 $L$ 的字符串最后一个字符的位置是 $L-1$。Python 允许使用负数从字符串右边末尾向左边进行反向索引，最右侧索引值是 $-1$，向左依次减 1。字符串的两种索引如表 2-1 所示。

表 2-1　字符串的两种索引

| 字符串 | h | e | l | l | o | , | | S | a | m | ! |
|---|---|---|---|---|---|---|---|---|---|---|---|
| 正向索引 | 0 | 1 | 2 | 3 | 4 | 5 | 6 | 7 | 8 | 9 | 10 |
| 反向索引 | −11 | −10 | −9 | −8 | −7 | −6 | −5 | −4 | −3 | −2 | −1 |

字符串索引还包括单个索引和范围索引。

1）单个索引

单个索引是指访问字符串中的指定位置。格式为：字符串名[索引值]。

相关代码及运行结果如下：

```
>>> message = "Hello, Sam!"
>>> message[0]
'H'
>>> message[-1]
'!'
```

2）范围索引

范围索引是通过两个索引值确定一个位置范围，返回这个范围的子字符串。格式为：字符串名[start：end]。其中，start 和 end 都是整数型数值，这个子序列从索引 start 开始直到索引 end 之前结束。相关代码及运行结果如下：

```
>>> message[7:10]
'Sam'
>>> message[0:1]
'H'
>>> message[-3:-1]
'am'
>>> message[7:-1]
'Sam'
```

视频讲解

### 2.4.3　数字及数字变量的使用

在求解数值类问题时，经常会用到数字的计算，在 Python 中，数字一般包括整数和浮点数。整数在程序中的表示方法和数学上一模一样，如 100、−1 等。程序中有时候用十六进制数表示整数，此时用 0x 前缀和 0～9，a～f 表示，如 0xff00、0xa5 等。

浮点数也就是小数，浮点数可以用数学上的写法，如 1.23、3.14 等。但是对于很大或很小的浮点数一般用科学记数法表示，用 e 来替代 10。例如，$1.23 \times 10^9$ 就写成 1.23e9，或者 12.3e8，0.000012 写成 1.2e-5，等等。

数值运算的操作如表 2-2 所示。

表 2-2　数值运算的操作

| 操　作 | 操　作　含　义 |
| --- | --- |
| x＋y | x 与 y 之和 |
| x−y | x 与 y 之差 |
| x＊y | x 与 y 之积 |
| x/y | x 与 y 之商(结果为浮点数) |
| x//y | x 与 y 之商的整数部分(向下取整) |
| x％y | x 与 y 之商的余数 |
| x＊＊y 或 pow(x,y) | x 的 y 次幂 |
| abs(x) | x 的绝对值 |

Python 将不带小数点的数字称为整数,将带小数点的数字称为浮点数。在 Python 的交互式命令运行终端,可以直接求解整数和浮点数算术运算表达式的值。相关代码及运行结果如下:

```
>>> 3 + 9 / 3
6.0
>>> (9 - 3) / 2
3.0
>>> 15 // 6
2
>>> 15 % 6
3
>>> 2 ** 3
8
>>> pow(2,3)
8
>>> abs(3 - 6)
3
>>> 0.1 + 0.1
0.2
>>> 0.1 + 0.2
0.30000000000000004
>>> 0.11 * 3
0.33
>>> 0.2 * 3
0.6000000000000001
>>> 0.3 * 3
0.8999999999999999
```

从上面的运行实例可以看出,Python 在进行浮点数计算时,结果的小数位数是不固定的,有时多有时少。这种情况是由计算机内部数字的表示方式决定的,一般是不影响使用的。

如果要把数字和字符串拼接起来,使用 str( )函数先将数字类型变成字符类型,然后进行字符串的拼接即可。相关代码及运行结果如下:

```
>>> year = 2022
>>> message = 'Good bye, ' + str(year - 1)
>>> print(message, '!')
Good bye, 2021!
```

请动手试一试,如果不使用 str( )函数,系统会报告什么样的错误信息。

## 2.4.4　逻辑值和逻辑变量的使用

逻辑值包括 True(真)和 False(假)两个,一般通过关系运算和逻辑运算来获得。

Python 中的关系运算与 Excel 中的关系运算一样,都是为了完成两个运算对象的比较,并产生逻辑值 True(真)或 False(假)。

视频讲解

　　关系运算符包括小于(<)、大于(>)、小于或等于(<=)、大于或等于(>=)、等于(==)、不等于(!=或者<>)。

　　在进行关系运算时，数值按照大小比较，英文字符串按照字符的 ASCII 码值进行比较，中文字符串按照机内码的大小进行比较，如下例所示。

```
>>> 'the' == 'The'
False
>>> 'the' != 'The'
True
>>> '123' > 'abc'
False
>>> '我' > '你'
True
>>> 7 > 9
False
>>> 2.1 <= 5.4
True
```

　　Python 的逻辑运算符包括三个：and、or 和 not，即与运算、或运算和非运算。

　　A and B：与运算，表示并且。当 A 为真，并且 B 也为真时，逻辑值为真(True)；当 A 或 B 为假时，逻辑值为假(False)。

　　A or B：或运算，表示或者。当 A 为真，或者 B 为真时，逻辑值为真(True)；当 A 和 B 均为假时，逻辑值为假(False)。

　　not A：非运算，表示对 A 取反。当 A 为假时，逻辑值为真(True)，A 为真时逻辑值为假(False)。

　　相关代码及运行结果如下：

```
>>> True and True
True
>>> True and False
False
>>> True or True
True
>>> True or False
True
>>> not True
False
>>> not False
True
```

　　已知三个数 a、b、c，判断这三个数是否能构成三角形的条件为两边之和大于第三边，逻辑表达式为“a+b>c and b+c>a and a+c>b”；判断这三个数是否能构成直角三角形的条件为勾股定理，逻辑表达式为“a**2 + b**2 == c**2 or a**2 + c**2 == b**2 or b**2 + c**2 == a**2”。相关代码及运行结果如下：

```
>>> a = 20
>>> b = 25
>>> c = 9
>>> a + b > c and b + c > a and a + c > b
True
>>> a ** 2 + b ** 2 == c ** 2 or a ** 2 + c ** 2 == b ** 2 or b ** 2 + c ** 2 == a ** 2
False
```

## 2.4.5　列表及其操作

视频讲解

列表是一组按照一定顺序排列的,由各种类型的数据元素组成的集合。简单地说,列表是一组信息的集合,它可以将成组的数据按照顺序集合起来存放,这是 Python 数据分析中最强大的功能之一。

在 Python 中,用方括号([ ])来表示列表,以下均为列表数据。

```
>>> ['A','B','C','D','E','F','G']
['A', 'B', 'C', 'D', 'E', 'F', 'G']
>>> [1,2,3,4,5,6,7,8,9,0]
[1, 2, 3, 4, 5, 6, 7, 8, 9, 0]
>>> ['A', 'B', 'C', 7, 8, 9]
['A', 'B', 'C', 7, 8, 9]
>>> [[1,2,3], 'hello', 88, True, False]
[[1, 2, 3], 'hello', 88, True, False]
```

由上面的列表数据可以看出,即使列表中数据元素的类型不一致,也能构成列表数据。另外,列表元素也可以是列表。其中,全部列表元素均为字符串的列表简称为字符串列表,全部列表元素均为数字的列表简称为数字列表。

英文字符串有一个简单的将字符串转换为列表的方法,就是 split()方法,如下面例子所示,通过 split()方法,将英文句子按照空格划分为多个单词,得到由字符串的单词构成的一个列表数据。相关代码及运行结果如下:

```
>>> "This is a bike.".split()
['This', 'is', 'a', 'bike.']
```

下面是某人一年 12 个月的体重数据(单位为 kg)。

```
weight = [62, 65, 65, 64, 64, 63, 62, 63, 63, 63, 63, 62]
```

当进行数据分析以及数据可视化时,一般数据会存放在列表里面,可以通过数字列表来使用实际的数据。例如,要对某产品一周的销售额进行分析,就可以建立如下数字列表。

```
sales = [1000, 2100, 1500, 3400, 5600, 4000, 5000]
```

**1. 访问列表元素**

访问列表元素包括访问一个列表元素，以及访问一段列表元素，分别通过列表元素的下标和列表切片来实现。

1）通过列表元素的下标/索引来访问单个列表元素

列表元素在列表中的编号叫作"索引"，也称为下标。一般地列表元素索引从 0 开始，从左往右依次增加 1。索引值也可以从右往左，最右侧索引值是−1，向左依次减 1。

访问单个列表元素一般通过列表变量加下标的方式。语法格式为：ls[i]。其中，ls 表示列表名，i 表示下标或索引。

相关代码及运行结果如下：

```
>>> Guests = ["David", "Tom", "Alex", "Jim", "Bob"]
>>> Guests[0]
'David'
>>> Guests[4]
'Bob'
>>> Guests[-1]
'Bob'
```

这种列表变量加上下标的方法还可以用来修改、引用列表的数据。相关代码及运行结果如下：

```
>>> Guests[0] = 'Peter'
>>> Guests
['Peter', 'Tom', 'Alex', 'Jim', 'Bob']
>>> message = Guests[0].upper() + ', Welcome to our Python class!'
>>> print(message)
PETER, Welcome to our Python class!
```

2）通过列表切片来访问某一段列表元素

Python 可以使用切片的方式来引用某一段列表的数据，语法格式：ls[start：end]。通过列表切片得到一个从索引 start 开始直到索引 end 之前结束的子列表，因此不包括列表元素 ls[end]。

另外，冒号表示区间，冒号前后的区间值都可以省略，省略前面的区间值表示从头开始，省略后面的区间值表示一直到列表的最后结束，前后区间值都省略表示切片产生的是整个列表。相关代码及运行结果如下：

```
>>> lists[2:3]
[77]
>>> lists[:3]
[33, 55, 77]
>>> lists[3:]
[11, 44]
>>> lists[:]
[33, 55, 77, 11, 44]
```

如果要对列表中的某一段数据,如每 2 个或每 3 个元素只取一个,可以通过 ls[start：end：step]设置步长 step 为 2 或 3。相关代码及运行结果如下:

```
>>> lists[0:5:2]          # 每 2 个元素只取第 1 个,也就是说每隔 1 个元素取 1 个
[33, 77, 44]
>>> lists[::2]
[33, 77, 44]
>>> lists[::3]            # 每 3 个元素只取 1 个,也就是说每隔 2 个元素取 1 个
[33, 11]
```

**2. 列表的操作方法**

列表的操作方法包括添加和删除列表元素、对列表元素进行排序,以及对列表进行反转等。列表的操作方法如表 2-3 所示。

表 2-3　列表的操作方法

| 操 作 方 法 | 描　　述 |
|---|---|
| ls. append(x) | 在列表 ls 尾部添加元素 x |
| ls. insert(pos, x) | 在列表 ls 下标为 pos 的位置插入元素 x |
| ls. remove(x) | 删除列表 ls 中的元素 x |
| ls. sort() | 对列表 ls 所有元素进行升序排序 |
| ls. sort(reverse＝True) | 对列表 ls 所有元素进行降序排序 |
| ls. reverse() | 对列表 ls 所有元素进行反转 |

1) 用 append()方法和 remove()方法添加和删除列表元素

列表中的元素是有顺序的,可以通过 append()方法在列表尾部添加元素,用 insert()方法在列表指定位置添加元素,用 remove()方法删除给定的列表数据。相关代码及运行结果如下:

```
>>> Guests.append("Alice")
>>> Guests
['Peter', 'Tom', 'Alex', 'Jim', 'Bob', 'Alice']
>>> Guests.insert(0,"David")
>>> Guests
['David', 'Peter', 'Tom', 'Alex', 'Jim', 'Bob', 'Alice']
>>> Guests.remove("Jim")
>>> Guests
['David', 'Peter', 'Tom', 'Alex', 'Bob', 'Alice']
```

2) 用 sort()方法对列表元素进行排序,用 reverse()方法对列表进行反转

相关代码及运行结果如下:

```
>>> Guests.sort()
>>> Guests
['Alex', 'Alice', 'Bob', 'David', 'Peter', 'Tom']
>>> Guests.reverse()
>>> Guests
['Tom', 'Peter', 'David', 'Bob', 'Alice', 'Alex']
```

### 3. 操作列表的函数

除了可以通过上面给出的方法来操作列表,Python 还给出了用来操作列表的函数。

1) len()函数和 sorted()函数

len()函数可以给出列表的长度,即列表元素的个数。相关代码及运行结果如下:

```
>>> len(Guests)
6
```

sorted()函数可以返回一个有序状态的列表,但是不会改变原来的列表数据。注意,前面给出的 sort()方法会改变原来的列表数据。相关代码及运行结果如下:

```
>>> Guests = ['David', 'Peter', 'Tom', 'Alex', 'Bob', 'Alice']
>>> sorted(Guests) ♯执行 sorted()函数后 Guests 变量的值并没有发生变化
['Alex', 'Alice', 'Bob', 'David', 'Peter', 'Tom']
>>> Guests
['David', 'Peter', 'Tom', 'Alex', 'Bob', 'Alice']
>>> Guests.sort() ♯执行 sort()方法后 Guests 变量的值发生了变化
>>> Guests
['Alex', 'Alice', 'Bob', 'David', 'Peter', 'Tom']
```

2) 数字列表的计算函数:min()、max()、sum()函数

Python 提供了一些函数来进行简单的数字列表的计算,例如 min()函数用来求最小值,max()函数用来求最大值,sum()函数用来求和。相关代码及运行结果如下:

```
>>> lists = [33, 55, 77, 11, 44]
>>> max(lists)
77
>>> min(lists)
11
>>> sum(lists)
220
```

### 4. 遍历列表

在实际应用中,要处理的列表数据可能成千上万个,例如对某个列表的所有数据元素依次进行一定的操作。为了能够高效地处理列表中的每一个数据元素,首先要学会用 for 循环语句遍历一个列表,包括用 for 循环语句遍历列表元素和列表下标两种方法。

1) 用 for 循环语句遍历列表元素

用 for 循环语句遍历列表元素的语法格式为:

```
for 元素变量 in 列表变量:
    子语句块
```

for 循环语句的功能是,将列表变量中的每一个数据元素依次放到元素变量中,然后执行子语句块的内容。

如下面的 Guests1.py 程序文件所示。

```
# Guests1.py 程序文件
Guests = ['David', 'Peter', 'Tom', 'Alex', 'Jim', 'Bob', 'Alice']
for guest in Guests:
    print(guest, guest.upper())
```

运行结果为：

```
David DAVID
Peter PETER
Tom TOM
Alex ALEX
Jim JIM
Bob BOB
Alice ALICE
```

由上面的例子可以看出，通过 for 循环语句可以将 Guests 列表中的每一个数据元素依次放到 guest 变量中，然后执行 print(guest, guest.upper()) 语句。

使用 for 循环语句时要注意以下两点。

（1）for 循环语句后面一定要有冒号，否则会产生语法错误。

（2）其子语句必须要有空白缩进。上面例子中 print(guest, guest.upper()) 语句前面的空白缩进表示该语句为前面语句的子语句。Python 正是通过语句前面的空白缩进来控制程序结构的。例如，下面的 Guests2.py 程序文件所示。

```
# Guests2.py 程序文件
Guests = ['David', 'Peter', 'Tom']
for guest in Guests:
    print(guest, guest.upper())
    print("Welcome to our Python class!")
```

运行结果为：

```
David DAVID
Welcome to our Python class!
Peter PETER
Welcome to our Python class!
Tom TOM
Welcome to our Python class!
```

而如果代码 print("Welcome to our Python class!") 前面没有添加空白缩进，则该语句不是包含在 for 循环语句中的，只能被执行一次。例如，下面的 Guests3.py 程序文件所示。

```
# Guests3.py 程序文件
Guests = ['David', 'Peter', 'Tom']
```

```
for guest in Guests:
    print(guest, guest.upper())
print("Welcome to our Python class!")
```

运行结果为：

```
David DAVID
Peter PETER
Tom TOM
Welcome to our Python class!
```

2）用 for 循环语句遍历列表下标

因为列表元素可以通过下标来访问，所以可以通过遍历列表下标的方法来遍历列表。用 for 循环语句遍历列表下标的语法格式为：

```
for 下标变量 in 下标列表:
    子语句块
```

其中，下标列表一般通过 range() 函数自动生成。

range() 函数可以用来自动生成两个整数之间的一系列整数值。例如，rang(a,b) 生成从 a 到 b-1 的整数，但不包含 b。如下面例子所示。

```
for i in range(1,5):
    print(i)
```

运行结果为：

```
1
2
3
4
```

然而，range(1,5)所产生的数据本身不是列表，但是可以通过 list() 函数强制类型转换为数字列表。相关代码及运行结果如下：

```
>>> range(1,5)
range(1, 5)
>>> list(range(1,5))
[1, 2, 3, 4]
```

range() 函数产生的一系列连续的数值往往用来作为列表的下标，与变量一起来访问列表数据。如下面的 Sales.py 程序文件所示。

```
#Sales.py 程序文件
sales = [1000, 2100, 1500, 3400, 5600, 4000, 5000]
```

```
for i in range(1,7):
    print(sales[i−1])
```

运行结果为：

```
1000
2100
1500
3400
5600
4000
```

## 2.4.6 字典

视频讲解

字典是由一系列键值对组合而成的数据结构。用花括号({})来表示字典。下面是一个简单的字典,它存储了一个用户的姓名、年龄和所在城市信息。代码如下:

```
>>> user = {'name':'Wang Lin', 'Age':18, 'Location':'Wuhan'}
```

其中,键值对通过冒号(:)相互关联起来,键一般是属性名称,如'name'、'Age'、'Location',值一般是属性的数据值,如'Wang Lin'、18、'Wuhan'等。

键值对通过冒号相互关联,可以通过键的信息来访问值的信息。语法格式为:dict[key],其中,dict 表示字典名,key 为键名。相关代码及运行结果如下:

```
>>> user = {'name':'Wang Lin', 'Age':18, 'Location':'Wuhan'}
>>> user['name']
'Wang Lin'
>>> user['Age']
18
>>> user['Location']
'Wuhan'
```

"键值对"是组织数据的一种重要方式,广泛应用在 Web 系统中,如用户画像。京东等网站一般会在后台收集用户数据,根据用户社会属性、生活习惯和消费行为等信息而抽象出的一个标签化的用户模型,简称为用户画像。

键值对的基本思想是将"值"信息关联一个"键"信息,进而通过键信息查找对应值信息,这个过程叫作映射。Python 中通过字典实现映射。

**1. 添加、修改和删除字典元素**

通过 dict[new_key] = new_value 为字典添加键值对。下面代码是为了给 user 字典变量添加 preference 和 occupation 属性,并设置属性值分别为 sports 和 student。

```
>>> user['preference'] = 'sports'
>>> user['occupation'] = 'student'
```

```
>>> user
{'name': 'Wang Lin', 'Age': 18, 'Location': 'Wuhan', 'preference': 'sports', 'occupation': 'student'}
```

也可以先建立一个空字典,再添加一些键值对。添加空字典的代码如下:

```
user0 = {}
```

字典的键不能修改,只能修改键对应的值信息。通过 dict[key] = new_value 来修改键 key 对应的值为 new_value,如下面代码所示。

```
>>> user['Age'] = user['Age'] + 1
>>> user
{'name': 'Wang Lin', 'Age': 19, 'Location': 'Wuhan', 'preference': 'sports', 'occupation': 'student'}
```

对于不再需要的键值对,可以通过 del dict[key]来删除。下面代码为删除 user 字典变量的 occupation 属性。

```
>>> del user['occupation']
>>> user
{'name': 'Wang Lin', 'Age': 19, 'Location': 'Wuhan', 'preference': 'sports'}
```

### 2. 字典的常用操作方法

字典的常用操作方法及描述如表 2-4 所示。

表 2-4　字典的常用操作方法及描述

| 操 作 方 法 | 描　　　述 |
| --- | --- |
| d. keys() | 返回字典 d 的所有键信息 |
| d. values() | 返回字典 d 的所有值信息 |
| d. Items() | 返回字典 d 的所有键值对 |
| d. get(key, default) | 如果字典 d 存在键 key,则返回键 key 对应的值 d[key] |
| d. clear() | 删除字典 d 的所有键值对 |

常见的用法包括以下两种。

(1)通过 for 循环语句来访问用户字典中的所有信息。下面代码所示为访问 user 字典的所有键值对信息。

```
user = {'name':'Wang Lin', 'Age':18, 'Location':'Wuhan'}
for key, value in user.items():
    print(key,':',value)
```

运行结果为:

```
name : Wang Lin
Age : 18
Location : Wuhan
```

（2）通过 get()方法来统计词频。下面代码所示为通过字典及其方法来统计字符串的词频情况。

```
>>> S = "a an a the an An A A"
>>> words = S.lower().split()
>>> words
['a', 'an', 'a', 'the', 'an', 'an', 'a', 'a']
>>> counts = {}
>>> for word in words:
        counts[word] = counts.get(word,0) + 1

>>> counts
{'a': 4, 'an': 3, 'the': 1}
```

其中，counts.get(word,0)表示如果字典 counts 中存在键 word，则返回对应的值，否则返回默认值 0。如下面例子所示。

```
>>> counts.get('an',0)              #已知 counts = {'a': 4, 'an': 3, 'the': 1}
3
>>> counts.get('one',0)
0
>>> counts
{'a': 4, 'an': 3, 'the': 1}
>>> counts['one'] = counts.get('one',0) + 1    #给'one'的值增加 1
>>> counts
{'a': 4, 'an': 3, 'the': 1, 'one': 1}
```

## 2.5  Python 程序的输入输出

视频讲解

在处理问题时，往往需要根据数据来进行分析。数据的输入一般包括两种：一种是用户直接用 input()函数输入数据；另一种是从文件读入相关的数据。数据的输出一般也包括两种：一种是用户直接用 print()函数输出数据；另一种是通过将数据写入文件输出数据。

### 2.5.1  Python 程序的输入

#### 1. 使用 input()函数输入数据

用户输入数据使用 input()函数。相关代码及运行结果如下：

```
>>> name = input("What's your name?")
What's your name? Lily
>>> name
'Lily'
```

由此可见，input()函数将用户输入赋值给变量，而函数里面的字符串只是起一个提示作用,提示用户此时需要输入什么样的数据信息。

input()函数从控制台获得用户的一行输入,无论用户输入什么内容,input()函数都以字符串类型返回结果。相关代码及运行结果如下:

```
>>> input()
3
'3'
>>> a = input("请输入一个整数: ")
请输入一个整数: 10
>>> a
'10'
>>> type(a)
< class 'str'>
```

注意,input()函数输入的数据默认都是字符串形式的,如果需要输入数字类型的数据,可以在input()函数输入之后,再通过eval()函数强制转换为数字类型。

eval()函数去掉字符串最外层的引号,并按照Python语句方式执行去掉引号后的字符内容。相关代码及运行结果如下:

```
>>> eval("print('Hello world!')")
Hello world!
>>> eval("1 + 1")
2
>>> eval(input())
1 + 2
3
```

用input()函数输入的一般都是需要与用户交互的、少量的信息。当要一次性输入大量数据时,往往就通过从文件直接读取的办法。

**2. 从文件读入相关的数据**

从文件中读取数据包括以下4个步骤。

(1) 根据文件名和路径,用open()函数打开文件。

(2) 用read()方法将文件内容全部读入一个变量中。

(3) 文件数据都存放在变量中,通过变量来处理文件数据。

(4) 用close()方法关闭文件。

已知一个文本文件movie.txt内容如下所示。

电影名称:太极
上映年份:2020
导演:周星驰
主演:周星驰 /安妮·海瑟薇 /杰克·布莱克
内容简介:周星驰在片中饰演一名隐姓埋名的太极宗师。他移居美国在唐人街打工洗盘子,为了保护受暴徒威胁的同胞们,他挺身而出,此后创办了武术学校将他的一身好功夫传授给他人。

访问该文件的程序文件 readfile1.py 如下所示。

```
# readfile1.py 程序文件
file_object = open('movie.txt', 'r',encoding = 'utf-8') # 'r'表示以只读方式打开文件
                    # encoding 表示设置编码格式,防止读文件时出现乱码
contents = file_object.read()
print(contents)
file_object.close()
```

运行结果为:

```
电影名称:太极
上映年份:2020
导演:周星驰
主演:周星驰 /安妮·海瑟薇 /杰克·布莱克
内容简介:周星驰在片中饰演一名隐姓埋名的太极宗师。他移居美国在唐人街打工洗盘子,为
了保护受暴徒威胁的同胞们,他挺身而出,此后创办了武术学校将他的一身好功夫传授给他人。
```

读文件时要注意如下两点。

(1)因为 read_file.py 和 movie.txt 都在一个文件夹下面,所以读取文件时,并没有指定路径,当这两个文件不在同一个文件夹下面时,需要为 movie.txt 文件指定路径。代码如下。注意,路径里面要用反斜杠。

```
file_object = open('C:/Python/movie.txt', 'r',encoding = 'utf-8')
```

(2)read()方法一次性将文本文件所有的内容全部读入 contents 变量中,这也是读取文件常用的方法。如果要一行一行地读取,可以使用 file_object 文件变量的 readline()方法。代码如下:

```
# readfile2.py 程序文件
file_object = open('C:/Python/movie.txt', 'r', encoding = 'utf-8')
# 'r'表示以只读方式打开文件,encoding 表示设置编码格式,防止读文件时出现乱码
contents = file_object.readline()
print(contents)
file_object.close()
```

运行结果为:

```
电影名称:太极
```

如果要将每一行内容都读取出来,可以用 for 循环语句,代码如下:

```
# readfile3.py 程序文件
file_object = open('C:/Python/movie.txt', 'r', encoding = 'utf-8')
# 'r'表示以只读方式打开文件,encoding 表示设置编码格式,防止读文件时出现乱码
```

```
for line in file_object:
    print(line)
file_object.close()
```

运行结果为：

电影名称：太极

上映年份：2020

导演：周星驰

主演：周星驰 /安妮·海瑟薇 /杰克·布莱克

内容简介：周星驰在片中饰演一名隐姓埋名的太极宗师。他移居美国在唐人街打工洗盘子,为了保护受暴徒威胁的同胞们,他挺身而出,此后创办了武术学校将他的一身好功夫传授给他人。

从结果可以看出,每一行的结尾都多了一个空行,可以通过字符串方法 rstrip()去掉字符串结尾多余的空行。代码如下：

```
#readfile4.py 程序文件
file_object = open('C:/Python/movie.txt', 'r', encoding = 'utf - 8')
for line in file_object:
    print(line.rstrip())
file_object.close()
```

运行结果为：

电影名称：太极
上映年份：2020
导演：周星驰
主演：周星驰 /安妮·海瑟薇 /杰克·布莱克
内容简介：周星驰在片中饰演一名隐姓埋名的太极宗师。他移居美国在唐人街打工洗盘子,为了保护受暴徒威胁的同胞们,他挺身而出,此后创办了武术学校将他的一身好功夫传授给他人。

## 2.5.2  Python 程序的输出

### 1. 使用 print()函数输出数据

使用 print()函数进行数据输出时,经常会用到字符串的 format()方法对输出内容进行格式化。下面的例子分别对输出的字符串和数字进行格式化。

```
>>> print("{}曰：学而时习之,不亦说乎。".format("孔子"))
孔子曰：学而时习之,不亦说乎。
>>> print("{}曰：学而时习之,不亦{}。".format("孔子","说乎"))
孔子曰：学而时习之,不亦说乎。
```

```
>>> print("{}曰:学而时习之,不亦{}。".format(1,2))
1曰:学而时习之,不亦2。
```

前面两条语句对字符串进行了格式化,后面一条语句对输出的数字进行了格式化。

字符串 format()方法的语法格式为:

```
<模板字符串>.format(<逗号分隔的参数>)
```

模板字符串由一系列用花括号({})表示的槽组成,用来表示输出参数的位置和格式。槽可以通过关键字或位置与输出的参数相对应。如下面代码所示:

```
>>> print('{名字}今天{动作}'.format(名字 = '陈某某',动作 = '拍视频'))
陈某某今天拍视频
>>> print('{1}今天{0}'.format('拍视频','陈某某'))
陈某某今天拍视频
>>> print('{0}今天{1}'.format('陈某某','拍视频'))
陈某某今天拍视频
```

第一条语句通过关键字来命名要输出的参数,通过关键字与模板字符串中的槽进行对应。第二条和第三条语句通过 format()函数中参数的位置(默认从 0 开始)来与模板字符串中的槽进行对应。

模板字符串中还可以通过槽对输出进行格式控制,<模板字符串>语法格式为:

```
{<参数序号>: <格式控制标记>}
```

格式控制标记包括填充、对齐和宽度。如果格式控制标记的位置出现字符^、< 或 >,则分别表示居中对齐、左对齐、右对齐;出现数字表示宽度;如果是其他的字符,一般表示填充。如下面代码所示:

```
>>> print('{:^14}'.format('陈某某'))
     陈某某
>>> print('{: * <14}'.format('陈某某'))
陈某某 * * * * * * * * * * *
>>> print('{:&>14}'.format('陈某某'))
&&&&&&&&&&& 陈某某
```

### 2. 写入文件

写入文件与读文件类似,也包括两个步骤。

(1) 根据文件名和路径,用 open()方法打开文件,打开时需要特别指出是写入的模式。

(2) 通过 write()方法将各种数据写入文件。

(3) 用 close()方法关闭文件。

将多种数据写入文件 example.txt 的程序文件的代码如下:

```
#write_example.py程序文件
message = "Life is short, I use Python!"
```

```
file_object = open('C:/Python/example.txt','w')
file_object.write(message)
file_object.write("3.14159")
file_object.write("Hello Python world!")
file_object.close()
```

运行程序后，example.txt 文件内容如下：

```
Life is short, I use Python! 3.14159Hello Python world!
```

如果希望写入一句后自动换行，直接将转义字符'\n'放在要换行的地方即可。

视频讲解

# 2.6　Python 程序的控制结构

程序由顺序结构、分支结构和循环结构三种基本结构组成。任何程序都由这三种基本结构组合而成。

程序的顺序结构是按照线性顺序依次执行的一种运行方式。程序的分支结构包括单分支结构、二分支结构和多分支结构。Python 中分支结构通过 if 条件语句来实现。Python 中的循环结构一般通过 for 循环语句和 while 循环语句来实现。下面分别介绍分支结构和循环结构。

视频讲解

## 2.6.1　分支结构

（1）单分支 if 条件语句的语法格式为：

```
if( 条件表达式 ):
    子语句块
```

**注意**：if 条件语句的语法格式必须包括括号、冒号以及缩进的语句块。

在实际的数据处理过程中，往往要根据数据的取值来给出相应的操作。例如对于某个学生的成绩数据，如果大于或等于 90 分，则输出"优秀"。代码如下：

```
score = 92
if(score >= 90):
    print("优秀")
```

这个是最简单的 if 条件语句，是单分支结构，根据条件的判断来执行相应的操作。

（2）二分支 if-else 语句的语法格式为：

```
if( 条件表达式 ):
    子语句块 1
else
    子语句块 2
```

在实际的数据处理过程中,往往要对整个列表数据进行判断,根据数据的不同取值来给出相应的操作。例如对于一组学生的成绩数据,如果大于或等于 60 分,则输出"及格";如果小于 60 分,则输出"不及格"。这里需要用到 if-else 语句,代码如下:

```
# score1.py 程序文件
scores = [67, 89, 57, 90, 49]
for score in scores:
    if(score >= 60):
        print(score, ",", "及格")
    else:
        print(score, ",", "不及格")
```

运行结果为:

```
67 , 及格
89 , 及格
57 , 不及格
90 , 及格
49 , 不及格
```

(3) 多分支 if-elif-else 语句的语法包含多个 if 条件语句的嵌套使用。其中,三分支语句的语法格式为:

```
if(条件表达式):
    子语句块 1
elif(条件表达式):
    子语句块 2
else:
    子语句块 3
```

对于一组学生的成绩数据,如果为 90～100 分,则输出"优秀";如果为 60～89 分,则输出"及格";如果小于 60 分,则输出"不及格"。对于这样多种选择的情况,需要用到 if-elif-else 语句的多分支结构。这个问题的求解代码如下:

```
# score2.py 程序文件
scores = [67, 89, 57, 90, 49]
for score in scores:
    if(score >= 90 and score <= 100 ):
        print(score, ",", "优秀")
    elif(score >= 60):
        print(score, ",", "及格")
    else:
        print(score, ",", "不及格")
```

运行结果为:

```
67 , 及格
89 , 及格
```

```
57 , 不及格
90 , 优秀
49 , 不及格
```

视频讲解

## 2.6.2　循环结构

### 1. for 循环语句

for 循环语句的语法格式为:

```
for 循环变量 in 遍历结构:
    子语句块;
```

其中,遍历结构可以是字符串、文件、range()函数、列表数据等。子语句块可以是单条语句或多条语句。

例如,下面的程序 square1.py 用 for 循环语句产生一组由 1~10 的平方数组成的列表。

```
#square1.py 程序文件
nums = []
for i in range(1,11):
    num = i ** 2
    nums.append(num)
print(nums)
```

运行结果为:

```
[1, 4, 9, 16, 25, 36, 49, 64, 81, 100]
```

下面的程序 evenList1.py 用 for 循环语句构建 10 以内的偶数组成的列表。

```
#evenList1.py 程序
even = []
for i in range(10):
    if i % 2 == 0:
        even.append(i)
print(even)
```

运行结果为:

```
[0, 2, 4, 6, 8]
```

### 2. 列表解析式

列表解析式也称列表生成式,是将 for 循环语句和创建新元素的表达式合并成一行来构建新列表。列表解析式的语法格式为:

```
新列表 = [表达式 for 元素 in 可迭代对象 if 条件]
```

其中,if 条件语句可以省略。

例如,下面的程序 square2.py 用列表解析式产生一组由 1～10 的平方数组成的列表。

```
#square2.py 程序文件
nums = [(i+1) ** 2 for i in range(10)]          # i 的取值为 0～9,(i+1)取值为 1～10
print(nums)
print(type(nums))
```

运行结果为:

```
[1, 4, 9, 16, 25, 36, 49, 64, 81, 100]
<class 'list'>
```

下面的程序 evenList2.py 用列表解析式构建 10 以内的偶数组成的列表。

```
#evenList2.py 程序
even = [i for i in range(10) if i % 2 == 0]
print(even)
```

运行结果为:

```
[0, 2, 4, 6, 8]
```

由上面的例子可以看出,列表解析式与 for 循环语句都能得到相同的结果。但是列表解析式不仅简化了代码,增强了可读性,而且运行效率更高。

**3. while 循环语句**

while 循环语句用于在某条件下,循环执行子语句。语法格式为:

```
while 判断条件:
     子语句块;
```

判断条件是逻辑表达式,当判断条件为真时,执行子语句块;当判断条件为假时,循环结束。如下面的 while.py 程序代码所示:

```
#while.py 程序文件
current_number = 0
while current_number <= 5:
     print(current_number)
     current_number += 1
```

运行结果为:

```
0
1
```

```
2
3
4
5
```

### 4. break 语句和 continue 语句

在 Python 中可以通过 break 语句和 continue 语句来提前结束循环，不过这两个语句的区别在于：break 用来跳出当前层次的循环，即跳出最内层的循环，脱离该循环后程序从循环语句后代码继续执行；而 continue 用来结束当前当次循环，但并不跳出当前循环。如下面的 breakcontinue.py 程序代码所示：

```python
# breakcontinue.py 程序文件
for i in "the number changes":
    if i == 'n':
        break
    else:
        print( i, end= "")
print()
for i in "the number changes":
    if i == 'n':
        continue
    else:
        print( i, end= "")
```

运行结果为：

```
the
the umber chages
```

### 5. 补充例题

前面已经学习了用 for 循环语句来访问操作列表数据，以及字典数据的方法。下面再学习几个 for 循环语句的例子，为学习后续的 Python 数据分析案例打下基础。

【例 2-1】 读取英文文本 shakespeare.txt 中的数据，并将特殊字符替换为空格。

解析：这一题主要考查用 for 循环语句遍历字符串。

readShakespeare.py 程序求解代码如下：

```python
# readShakespeare.py 程序文件
file_object = open("shakespeare.txt")
contents = file_object.read().lower()
for ch in ",.!'()?;":
    contents = contents.replace(ch,' ')  # replace(old, new)方法把字符串的 old 替换为 new
print(contents)
file_object.close()
```

运行结果为：

```
life s but a walking shadow a poor player that struts and frets his hour upon the stage and
then is heard no more
it is tale told by and idiot full of sound and fury signifying nothing
```

**【例 2-2】**　我国古代数学家张丘建在《算经》一书中曾提出过著名的"百钱买百鸡"问题。该问题叙述如下：鸡翁一，值钱五；鸡母一，值钱三；鸡雏三，值钱一；百钱买百鸡，则翁、母、雏各几何？请编写 Python 程序，解决"百钱买百鸡"问题。

解析：这一题主要考查 for 循环嵌套语句的使用。

首先，设鸡翁、鸡母、鸡雏的个数分别用变量 cock、hen、biddy 表示，然后根据每种鸡的价钱计算一下每种鸡的个数的范围，其中 cock 取值范围为 $[0,20]$，可以用 range$(0,20+1)$ 表示，hen 的取值范围为 $[0,33]$，可以用 range$(0,33+1)$ 表示，biddy 的取值范围为 $[0,100]$，可以用 100-cock-hen 表示。然后使用计算机穷举的方法，对每种可能的组合来判断是否满足题目的百鸡百钱的条件。

hundredsBuy.py 程序求解代码如下：

```
# hundredsBuy.py 程序文件
for cock in range(0,20 + 1):
    for hen in range(0,33 + 1):
        biddy = 100 - cock - hen
        if (5 * cock + 3 * hen + biddy/3 == 100 and biddy % 3 == 0) :
            print('cock = ',cock, 'hen = ', hen, 'biddy = ', biddy)
```

运行结果为：

```
cock = 0 hen = 25 biddy = 75
cock = 4 hen = 18 biddy = 78
cock = 8 hen = 11 biddy = 81
cock = 12 hen = 4 biddy = 84
```

**【例 2-3】**　有这样一类数，它们顺着看和倒着看是相同的数，如 121、656、2332 等，这样的数叫作回文数。编写一个程序，判断从键盘接收的数是否为回文数。

解析：首先，要注意从键盘输入的数是以字符串的形式保存的。回文数的判断就成了字符串首尾对应字符的判断。在判断过程中，设置了一个 flag 标志，当首尾对应字符串不相等时，flag = False，表示输入的数字不是回文数。使用 break 语句表示跳出当前所在循环。

huiwen.py 程序求解代码如下：

```
# huiwen.py 程序文件
m = input("请输入一个数：")
n = len(m)
mid = int(n/2)
flag = True
for i in range(0,mid + 1):
    if(m[i] != m[n - 1 - i]):
```

```
            flag = False
            break
    if(flag == True):
        print(m, "是回文数!")
    else:
        print(m, "不是回文数!")
```

# 2.7　函数和模块

在 Python 程序中，函数将一系列处理代码集中在一起，实现了代码的复用。开发者既可以自己编写函数，也可以直接使用已有的函数。在 Python 中有很多集成大量函数的软件包，用户可以直接使用，这些软件包又被称为模块或软件库。

视频讲解

## 2.7.1　函数

函数是一个可以实现特定功能的代码块，通过函数名来调用，可以有零个或多个输入参数，也可以有零个或一个返回值。函数定义的语法结构如下：

```
def 函数名(<参数列表>):
    <函数体>
    return <返回值列表>
```

其中，def 是保留字，用来定义函数；return 也是保留字，用来返回函数值。

Python 中预先定义了一些函数，例如 print()、len()、type()等，都称为内嵌函数。

定义和使用函数首先要确定函数的输入参数和返回值，包括如下 3 种情况。

（1）无参数输入，无返回值。如下面 greetings1.py 程序中，用函数实现一组字符串的输出：

```
#greetings1.py 程序文件
def greetings():
    print("Season's greetings and best wishes for the New Year!")

greetings()
```

运行结果为：

```
Season's greetings and best wishes for the New Year!
```

（2）有参数输入，无返回值。如下面 greetings2.py 程序中，用函数实现根据输入的参数，输出一组字符串。因为输入的参数 names 为一个列表，所以结合 for 循环语句对列表中的每一个人进行了问候。代码如下：

```
# greetings2.py
def greetings(names):
    for name in names:
        print(name + ',',"Season's greetings and best wishes for the New Year!")

names = ["David", "Tom", "Alice"]
greetings(names)
```

运行结果为：

```
David, Season's greetings and best wishes for the New Year!
Tom, Season's greetings and best wishes for the New Year!
Alice, Season's greetings and best wishes for the New Year!
```

（3）有参数输入，有返回值。如下面 pure_text.py 程序中，用函数实现将输入的文本全部变为小写，并去除里面的标点符号，返回一组字符串。代码如下：

```
# pure_text.py 程序文件
def pure_text(texts):
    texts = texts.lower()
    for ch in texts:
        if ch in ",.!?<>:;'{}[]()":
            texts = texts.replace(ch,'')
    return texts

texts = "To be, or not to be – that is the question: Whether it is nobler in the mind to
suffer! The slings and arrows of outrageous fortune. Or to take arms against a sea of
troubles. And by opposing end them."
texts = pure_text(texts)
print(texts)
```

运行结果为：

```
to be or not to be – that is the question whether it is nobler in the mind to suffer the slings
and arrows of outrageous fortune or to take arms against a sea of troubles and by opposing
end them
```

由上面的例子可以发现，使用函数后主程序中包含的代码大大减少，主程序逻辑变得十分简单。基于函数的这一大优点，在 Python 中一般把函数代码存储在单独的 py 文件中，这样的文件也称为模块。在编写主程序时，只需要用 import 语句导入相应的模块，即可调用模块里面的函数。任何人都可以编写一些模块，只要把编写的模块放到网上，便可以供他人来使用。

## 2.7.2  模块

模块分为标准库和第三方库两种。

（1）标准库。Python 自身提供的一组模块称为标准库。当安装好 Python 环境之后，标准库就默认安装了，用户使用标准库中的函数时，只需要先导入相关的模块即可。常用的标准库包括 math、time、re、random 库等。

（2）第三方库。对于没有纳入标准库的模块，统称为第三方库。常用于数据抓取和分析的第三方库包括 requests、xpath、numpy、pandas、jieba 库等。第三方库需要安装之后才能使用。一般使用 pip 命令来安装第三方库，这个命令在 2.7.3 节会详细介绍。

使用 import 命令导入模块（或函数库）有如下两种方法。

方法 1：

```
import 模块名 [as 别名]
```

导入模块后，在程序中可以通过模块名来调用模块中定义好的所有函数。

方法 2：

```
from 模块名 import <函数名,函数名,…>
from 模块名 import *
```

这种方法表示在程序中可以直接调用函数，不用再通过模块名。其中 * 是通配符，表示导入模块中的所有的函数。

这两种导入方法在下面导入标准库时会给出详细的例了，可自己体会其中的区别。

**1. math 库**

math 库用来实现数学中的乘方、开方、对数等运算。

通过 import math 命令导入 math 库，math 库的常用函数如表 2-5 所示。

表 2-5　math 库的常用函数

| 函　　数 | 含　　义 |
| --- | --- |
| pi | π 的近似值,15 位小数 |
| e | e 的近似值,15 位小数 |
| ceil(x) | 向上取整 |
| floor(x) | 向下取整 |
| pow(x, y) | 指数运算,x 的 y 次方 |
| log(x) | 对数运算,以 e 为基 |
| log10(x) | 对数运算,以 10 为基 |
| sqrt(x) | 求平方根 |
| exp(x) | e 的 x 次幂 |

导入 math 库后，通过 math 库来调用相应的函数，代码如下：

```
>>> import math
>>> math.pi
```

```
3.141592653589793
>>> math.e
2.718281828459045
>>> math.pow(2,3)
8.0
```

在编写 py 程序时,可以用以下两种方法导入并使用 math 库。

方法 1,使用 import 命令导入。导入以及使用 math 库的代码如下:

```
import math
print( math.pi )
print( math.pow(2,3) )
```

方法 2,使用 from…import 命令导入。导入以及使用 math 库的代码如下:

```
from math import *
print( pi )
print( pow(2,3) )
```

这两种方法得到的结果是一致的。

**2. 用 turtle 库绘图**

turtle 库是 Python 中的一个简单的绘图工具,它提供了一系列用于绘制图形的函数。用 turtle 绘制图形时,只有一支画笔和一个画布(也就是绘图窗口)。画笔的初始位置默认在画布的中心,方向默认为水平向右。画笔的位置以及运动的方向和距离都可以由函数控制,包含运动函数和画笔控制函数,分别如表 2-6 和表 2-7 所示。其中,距离的单位为像素。

表 2-6　运动函数

| 函　　数 | 含　　义 |
| --- | --- |
| forward(d) | 从当前位置,按当前方向,向前移动距离 d |
| backward(d) | 从当前位置,按当前方向,向后移动距离 d |
| right(degree) | 将当前方向向右转动 degree 度 |
| left(degree) | 将当前方向向左转动 degree 度 |
| goto(x,y) | 将画笔移动到坐标为(x,y)的位置,方向不变 |
| speed(speed) | 设置画笔绘制的速度,speed 的取值范围为[0,10] |

表 2-7　画笔控制函数

| 函　　数 | 含　　义 |
| --- | --- |
| pendown()/down() | 画笔落下,接下来移动画笔时绘制图形 |
| penup()/up() | 画笔抬起,接下来移动画笔时不绘制图形 |
| setheading(degree) | 设置画笔前进的方向,degree 代表角度 |
| reset() | 恢复所有设置 |
| pensize(width) | 画笔的宽度 |

续表

| 函　　数 | 含　　义 |
| --- | --- |
| pencolor（colorstring） | 画笔的颜色 |
| fillcolor（colorstring） | 绘制图形的填充颜色 |
| begin_fill（） | 开始填充颜色 |
| end_fill（False） | 填充颜色不生效 |
| circle（radius，extent） | 绘制一个圆形，其中 radius 为半径，extent 为度数。例如，若 extent 为 180 像素，则画一个半圆；如要画一个圆形，可不必写第二个参数 |

（1）如果要画一个边长为 200 像素的三角形，那么画笔的运动应该是先往右前进距离 a，然后将当前方向（水平向右）往左转 120°，按此方向继续前进距离 a，然后将当前方向继续往左转 120°，按此方向继续前进距离 a。

turtle1.py 程序代码如下所示。绘制三角形结果如图 2-19 所示。

```
＃turtle1.py 程序文件
import turtle                    ＃导入 turtle 库
a = 200
turtle.forward(a)               ＃先往右前进距离 a
turtle.left(120)                ＃将当前方向（水平向右）往左转 120 度
turtle.forward(a)               ＃按新的方向继续前进距离 a
turtle.left(120)                ＃将当前方向往左转 120 度
turtle.forward(a)               ＃按新的方向继续前进距离 a
turtle.left(120)                ＃将当前方向往左转 120 度，重新变成为水平向右
```

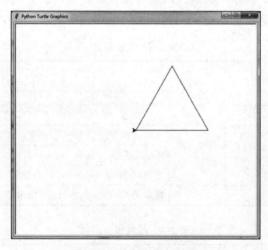

图 2-19　绘制三角形结果

（2）如果要画一个边长为 200 像素的有蓝色边框的红色正方形，那么绘制之前，首先要设置画笔的颜色为蓝色，图形的填充颜色为红色。画笔的运动应该是先往右前进距离 a，然后将当前方向（水平向右）往左转 90°，按此方向继续前进距离 a，以此类推，直到画完正方形的四条边为止。

turtle2.py 程序代码如下所示。绘制正方形结果如图 2-20 所示。

```
# turtle2.py 程序文件
from turtle import *              # 导入 turtle 库
reset()                          # 恢复所有设置
a = 200
fillcolor("red")                 # 设置图形的填充颜色为红色
pencolor("blue")                 # 设置画笔的颜色为蓝色
pensize(10)                      # 设置画笔的粗细为 10 像素
begin_fill()                     # 开始填充
forward(a)                       # 按新的方向继续前进距离 a
left(90)                         # 将当前方向往左转 90 度
forward(a)                       # 按新的方向继续前进距离 a
left(90)                         # 当前方向往左转 90 度
forward(a)                       # 按新的方向继续前进距离 a
left(90)                         # 当前方向往左转 90 度
forward(a)                       # 按新的方向继续前进距离 a
end_fill()                       # 结束填充
```

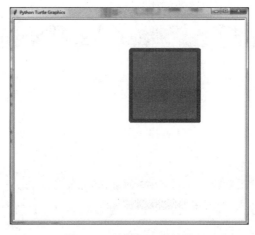

图 2-20　绘制正方形结果

【例 2-4】　绘制 Python 蟒蛇。

下面的代码说明如何画一条 Python 蟒蛇，Python 是"蟒蛇"的意思，因此，使用 Python 绘制一条蟒蛇具有象征意义，也十分有趣。turtle3.py 程序代码如下所示，绘制 Python 蟒蛇输出结果如图 2-21 所示。其中，turtle.setup(650，350，200，200)语句表示设置绘画窗口的长和宽坐标为(650,350)，绘画窗口的左上角坐标为(200，200)，如果不设置，则采用默认的值，因为默认的绘画窗口不太适合画 Python 蟒蛇，所以需要单独进行设置。

```
# turtle3.py 程序文件
import turtle
turtle.setup(650, 350, 200, 200)    # 设置绘画窗口大小和左上角坐标
turtle.penup()                      # 画笔抬起，接下来移动画笔时不绘制图形
turtle.backward(250)                # 按默认的方向后退 250 像素
```

```
turtle.pendown()                    ♯画笔落下,接下来移动画笔时绘制图形
turtle.pensize(25)                  ♯设置画笔的粗细为25像素
turtle.pencolor("purple")           ♯设置画笔的颜色为purple
turtle.right(40)                    ♯将当前方向往右转40度
for i in range(4):                  ♯循环次数控制为3次
    turtle.circle(40, 80)           ♯绘制一个圆弧,半径为40像素,角度为80度
    turtle.circle(- 40, 80)         ♯绘制一个圆弧,半径为负表示方向相反
turtle.circle(40, 80/2)             ♯绘制一个圆弧,半径为40像素,角度为40度
turtle.forward(40)                  ♯按当前的方向前进40像素
turtle.circle(16, 180)              ♯绘制一个半圆(角度为180度),半径为16像素
turtle.forward(40 * 2/3)            ♯按当前的方向前进40 * 2/3像素
turtle.done()
```

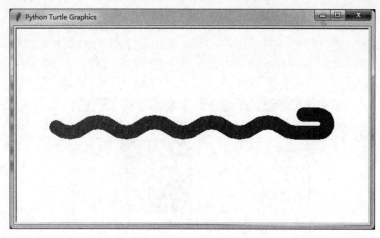

图 2-21　绘制 Python 蟒蛇输出结果

　　在绘制 Python 蟒蛇的过程中,多次出现绘制圆弧的语句 turtle.circle(40,80),表示圆弧半径为 40 像素,角度为 $80°$,大家可以通过变更参数 80 为 90、180、360 理解角度的含义,以及变更参数 40 为 20、10、5 理解半径的含义。

视频讲解

## 2.7.3　第三方库

　　Python 的强大之处在于可以方便地安装和使用第三方库,目前 Python 拥有几十万个第三方库,覆盖大数据分析技术几乎所有领域,例如网络爬虫、数据分析、文本处理、数据可视化、Web 开发、机器学习,以及游戏开发等。

### 1. 第三方库的获取和安装

　　第三方库需要安装之后才能使用。一般使用 pip 命令来安装第三方库。安装命令为:

```
pip install 模块名
```

　　例如,在 Python 集成开发环境 IDLE 中要使用第三方库 psutil 时,需要先在 Windows 命令窗口进行安装。

psutil 是一个跨平台的库，能够轻松实现获取系统运行的进程和系统利用率（包括 CPU、内存、磁盘、网络等）信息。它主要用来做系统监控、性能分析、进程管理。

安装 psutil 库的操作步骤如下：

（1）在"开始"菜单的"搜索"栏里面输入 cmd.exe，打开 Windows 命令窗口。

（2）输入命令 pip install pyutil 后按 Enter 键，看到 Successfully installed psutil-5.9.0 则表示 pyutil 库安装成功，安装 psutil 库如图 2-22 所示。另外，图 2-22 中 WARNING 提示信息可以忽略，也可以根据提示升级 pip 命令。

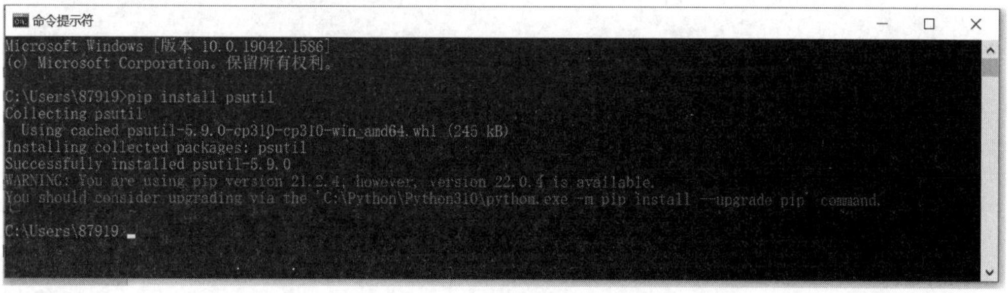

图 2-22  安装 psutil 库

psutil 库安装完成后，在 IDLE 中使用的相关代码和运行结果如下：

```
>>> import psutil
>>> psutil.cpu_percent()              #查看 CPU 的使用率
18.0
>>> psutil.cpu_count()                #查看 CPU 的逻辑个数
8
>>> psutil.cpu_count(logical = False)  #查看 CPU 的物理个数
4
>>> psutil.cpu_count(logical = False)  #查看物理内存信息，单位为字节
svmem(total = 8394625024, available = 2538590208, percent = 69.8, used = 5856034816, free = 2538590208)
```

### 2. 第三方库的卸载

可以通过 pip uninstall 命令来卸载第三方库。卸载命令为：

```
pip uninstall 模块名
```

卸载前可以通过 pip list 命令查看当前系统中安装的第三方库。

例如，在 Windows 命令窗口查看并卸载第三方库 psutil 的方法如图 2-23 所示。

### 3. 常用的第三方库

自诞生以来，Python 一直致力于开源和开放，并建立了世界上最大的编程和计算生态。Python 计算生态里除了标准库函数，还包括大量的第三方库。因此，Python 提供了第三方库索引功能（PYPI）。PYPI 网址为 https://pypi.org/。该网页列出了几乎所有的第三方库的基本信息。这些第三方库涵盖了大数据分析的几乎所有领域。下面给出各个领域常用的

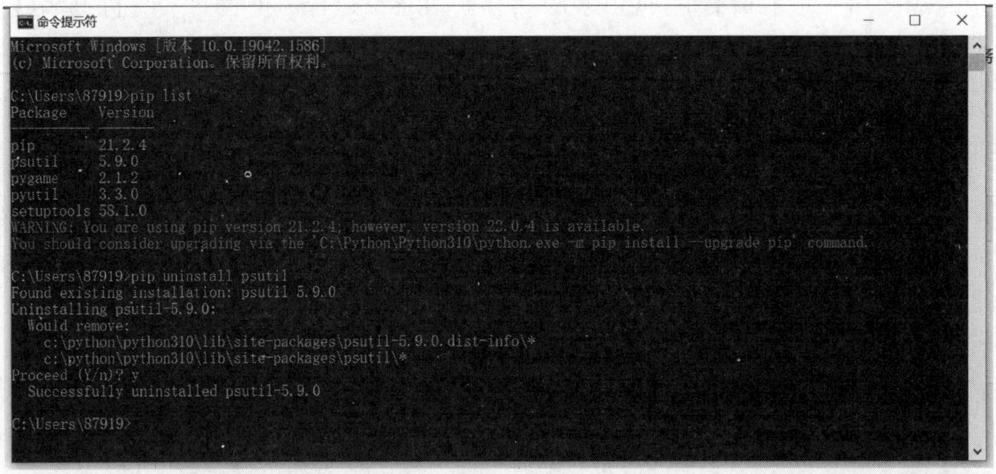

图 2-23　查看并卸载 psutil 库

第三方库。

1）网络爬虫

网络爬虫是一种按照一定的规则自动从网络上抓取信息的程序或者脚本，Python 计算生态通过 Requests、Python-Goose、Scrapy、BeautifulSoup 等库为这些操作提供了强有力的支持。

2）数据分析

数据分析指用适当的统计分析方法对收集来的大量数据进行汇总与分析，以求最大化地发挥数据的作用。Python 计算生态通过 NumPy、Pandas、SciPy 库为数据分析领域提供支持。

3）文本处理

文本处理即对文本内容的处理，包括文本内容的分类、文本特征的提取、文本内容的转换等等。Python 计算生态通过 jieba、PyPDF2、Python-docx、NLTK 等库为文本处理领域提供支持。

4）数据可视化

数据可视化是一门关于数据视觉表现形式的科学技术研究，它既要有效传达数据信息，也需兼顾信息传达的美学形式，二者缺一不可。Python 计算生态主要通过 Matplotlib、Seaborn、Mayavi 等库为数据可视化领域提供支持。

5）Web 开发

Web 开发指基于浏览器而非桌面进行的程序开发。Python 计算生态通过 Django、Tornado、Flask、Twisted 等库为 Web 开发领域提供了支持。

6）机器学习

机器学习是一门涉及概率论、统计学、逼近论、凸分析、算法复杂度理论等多门学科的多领域交叉学科，Python 计算生态主要通过 Sklearn、TensorFlow、MXNet 库为机器学习领域提供支持。

限于篇幅，以上只是简单介绍了 Python 常用领域的一些第三方库，除了介绍的领域之外，Python 在其他的领域也同样大放光彩。

# 2.8 大数据文本分析

Python 是一门简洁、优雅的语言,丰富的第三方库使得基于 Python 的大数据文本分析变得简单高效。如果要用 Python 进行中文文本词频统计,可以用第三方函数库如 jieba 来实现。如果要进行文本词云分析,除了 jieba 库外,还需要用到第三方函数库 wordcloud、Matplotlib 和 ImageIO。前面已经介绍了使用 import 命令导入并使用 Python 标准库的方法,除标准库外的第三方函数库都需要另行安装后才能使用,一般使用 pip 工具来安装第三方库。

## 2.8.1 词频统计

视频讲解

词频统计可以帮助找到文本中的高频词,这些词可能是热词或者关键词。英文是以词为单位的,词和词之间靠空格隔开,因此英文文本分词只需要用到字符串处理的 split()方法即可。

对于一段中文文本,词与词之间并没有分隔,因此中文分词就需要将汉字序列按照一定的规范重新组合成词序列的过程。目前,jieba 分词是国内程序员用 Python 开发的一个中文分词模块,可能是最好的 Python 中文分词第三方库。

使用 Python 进行词频统计首先需要安装 jieba 库,使用 pip 在 Windows 命令窗口安装 jieba 库的命令为:pip install jieba,执行该命令后的系统将自动安装完成,安装 jieba 库如图 2-24 所示。

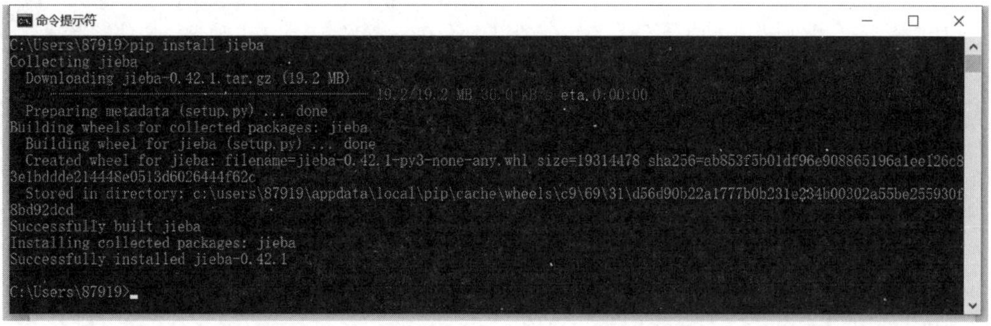

图 2-24 安装 jieba 库

jieba 库常用的两种分词模式如下。

(1) 精确模式,试图将句子最精确地切开,通过 jieba.lcut()函数实现。相关代码及运行结果如下:

```
>>> import jieba
>>> jieba.lcut("小明硕士毕业于中南财经政法大学")
['小明', '硕士', '毕业', '于', '中南财经政法大学']
```

可见,jieba.lcut()函数输出的分词能够完整且不多余地组成原始文本,适合文本分析。

（2）全模式，把句子中所有的可以成词的词语都扫描出来，速度非常快，但是不能解决歧义。通过 jieba.lcut(,True) 函数来实现。相关代码及运行结果如下：

```
>>> jieba.lcut("小明硕士毕业于中南财经政法大学", True)
['小明', '硕士', '毕业', '于', '中南', '财经', '政法', '大学', '财法大', '中南财经政法大学']
```

可见，jieba.lcut(,True) 函数输出的是全部可能的词，有部分重复和冗余，因此在文本分析中用得较少。

【例 2-5】《天龙八部》是著名作家金庸的代表作之一，历时 4 年创作完成。该作品气势磅礴，人物众多。这里给出一个《天龙八部》的网络版本，文件名为"天龙八部-网络版.txt"。请编写程序，对《天龙八部》文本中出现的中文词语进行统计，采用 jieba 库分词，词语与出现次数之间用冒号（:）分隔，输出保存到"天龙八部-词语统计.txt"文件中。参考格式如下（注意，不统计任何标点符号）：

```
天龙: 100,八部: 10
（略）
```

解析：这一题主要考查文件的读写和词频的统计。程序的输入输出分别采用文件的读操作和写操作。词频的统计首先通过 jieba 库进行中文分词，然后通过字典结构进行词频的统计。wordcount.py 程序求解代码如下：

```
# wordcount.py 程序文件
import jieba
fi = open("天龙八部 - 网络版.txt","r", encoding = 'utf - 8')      # 通过读文件输入
fo = open("天龙八部 - 词语统计.txt","w", encoding = 'utf - 8')     # 通过写文件输出
txt = fi.read()                    # 将文件中所有字符读入到 txt
words = jieba.lcut(txt)            # 对 txt 中的字符进行分词，结果列表保存在 words 里面
d = {}
for w in words:
    d[w] = d.get(w,0) + 1          # 通过字典结构依次统计每一个词的词频
del d['']                          # 删除字典中不相关的字符的词频统计
del d['\n']                        # 删除字典中不相关的字符的词频统计
ls = []
for key in d:
    ls.append("{}: {}".format(key, d[key]))
        # 将通过字典统计的词频格式化后，添加到列表中
fo.write(",".join(ls))
        # 将列表中的字符用逗号连接起来形成新的字符串，然后写到输出文件中
fi.close()                         # 关闭文件
fo.close()                         # 关闭文件
```

## 2.8.2　词云分析

视频讲解

词云是一种常见的文本分析与展示方法，它将文本转换为一种可视化的词云方式，将出现频率较高的"关键词"在视觉上突出呈现，形成关键词的渲染，并形成类似云一样的彩色图

片,从而使人一眼就可以领略文本数据的主要表达意思。下面从第三方库的安装、词云的生成,以及词云的美化来介绍 Python 词云的生成。

注意,随着 Python 版本及第三方库的不断更新和变化,运行结果可能与本书略有差异。

**1. 相关的第三方库的安装**

使用词云进行文本分析与展示的第三方库包括 wordcloud、Matplotlib 和 ImageIO。这 3 个库在使用前都要先进行安装,其中 Matplotlib 和 ImageIO 库都是在 Windows 命令窗口使用 pip 命令来安装的。但是,wordcloud 库是第三方轻量库,还依赖其他第三方库,如果直接安装可能会报错。

Matplotlib 库提供了丰富的数据绘图工具,可以绘制多种图形,在词云的生成过程中主要用于绘图。安装方法为 pip install Matplotlib,执行该命令后系统不仅安装了 Matplotlib 库,而且还自动安装了 FontTools、NumPy 库等。FontTools 是一个用于操作字体的库。NumPy 库是一个运行速度非常快的数学库,主要用于数组计算。安装 Matplotlib 库如图 2-25 所示。

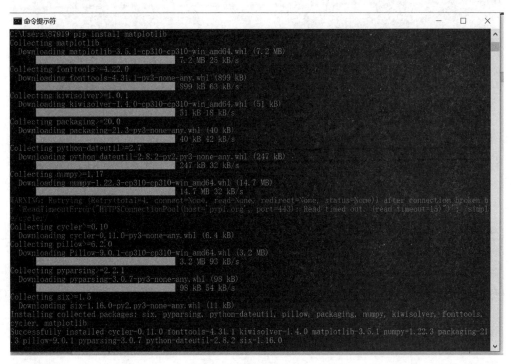

图 2-25 安装 Matplotlib 库

wordcloud 库用 pip 命令安装时可能会报错,这里介绍手动下载安装的方法。安装步骤为:

(1) 打开网址 http://www.lfd.uci.edu/~gohlke/pythonlibs/♯wordcloud,手动下载 wordcloud 包。不同的 Python 版本对应不同的 wordcloud 安装包,wordcloud 下载版本如图 2-26 所示,其中 cp310 和 cp39 分别表示 Python 3.10 版本和 Python 3.9 版本,以此类推。

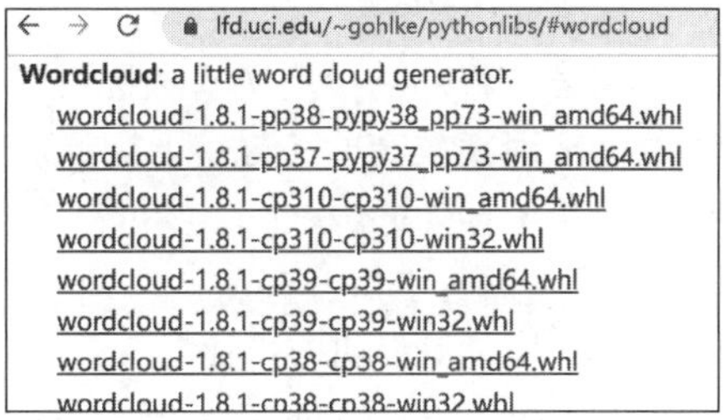

图 2-26 wordcloud 下载版本

（2）将下载好的安装包 wordcloud-1.8.1-cp310-cp310-win_amd64.whl 放入 Windows 命令窗口对应的文件夹下，如图 2-27 中的 C:\users\87919 文件夹。

（3）在 Windows 命令窗口通过 pip 命令安装下载的 wordcoud 包，这里执行命令 pip install wordcloud-1.8.1-cp310-cp310-win_amd64.whl，系统自动安装完成。安装 wordcloud 包文件如图 2-27 所示。

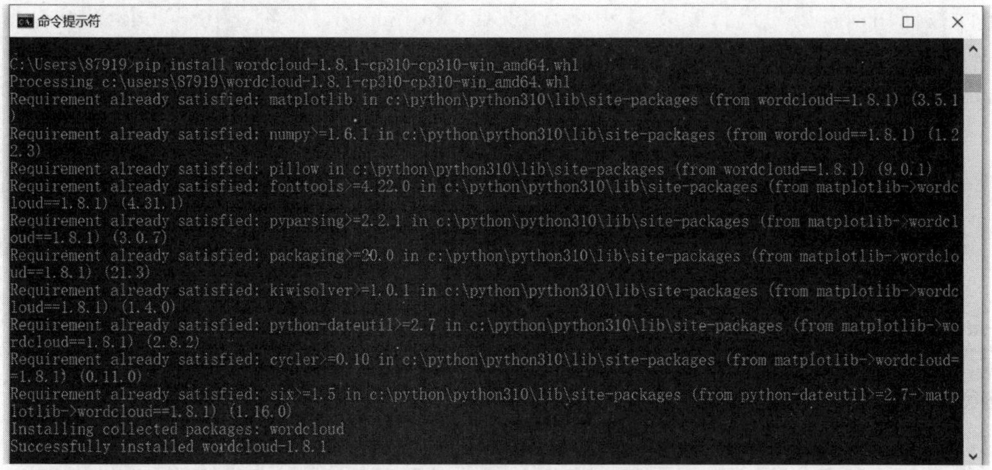

图 2-27　安装 wordcloud 包文件

ImageIO 库提供了一个简单的接口来读取和写入图像数据。使用 pip install imageio 命令直接安装时会出错，可以通过下载 ImageIO 包文件来安装。也可以利用镜像安装 ImageIO 库，安装命令为 pip install -i https://pypi.tuna.tsinghua.edu.cn/simple --trusted-host pypi.tuna.tsinghua.edu.cn imageio。系统自动安装完成。安装 ImageIO 库如图 2-28 所示。

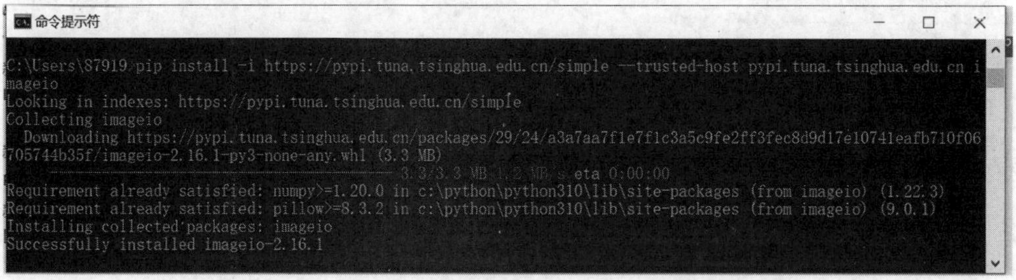

图 2-28　安装 ImageIO 库

### 2. 词云的生成

词云是将从一大段文本中按出现频率提取的关键词组织成云朵或其他的形状，并在视觉上突出词频较高的关键字。因此除了要给出文档文件和图片文件外，还要对文本进行分词和词频统计。wordcloud 库可以直接根据英文文本生成词云，但是对于中文文本，还需要用 jieba 库进行中文分词。

（1）英文文本词云生成。

下面以一篇英文小说文档为例，介绍英文词云的生成方法。wordcloud1.py 程序代码如下：

```
#wordcloud1.py 程序文件
#导入 wordcloud 库用于生成词云图
from wordcloud import WordCloud,ImageColorGenerator
#导入 Matplotlib 库里面的 pyplot 用来作图
import matplotlib.pyplot as plt
#导入 ImageIO 库用于处理图像文件
import imageio

#读取一个 TXT 文件
text = open('test.txt', 'r', encoding = "utf-8").read()
#读入背景图片
bg_pic = imageio.imread('testimage.png')
#生成词云图片
wordcloud = WordCloud(mask = bg_pic,background_color = 'white',scale = 1.5).generate(text)
'''
参数说明:
mask:设置背景图片
background_color:设置背景颜色
scale:按照比例进行放大画布,此处指长和宽都是原来画布的 1.5 倍
generate(text):根据文本生成词云
'''
#产生背景图片,基于彩色图像的颜色生成器
image_colors = ImageColorGenerator(bg_pic)
#绘制词云图片
plt.imshow(wordcloud)
#显示图片时不显示坐标尺寸
plt.axis('off')
#显示词云图片
plt.show()
#保存图片
wordcloud.to_file('result1.png')
```

在该示例中,test.txt 为一篇英文小说,testimage.png 为背景文档,生成文档为 result1.png。最终将一篇英文小说和背景文档转化为关键字的图片。生成英文词云图片 如图 2-29 所示。

图 2-29  生成英文词云图片

(2) 中文文档词云生成。

下面以中文小说"天龙八部——网络版.txt"文档为例,介绍中文文档词云的生成方法。

wordcloud2.py 程序代码如下：

```
# wordcloud2.py
#导入第三方库
import jieba
import wordcloud
import matplotlib.pyplot as plt
import imageio

#读入背景图片
mask = imageio.imread("tiger.png")
#读入中文 TXT 文件
f = open("天龙八部-网络版.txt", "r", encoding = "utf-8")
text = f.read()
f.close()
ls = jieba.lcut(text)                    #对中文文本进行分词处理
txt = " ".join(ls)                       #得到新的用空格分词的中文文本
w = wordcloud.WordCloud(font_path = "msyh.ttc", mask = mask, width = 1000, height =
700, background_color = "white")
w.generate(txt)
w.to_file("result2.png")                 #保存图片
#绘制词云图片
plt.imshow(w)
plt.axis('off')
plt.show()
```

在该示例中，"天龙八部-网络版.txt"为一篇中文小说，tiger.png 为背景文档，生成文档为 result2.png。最终将一篇中文小说和背景文档，转化为关键字的图片。生成中文词云图片如图 2-30 所示。

背景生成词云

图 2-30　生成中文词云图片

### 3. 词云的美化

在实际制作词云中，有很多词是没有展示出的意义的。例如，我、他等主语，可以通过设置停用词表在词云中去掉这些词。wordcloud 自带一个停用词表，但是里面只包括英文单词，可以将中文停用词添加到该停用词表里面。中文停用词表可以在网上下载，也可以在本书的数据代码集中查看。

wordcloud 自带的停用词表 stopwords 的数据类型是集合，可以用 add（或者 update）方

法添加中文停用词。下面以中文小说"天龙八部-网络版.txt"文档为例,通过设置新的中文
停用词表,生成词云的过程。wordcloud3.py 程序代码如下：

```python
# wordcloud3.py
# 导入第三方库
import jieba
import wordcloud
import matplotlib.pyplot as plt
import imageio

# 读入背景图片
mask = imageio.imread("tiger.png")
# 读入中文 txt 文件
f = open("天龙八部 - 网络版.txt", "r", encoding = "utf - 8")
text = f.read()
f.close()
ls = jieba.lcut(text)              # 对中文文本进行分词处理
txt = " ".join(ls)                 # 得到新的用空格分词的中文文本


stopwords = set()                  # 设置新的停用词表
content = [line.strip() for line in open('停用词.txt','r',encoding = "utf - 8").readlines()]
stopwords.update(content)

w = wordcloud.WordCloud(font_path = "msyh.ttc", mask = mask, width = 1000, height = 700, background_color = "white", stopwords = stopwords)
w.generate(txt)
w.to_file("result3.png")           # 保存图片
# 绘制词云图片
plt.imshow(w)
plt.axis('off')
plt.show()
```

可以发现有一些词,如道、说、听、说道等不需要展示的也在词云中,将这些词加入停用
词表文档"停用词.txt",生成"停用词1.txt"。用新的停用词表再次运行程序,生成的词云
结果如图 2-31 所示。

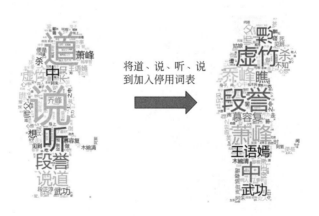

图 2-31　去中文停用词后词云图片

# 本章小结

　　本章首先概述了大数据分析的常用工具，然后着重介绍了常用的两种工具：云计算平台 AI Studio，以及 Python。大数据必然无法用单台的计算机进行处理，因此必须采用云计算平台进行分布式计算和存储。本章介绍了百度 AI Studio 平台上使用 GPU 算力运行项目的方法和效率。Python 是数据分析、数据科学与机器学习的第一大编程语言，它可轻松执行几乎所有的大数据分析操作。本章介绍了 Python 在进行程序设计时的语法基础和操作示例，以及大数据文本分析常用的分析方法及案例。对于 Python 语法基础，主要包括搭建 Python 编程环境、Python 变量的使用，Python 中的不同数据类型的定义和操作示例、Python 程序的控制结构、文件的读写、函数和模块等内容。对于 Python 标准库的使用，本章主要介绍了用于计算数据的 math 函数库和用于绘图的 turtle 模块。对于大数据文本分析，主要包括词频统计和词云绘制。

　　通过本章的学习，希望读者能够掌握 Python 的基本语法，为后续的 Python 数据获取与分析打下良好的基础。Python 作为数据分析、数据科学与机器学习的第一大编程语言，在学习过程中除了要学会本章介绍的基础语法内容外，还需要学习模仿一些已有的 Python 案例应用，逐步提高编程水平。

# 第 3 章

# 信息网络技术与数据获取

大数据分析的应用离不开数据本身,目前大数据分析的数据主要来源于互联网的第三方数据。互联网的基础是信息网络技术,本章从信息网络技术出发,介绍信息网络技术的基础知识、大数据时代下的信息网络特点,明确信息网络的组成与资源共享方式,接下来将信息网络技术与大数据分析应用结合,介绍如何通过 Python 程序设计语言构建网络爬虫实现大数据分析过程中的数据获取,从而充分利用互联网中的海量信息和数据进行分析,获取更有价值的关键决策信息。

## 3.1 信息网络概述

### 3.1.1 网络的结构

网络从字面上理解,泛指网状的东西或网状系统,由若干节点和连接这些节点的链路构成。从动物界中蜘蛛张网捕虫到封建等级制度,再到社交网络"六度空间理论",网络无处不在,而大数据时代,"万物皆互联,无处不计算"的特性使得网络的边界和范围更加深化。

在网络的构成要素中,节点既可以是现实世界的人或物,也可以是虚拟世界的逻辑节点。而反映节点之间关联关系的边则决定了网络的不同形态,社会网络、交通网络、信息网络、组织网络等都是其不同展示形式的直观体现。例如,人与人之间的社交联系就构成了一张属于自己个人的社交关系图,个人在自己的社交网络中进行沟通交流、社会协作、社交维护,同时借助网络的扩展特性不断延伸其社交范围。再者社会结构网络受特定生产力水平下的代表统治阶层利益的管理制度和管理跨度所限制,西欧封建等级制度则是这一结构最直观的体现,封建主以土地关系为纽带,通过层层分封、依次互为主从建立起用来协调和维护封建统治阶层利益的从上到下的金字塔式的治理网络。

美国哈佛大学心理学教授斯坦利·米尔格拉姆在 1967 年的连锁信件实验中提出"六度空间理论",认为世界上任意两个人之间建立联系,最多只需要 6 个人。虽然在很长一段时间内,米尔格兰姆的实验结论备受争议,但其揭示一个很重要的现象:任何两个素不相识的人，通过一定的方式总能取得联系。同时期的社会学家马克·格拉诺维特在进行"如何找工作"的调查过程中发现"弱关系"的存在及其显著作用，并在 1973 年的论文中，将社会关系进一步划分为"强关系"和"弱关系"，格拉诺维特认为社会网络中普遍存在的"弱关系"在我们与外界的信息交流过程中发挥重要作用，"弱关系"虽然不如"强关系"具有高度的互动性，但却有着更快速、低成本、大范围的信息传播优势。进入互联网时代，信息技术的快速发展、SNS 社区（Facebook、人人网、QQ 等）的出现使得"六度空间理论"和"强弱关系"在数字时代得到充分验证，相同爱好、相同兴趣、相同圈子的群体组成的弱关系网络在人们的生活中扮演着重要的作用。新科技背景下，大数据、人工智能、区块链、物联网与信息网络的融合扩展了网络的功能边界，为信息网络的发展和演化提供新的发展动力。

### 3.1.2　信息网络的起源

　　"上古结绳而治，后世圣人易之以书契"。商周时代以前，绳纹成为中国最早的文字符号，绳上的每个结代表一件事，大事结大结，小事结小结[①]。以绳和绳结构成的记事网络实现了文化信息的传承，而在商周时代盛行的钟鼎文化则是另一种认知网络的交流方式，结绳记事如图 3-1 所示。以绳结和钟鼎为代表的文字符号因其客观局限性远远满足不了人类对信息记录和传递的需求。商周时代以后，竹简作为早期中国文化的信息载体对华夏文明的传承和发扬起到了至关重要的作用，先秦诸子百家争鸣的文化盛况得以保存，四书五经等重要的文化典籍得以流传。而竹简作为先秦西汉时代重要的信息载体，其缺点也很明显，其制作成本昂贵、搬运不便，更多时候为少数大儒和权贵所占有，平民阶层往往难以获取。东汉永元十七年（公元 105 年），蔡伦在改进前人丝织品的经验基础之上，革新制造工艺，制造出成本更低、质量更优的"蔡侯纸"。造纸术的出现为知识信息提供低廉、便捷的传播渠道，打破了少数阶层对知识信息的垄断，以纸为媒介的信息网络逐步向社会各个阶层传播。

图 3-1　结绳记事

　　工业革命时期，美国一位贫困的意大利裔移民安东尼奥·梅乌奇在移居古巴期间，研究用电击法治病时，发现声音可以以电脉冲的形式穿过钢丝，为探索其中的奥秘，梅乌奇在移居美国后开始该项研究，并于 1860 年向公众展示了世界上首部电话的雏形。"沃森先生，请立即过来，我需要帮助！"比梅乌奇小两岁的美国发明家亚历山大·贝尔成功通过电话传出的第一句话掀开了人类通信史上的新篇章。1888 年，在德国科学家赫兹发现的电磁波基础之上，意大利人马可尼制出了无线电通信设备，并于隔年在英法两国之间发报成功。近代电信事业的发展，为快速传递信息提供了方便。从此世界各地的经济、政治和文化联系进一步加强。电话与无线通信技术成为缩短空间和时间的机器，让分隔两地的人即时联系成为现实，提高了人与人之间的信息交流的速度，促进了跨地区商业和贸易的流通。

　　而在人类社会进入 21 世纪以来，随着互联网通信技术的广泛应用，人与人之间的时空

---

　　① 事大，大结其绳；事小，小结其绳，之多少，随物众寡。——《易九家言》

距离骤然缩短,整个世界紧缩成一个"村落",通过这个网与其他人联系起来,并且为人们的社会生活提供了方便、快捷、高效、共享的平台。如今的我们可以在家里、户外等任何场所使用手机、平板、计算机等互联网终端设备与来自世界各地的人们进行交流协作。这一改变彻底打破了人们对固定工作和学习的老旧思想,使整个世界成为互通有无的共同体。

而融合信息传感器、射频识别技术、全球定位系统、红外感应器、激光扫描器等各种装置与技术的物联网(Internet of Things,IoT)时代到来之后,万物互联正在朝人们的生活迎面走来。互联网让世界各地的人们连接起来,而物联网可以实现物与物、物与人的泛在连接,实现对物品和过程的智能化感知、识别和管理。从智慧校园的一卡通到高速公路上的 ETC 不停车收费系统,再到近几年流行的智能手环、智能手表等可穿戴设备,都是物联网运用的例子。

而当物联网遇上人工智能,AI＋IoT 已成为物联网发展的必然趋势,智能家居、自动驾驶、智慧医疗、智慧办公等创新性的场景应用正逐步改变着物理世界与数字世界的连接鸿沟。家居的"智能化"就是一个实际例子,扫地机器人、智能冰箱、洗碗机、音响等将不再是单独个体,而是成为"智慧家庭"的一部分。这些智能家庭又组成智慧社区,无数智慧社区又构成智慧城市的雏形。AI＋IoT 将给人类社会带来又一次全新变革。"万物互联"的时代,已逐渐从科幻电影中进入人们的生活,不仅人与人之间形成了网络,万事万物都在这张巨大的网络上相互联系,共同创造更加美好的生活。

## 3.1.3　信息网络的定义

对于信息网络,更精准的定义是将分布在不同位置的、具有独立功能的计算机,通过通信设备和通信线路连接起来,完成信息交换,以实现资源共享和协同工作的计算机集合。信息网络也可以定义为信息在社会群体中的交互,即信息网络是指由多层的信息发出点、信息传递和信息接收点组成的信息交流系统,这个系统是由个体和群体的人构成的无形的网,它能贯穿上下,联系左右,沟通内外,纵横交错,通达灵便。信息网络是信息资源开发利用和信息技术应用的基础,是信息传输、交换和共享的必要手段。只有建设先进的信息网络,才能充分发挥信息化的整体效益。信息网络也是建设"数字中国"的重要基础设施。

信息网络的呈现形式多种多样,从覆盖范围来讲可以划分如下:一是纵向网络,即从上到下贯通一气的线条型网络;二是横向网络,即不同地区、不同部门、不同单位之间的联系网络;三是延伸网络,即不受管辖范围和系统范围的限制,在有必要时,超越管理层次界限,直接与某单位甚至某个人建立信息联系;四是扩散网络,即超出本系统范围的信息网络,大多是各专业部门与社会公共事业部门建立的信息网络;五是内部网络,即组织内部的各个部门之间形成的网络。

信息网络是计算机技术、网络技术、通信技术、社会科学等多种学科紧密结合的产物。它不仅使计算机的作用范围超越了地理位置的限制,而且也大大加强了计算机本身的能力。伴随着社会群体规模的扩大和新兴技术的深入融合,物理世界的边界逐渐模糊,连接方式日趋多样性。网络所蕴含的内在机制也在发生新的变化,现代网络不仅仅是信息传播的媒介,数据时代的发展为其赋予新的特征。

### 1. 多样性

随着人类社会的不断进步发展,网络环境也日益复杂和多样,不同领域对于网络呈现不同程度的需求,因此多样性成为了现代网络的突出特征。而以物理网络形成的基础设施,为社会、经济、文化领域的创新提供新的发展模式。"小群体网络""经济共同体""粉丝网络"等的出现更加完善和丰富了网络的内涵。

### 2. 共享性

现代网络的共享性是以计算机设备为载体,可以通过文字、图片、视频、链接等多种方式进行交流和资源共享。同时还实现了人与人之间点对点的传播,每一个人在网络上既是生产者也是使用者。网络的共享性不仅限于信息方面,还有硬件、软件的共享,这些共享实实在在地提升了对各种资源的利用率,有效提升了社会生产力。

### 3. 连接性

现代网络的技术特性打破了连接主体的时空局限性,实现了跨地区、跨空间、跨群体的沟通和交流,网络的连接性推动了市场的全球化、网络化以及无国界化。如果说互联网带来的是"人与人""人与信息"的连接,那么在互联网基础上延伸发展的物联网则更进一步,它实现了"人与物""物与物"之间的连接。物联网不再以"人"为单一的连接中心,人与物、物与物之间无须人的操控也可实现自主连接,它所涉及的领域包括可穿戴设备、智能家居、自动驾驶汽车、互联工厂以及智慧城市等。可以预见,以物联网为代表的网络浪潮将从根本上改变我们习以为常的生活方式,也将重构全球经济社会新格局。

### 4. 高速性

大数据时代,人们不单单是满足于当前网络的传输速度,而是想要追求更快、更为流畅的网络传输速度。网络技术的每一次升级换代都是以传输速度的飞跃性发展为变革焦点,从最开始的1G无线通信技术到4G、5G,传输速度经历了从KB到MB再到GB的指数级增长,网络传输的低延迟、高容量和超大规模连接的能力改变人类的生活、工作方式。根据国际电信联盟(ITU)发布的5G标准规定:单个5G基站至少提供10Gb/s的上行链路,每平方千米至少承载100万台设备,单个延迟不超过4ms,能够支持高达500km/h的设备连接而不中断。以高速性为特点的现代网络将对医疗、教育、电力、文化、工业、交通等领域带来颠覆式变革。

### 5. 智能化

现代网络的智能化之路经历了从全人工方式,经半自动化到全自动化再到智能化的漫长演进历程。智能化意味着网络能够处理以自然语言表述的业务意图,自动将其转化为网络策略和行为,确保网络持续、可靠地满足业务需求,且不影响其他业务的运行。应用的智能化能够有效提升业务处理效率,为人们提供更加优质的服务。例如,在一些家用电器,如微波炉、烤箱、洗衣机、吸尘器当中植入人工智能技术,能够使人们的操作更加便捷化。无人驾驶汽车将传感器物联网、移动互联网、大数据分析等技术融为一体,从而能动地满足人的出行需求。

### 6. 技术综合性

现代网络技术作为一个整体,具有技术综合性的特征。它在发展的过程中集中了多种优势技术,实现网络科学的发展依赖计算机、网络、通信、社会科学、数学等多种技术的实现,从而形成了现代网络所具有的强大的通信和传输能力。多种技术综合使现代网络能够同时拥有多种方式和方法来满足不同用户的需求,使其更加多元化,有利于满足信息化时代人们的多元化和个性化需求。无论用户在何时何地都可以通过网络来实现信息、数据以及资源的传输和共享,多种技术的结合也为现代网络技术的发展提供了强大的支持力量,是现代信息网络发展过程中不可或缺的一部分。

# 3.2　信息网络技术

从第一部电话的问世到阿帕网的诞生,以通信网络为传播媒介的数字传播渠道逐步替代以纸为载体的物理传播渠道。通信网络高速、即时的传播特性颠覆了传统的信息传播网络,为信息的全球化交换提供了平台。原有的简单网络向复杂网络的演化,信息交换标准从杂乱无序到开放互联互通,传播速度由低速单一传输向高速智能多样化的迭代。

## 3.2.1　信息网络技术概述

信息网络技术是计算机技术、通信技术、网络技术相结合的产物,它将网络上分散的资源进行整合,实现资源的全面共享和有机协作,使人们能够透明地使用这些资源并按需获取所需要的信息。从一定程度上来说,信息网络技术及其应用已经成为现代化国家发展中综合国力评定的重要因素,对人们的生活、企业发展和国家政治、军事、文化等的进步起到极大的推动作用。

1957 年 10 月 4 日,苏联在拜科努尔航天中心发射了人类历史上第一颗人造地球卫星 Sputnik,鉴于美苏之间冷战爆发的阴霾,时任美国总统的艾森豪威尔正式向国会提出建立国防高级研究计划署(Defense Advanced Research Projects Agency,DARPA,也常被称为 ARPA),希望通过该机构建立一个分散的指挥系统,确保在集中的军事指挥中心受到核攻击后,全面的军事指挥系统仍能正常工作,而这些分散的指挥中心通过某种形式的信息通信网络连接起来。日后被称为"阿帕网之父"的拉里·罗伯茨提交的《资源共享的计算机网络》研究报告中提出阿帕网的构想,通过"阿帕"实现分布在不同物理区域的计算机互相连接,从而使各节点的信息共享和数据交换。并于 1969 年 11 月建立了全球第一个包交换网络——阿帕网(Advanced Research Projects Agency Network,ARPANET),两周后,包含 4 个节点的阿帕网雏形建成。在阿帕网建成之初,大部分计算机的信息交换接口相互不兼容,终端软硬件的差异迫切需要一个统一的网络传输规则体系,各节点遵循统一的网络通信协议,实现全网范围内的数据通信。1974 年,由文顿·瑟夫及同事正式发布的网络控制协议(NCP)报告中提出了"传输控制协议(Transmission Control Protocol,TCP)"和"网际协议(Internet Protocol,IP)",即当前互联网发展的重要基石——TCP/IP。1983 年,TCP/IP 正式成为 Internet 的标准协议,这一年,也被称为 Internet 的元年。

1987 年 9 月 20 日,北京计算机应用技术研究所向德国发出的第一封电子邮件"Across the Great Wall we can reach every corner in the world."揭开了中国人使用 Internet 的序幕。1994 年 4 月 20 日以"中科院—北京大学—清华大学"为核心的"中国国家计算机网络设施"通过美国 Sprint 公司的一条 64K 国际专线实现了与全球 Internet 的互联,标志着中国正式通向国际互联网。现如今,Internet 逐渐演变成多级结构、覆盖全球的大规模网络。

根据中国互联网络信息中心(CNNIC)发布的第47次《中国互联网络发展状况统计报告》显示,截至2020年12月,我国网民规模为9.89亿,互联网普及率达70.4%,IPv6地址数量较2019年底增长13.3%,庞大的网民构成了中国蓬勃发展的消费市场,也为数字经济发展打下了坚实的用户基础。截至2021年12月底,我国网民规模为10.32亿,较2020年增长4296万,互联网普及率达73.0%。IPv6地址数量同比增长9.4%;移动通信网络IPv6流量占比已经达到35.15%。

互联网的快速发展及延伸,加速了信息的流通与汇聚,促使各种信息资源数量呈指数增长,人们融入各种信息网络中,并从中获取各种便利。互联网在人们的生产生活中的重大意义、深远影响不言而喻,已经成为与人们的衣食住行一样不可或缺的必需品。在互联网和信息化时代的背景下,信息网络技术不断地衍生和发展,形成庞大的信息网络技术体系,它能够把网络中分散的资源融为有机整体,实现资源的全面共享和有机协作,使人们能够透明地使用资源的整体能力并按需获取信息,其中资源包括高能性计算机、存储资源、数据资源、信息资源、知识资源、大型数据库、网络、传感器等,使人们的生活更加便捷、高效。

传统意义上的信息网络划分是以其传播载体的角度进行区分的,包括公用电话网、广播电视网和计算机网络。三网的形成和发展模式有其鲜明的历史特性,而在移动互联网技术飞速发展的今天,三网的边界也越来越模糊,其服务对象和服务功能相互交叉,互为补充,"三网融合"已是大势所趋,融合的边界也逐渐向广度、深度延伸,"IPv6技术""物联网""区块链"等的发展为信息网络的融合创新提供了新的思路和发展方向。

## 3.2.2　信息网络技术体系

克劳德·艾尔伍德·香农[①]在《通信的数学理论》中提出信息是可以被量化的,并指出通信的本质是数据交换。那么在信息网络中的各个节点之间是如何相互识别的? 不同节点之间义是如何进行通信的? 数据在信息网络中是以一种什么样的形式进行传输的? 在本节中,将对信息网络的技术体系组成进行介绍,为深入理解信息网络奠定理论基础。

### 1. IP地址

在进行网络通信之前,首先要了解的就是IP地址,它是给每个连接在Internet上的主机(或路由器)分配的一个在全世界范围的唯一的标识符。例如在QQ上发送消息,消息中的信息是如何传送到对方的计算机中的呢? 要在连接互联网的亿万台主机中找到某一台计算机,就需要知道代表那台计算机的唯一标识符,这就是IP地址。就如与人打电话,就必须知道对方的电话号码一样。IP地址就是每台主机在Internet中的"电话号码",有了它就能收发信息(接打电话)了。

同电话号码一样,IP地址使用固定长度的数字来表示,现在常用的表示方法为IPv4地址,它是一个由32位二进制数组成的地址。人们在实际应用中为了便于表达,一般将这32比特数分为4段,每段8比特,然后将这4段8比特的二进制数转换为十进制数,十进制数之间用"."隔开。这种方法叫作点分十进制表示法(Dotted Decimal Notation)。例如,地址

---

[①]　克劳德·艾尔伍德·香农,美国数学家、信息论的创始人,1940年在麻省理工学院获得硕士和博士学位,1941年进入贝尔实验室工作。香农提出了信息熵的概念,为信息论和数字通信奠定了基础。

10000000 01100100 00000011 00001010 用点分十进制表示法表示为 128.110.3.10。

IP 地址采用层次结构,由两部分构成,即网络号与主机号,网络号在前,主机号在后。其中,网络号用来标识主机所在的逻辑网络(类似于固定电话号码前的区号),主机号用来表示网络中的一个接口。一台 Internet 主机至少有一个 IP 地址,而且该 IP 地址是全球唯一的。如果一台 Internet 主机有两个或多个 IP 地址,则该主机属于两个或多个逻辑网络。

传统的 IP 地址编码方案采用所谓的"分类 IP 地址",分别称为 A 类、B 类、C 类、D 类和 E 类。其中 A、B 和 C 类由全球性的地址管理组织在全球范围内统一分配,D 类和 E 类属于特殊地址。

IP 地址采用高位字节的高位来标识地址类别。IP 地址分类编码方案如图 3-2 所示。

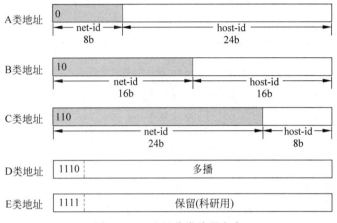

图 3-2 IP 地址分类编码方案

(1) A 类地址的第一位为 0,B 类地址的前 2 位为 10,C 类地址的前 3 位为 110,D 类地址的前 4 位为 1110,E 类地址的前 4 位为 1111。

(2) A 类、B 类和 C 类地址的网络号字段分别为 1 字节、2 字节和 3 字节长,A 类、B 类和 C 类地址的主机号字段分别为 3 字节、2 字节和 1 字节。

将 IP 地址划分为三个类别的原因是这样的:各种网络的差异很大,有的网络拥有很多主机,而有的网络上的主机很少。将 IP 地址划分为 A 类、B 类和 C 类可以更好地满足不同用户的要求。

当某个单位申请到一个 IP 地址时,实际上只是获得了一个网络号 net-id,具体的各个主机号 host-id 则由该单位自行分配,只要做到在该单位范围内无重复的主机号即可。

除了上述三类 IP 地址以外,还有两类使用较少的地址,即 D 类和 E 类地址。D 类地址是多播地址,E 类地址保留给以后使用。

A 类地址的 net-id 字段有 1 字节,由于最高位已经固定为 0,因此剩下的 7 位共能表示 $126(2^7-2)$ 个 A 类网络,这里减 2 的原因是:全 0 的 IP 地址是保留地址,意思是"本网络";值为 127(即 01111111)保留作为本地软件环回测试(Loopback Test)本主机之用。后 3 字节是 host-id,每一个 A 类网络中的最大主机数量是 16 777 214(即 $2^{24}-2$)。减 2 的原因是:全 0 的 host-id 字段表示该 IP 地址是"本主机"所连接到的单个网络地址(例如,某一主机的 IP 地址是 126.100.10.8,则该主机所在的网络地址就是 126.0.0.0),而 host-id 为全 1 表示"所有的(all)",因此全 1 的 host-id 字段表示该网络上的所有主机,即本网内广播。

整个 A 类地址空间共有 $2^{31}$（即 2 147 483 648）个地址，而 IP 地址全部的地址空间共有 $2^{32}$（即 4 294 967 296）个地址。可见 A 类地址占整个 IP 地址空间的 50%。

B 类地址的 net-id 字段有 2 字节，但前面 2 比特值已经固定（10），只剩下 14 比特可以变化，因此 B 类地址的网络数为 16 384（$2^{14}$）。请注意，这里不需要减 2，因为这 14 比特加上最前面固定的 2 比特值 10，无论如何也构不成全 0 或者全 1。B 类地址的每一个网络上的最大主机数是 65 534（即 $2^{16}-2$）。这里减 2 和 A 类网络一样，是因为要扣除全 0 和全 1 的主机号。整个 B 类地址空间共有 1 073 741 824（$2^{30}$）个地址，占整个 IP 地址空间的 25%。

C 类地址有 3 字节的 net-id 字段，最前面 3 比特的标识位是 110，还有 21 比特可以变化，因此 C 类地址的网络总数是 2 097 152（即 $2^{21}$，这里也不需要减 2）。每一个 C 类地址的最大主机数是 254（即 $2^8-2$）。整个 C 类地址空间共有 536 870 912（即 $2^{29}$）个地址，占整个地址空间的 12.5%。

所有 IP 地址的使用范围如表 3-1 所示。

表 3-1　所有 IP 地址的使用范围

| 网络类别 | 最大网络数 | 第一个可用的网络号 | 最后一个可用的网络号 | 每个网络中的最大主机数 |
|---|---|---|---|---|
| A | 126（$2^7-2$） | 1 | 126 | 16 777 214 |
| B | 16 383（$2^{14}-1$） | 128.1 | 191.255 | 65 534 |
| C | 2 097 151（$2^{21}-1$） | 192.0.1 | 223.255.255 | 254 |

一般不使用的特殊 IP 地址如表 3-2 所示。

表 3-2　一般不使用的特殊 IP 地址

| net-id | host-id | 源地址使用 | 目的地址使用 | 代表的意思 |
|---|---|---|---|---|
| 0 | 0 | 可以 | 不可以 | 在本网络上的本主机 |
| 0 | host-id | 可以 | 不可以 | 在本网络上的某个主机 |
| 全 1 | 全 1 | 不可以 | 可以 | 只在本网络上进行广播（各路由器均不转发） |
| net-id | 全 1 | 不可以 | 可以 | 对 net-id 上的所有主机进行广播 |
| 127 | 任何数 | 可以 | 可以 | 用作本地软件环回测试 |

随着 IP 网络爆炸性地发展，更重要的是全球 Internet 的飞速发展，可用的 IP 地址空间正在缩小，核心的 Internet 路由器处理能力也逐渐耗尽。Internet 面临着必须尽早解决的问题，这就是：

（1）IPv4 网络地址的耗尽问题。

（2）由于 Internet 的发展，Internet 的路由选择表的大小在迅速、大量的增加。随着更多的 C 类地址加入 Internet，新网络信息的大量充斥威胁到 Internet 路由器的处理能力。

在 IPv4 地址结构下，A 类和 B 类地址构成了 75% 的 IPv4 地址空间，但只有少数公司和组织能够分配到一个 A 类或 B 类网络号。C 类网络号比 A 类和 B 类网络号要多得多，但它们仅仅占了可能的 40 亿（$2^{32}$）IP 地址的 12.5%，各类地址所占比例如图 3-3 所示。

2019 年 11 月 25 日，欧洲地区互联网注册网络协调中心（RIPE NCC）宣布，其最后的 IPv4 地址空间储备池已完

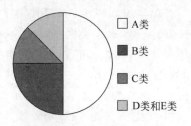

图 3-3　各类地址所占比例

全耗尽,所有 43 亿个 IPv4 地址已分配完毕。

人们一直在寻求解决 IPv4 地址危机的办法,常用的方法有:

(1) 无类域间路由(CIDR)和可变长子网掩码(VLSM)。

(2) 私有 IP 地址[①]与网络地址转换(Network Address Translation,NAT)。

人们在 A 类、B 类和 C 类地址段中各取了一部分地址空间作为私有地址。这部分规划保留的地址是:A 类 IP 地址中的 10.0.0.0～10.255.255.255;B 类 IP 地址中的 172.16.0.0～172.31.255.255;C 类 IP 地址中的 192.168.0.0～192.168.255.255。

私有地址不能直接接入 Internet,也不会被 Internet 路由。使用了私有 IP 地址的本地网络中的计算机如果需要连接 Internet,需要借助于专门的技术,即 NAT。

NAT 允许一个整体的本地网络在其内部均使用私有 IP 地址,在 Internet 上只使用一个或少量的公用 IP 地址。当内部节点需要与外部网络进行通信时,NAT 可将内部私有 IP 地址翻译成外部公有 IP 地址,从而得以正常访问 Internet。这样一来,就可以使用较少的公有 IP 地址,解决更多内部节点机器的 Internet 访问问题,从而有效地缓解了 IP 地址不足的问题。

(3) IPv6(彻底的根本解决方法)。

IPv6 把原来的 IPv4 地址增大到了 128 位,其地址空间大约是 $3.4 \times 10^{38}$,是原来 IPv4 地址空间的 $2^{96}$ 倍,这样就可以彻底解决地址不足的问题。另外,IPv6 并没有完全抛弃原来的 IPv4,并且在若干年内都会与 IPv4 共存。IPv6 使用一系列固定格式的扩展首部取代了 IPv4 中可变长度的选项字段。IPv6 对 IP 数据报协议单元的头部进行了简化,仅仅包含 7 个字段(IPv4 有 13 个)。这样,当数据报文经过中间的各个路由器时,各个路由器对其处理的速度可以更快,从而可以提高网络吞吐率。IPv6 内置了支持安全选项的扩展功能,如身份验证、数据完整性和数据机密性等。

**2. 域名系统服务**

在实际要定位一台主机时,往往使用的是主机的域名而非 IP 地址,这个域名就好比人名一样比较易记忆,而网络中的域名服务器用来关联每个域名与 IP 地址,使用域名服务进行联系的机制就是域名系统(Domain Name System,DNS)。DNS 是 Internet 使用的命名系统,用来把便于人们使用的机器名字转换为 IP 地址。DNS 其实就是名字系统。

用户与 Internet 上某个主机通信时,必须知道对方的 IP 地址。然而用户很难记住长达 32 位的二进制主机地址。即使是点分十进制表示的 IP 地址也并不太容易记忆。但在应用层为了方便用户记忆各种网络应用,更多的是使用主机名字。那为什么机器在处理 IP 数据报时要使用 IP 地址而不使用域名呢?这是因为 IP 地址的长度是固定的 32 位(IPv6 地址是 128 位),而域名的长度是不固定的,机器处理起来比较困难。

Internet 的 DNS 被设计成为一个联机分布式数据库系统,并采用客户-服务器方式。DNS 大多数名字都在本地进行解析,仅少量解析需要在 Internet 上通信,因此 DNS 的效率很高。由于 DNS 是分布式系统,即使单个计算机出了故障,也不会妨碍整个 DNS 的运行。

---

① 所谓私有地址就是在 A、B、C 三类 IP 地址中保留下来为内部网络分配地址时所使用的 IP 地址。私有地址主要用于在局域网中进行分配,在 Internet 上是无效的。这样可以很好地隔离局域网和 Internet。私有地址在公网上是不能被识别的,必须通过 NAT 将内部 IP 地址转换为公网上可用的 IP 地址,从而实现内部 IP 地址与外部公网的通信。

　　域名到 IP 地址的解析过程的要点如下：当某一个应用进程需要把主机名解析为 IP 地址时，该应用进程就调用解析程序，并成为 DNS 的一个客户，把待解析域名放在 DNS 请求报文中，以 UDP（用户数据报）方式发给本地域名服务器（使用 UDP 是为了减少开销）。本地域名服务器在查找域名后，把对应的 IP 地址放在回答报文中返回。应用进程获得目的主机的 IP 地址后即可进行通信。

　　若本地域名服务器不能回答该请求，则此域名服务器就暂时成为 DNS 中的另一个客户，并向其他域名服务器发出查询请求。这种过程指导能够回答该请求的域名服务器为止。

　　原来的顶级域名共分为三大类。

　　（1）国家顶级域名 nTLD：采用 ISO 3166 规定。如：cn 表示中国，us 表示美国，uk 表示英国，等等。国家顶级域名又常记为 ccTLD（cc 代表国家代码）。

　　（2）通用顶级域名 gTLD：最先确定的通用顶级域名有 7 个，即 com（公司企业）、net（网络服务机构）、org（非营利性组织）、int（国际组织）、edu（美国专用的教育机构）、gov（美国的政府部门）、mil（美国的军事部门）。

　　截止到 2011 年初，又陆续增加了 13 个通用顶级域名：aero（航空运输企业）、asia（亚太地区）、biz（公司和企业）、cat（使用加泰隆人的语言和文化团体）、coop（合作团体）、info（各种情况）、jobs（人力资源管理者）、mobi（移动产品与服务的用户和提供者）、museum（博物馆）、name（个人）、pro（有证书的专业人员）、tel（Telnic 股份有限公司）、travel（旅游业）。

　　（3）基础结构域名（infrastructure domain）：这种顶级域名只有一个，即 arpa，用于反向域名解析，因此又称为反向域名。

　　值得特别注意的是，2011 年 6 月 20 日在新加坡会议上正式批准新顶级域名（New gLTD），因此任何公司、机构都有权向 ICANN 申请新的顶级域名。新顶级域名的后缀特点，使企业域名具有了显著的、强烈的标志特征。因此，新顶级域名被认为是真正的企业网络商标。

　　在国家顶级域名下注册的二级域名均由该国家自行规定。例如，就顶级域名 jp 的日本而言，其将教育和企业机构的二级域名定义为 ac 和 co，而不是 edu 和 com。而我国把二级域名划分为"类别域名"和"行政区域名"两大类。

　　我国的类别域名共 7 个，分别为 ac（科研机构）、com（工、商、金融等企业）、edu（教育机构）、gov（政府机构）、mil（国防机构）、net（提供互联网络服务的机构）、org（非营利性组织）。

　　我国的行政区域名一共 34 个，适用于我国的各省、自治区和直辖市。

　　我国修订的域名体系允许直接在 cn 的顶级域名下注册二级域名。这显然给我国的 Internet 用户提供了极大的方便。关于我国的互联网络发展现状以及各种规定（包括申请域名的手续），均可在中国互联网络信息中心（CNNIC）的网址上找到。

### 3. 网络协议与 TCP/IP

　　有了 IP 地址和域名服务之后，那么处于网络上的两台主机之间是如何进行网络通信的呢？如何发送和接收信息？如何进行状态反馈？这些都需要在统一规则的约束下进行，而这个规则就是网络协议。

　　计算机网络中大量的数据在进行交互，这些数据的交互是在一定的规则、标准或约定下进行的，这些规则明确规定了所交换的数据的格式以及有关的同步问题。这些为网络中的数据交换而建立的规则、标准或约定称为网络协议（Network Protocol），简称为协议。网络协议对于计算机网络是至关重要的,它的存在使网络上各种设备能够相互交换信息。网络协议主要由以下三个要素组成。

(1) 语法,规定了数据与控制信息的结构或格式,包括数据出现的顺序。

(2) 语义,规定了各种控制信息的意义,说明通信双方该怎么做。

(3) 时序,也称为同步,规定了事件实现的顺序。

简单来说,就像中国和法国的两家企业的领导一起开会,语法就是大家都能理解的语言的语法(假定这种语言是英语);语义就是使用的英语单词和语句的意思;时序就是两位领导的秘书事先商量好谁先说、谁后说,先讨论什么内容、后讨论什么内容,语速是快还是慢等。

由此可见,网络协议是计算机网络不可缺少的组成部分。协议通常有两种不同的形式:一种是使用便于人阅读和理解的文字描述;另一种是使用让计算机能够理解的程序代码。这两种不同形式的协议,都必须能够对网络上信息交换过程做出精确地解释。

目前,在 Internet 以及众多的局域网中使用的网络协议体系结构都是 TCP/IP 模型。TCP/IP 体系结构如表 3-3 所示。

表 3-3  TCP/IP 体系结构

| 层　　次 | 功　能　描　述 |
| --- | --- |
| 应用层 | 定义了 TCP/IP 及主机应用程序与网络运输层服务之间的接口 |
| 运输层 | 提供主机之间的通信会话管理,定义传输数据时的服务级别和连接状态 |
| 网络层 | 将数据装入 IP 数据报,包括用于在主机间及经过网络转发数据报时所用的源地址和目标地址信息,实现 IP 数据报的路由和寻址 |
| 网络接口层 | 通过网络,实现数据的实际物理传输,包括直接与传输介质接触的硬件设备、如何将比特流转换为电信号等 |

TCP/IP 体系结构的核心为网络层的 IP 与运输层的 TCP,具体如下。

IP:IP 是 Internet Protocol 的缩写,中文名称为网际互联协议,它是 TCP/IP 体系结构中的网络层协议。IP 可以提高网络的可扩展性:一是解决网络互联问题,实现大规模、异构网络的互联互通;二是分割顶层网络应用和底层网络技术之间的耦合关系,以利于两者的独立发展。需要注意的是,IP 只为主机提供一种无连接、不可靠的、尽力而为的数据包传输服务。

TCP:TCP 是 Transmission Control Protocol 的缩写,即传输控制协议,它是一种面向连接的、可靠的、基于字节流的传输层通信协议。互联网络与单个网络有很大的不同,因为互联网络的不同部分可能有截然不同的拓扑结构、带宽、延迟、数据包大小和其他参数。TCP 的设计目标是能够动态地适应互联网络的这些特性,而且具备面对各种故障时的健壮性。

## 3.2.3　信息网络组成结构

在 3.2.2 节中,围绕信息网络的技术体系进行了解读和学习,那么真实的信息网络是如何搭建起来的呢?网络节点是如何接入的呢?信息网络的拓扑结构有哪些类型呢?本节将为读者一一解读信息网络的组成结构。

**1. 信息网络接入技术**

截至 2021 年 12 月底,我国固定宽带家庭普及率超过 90%,固定宽带用户达 5.36 亿户,其中光纤接入用户达 5.06 亿户,占固定宽带用户的比重达 94.3%,远超 OECD(经济合作与发展组织)国家 26.8%的平均水平,仅次于新加坡(99.7%),位居全球第二。移动宽带普及率远超预期目标,移动电话用户数量达 16.43 亿户。其中 5G 移动电话用户达 3.55 亿户,远超全球平均水平。网络家庭普及率的提升离不开网络接入技术的发展,从接入技术上可以分为数字用户线接入、光纤接入、光纤同轴混合网接入、局域网接入、无线接入等。

1) 数字用户线接入

数字用户线接入是一种通过普通的电话线路实现网络接入,能够支持电话和网络接入的服务模式。其中 ADSL(Asymmetrical Digital Subscriber Line,非对称数字用户线)能够同时支持电话和网络服务,素有"网络快车"之美誉,其传输距离取决于数据率和用户线的线径(线径越细,衰减越大,传输距离越短)。ADSL 在用户线的两端各安装一个 ADSL 调制解调器,采用自适应调制技术使用户线能够传送尽可能高的数据率。ADSL 的上行信道带宽低于下行信道带宽。

2) 光纤接入

光纤接入是通过光纤直接连接到用户终端的网络应用,把要传送的数据由电信号转换为光信号进行通信,在光纤的两端分别都装有"光猫"进行信号转换,具有通信容量大、质量高、性能稳定、防电磁干扰、保密性强等优点。在光纤通信中,光纤扮演着重要角色。在接入网中,光纤接入也是发展的重点。光纤接入方式可分为如下几种:FTTB(Fiber To The Building,光纤到大楼)、FTTC(Fiber To The Curb,光纤到路边)、FTTZ(Fiber To The Zone,光纤到小区)、FTTF(Fiber To The Floor,光纤到楼层)和 FTTH(Fiber To The Home,光纤入户)等。

3) 光纤同轴混合网接入

光纤同轴混合网(Hybrid Fiber Coaxial,HFC)是在目前覆盖面很广的有线电视网络基础上开发的一种结合光纤与同轴电缆的宽带接入网,采用频分复用技术,除可传送电视节目外,还能提供电话、数据和其他宽带交互型业务,扩展性较好。

4) 局域网接入

局域网接入是将一个局域网连接到 Internet,现在常用的方法是通过路由器将局域网与 Internet 连接起来。

5) 无线接入

无线接入技术(Wireless Access Technology)是通过无线介质将用户终端与网络节点连接起来以实现信息传递的一种技术。它与有线接入最重要的区别是可以向终端提供移动接入服务。从终端接入类型来分,无线接入可以分为集群移动无线接入、蜂窝移动网络、卫星通信网络等。生活中常用的接入方式包括蓝牙(Bluetooth)、CDMA2000、GSM、5G、Wi-Fi(Wireless Fidelity)、射频(RF)等。

**2. 信息网络传输介质**

传输介质是网络中连接收发双方的物理通路,也是通信中实现信息传送的载体。传输介质通常分为有线传输介质(导向型介质)和无线传输介质(非导向型介质)。

1）有线传输介质

（1）双绞线。

双绞线由两根分别包有绝缘材料的铜线螺旋状地绞合在一起，芯线为软铜线，线径为 $0.4\sim1.4\mathrm{mm}$。两线绞合的目的是减少相邻线对之间的电磁干扰，通信距离一般为几到十几千米。距离太长时需要加放大器以便将衰减了的信号放大到合适的数值（对于模拟传输），或者加上中继器以便将失真了的数字信号进行整形（对于数字传输）。由于双绞线价格便宜且性能也不错，因此使用非常广泛。

（2）同轴电缆。

同轴电缆（Coaxial Cable）由一根内导体铜质芯线外加绝缘层、密集网状编织导电金属屏蔽层以及外包装保护材料组成，其特点是高带宽及良好的噪声抑制性。同轴电缆的带宽取决于电缆长度，1km 的电缆可以达到 $1\sim2\mathrm{Gb/s}$ 的数据传输速率。

（3）光纤与光缆。

光纤通信就是利用光导纤维（简称光纤）传递脉冲光来进行通信。由于可见光的频率非常高，约为 $10^{8}\mathrm{MHz}$ 的量级，因此一个光纤通信系统的传输带宽远远大于目前其他各种传输媒介的带宽。此外，光纤还具有传输损耗小、中继距离长、抗雷电和电磁干扰、性能好、无串音干扰、保密性好、体积小、重量轻等特点。

2）无线传输介质

对于有线传输介质来讲，若是通信线路要通过一些高山或岛屿，有时是很难施工的。即使在城市中，敷设电缆也不是一件很容易的事情。当通信距离很远时，敷设电缆既昂贵又费时。但利用无线电波在自由空间的传播就可以较快地实现多种通信。因此，就将自由空间称为无线传输介质（非导向型传输媒体）。无线传输介质包括：

（1）短波。

短波通信主要靠电离层的反射。通信频率范围为 $3\sim30\mathrm{MHz}$，通常称为高频（HF）段。由于电离层随季节、昼夜以及太阳黑子活动而变化，因此通信质量并不稳定。

（2）微波。

无线电微波通信在数据通信中占有重要地位。微波的频率范围为 $300\mathrm{MHz}\sim300\mathrm{GHz}$（波长为 $1\sim10\mathrm{cm}$），但主要是使用 $2\sim40\mathrm{GHz}$ 的频率范围。微波在空间中主要是直线传播，并且能够穿透电离层进入宇宙空间，因此它不像短波那样可以经电离层反射传播到地面上很远的地方。由于地球表面是一个曲面，因此一般在山顶建立微波中继站（简称"微波站"）。微波站的通信距离一般为 $30\sim50\mathrm{km}$，当微波天线高达 $100\mathrm{m}$ 时，通信距离可以达到 $100\mathrm{km}$。为实现远距离通信，必须在一条微波通信信道的两个终端之间建立若干个中继站。中继站把前一站送来的信号经过放大后再发送到下一站，故称为"接力"。

（3）卫星。

常用的卫星通信方法是利用位于约 $36\,000\mathrm{km}$ 高空的人造地球同步卫星作为中继器的一种特殊形式的微波接力通信。和微波接力通信类似，卫星通信的频带很宽，通信容量很大，信号所受到的干扰也较小，通信比较稳定，并且卫星通信的通信费用与通信距离无关。

（4）红外线通信和激光通信。

红外线通信和激光通信就是把要传输的信号分别转换为红外光信号和激光信号直接在

自由空间沿直线进行传播，它比微波通信具有更强的方向性，难以窃听、插入数据和进行干扰，但红外线和激光对雨雾等环境干扰特别敏感。

### 3. 网络数据交换技术

网络的主要目的是实现网络节点间的数据传输和信息交换，三种典型的网络拓扑结构如图3-4所示，其中各中心节点承担着数据传输和交换的角色。常见的数据交换技术有电路交换技术、报文交换技术和分组交换技术，基于不同交换技术又可将网络划分为电路交换网络、报文交换网络和分组交换网络。

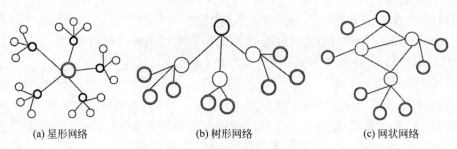

(a) 星形网络　　　　　　　　(b) 树形网络　　　　　　　　(c) 网状网络

图 3-4　三种典型的网络拓扑结构

电路交换技术采用通信链路资源独占模式，进行通信传输前，节点之间必须先建立一条专用的物理通信路径，在整个传输期间线路一直被独占，直到通信结束后才被释放。其中，电话网络是最典型的电路交换网络。

报文交换技术以报文为数据交换单位，报文中携带有目标地址、源地址、报文内容等信息，其运行原理类似于邮件投递。在进行通信前，双方不需要预先建立专用通信线路，交换节点存储接收到的报文信息，根据报文信息判断其目标地址后选择空闲线路进行路由转发，也支持报文的广播传输。报文交换由于数据在交换节点需要经历存储转发，会造成通信时延，很少被应用于目前的网络数据交换。

分组交换技术是目前应用范围最广的一种交换技术，采用存储转发技术，通过将报文拆分成多个分组进行传送，每个分组的长度均有一个上限，从而降低分组缓冲区的大小，分组中均携带有源节点、目标节点地址信息。与报文交换技术所不同的是，分组交换技术通过将大报文拆分成小的分组后在交换节点进行存储转发，各分组独立地选择传输路径进行并行转发，缩短了整体的数据传输时延。同时由于分组较小，传输出错率和重发数据量大小减少，提高了传输的可靠性。相对比以上三种主流的数据交换技术，报文交换技术和分组交换技术在对网络信道利用率上要优于电路交换技术，其中分组交换技术在网络传输时延上要比报文交换技术小，适合于交互式通信场景。

### 4. 无线通信技术概述

如今，无线通信技术已经经历了数代的发展，第一代通信技术标志着个人移动通信的诞生，其中"大哥大"使用的就是1G。1G采用模拟通信技术，是最初的模拟，仅限语音的蜂窝电话标准，表示传递信息所使用的电信号或电磁波信号往往是对信息本身的直接模拟，例如语音(电话)、静态图像(传真)、动态图像(电视、可视电话)等信息的传递，其中用户的语音信息的传输是以模拟语音方式出现的。

此时,人们需求的不断提高,使人们意识到个人移动通信的必要性和可能性,同时创造了个人移动通信的原始产业链,产生了设备供应商、移动通信运营商,但由于技术的原因,通信存在质量差、体积大、缺乏规模效应且价格昂贵的缺点。这也推动了2G时代的诞生,这标志着个人移动通信进入成长期,在这个阶段,通信质量得到了极大的提高,几乎完全满足消费者的需求。

由于通信技术的快速成长,移动通信不再是一个孤立的系统而是开放性的,即进入3G时代。此时,各个国家和地区的移动通信网将融合为一个整体,除了传统的语音业务外,更多的是数据和多媒体业务。

4G时代象征着移动通信的发展进入成熟期,是基于IP的高速移动通信网络,是移动通信技术发展史上的一次重大变革。它比3G的传输容量大,速率更快,并且具备了长期演进语音承载(VoLTE)通信技术,实现了系统向宽带无线化和无线宽带化的演进。

随着5G时代的到来,面向个人和行业的移动应用快速发展,移动通信相关产业生态将逐渐发生变化。5G不仅仅是高速率、宽带宽、高可靠、低时延的无线接入技术,而且是面向用户体验和业务应用的智能网络。同时,5G技术充分利用了物联网,整体来说提高了经济效益和社会效益,很大程度上促进了互联网技术的持续性发展。截至2019年12月,我国已经建成5G基站超过13万个,5G产业链推动人工智能与物联网结合发展到智联网。

在信息网络飞速发展的今天,地球上仍然有超过30亿人口,约70%的地理空间因人口密度大、地理环境差、建设成本高昂等原因未能享受到移动互联网的覆盖。早在2015年,SpaceX首席执行官埃隆·马斯克(Elon Musk)宣布"星链卫星互联网服务"项目,旨在为全世界用户提供高速互联网接入、特别是农村和偏远地区。

按照SpaceX此前的计划,Starlink未来计划发射12 000颗卫星组建覆盖在地球周围的通信网络体系,首批1600颗卫星部署位于1150km的轨道高度,其中800颗卫星用于覆盖北美地区;第二批发射2825颗卫星分为4组,分布部署于不同高度的轨道之上,完成全球组网;第三批在340km的更低轨道上发射7518颗卫星。截至2022年3月底,累计超过2000颗卫星部署于地球轨道之上。根据公开的网络测试显示,Starlink的测试版速率已突破160Mb/s,超过美国95%的宽带连接。相比于常规基站布局通信技术,星链互联网不受地面基础设施限制,满足全世界各个角落,无论偏远山区、高原、海底的全天候、低成本接入。

SpaceX并不是第一个利用卫星互联网提供通信网络服务的公司,早在20世纪80年代,美国摩托罗拉公司就启动了"铱星计划",在围绕地球近地轨道之上建立分布均匀的卫星协作体系,它的天上部分是运行在7条轨道上的卫星,每条轨道上均匀地分布着11颗卫星,组成一个完整的星座。它们就像铱原子核外的77颗电子围绕其运转一样,因此被称作铱卫星。后来经过计算证实6条轨道就可满足建设需求,于是卫星总数减为66颗,但仍习惯称作铱卫星。"铱星计划"总投资34亿美元,于1996年开始试验发射,1998年投入运行。然而在"铱星计划"投入运行后未能有效占领市场,公司亏损严重,摩托罗拉公司不得不将铱星公司申请破产保护,从投入运行到终止不到短短半年时间,最终于1999年3月17日对外停止服务。"铱星计划"的失败并没有阻止人类继续对卫星互联网的探索和不懈追求,越来越多的国家和企业投入卫星互联网领域。

早在2017年底到2018年之间,我国就发布了多个通信卫星星座项目,由中国航天科技集团和航天科工集团发起的"鸿雁""虹云""行云"计划等开启我国在卫星互联网领域的探索和实践。根据 2020 年公布的"新基建"范围划定，国家发改委首次将低轨卫星互联网建设纳入"新基建"的建设范围，我国低轨卫星互联网发展将迎来重大发展机遇，截止到 2022 年在轨低轨卫星规模达 800 余颗。在卫星互联网不断探索的同时，基于太赫兹（THz）的 6G 通信技术也是各国火热争夺的焦点。6G 卫星互联网不是简单的卫星互联网，而是"空天地"一体化网络，包括卫星与地面、卫星与卫星、卫星与高空之间的通信。

2020 年 11 月 6 日，我国在太原卫星发射中心成功利用长征六号运载火箭将电子科技大学和国星宇航等单位联合研制的全球首颗 6G 试验卫星"电子科技大学号"送入太空，开创了国内 6G 卫星互联网探索新时代。其中太赫兹通信技术是 6G 的关键技术之一，具有高频率、窄波束、强穿透力等特性，可解决带宽受限与可靠传输的问题，适合星地通信、保密通信、空间通信、军事通信等的特殊要求。此次"电子科技大学号"的成功发射是国内太赫兹通信在空间应用场景下的首次技术验证。相比 5G 网络传输，6G 传输速度将达到 100Gb/s~1Tb/s，通信时延缩短到 0.1ms 以内，采用太赫兹频段通信，网络通道容量将大幅提升，而且它的发展趋势是将卫星通信与地面通信网络相融合，从而真正实现全球无盲区通信，即便是在荒无人烟的沙漠和茫茫大海上也能实现全天候、无障碍、即时网络通信。

### 3.2.4　信息网络运行机制

在前面的章节中介绍了信息网络技术体系和网络组成结构，那么信息网络是如何进行数据传输和共享交换的？信息又是如何准确地传输到信息需求方？在传输过程中又会经历哪些环节？在本节中，将向读者完整介绍信息网络背后的运行机制，帮助读者更加深刻地掌握信息网络的原理。

邮政 EMS 快递面单如图 3-5 所示，与传统的邮政投递系统相类似，网络的数据传输同样需要具备寄件人、收件人、中转中心、邮寄对象、唯一邮件编码等基础元素。结合前面章节所学习的内容，目的地 IP、源地址 IP 代表网络中的每一个节点，唯一性的特征保证了信息在寄件人与收件人之间的准确投递。信息传输协议定义了跨网络间信息的传输格式和交换标准，保证了数据的准确传输。数据部分代表网络中所交换的对象和内容。以 TCP 传输为例，信息传输过程中，信息包由首部和正文数据两部分构成，在发送端发送信息时，在经过的每一层传输协议都会对信息包进行封装，而在信息包到达接收端时，接收系统按照 TCP 层级进行逐层解封从而获取原始信息包，TCP 信息首部结构如图 3-6 所示。

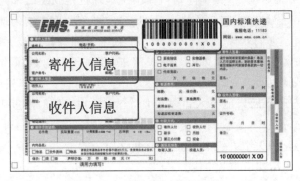

图 3-5　邮政 EMS 快递面单

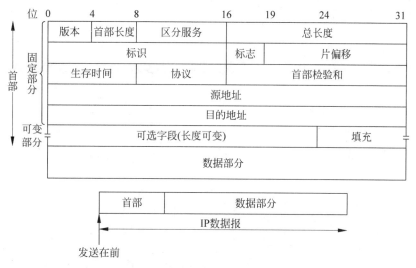

图 3-6　TCP 信息首部结构

以 Web 信息浏览服务为例,它不是普通意义上的物理网络,而是一张附着在 Internet 上的覆盖全球的"信息网",是一个大规模的、联机式的信息储藏所。严格来讲,Web 是一个技术系统,使用链接的方法能非常方便地从 Internet 上的一个站点访问另一个站点(也就是所谓的"链接到另一个站点")。Web 信息服务结构如图 3-7 所示。提供共享信息资源的站点称为"Web 网站";承载资源信息内容的服务器称为"Web 服务器"。Web 服务器、超文本传输协议(HTTP)、浏览器是构成 Web 的三个要素。

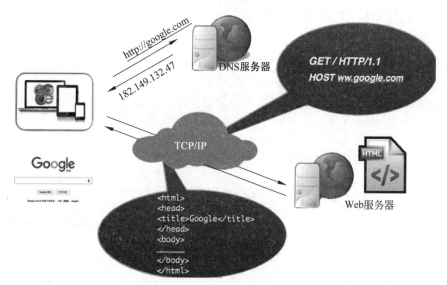

图 3-7　Web 信息服务结构

通过统一资源定位器(Uniform Resource Locator,URL),标识和寻址分布在整个 Internet 上的信息资源。Web 中信息资源是巨大的,每个承载着信息内容的网页都必须具有一个唯一的名称标识,通常称为 URL 地址,俗称"网址",否则信息再丰富也不能实现便捷地访问浏览。为保证信息资源命名的唯一性,URL 制定了统一的格式和规则。

URL 的一般使用格式如下为 scheme://host:port/path/filename。

- scheme：通信协议，指示该信息资源服务的协议类型。URL 中通信协议名称如表 3-4 所示。如果为 HTTP 服务，可省略"http://"。

表 3-4　URL 中通信协议名称

| 协议名称 | 功　　能 |
|---|---|
| file | 本地计算机上的文件资源 |
| ftp | 通过 FTP 访问的信息资源 |
| gopher | 通过 Gopher 协议访问的信息资源 |
| http | 通过 HTTP 访问的信息资源 |
| https | 通过安全的 HTTP 访问的信息资源 |
| mailto | 资源为电子邮件地址，通过 SMTP 访问 |
| news | 通过 NNTP 访问的信息资源 |

- host：主机名，只是提供信息服务的服务器域名或 IP 地址。
- port：端口号，为可选项，只是提供信息服务所使用的端口号。如果使用的是 Internet 上信息服务的默认端口号，此项可以省略。例如，HTTP 服务的默认端口号为 80，如不重新设置改变端口，则端口号 80 就可以省略。
- path：路径。指示资源文件在服务器中存放的路径。
- filename：文件名。指示要访问的存放在服务器中指定路径下的资源文件的文件名。如果要访问的资源文件为网站的主页，则一般可省略此项。

## 3.3　大数据时代下的信息网络

大数据时代，越来越多的新技术得以与信息网络相结合，以极快的发展速度、创新的服务模式融入人们的生活中，并且在各个领域发挥着不可替代的作用，信息网络已成为数据时代中不可或缺的技术之一。新时代背景下的信息网络将与新技术不断融合，并对社会发展产生更多、更新的影响。

### 3.3.1　信息网络与新技术的融合

大数据时代的到来，信息网络范围变得更加广泛，信息数据的交互渠道、方式等更加多样化，为了满足人们更高、更加多元化的需求，产生了更多先进的信息网络技术，这些技术的产生很好地解决了信息网络中出现的一系列问题，为人们的生活提供了更大的便捷。在本节中将对大数据时代背景下的新型技术进行详细介绍。

#### 1. 人工智能

大数据技术的飞速发展，为人类社会的工作和生活带来了极大的便利，但是同时也带来了比以往信息时代中更为复杂的网络安全问题，然而传统的信息网络技术在识别和判断网络安全问题时，通常不会对所得数据信息的真实性和准确性进行明确判定，在广泛收取数据的同时，无法精准判定网络数据中的虚假信息、攻击性数据等。人工智能技术能够通过模拟人的思维，进行大数据时代海量信息数据的精准处理，从而屏蔽虚假、有攻击性的数据信息，通过有针对性、智能化的处理技术,有效缩短现代网络技术中对各类型信息的处理效率,提高网络管理的水平。

人工智能的优势在于具有处理模糊信息能力和协作能力,具备学习能力和处理非线性问题的能力且计算成本小等特点。它的具体应用可以包括以下几个方面。

(1)网络安全方面。人工智能在计算机网络技术中网络安全方面的应用是可以智能分辨并自动处理垃圾软件。当邮件收到垃圾邮件时,人工智能可以自动识别和筛选,并做出一系列的措施,如自动标识垃圾邮件、含有敏感词时可以检测邮件并且阻止进入,可以最大程度地保护用户的安全。目前很多邮箱如网易邮箱、新浪邮箱等都已经使用了人工智能技术,并取得了很好的效果。人工智能可以进行信息识别,模糊处理存在的不确定信息,一旦有危险信息存在,有可能进入网络系统,防火墙就可以自动识别并自发地排除,保障网络的安全。这种人工智能技术在很多杀毒软件中都有使用,如金山毒霸、360安全卫士等。

(2)Agent技术的使用。人工智能Agent技术的出现从整体上提升了网络安全防护水平。人工智能Agent技术的出现,一方面通过对知识库、推力器等实体元件的使用,增强了网络安全防护过程中对复杂问题的存储、处理能力;另一方面该技术能够加强网络安全系统对周围环境的判断,当单个处理器处于工作状态时,可以智能调用通信网络对整体系统进行功能调用,共同完成任务。此外,该项技术还能够根据网络安全管理系统中的用户需求进行定制化服务。人工智能根据用户需求相关信息,智能筛选用户需要的信息并定位。该技术的出现大大提升了用户对网络安全信息筛选的效率,同时个性化、定制化的服务也为用户使用网络安全软件提供了便捷。用户在使用网络进行有用信息的选择过程中,系统将大量虚假、具有潜在攻击威胁的信息进行过滤,用户所得到的信息在绝大多数情况下是真实的、有效的。

(3)网络管理方面。人工智能还能够依托专家知识库等技术进一步提升计算机网络的安全性。随着现代信息技术的飞速发展,信息网络与人工智能的结合过程中实现了质的转变,表现出显著的动态性特征。这些变化一方面为网络管理提供了巨大的便捷,另一方面也给网络管理工作带来了更大的难度。利用知识库系统能够更专业地解决系统网络管理问题,提升网络管理水平和工作效率。

(4)家居方面。社会的发展和人们生活水平的日益提高使人们对信息网络的要求更高。人们对居家也提出了更高的要求,人工智能应用的可以更好地提高人们的生活质量。例如,可以控制门窗的闭合;可以随时操控来调整居家环境,让室内环境更加舒心等。因此,未来智能家居的应用范围会更加广泛,人们可以享受到更加优质的服务和生活质量。

此外,人工智能也被应用到农业生产、军事、医药等领域中,极大地推动着社会的发展。火车、高铁、地铁、飞机等交通工具的发展为人们的出行提供了极大的便利,随着出行人流量的增加,传统的人工检票可能会导致乘客排队或者出现漏检的可能。人脸识别系统的应用能够节约乘客的时间,极大地提高了效率。除了效率高之外,运用人脸识别系统后乘客安全性也大大提高。通过采集身份证照片和摄像头抓拍照片,利用人脸识别技术将人和证件进行匹配,同时将票面二维码信息和身份证件信息进行比对,根据检票系统业务定义规则,完成票、证、人自动验证检票功能。犯罪嫌疑人一旦"刷脸",就会被迅速识别,并发出报警信息……这种人脸识别系统的应用大大提升了安检效率,有效提升了乘客的安全感。

除了交通工具使用人脸识别技术外,为了提高破案率,快速抓捕犯人,保障百姓安全,人脸识别技术在安防领域也得到了广泛的运用。我们曾经会惊奇于警方能够捕捉摄像头中的影像来确认谁是犯罪嫌疑人,也感叹过系统能从海量级的人物照片库中找到被通缉人员,这些功能都是通过人脸识别技术实现的。"刷脸支付"越来越多地被广大消费者接受,也越来越普遍。刷脸支付能够保证消费者的资产安全,而且实现简单,通常情况下只需将资产账户信息绑定支付平台,并将支付平台绑定人脸识别业务,再提交近期照片和个人身份信息完成审核即可。当消费者刷脸支付时,系统会根据捕捉到的人脸与数据库中已被提交的照片信息进行对比,如果吻合,支付平台将自动连接消费者资金账户,在消费者确认过支付金额后,即可进行支付。人脸识别支付在保障支付安全的同时,能够实现流程短、耗时少的快捷支付。

受益于零售行业的数字化转型,人工智能渗透到零售各个价值链环节,实现了消费场景流程的全覆盖。在新零售的商业图谱下,人工智能助力零售商强化与消费者的互动并提供个性化商品和服务;同时,通过消费者数据优化货架布局,提升坪效以节约成本,提高消费者的消费体验。消费场景流程全覆盖具体为:消费者进店时先对消费者进行人脸识别,以获取消费者的基本信息,如是否是会员,其历史消费、购买力、偏好等信息;在消费者购物过程中,对商品状态进行监测,如压力感应、图像识别等,这样可以使零售门店综合消费者数据,以保证店内商品布局的最优决策。此外通过对商品的流动速度和库存的统计,以保证店内备货成本维持较低水平。在消费者离店后,对消费者行为进行分析,如通过行为、情绪识别或轨迹跟踪等。零售门店可以利用人工智能实现精准营销,如线上进行 APP 智能推荐,线下进行商品种类优化和位置调整等。

### 2. 数字货币

数字货币是电子货币形式的替代货币。数字货币是一种不受管制的、数字化的货币,通常由开发者发行和管理,被特定虚拟社区的成员所接受和使用。欧洲银行业管理局将虚拟货币定义为价值的数字化表示,不由央行或当局发行,也不与法定货币挂钩,但由于被公众所接受,所以可作为支付手段,也可以电子形式转移、存储或交易。数字货币的核心特征主要体现在三个方面:①由于来自某些开放的算法,数字货币没有发行主体,因此没有任何人或机构能够控制它的发行;②由于算法解的数量确定,因此数字货币的总量固定,这从根本上消除了虚拟货币滥发导致通货膨胀的可能;③由于交易过程需要网络中的各个节点的认可,因此数字货币的交易过程足够安全。数字货币的典型代表为比特币和莱特币。

根据麦肯锡的测算,从全球范围看,区块链技术在 B2B 跨境支付与结算业务中的应用大大降低了每笔交易成本,即区块链应用可以帮助跨境支付与结算业务交易参与方节省约40%的交易成本,其中约30%为中转银行的支付网络维护费用,10%为合规、差错调查以及外汇汇兑成本。未来,利用数字货币和区块链技术打造的点对点支付方式将省去第三方金融机构的中间环节,不但 24 小时实时支付、实时到账、无隐性成本,也有助于降低跨境电商资金风险及满足跨境电商对支付清算服务的及时性、便捷性需求。

低成本的资金转移和小额支付越来越受到使用者好评。电子支付使流通中现金在货币总量中的比重不断下降,最明显的就是银行业金融机构中发生的电子支付业务大幅增加,此外,在第三方支付方面,非银行支付机构累计发生网络支付业务也在逐年增加。电子支付既便捷又安全,生活中支付宝的出现使人们对现金的依赖逐渐弱化。随着智能手机的普及化和信息网络技术的应用,人们可以更容易地运用银行数字货币支付服务。中国手机普及率为 94.5 部每百人,而只有 64% 的人拥有银行账户,银行可以积极开拓大量无法获得银行账户但通过互联网对接的客户。其中一个途径就是,通过数字货币建立数字钱包,在金融覆盖不足和经济欠发达地区实现更低成本、更安全的小额支付和资金转移,实现中间业务收入增加。

### 3. 区块链

工信部 2016 年《区块链发展白皮书》中将区块链定义为一种分布式数据存储、点对点传输、共识机制、加密算法等计算机技术在互联网时代的创新应用模式。区块链是一种融合多种现有技术的新型分布式计算和存储范式。它利用分布式共识算法生成和更新数据,并利用对等网络进行节点间的数据传输,结合密码学原理和时间戳等技术的分布式账本保证存储数据的不可篡改,利用自动化脚本代码或智能合约实现上层应用逻辑。如果说传统数据库实现数据的单方维护,那么区块链则实现多方维护相同数据,保证数据的安全性和业务的公平性。区块链通过程序和代码,将规则内嵌到计算机系统中,且没有处于核心的可以随意篡改数据的管理人员,它是一种提供信任的社会基础设施。

区块链技术可以显著改变银行风险管理方式。2014 年高盛报告的数据表明,全球银行为了满足监管部门的要求,不断增加对合规部门系统安全的资金投入和人力资本的投入以建立完善的信用机制和征信机制,相关投入共计 180 亿美元。同时,银行在建立反洗钱系统的过程中,还需不断对客户信息进行多次核实与调查,其无形花费无法准确估量。如果银行等传统金融机构将区块链技术应用到反洗钱等风险管理系统中,依靠其账本式分布和无法篡改的时间戳等特性可以最大限度降低银行的维护成本与人力成本。区块链的可追溯特征可以保证任何一笔交易资金与操作步骤永久地保留在区块链系统中,能够有效避免因监管不完善与法律漏洞所引发的洗钱活动。区块链技术的共享性可以保证系统中的每一个节点都可以由各节点随时查找与检查,一方面可以减少银行对信息的复查,提升银行运行效率,另一方面金融信息的共享可以帮助银行等金融机构快速、准确地寻找到合适的客户,减少银行的运营成本。此外,区块链的去中心化特征可以提升银行的金融安全,区块链系统中的每一个节点都无法完全掌握、修改系统中的信息,并且每个节点的关键数据都将以私钥的形式存储,不仅可以防止信息被篡改,也可以避免信息的泄露。根据高盛的研究估算,如果银行等金融机构将区块链技术应用到反洗钱等风险防范计划中,那么全球金融机构对于风险安全的投资将减少 20 亿~30 亿美元,其中减少的人工成本为 1.6 亿美元,金融交易与数据审查可节省 14 亿美元,而在系统的优化与保护方面可节省 5 亿美元。

区块链技术影响银行结算体系。当前,电子交易与结算收入已经成为传统银行的重要业务收入来源。在实际电子交易过程中,银行为了解决电子资金不能即时清算的问题,将第三方金融中介引入结算系统中,使交易的发生成为可能。虽然第三方金融中介为资金的结算提供了便利,但是大量的第三方金融机构介入银行的结算系统中,无形增加了银行的运营成本,降低了运营效率并伴有大量金融风险。而区块链结算系统与传统银行结算系统相比,在成本、安全与运营效率等方面优势明显,具体表现如下。

第一,用户在使用银行的结算系统时,必须持有银行卡或者输入账号与密码才可以进行资金操作,之后再由商家与银行进行验证从而完成交易。在这一过程中,客户所输入的信息有可能被不法分子获取从而造成不必要的损失。而区块链结算系统可以通过哈希加密值的方法免除客户的基本金融信息输入,区块链技术会将客户的基本信息映射为二进制代码,并一同验证信息的准确性与真实性。

第二，区块链结算系统通过分布式账本的形式，使区块链系统中的每一个参与人实现信息共享，消除不必要的第三方中介，降低银行交易手续费。以美国 Stripe 为例，该公司的区块链支付系统中设定交易额小于 100 万美元的资金不收取手续费，而超过 100 万美元的部分将按照 1% 的费率收取手续费，远低于当前银行的手续费率。

第三，区块链支付系统可以缩短交易时间，提升运营效率。传统银行借记卡与信用卡交易基本都是在 1 个工作日内完成，跨境支付转账更是需要 3～5 个工作日的时间。而区块链支付系统的 P2P（点对点）交易方式与去中心化的特征可以保证资金瞬时到达，增强资金的流动性。对于大额度的跨境支付交易，缩短交易时间更是可以防止因汇率发生改变而造成的金融损失。

### 4. 边缘计算

随着万物互联时代的快速到来和无线网络的普及，网络边缘的设备数量和产生的数据都快速增长。在这种情形下，以云计算模型为核心的集中式处理模式将无法高效处理边缘设备产生的数据。在万物互联的背景下，传统的云计算存在实时性不够、宽带不足、能耗较大、不利于数据安全和隐私等问题。为了解决这些问题，面向边缘设备所产生海量数据计算的边缘计算模型应运而生。边缘计算是一种将计算、存储、网络资源从云平台迁移到网络边缘的分布式信息服务架构，试图将移动通信网、互联网和物联网等业务进行深度融合，减少业务交付的端到端时延，提升用户体验。边缘计算中边缘的下行数据表示云服务，即将传统云计算中心的服务下移到边缘设备上执行，上行数据表示万物互联服务，而边缘计算的边缘是指从数据源到云计算中心路径之间的任意计算和网络资源。边缘计算模型和云计算模型并不是取代关系，而是相辅相成的关系，边缘计算需要云计算中心强大的计算能力和海量存储的支持，而云计算也需要边缘计算中边缘设备对海量数据及隐私数据的处理。

边缘计算模型具有几个明显的优点：首先，在网络边缘处理大量临时数据，不再全部上传云端，这极大地减轻了网络带宽和数据中心功耗的压力。其次，在靠近数据生产者处做数据处理，不需要通过网络请求云计算中心的响应，大大减少了系统延迟，增强了服务响应能力。最后，边缘计算不再上传用户隐私数据，而是将其存储在网络边缘设备上，减少了网络数据泄露的风险，保护了用户数据安全和隐私。

由于上述优势，边缘计算的发展前景良好，已经在社会生活的多个领域得到了应用，例如城市公共安全中实时数据处理便采用了边缘计算技术。随着智慧城市和平安城市的建设，大量传感器被安装到城市的各个角落，提升公共安全。例如，武汉的"雪亮工程"建设于 2019 年 6 月底，实现了全市公共安全视频监控总量达到 150 万个。得益于"雪亮工程"的建设，全市刑事有效警情同比下降 27.2%，并为群众查找走失老人小孩、追回遗失贵重物品等服务 1 万余次。随着共享经济的兴起，各种共享经济产品落地并得到发展，如滴滴、Uber 和共享单车。然而，这些产品同时也存在大量的公共安全事件。例如，顺风车司机对乘客进行骚扰，甚至发生刑事案件。因此，2018 年 9 月，受顺风车安全事件的影响，滴滴已经临时下线顺风车业务，并进行整改，首当其冲的是在司机端加入服务时间段的自动录音功能。然而，想要进一步提升安全性，最终还是得依赖于视频等技术，但这将导致大量的带宽需求。按照 Uber 2017 年的使用情况（45787 次每分钟），假设将每次驾乘的视频发送至云端（每次 20min），每天云端将新增 9.23PB 的视频数据。边缘计算作为近数据源计算，可以大幅度降低数据带宽,将可以用来解决公共安全领域视频数据处理的问题。虽然当前城市中部署了大量的摄像头,但是大部分摄像头都不具备前置的计算功能,而需要将数据传输至数据中心进行处理,或者需要人工的方式来进行数据筛选。然而在边缘计算技术能够实现视频的实时处理,同时实现和周边摄像头的联动。

### 5. 物联网

现如今,全世界的计算机网络已经成为一张巨大的网,地球仿佛就像一个小村庄。在这个小村庄里发生了任何事,如果有人发表在网络上,那世界各地的人们都可以通过浏览去了解。计算机网络作为物联网存在的基础,物联网想要再向上发展必须依靠计算机网络技术。物联网的发展也变得越来越智能化和小型化,这也对信息网络技术的速度、覆盖率等提出了更高的要求。

物联网的发展实现了万物互联。物联网是指把各种信息传感设备(如射频识别器、全球定位系统、激光扫描器、宏伟感应器)等装置和互联网结合组成的网络。它的功能是让物品通过网络连接起来,让人们能够很容易地管理和识别它们。物联网通过计算机网络技术建立,其中 RFID 系统是物联网的基础。它结合了当前的网络技术、数据库和中间件技术等,由无数联网的阅读器和移动标签组合而成,构成了一个比 Internet 更庞大的物联网。通过物联网,系统可以随时随意地对物体进行识别、追踪、定位以及监控。其体系结构共分为以下三层。

(1)感知层。物联网的组成模块中,最基础的模块便是感知层,物联网技术的主要功能基本也是靠它来完成的,它主要是去感知网络区域的数据,然后通过数据或者资料的查询,再经过网关传输查找到用户需要的数据信息。网关的功能是连接全部网络,再把得到的信息进行处理。要让计算机完成所有的信息操作和处理操作,需要让计算机变得更加完善、能力更强,同样也需要应对更多的任务。随着物联网的加速发展,网络的信息和数据量变得十分庞大,这给各方面的工作都带来了很大的难度,如数据搜集、分析和处理等。物联网的感知层要获得信息感知必须进行大量的工作才可以完成。

(2)应用层。其作用是将处理完的信息传达给用户,通过对信息的分析,再选取用户需要的信息数据。物联网可以通过优化计算机网络配置等,去挖掘计算机网络的最大功能,尽可能地满足人们的要求。物联网应用层的功能为物联网的发展提供支撑,从另一角度来看,它关系着计算机网络技术的发展。物联网虽然是独立的个体,但是它对计算机的影响却很大。应用层是物联网技术的基础,也是物联网发展的最大推力,它把所有的资源集中在一起,通过网络技术来进行平台搭建,从而优化物联网的发展环境,平衡计算机网络和物联网之间的矛盾。

(3)传输层。计算机网络技术是物联网传输层的基础,宽带实现了通信网络和感知层之间的连接,有效地把传输层的作用发挥出来。在传统的通信网络中,物联网传输层整合了所有节点并进行统一管理,发挥了十分关键的作用。只是在现阶段,各个通信节点都是相互独立的个体,都具有隐私权。物联网技术除了传输数据信息外,还成了连接物与物之间的一座桥梁,因为这个原因,让物联网的工作程序变得十分繁杂,而且物联网和它的工作空间都必须具有独立性,所以这也是对物联网工作的和计算机网络技术的发展造成了一定的影响。

当下物联网在现代社会的应用已越来越广泛,其典型代表便是城市智能交通系统。智能交通系统是指将先进的传感器技术、信息技术、网络技术、自动控制技术、计算机处理技术等应用于整个交通运输管理体系从而形成的一种信息化、智能化、社会化的交通运输综合管理和控制系统。智能交通系统使交通基础设施能发挥最大效能。智能交通是一个综合体系，它包含的子系统大体可分为以下几个方面。

（1）车辆控制系统。它是指辅助驾驶员驾驶汽车或替代驾驶员自动驾驶汽车的系统。该系统通过安装在汽车前部和旁侧的雷达或红线探测仪，可以准确地判断车与障碍物之间的距离，遇紧急情况时，车载计算机能及时发出警报或自动刹车避让，并根据路况自己调节行车速度，人称"智能汽车"。

（2）交通监控系统。该系统类似于机场的航空控制器，它在道路、车辆和驾驶员之间建立快速通信联系，哪里发生了交通事故、哪里交通拥挤、哪条路最为畅通，该系统会以最快的速度将这些信息提供给驾驶员和交通管理人员。

（3）运营车辆高度管理系统。该系统通过汽车的车载计算机、高度管理中心计算机与全球定位系统卫星联网，实现驾驶员与调度管理中心之间的双向通信，来提供商业车辆、公共汽车和出租汽车的运营效率。该系统通信能力极强，可以对全国乃至更大范围内的车辆实时控制。

（4）旅游信息系统。它是专为外出旅行人员及时提供各种交通信息系统。该系统提供信息的媒介是多种多样的，如计算机、电视、电话、路标、无线电、车内显示屏等。无论在办公室、大街上、家中、汽车上，只要采取其中任何一种方式，都能从信息系统中获得所需要的信息。有了该系统，外出旅游就可以眼观四路、耳听八方了。

### 6. 无线通信技术

智能通信设备的普及，使人们对无线通信技术的要求越来越高。移动无线通信技术是指在移动通信网络、无线传输设备等要素支持下所形成的一种技术。该技术应用过程中不仅可支持语音通信，也能满足文字及多媒体的传输要求。同时，在多样化标准的支持下，移动无线通信技术的应用范围正在扩大，可为数据信息的高效传递、通信质量提高等提供技术保障。

无线通信技术经历了多代的发展，以不断满足人们的高要求。如今，5G时代的到来，极大地方便了人们的即时通信，也给许多行业的运营模式、人们的生产生活方式等带来了非常大的改变。与传统的通信模式相比，5G移动通信在速度、效率、稳定程度等方面都有很大的优势，它的性能目标是高数据速率、减少延迟、节省能源、降低成本、提高系统容量和大规模设备连接。

5G将成为构筑经济社会的重要基础设施，5G正从移动互联向万物互联拓展，随着中国5G在2019年正式步入商用，各行各业已在积极培育应用产业；5G需要攻克实体经济数字化转型的难关，迫切需要5G产业与各行业一起构建5G产业新生态，通过培育5G先行应用的重点行业，推动5G应用场景、解决方案、产品及商业模式的发展。

（1）5G+直播。直播是互联网技术发展到一定阶段的产物，直播过程中的流畅度、用户观感和良好用户体验对于网络的时延、宽带和稳定性均有较高的要求。随着4K、8K、虚拟现实/增强现实（VR/AR）等超高清、交互性直播方式的发展，网络和设备性能将面临更大的挑战。5G的发展将给超高清视频直播带来强大的网络支持，这依赖于5G具有传输速率更快，能够解决高清视频直播中的卡顿问题；流量密度更大，可以保障用户在体育场、大型购物场所、交通枢纽等人员密集区域开展视频直播需求；可靠性和抗干扰能力强，能保证视频直播的稳定性；时延率极低，可以提供几乎实地的视频直播等特点。5G 网络逐步向超高清视频直播渗透，目前已形成了 5G＋直播的示范性应用，且 5G 将打破现有视频直播面临的网络性束缚，推进视频直播的发展。

虎牙直播依托 5G 网络实现了 5G＋4K 高清户外直播。虎牙直播与中国电信合作，首次在直播行业进行了 5G 商用探索，结合 5G 与边缘计算开展高清视频直播业务尝试，顺利完成了 5G＋4K 高清户外直播实验，成为中国率先实现 5G 网络直播的平台。

音乐盛典咕咪汇依托 5G 实现了 4K 直播全过程应用。中国移动和华为在音乐盛典咕咕汇上首次成功实现了 5G 网络切片在全球大型直播活动中的应用，实现了 5G＋4K 直播从拍摄、编/转码到传输等全过程。主要应用场景包括两个方面：一是在红毯、主舞台等地方利用多台摄像机拍摄超高清直播信号，通过 5G 网络切片实时上传到咕咕视讯云数据中心进行制作和分支；二是利用 5G 网络切片接收后期制作的信号，在现场 4K 显示屏上对颁奖礼进行全程直播。

武汉大学"樱花节"实现 5G 超高清视频直播。武汉大学在"樱花节"联合湖北移动和中兴通讯，在校园中架设 15 个拍摄机位并配备 360°高清全景摄像头，现场采集的超高清画面通过 5G 终端、5G 基站和 5G 核心网实时上传到武汉大学视频服务器，并同步传送至新华网、人民日报、抖音、咕咕等平台进行直播，从而实现 5G＋4K 超高清视频直播。

两会期间山东省利用 5G＋VR 实现全景直播。山东联通携手省内多家主流媒体利用 5G 和 VR 全景技术对"两会"进行了全景 VR 直播。通过在会场内部安装的 VR 摄像头对视频信息进行了专业化采集，利用 5G 网络实时将信号传送回山东。观众通过微信平台便可以直击两会现场，享受低延迟、高质量带来的极为细致的视觉盛宴。

（2）5G＋云游戏。5G＋云游戏是指游戏主体在云端服务器运行，通过 5G 网络传输游戏画面、音频和控制信息，实现流畅清晰的用户游戏体验。5G 网络依靠其网络宽带大、时延低等特性，能满足 5G＋4K 超高清云游戏的需求。5G＋云游戏的高速率特性使得游戏下载时间大幅度减小，无须等待，即点即玩；其云端处理能力降低了用户手机终端性能要求；它还实现了云端存储，在终端的游戏大小可降至 10MB，无须占用大量的手机存储空间。

浙江移动依托 VR 实现 5G＋云游戏。浙江移动推出的 5G 云 VR 方案是全国首次基于 5G 试验网下开通的云 VR 业务，其业务包含四大精品业务类型："足不出户的实景直播""1MAX 超宽巨幕的影视体验""亲临现场的 8K-VR 现场直播""身临其境的 VR 云游戏"。

咕咕互动娱乐推出 5G 云游戏产品推广计划。2018 中国移动全球合作伙伴大会上，咕咕互娱向行业公布了"5G 快游戏"的产品推广计划，并对"5G 快游戏"的技术优势和商业价值进行了深入解读。5G 正在加速部署，游戏已经走向云端，超高清互动、沉浸式体验的全场景游戏时代终于到来了。咕咕互娱的"5G 快游戏"是基于云游戏技术的下一代游戏平台，能够为用户带来随时、随地、任意设备的全场景沉浸式游戏体验，让用户随时随地地畅玩各类游戏。

（3）5G＋360°全屏。5G＋360°全屏是将 5G 传输和 VR/AR 技术有机结合的应用。360°VR/AR 是借助近眼现实、感知交互、渲染处理、网络传输和内容制作等新一代信息技术构建的超越端、管、云的新业态，可让用户有亲临现场般的体验。360°VR/AR 有着非常广阔的应用价值和未来市场，但 360°VR/AR 技术对整个通信过程的网络性能有较高的要求，并直接关系用户实际体验，如该技术需要低时延来避免用户体验中出现的眩晕感、需要高宽带来支撑高清镜头采集的高清内容传输。5G技术有着百兆级宽带、毫秒级时延,其正式商用为360°VR/AR的需求提供了有力保障,也促进了5G+360°全屏的应用融合。

中国移动依托5G+360°全屏实现了对水乡景色的VR直播。第五届世界互联网大会上,中国移动推出了业界首个基于5G网络传输的8K VR实时直播。中国移动在直播方案中采用深圳看到科技研发的Obsidian专业VR相机以及8K 3D全景直播软件Kandao Live 8K,将实际风景以8K分辨率实时展现在110英寸的大屏幕上。

2019年央视春晚实现了5G+360°全屏的VR直播。2019年中央电视台春节联欢晚会上,中国联通、华为与中央电视台合作,在中央广播电视总台布放5G室内数字化设备,推出央视超高清视频VR直播,为观众带来了不一样的感受体验。

2021年10月,脸书(Facebook)宣布将公司名称更改为元(META),引发了"元宇宙"这一概念的热度以及国内外诸多企业的关注。"元宇宙"这个概念目前还没有较为完备的定义,其最早起源于1992年著名的美国科幻小说家尼奥·斯蒂文森(Neal Stephenson)撰写的《雪崩》(Snow Crash)。书中描述了一个平行于现实世界的网络世界——元宇宙(Metaverse)。所有现实世界中的人在元宇宙中都有一个网络分身(Avatar),可以随时随地切换身份,自由穿梭于物理世界和数字世界,在虚拟空间和时间节点所构成的元宇宙中学习、工作、交友、购物、旅游等。依据书中的描述,理想的元宇宙需要通过VR技术构造一个逼真的虚拟世界。此外还需要对现实世界中的万事万物乃至人类采集信息,将一切结构化、非结构化数据统统封装为特定格式的元数据上传至网络,这一步需要通过结合VR和物联网技术来实现。最后人们能够在元宇宙中实现自由地学习、工作和交易等行为,还用到了人工智能和基于区块链的数字货币技术。因此无论最终如何定义,元宇宙本质上都是人工智能、区块链、VR等前沿技术的综合性应用。

### 3.3.2 信息网络重构社会新形态

随着科技水平的提高,信息网络技术也在不断地创新和更加符合人们的各种需求,人们的生活越来越依赖于信息网络技术,反过来信息网络技术的发展也不断推动着社会的进步。信息网络技术对社会的影响主要体现在以下5个方面。

**1. 社会关系网络化演变**

近年来,社会关系的研究已成为社会网络科学领域最热门的课题之一。信息网络的发展突破了固有的时空限制,信息媒介的突变能力使得这种连接既可以将具有不同地域、空间的个体联系在一起,也可以将非个人的、非正式的社会组织连接起来。大数据时代,社会关系伴随着信息网络的不断延伸也在发生着颠覆式的改变,数字世界和物理世界的跨越超越了传统基于血缘、信仰、爱好、民族、国籍的限制,每个人、每个物都成为社会关系演化过程中的一个中间体,从简单网络结构到复杂网络结构、从边界清晰到界限模糊、从高度组织化到常态不确定性、从高度集中到分布式、从封闭到全球化,社会关系的网络化演化不可逆转。在农业社会,等级制度决定了社会关系结构的线性化;工业化时代,面临日益增长的复杂性和不确定性,社会关系的单一结构也被多维线性关系所取代,但是,不可否认,这种多维线性结构依然是线性的。而在信息网络推动下的大数据时代,网络结构跨越了时空限制,突破原有多维线性结构的局限,多元化合作共存成为社会关系演化的主旋律。多元化的结构不仅意味着连接主体的多元化,也包括连接方式的多元化、连接关系的多元化。

信息网络时代下的每个个体并不是孤立存在的,社会群体的表现形式也十分丰富,可以是家庭、同学、朋友、工作单位、相同爱好的群体,甚至是志愿服务组织,每个人都或多或少与各类群体有着千丝万缕的联系。根据美国社会学家马克·格兰诺维特1973年发表的《弱关系的力量》一文中所指出的:传统社会由于传播渠道和范围的有限,社会关系表现为"强关联",而在信息网络背景之下,数字网络取代物理网络成为信息分享和传递的主要渠道,"弱关系"虽然不像"强关联"的社会关系那样坚固,但是其低成本和高效率的信息传播比"强关联"更容易跨越社会结构层级的界限去获取信息,进出创造出更多的"弱关系"。处于网络中的人们既不是毫无关联的一盘散沙,也不是休戚相关的小圈子,而是在开放和互动中保持一种空间、时间、功能上的有序演化。

互联网信息分发模式可以大致分为四个时代:启示初代网民上网可以做什么的门户网站时代;基于关键词主动查找感兴趣的信息的搜索引擎时代;用户参与门槛更低、参与程度更高的社交媒体时代;已经基于用户画像精准投放产品的推荐算法时代。每个时代,信息分发的速度、精度、量级都要远超前一个时代。

在传统的门户网站时代,网站拥有最大的话语权和信息资源,虽然网络论坛(BBS)的出现实现了公众有限的话语权,但并未形成气候。而到了移动互联网时代,用户的角色开始发生变化,可以更加自由地在网络中浏览及分享信息。信息传播的成本降低且效率剧增。自媒体、社会性媒体、社交网络等新概念层出不穷,彻底改变了媒体和信息传播的方式,任何人都可以利用社会化媒体来实时传播身边的第一手信息,这直接颠覆了过去由主流媒体一统天下的格局。传统的传播者-接收者泾渭分明的界限被彻底打破,"话语平权"成为一种可能性,传统大众媒体在传统社会中所拥有的风光在社会化网络时代已经不复存在。

**2. 重构新经济增长模式**

在工业社会中,经济增长主要依靠加大物质资源投入的方式来实现,这种粗放型的增长方式存在诸多弊端,如会引起不可再生资源枯竭、加剧环境污染等。而在信息网络技术催生的新经济环境下,增长的实现主要依靠信息咨询、知识、智慧和科技创新,摆脱了高投入、高消耗、高污染的经济发展方式,不断催生出新的产业和服务,开拓出一条创新创意、资源节约、环境友好、效率惊人的新路。目前,互联网在不同国家对 GDP 的直接贡献范围为 0.8%～6.3%,在过去五年里互联网对经济增长的贡献超过 20%,而主要的推动力就是网络经济。例如,小米手机采用互联网线上营销模式,而且非常注重用户体验,它不仅卖手机,还提供增值服务,后续可以不断通过应用服务获取利润。小米手机以异于传统手机公司的商业模式,借助互联网创新其商务模式,促进自身的经济增长。

1) 共享经济

共享经济最早是 1978 年由美国得克萨斯州立大学社会学教授马科斯·费尔逊(Marcus Felson)和伊利诺伊大学社会学教授琼·斯潘思(Joel Spaeth)在其发表的论文中提出,与传统经济方式不同之处在于共享经济是一种依托现代信息技术,对机构和个人分散、闲置资源进行再配置,用以满足多样化社会需求,提升资源使用效率为目标的经济模式。共享经济的组成要素包括交易对象、交易平台和交易主体。交易平台作为连接交易主体供需方的纽带,通过整合闲散资源,满足交易主体各方个性化需求。

共享经济并不是新生事物,传统方式下人们之间的互借行为也是一种形式的共享,但此种方式的共享受限于空间和关系的限制：一是共享双方只能在其所触达的空间进行交易；二是双方基于点对点的相互信任关系才能达成。而在大数据时代，信息网络技术的发展为共享经济的发展开拓了思路和拓展了范围，交易主体不再受制于空间限制，通过去中介化的交易平台实现交易对象的再中介化。其中，去中介化是指共享经济的出现，打破了交易服务提供方对组织和机构的依附，他们可以直接向最终服务需求方提供服务或产品；再中介化是指交易服务提供方虽然脱离组织和机构的依附，但为了更广泛地接触需求方，他们接入互联网的共享经济平台。

信息网络的发展为共享经济提供了更大机遇，共享出行、共享住宿、共享金融、共享物流等共享平台的出现，通过撮合交易，实现资源和物品所有权的短暂转移；反过来，供给方和需求方的相互促进又使得共享经济不断壮大，使得分散的交易行业具备了更大规模的可能性。

### 2）新实体经济

实体经济是国家社会生产力的直接体现，新兴技术的应用，互联网＋的无限拓展使得传统的实体经济企业面临巨大的压力和挑战。新实体经济最初是由阿里巴巴集团马云先生提出的一个经济概念，如今已被经济界、学术界所认可。新实体经济是传统行业与新型信息网络技术结合产生的新经济形式，传统的旧经济建立在制造业的基础上，以标准化、规模化、模式化、讲求效率和层次化为其特点；而新经济则是建立在信息技术基础上，追求的是差异化、个性化、网络化和速度化。新实体经济的本质是信息化和全球化，过去传统的实体经济严重依赖政府调控来减少市场行为的盲目性，而新实体经济通过信息化和网络化将越来越多的传统企业纳入新经济的生态圈中。

在过去的十几年，互联网在国内的蓬勃发展，加速了信息网络向传统产业的渗透，互联网＋已深入人心，它带来的不仅是高效率的信息处理能力，更包括跨行业的产业协同和全球范围内的市场融合。交通、医疗、消费、安全、教育等各个行业正在快速地发生着改变，新的消费需求，新的商业模式将层出不穷。

### 3. 突破传统的产业区位选择机制

传统区位理论在进行区位选择时，模型的核心变量是运输成本、市场需求等，新经济地理学把空间集聚的规模收益等因素加入到区位选择研究中，从地理距离上升到空间布局层次。广播、电视、互联网和其他信息媒介的出现，使得人与人之间的时空距离骤然缩短，整个世界紧缩成一个"村落"。交通工具便捷化推动社会网络远程化，通信技术和互联网技术快速发展推动信息获取和交流更加高效化，全球化的国际贸易扩展了商业和社会的互联性。各类社交工具（如微信、QQ、微博等）的应用使得交往和沟通变得触手可及，一部手机、一台计算机就能实现跨地区、面对面的交流，信息网络技术与现代交通工具的便捷化使得城市和地区之间的物流频率得到显著提升，城市不再是人和工业的聚集，而是社会网络的中心，跨国间的互动交流更加频繁，信息全球化促进生产全球化和贸易全球化进入更高的层次，国际间的协作分工更为精细化，产品可以来自世界各地，消费可以多种多样，物理空间的间隔已被信息网络的优势所弥补，社会化协作由封闭走向更加开放。

在网络经济发展模式下，效率和创新成为决定企业存在的关键性因素。一方面，信息技术对于经济运行中驱动利润高低的因素从"空间运输成本"变为"时间成本"，通常表现为企业对于市场的快速反应以及产品的快速配送；同时网络空间正在侵蚀现实空间，造成地域无差别的现象。另一方面,网络改变着人们的消费方式和认知,使得个性化需求的满足成为更重要的目标,这就要求顺应潮流的知识、技术、设计创新,昭示着新的"区位"选择趋向。例如诺基亚与黑莓衰落的事实已向世界展示了全球市场里的新"游戏规则"。可以说,在新的区位选择论中,核心变量应当是区位的经济运行效率和有效创新能力。效率主要受区域信息网络设施、产业基础、规章制度等的影响;而创新则是能够顺应市场潮流,满足不断产生的新的需求的创新,这项能力的大小由区域内集中的人才素质所决定,包括人员的市场洞察力、思维灵活度、研发能力等。当然,这些新的因素既突破了传统的地理、空间范围的束缚,同时又表现出与之高度的相关性。可以说是在理论的基础上,引领新的方向。

**4. 改变经济活动的不公平性**

根据马克思主义社会形态理论,生产力的发展仅作用于生产关系,是生产关系向更高维度转变的关键因素。原始狩猎社会生产力水平低下,生产资料公有、集体劳动决定了社会关系的高度集权化。奴隶社会以奴隶主占有奴隶的人身自由为主要特征的生产关系和农业社会以土地所有制为核心的生产关系决定社会关系的以奴隶主和地主为核心的集权控制体系。封建社会在生产力方面是很落后的,农民的生产力水平很低,工业生产规模很小,而商业由于与农业生产的矛盾被统治阶级所抑制。因此,注定了封建社会是以农业为主,手工业和商业为辅的社会形态。而到了工业社会和信息社会,生产力技术水平的大幅提升,原本的附着于奴隶主和地主的集权制度受到生产力的冲击。社会内部个体之间、个体与群体之间、群体与群体之间的关系和属性也在发生着新的改变。

在以往的经济活动模式中,各种生产要素、基础条件的差异常常会导致不同市场主体(厂商、个人、地区)参与经济活动的不平等性。而在信息网络高速发展的市场环境下,市场的进入门槛大大降低,即使那些偏远的、条件差的地区,也会由于信息网络的延伸而改变命运,打通交流的渠道,将会有厂商主动为该地区或主体提供原本缺失的要素,将其纳入大市场中来。例如农村电商,在农村建设网络后,可以利用网络电商平台,扩大当地独具特色、品质优异的农特产品的销售渠道,并通过农村电商为当地农村的基础设施建设提供更多的资金支持。拼多多农村电商扶贫项目为"社交扶贫＋拼多多"模式,依托社交关系推进电商,促进同类兴趣的细分顾客聚集,帮助农产品更加容易突破销售瓶颈。这一模式具体过程为:通过预售制提前聚起海量订单,再把大单快速分解成大量小单,直接与众多农户对接,优先包销贫困户家中农货,实现在田间地头"边采摘、边销售"。

**5. 颠覆传统的信息网络安全体系**

当人工智能可以更加便捷地做到数据资源的保护,在入侵检测技术的人工智能进入入侵检测应用之后,能够将数据与安全领域专家的经验相结合,建立起人工智能推理机制并同时对网络特征编码进行预处理,更新数据库,找出符合编码特征的信息,以此判断入侵原因,进行入侵危害检测以及类似入侵防护。在入侵检测方面应用基础上搭建人工智能神经网络,对数据进行智能化分析,进行数据的整合分类,最后根据整合结果建立具有针对性的拦截数据库以及信息过滤操作,以此能够显著提升网络数据安全性。

例如,垃圾邮件是人们工作、生活当中使用电子邮箱时会经常收到的,垃圾邮件的出现对于人们正常使用邮箱有一定的阻碍性,人工智能在对邮箱进行监测的同时能够筛选出符合条件的垃圾邮件并将这些邮件拦截不让其进入收件箱内。这样做可以帮助用户纯粹地使用邮箱而不受到垃圾邮件的干扰。

信息识别过程中可以使用人工智能技术,模糊处理存在的不确定信息。

### 3.3.3 信息网络赋能产业数字化

随着互联网的不断发展,数字世界与物理世界的结合越来越紧密,信息网络技术的重心已经从消费互联网向产业互联网、价值互联网转化,区块链是这个过程中的可信数据基础设施和金融建设基础设施,有力支持各行业的数字化转型发展。各地政府和众多企业开始在区块链领域寻找新的业务突破口,产业区块链已经成为区块链行业发展的主战场。同时,在国家大力推动"新基建"①的大环境下,数字化资产将成为企业的重要资产,数据搜集、上链、算法分析和模型运用、数据交易流转,以指导经营和促进产业发展,数字化转型是大势所趋。

#### 1. 消费互联网

消费互联网是以个人为用户,以日常生活为应用场景的应用形式,满足消费者在互联网中的消费需求而生的互联网类型。消费互联网以消费者为服务中心,针对个人用户提升消费过程的体验,在人们的阅读、出行、娱乐、生活等诸多方面有很大的改善,让生活变得更方便、更快捷。消费互联网的本质是个人虚拟化,增强个人生活消费体验。

1) 发展历程

消费互联网的发展先由 PC 端向移动端转移,由一线城市用户向农村用户普及。消费互联网的市场竞争格局和产业格局趋向于成熟和稳定。以电商为例,在 B2C 市场,2017 年,天猫与京东两大巨头占据了 80% 以上的份额,双寡头格局明显。近几年,阿里巴巴、京东的成交总额增速开始放缓。

人口红利结束之后,消费互联网已经呈现饱和状态,各线上行业渗透率已经接近天花板。随着消费互联网的成熟,互联网逐渐由消费向产业发展。在未来相当长的时间里,基于现有技术,进行产业互联网和消费互联网的结合,用产业互联网提升产业的效率,来改善消费互联网的用户体验。

随着用户、数据和支付的统一,未来的创业趋势将是围绕一群有共同属性的用户,不断挖掘他们的需求,进入不同的行业,提供全方位的产品和服务。

2) 主要特征

消费互联网以提供个性娱乐为主要方式,在短时间内迅速吸引眼球,但由于其服务范围的局限性,且未触动消费者本质生活,也易导致其迅速淹没于互联网发展的浪潮中。消费互联网依托于强大的信息与数据处理能力,以及多样化的移动终端的发展,在电子商务社交网络、搜索引擎等行业出现规模化发展态势,并形成各自的生态圈,奠定了稳定的行业发展格局。

3) 商业模式

消费互联网以"眼球经济"为主,通过高质量的内容和有效信息的提供来获得流量,从而

---

① 新型基础设施建设(简称新基建)在 2020 年 3 月首次被提出,主要包括 5G 基站建设、特高压、城际高速铁路和城市轨道交通、新能源汽车充电桩、大数据中心、人工智能、工业互联网七大领域,涉及诸多产业链,是以新发展理念为引领,以技术创新为驱动,以信息网络为基础,面向高质量发展需要,提供数字转型、智能升级、融合创新等服务的基础设施体系。

通过流量变现的形式吸引投资商,最终形成完整的产业链条。腾讯、百度、今日头条等都是典型的消费互联网公司,它们面向个人用户提供产品和体验,并借助聚集起来的巨大流量,直接(游戏付费等)或者间接(广告等)地获得收入。

在消费互联网时代,个人消费者是主要服务对象,提供个性娱乐是主要服务方式,流量变现是主要商业模式,即通过高质量的内容和有效信息的提供来获得流量,从而通过流量变现的形式吸引投资,最终形成完整的产业链条。

一大批消费互联网垂直领域企业合并,如滴滴和快的、58 和赶集、美团和大众点评、携程和去哪儿等,标志着行业发展已到一定阶段,开始从深度整合走向成熟。

4) 消费互联网的成功因素

消费互联网创新的低成本进入带来了很多创新参与者。尽力而为是互联网发展初期的宗旨。它不需要先期的市场研究、产品设计、市场推广。几个人搭起草台,依靠自己的 IT 能力,编写自己认为好的应用,在互联网这个现成的平台上发布,直接测试市场的需求。它允许早期的低质量,在不断迭代下,通过在网上和客户的互动,抓取客户的需求,从而不断提升业务和应用的质量和体验。互联网应用的发展是通过赛马机制来完成的。好的应用自然得到保留,得不到市场认可的应用自然被淘汰。大数量级的创新奠定了消费互联网快速发展的基础。

消费互联网发展的高速及巨大的规模效应特征成为金融投资极好的标的物。投资买的是未来,泡沫是金融市场的特征。消费互联网指数级的增长及全球市场的预期,给金融市场以很好的打造投资标的机会。在初期亚马逊采用收费模式不久就被 Yahoo 的免费模式击败。而其背后支撑其发展的经济力量正是华尔街。华尔街以其独有的对互联网发展趋势的判断,迅速培育、推升了互联网泡沫,吸引大量投资加入。蜂拥而入的资金趟平了互联网发展初期消费者进入所面临的价值判断的高壁垒,快速形成规模市场。

双边市场成就互联网的经济落地,接住了互联网泡沫。互联网发展初期的免费最终还是需要市场买单。这就是 2000 年互联网泡沫破灭的原因。但幸运的是广告市场形成了消费互联网的双边市场模式,很好地支撑起消费互联网的发展。在 2000 年互联网泡沫破灭之后,Google 创立了 Adwords 广告印钞机模式。通过对广告内容的自动获取、投放以及收费和进一步的匹配优化,以极低的成本实现了企业的快速盈利,进而带动了互联网发展的黄金时代。直到现在,互联网盈利的三大支柱,广告、游戏、电商,广告仍然是其重要的收入来源,且电商中的一大部分也是来源于广告。目前很热的网红带货模式,也不过是广告的变种。但这同时也带来了消费互联网发展中要面临的问题。到目前为止,除了广告这一双边市场的成功之外,并没有新的双边市场出现。这就预示着未来的发展大概率要回归传统模式,即消费者付费模式。摆在我们面前的一个典型案例就是共享单车,在经历了 40 亿元的疯狂风投之后,共享单车终于走回了向用户收取骑行费的传统模式。

另外,还有一个不为人关注但却不可或缺的要素就是消费互联网的目标人群——年轻人,其以极低的学习成本进入互联网,消除了新产品采用中的重要障碍。

但对于年轻人甚至于未成年的孩子使用互联网都毫无障碍。这一批人成为了互联网创新应用忠实的追随者,为互联网的发展壮大起到了不可忽视的作用。而产业互联网就需要培育其员工,改变他们的习惯,这面临的将是文化和模式的变革。

### 2. 产业互联网

产业互联网是以企事业单位为主要用户、以生产经营活动为关键内容、以提升效率和优化配置为核心主题的互联网应用和创新，是数字经济深化发展的高级阶段。它促进数字世界与物理世界的打通，能够使产业的组织方式、商业模式、运作流程等各个方面发生显著的改变，并由此提高生产效率和经济效益。它是基于互联网技术和生态，对各个垂直产业的产业链和内部的价值链进行重塑和改造，从而形成的互联网生态和形态。产业互联网是一种新的经济形态，利用信息技术与互联网平台，充分发挥互联网在生产要素配置中的优化和集成作用，实现互联网与传统产业深度融合，将互联网的创新应用成果深化于国家经济、科技、军事、民生等各项经济社会领域中，最终提升国家的生产力。

随着产业互联网的实践推进，出现了各类由区域政府或者产业骨干企业打造的产业互联网平台。由于各产业平台发起背景和资源能力优势的不同，因此其发展路径也有所差异。

1）行业龙头企业的裂变式增长

大型行业龙头企业发起推动的产业互联网平台，将过去在产业积累的客户、人才、技术等方面的综合资源优势和核心能力通过平台开放化，打造产业级生产性服务业共享平台，为产业链上下游企业进行赋能，以大企业带动产业链中小企业共同发展，实现产业链整体转型提升，同时自身也在传统业务之外打造出一家基于互联网的新模式公司，实现裂变式增长。

2）区域特色产业集群的转型升级

以区域政府、行业协会或产业骨干企业多方共同发起打造产业互联网平台，带动区域产业集群的整体转型升级，将成为推进县域经济创新发展的重要手段。这类产业互联网实践具有鲜明的县域产业集群特色，通过产业链的打通实现产业的融合。县域特色产业集群往往由当地政府支持行业协会中的骨干企业以及当地国有投资控股企业、金融和投资机构等联合发起，具有熟悉产业生态、掌握产业关键资源要素、易获得投资等天然优势，也更容易得到政策倾斜、孵化期资源支持等，但同时需要避免发生架构不稳定、落地执行效果差等问题。要保证这类平台的健康发展，必须设立合理的公司市场化运作股权架构和治理体系，同时考虑对于核心管理团队的激励机制。

3）专业商贸市场的数字化转型

专业商贸市场具有天然的平台优势，以及丰富的产业资源，通过数字化转型，将线下客户资源优势与线上平台一体化融合打通，可以为产业链上的从业者提供从交易、支付，到物流、供应链金融等领域的供应链专业服务，通过线上交易数据的累积，为交易双方提供信用保证体系，促进交易双方的强粘性服务，提升复购率和交易效率，大大降低交易成本，推动整个产业生态的提升。

4）商贸/物流商到供应链集成服务商转型

在传统产业链中提供贸易、物流等服务的企业，基于过去比较好的品牌影响力、线下资源等优势积累，正在进一步向产业供应链的集成服务商转型。商贸/物流商到供应链集成服务商转型，其关键成功要素是从全产业链的视角对于产业场景需求和痛点的挖掘，在前期需做好产业互联网的顶层设计规划。

5）行业资讯平台/SaaS解决方案商的产业互联网升级

在早期互联网的发展过程中，涌现出一批行业资讯平台，往往名称为"XX网"，为行业圈子提供行情资讯、价格指数等，积累了大量的行业用户信息和流量。由于缺乏服务深度和粘性，往往难以为继，因此纷纷转型产业互联网，从提供撮合交易到产业链的集成服务。还有另一类行业 SaaS 解决方案提供商，基于行业大数据的优势积累，通过大数据的分析应用，进一步往产业供应链服务延伸。

产业互联网是服务于生产的互联网，在产业互联网时代主要以生产者为主体，实现所有行业、企业、生态链关系和企业迭代周期的互联网化。也就是说，产业互联网就如同人类的生产力从蒸汽时代迈入电气时代的发展，是生产力脱胎换骨的改变。在不久的将来我们所能罗列的制造业、教育、农业、医疗行业、交通、运输以及市政管理甚至公务员行业都会被互联网化，随之而来的将是企业的生产方式、组织运营方式、产业边界和商业模式的巨变。

消费互联网与产业互联网的区别主要有两个：一个是用户主体不同，消费互联网针对的是个人用户，产业互联网针对各行各业的生产者；另一个是兴起动因不同，消费互联网的目的在于满足人们的某些生活体验和消费需求，产业互联网的目的在于通过生产、资源整合实现快速发展。

可以说，产业互联网是消费互联网的进一步发展和深化，而它也将再一次改变人类社会的生活方式和发展历程。

**3. 价值互联网**

价值互联网是一个新兴的概念，在信息网络成熟之后，特别是区块链的出现，为价值互联网带来了新的发展空间，触发了一个新的发展阶段。价值互联网是以区块链技术为核心基础，依托移动设备与数字货币实现价值交换与价值存储，且其作为新型金融技术，每年的投资额正以倍数形式增长。

1）初步发展阶段

广义上讲，价值互联网的雏形可以追溯到 20 世纪 90 年代，美国安全第一网络银行（SFNB）在 1996 年开始网上金融服务，中国在 1998 年也有了第一笔网络支付。其后，很多金融机构借助互联网技术来拓展支付业务，并出现了第三方支付、大数据金融、网络金融门户等模式，以互联网金融为代表的价值互联网相关产业不断发展，价值互联网特征逐渐显现。尤其是 2010 年以来，随着互联网金融呈现爆发式增长，价值互联互通的范围不断扩大，程度逐渐提高，价值互联网的功能有了初步发展。

2）全网发展阶段

区块链的出现，为价值互联网带来了新的发展空间，触发了一个新的发展阶段。可以说，在区块链出现之前，价值互联网处于一个非常初级的发展阶段，基本上是以一些中介化机构为中心的碎片化发展模式。而区块链具有去中心化、透明可信、自组织等特征，使得其应用更容易扩散为全球范围内的无地域界限的应用，为价值互联网注入了新的内涵。随着区块链应用的逐渐发展，将推进形成规模化的、真正意义上的价值互联网。

互联网技术解决了信息不需要通过第三方便可以实现数据信息在全球的高效流通的问题。而现在互联网架构中再建立一套价值传递的机制成为新一轮互联网发展的动力。区块链技术的诞生就是为了实现价值互联网的建立。区块链是一种在对等网络环境下，通过透明和可信规则，构建不可伪造、不可篡改和可追溯的块链式数据结构，实现和管理事务处理的模式。区块链是分布式数据存储、传输、加密等计算机技术在互联网时代组合创新的应用模式，具有分布式对等、数据块链式、不可伪造和防篡改、透明可信、高可靠性等特征，被视作大型机、PC、互联网之后计算模式上的又一次颠覆创新，正在推动信息互联网向价值互联网转变，有望改变财税金融、贸易流通、生产制造、社会管理等人类社会活动形态。

区块链赖以生存的基础就是高信用度高安全性以及点对点的现金支付模式。分布于全球的各个节点共同来存储交易数据，共识机制保证了区块链网络的安全性。在区块链系统中，不需要第三方机构的参与，直接实现点对点传输的交易。

在金融领域里面，区块链可以用于支付、借贷、保险、众筹等。在政治事务方面，区块链可以用于选举、身份验证、公共信息的查询、项目招标等。在物流方面，区块链可以用于供应链的数据的保护、信息追踪、信息监测等使得物流行业透明化。在公益慈善方面，区块链可以实现点对点的捐助，善款信息便得透明可以追溯。在农业领域，可以使得从农田到餐桌整个流程上面的信息可查，来保证食物安全问题。

这几年，区块链领域得到了很大的发展，以区块链为名的公司正在不断崛起。一类公司是平台型的，主要提供区块链技术的操作系统，然后给企业提供服务，方便它们在系统上面去开发自己想要的应用。另一类公司就是应用类型的公司。另外，互联网的巨头们也在不断越来越深地摄入区块链领域的研究，如阿里巴巴、腾讯、百度、迅雷等。另外，各大银行也开启了区块链项目的研发。

不过目前来说，很多公司都是初创公司，这就意味着，区块链技术的成功还有很长的一段路要走。价值互联网是互联网技术由信息互联网发展的必然方向。信息传播的快速发展使人们的生活发生了翻天覆地的变化。而基于区块链技术的价值互联网相信必将会更深程度地影响人们生活的方方面面。

## 3.4　数据获取

通过本章内容的学习，已经了解到利用信息网络技术可以从 Web 中获取大量的信息。那么如何采集这些信息进而为大数据分析提供所需要的数据呢？最简单、直接的方法就是用 Python 的网络爬虫（Crawler）技术来解决。在本节中，将介绍网络爬虫的相关知识，引导读者使用 Python 语言构建网络爬虫并获取网络中的数据。

### 3.4.1　网络爬虫基础知识

#### 1. 网络爬虫的概念与分类

视频讲解

人们通过浏览器来浏览网页，而网络爬虫是通过模仿浏览器来访问网页，它可根据某种规则自动获取所需要的网络信息。使用 Python 可以很方便地编写出爬虫程序，进行互联网数据的自动获取。爬虫又可分为通用爬虫和聚焦爬虫。其中，通用爬虫就是人们每天使用的搜索引擎"抓取系统"的重要组成部分。其主要目的是将互联网上的网页下载到本地，形成一个对互联网已发布内容的镜像备份。通用爬虫会尽可能地把互联网上的所有的网页下载下来，放到本地服务器中形成备份，再对这些网页做进一步处理（如提取正文、去掉广告），最后提供一个用户检索接口。而聚焦爬虫是根据指定的需求抓取网络上指定的数据。例如：获取电影的名称和演员，而不是获取整张页面中所有的数据。聚焦爬虫会按照设定的规则，自动地抓取网页中的信息，并能沿着网页的相关链接在网络中采集资源，是一个功能很强的网页自动抓取程序。

目前网络爬虫已被广泛应用于搜集 Web 网页、文档、图片、音频、视频等资源。网络爬虫主要分成 4 个步骤：①发送请求；②获取响应内容；③解析内容；④保存数据，如图 3-8 所示。

图 3-8　网络爬虫主要分成的 4 个步骤

### 2. HTML 简介

要从互联网中提取有用的数据，还需要了解用于创建的网页的标准标记语言：超文本标记语言（Hyper Text Markup Language，HTML）。HTML 也被称为网页源代码，它是一种通过标签来描述网页的语言，由标签和文本内容与属性构成。

HTML 标签是由大括号包围的关键词组成的，例如< html >。HTML 标签通常是成对出现的，如< b >和</ b >。标签对中的第一个标签是开始标签，第二个标签是结束标签。开始标签和结束标签也被称为开放标签和闭合标签。而开始标签和结束标签之间的文本被称为标签内容，如< p >这是标签内容</ p >。

人们使用的网页浏览器（如 Chrome、Internet Explorer、搜狗、Safari 等）便是用于读取 HTML 文件，并将其内容显示出来的软件。如果需要用户查看 HTML 的源代码，以 Chrome 浏览器为例，可以通过在浏览器窗口右击，在弹出的快捷菜单中选择"查看网页源代码"命令，如图 3-9 所示。最终，查看网页源代码的结果通过 HTML 标签展示，如图 3-10 所示。

图 3-9　选择"查看网页源代码"命令

事实上，HTML 标签可转换为一棵 HTML 树，如图 3-11 所示。该树也被称为 DOM（Document Object Model）树，它是一种层次模型。DOM 树将网页中的各个元素都看作一

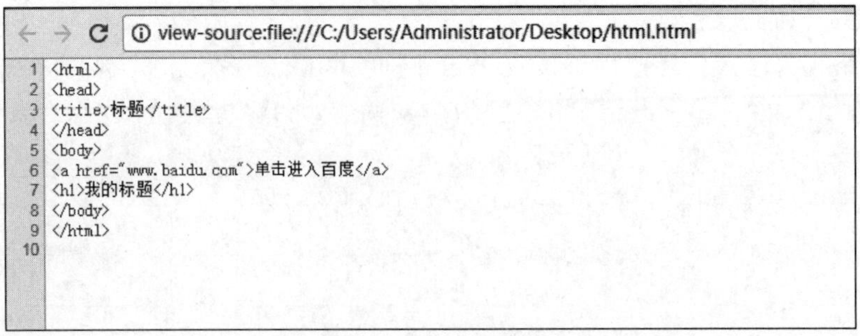

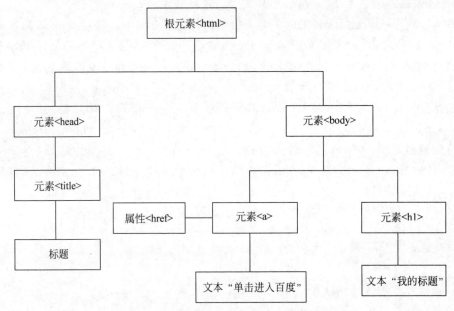

```
         C      ⓘ view-source:file:///C:/Users/Administrator/Desktop/html.html
1    <html>
2    <head>
3    <title>标题</title>
4    </head>
5    <body>
6    <a href="www.baidu.com">单击进入百度</a>
7    <h1>我的标题</h1>
8    </body>
9    </html>
10
```

图 3-10　查看网页源代码的结果通过 HTML 标签展示

个个对象，对象处于某个层次中，从而使网页中的元素也可以被计算机语言获取或者编辑。DOM 是以层次结构组织的节点或信息片断的集合，DOM 树把 HTML 文档呈现为带有元素、属性和文本的树结构。这个层次结构允许开发人员在树中导航以寻找特定信息。

图 3-11　HTML 标签可转换为一棵 HTML 树

### 3. requests 库的安装和使用

利用 Python 语言获取互联网上的 HTML 源代码首先需要安装第三方库——requests 库，requests 库的作用就是请求网站获取网页数据的，Python 的第三方库可以通过 pip 命令来安装。

在 cmd.exe 窗口中输入 pip 命令，如图 3-12 所示，如果返回 pip 命令的使用方法，说明 pip 命令可以正常使用。

如果出现提示"'pip'不是内部或外部命令，也不是可运行的程序"错误信息，则说明 Python 环境变量没有设置好，需要修复或者重新安装。

输入 pip install requests 命令完成 requests 库的安装，如图 3-13 所示。注意，安装的过程中需要计算机处于联网状态，这样才能从网站下获取第三方库。

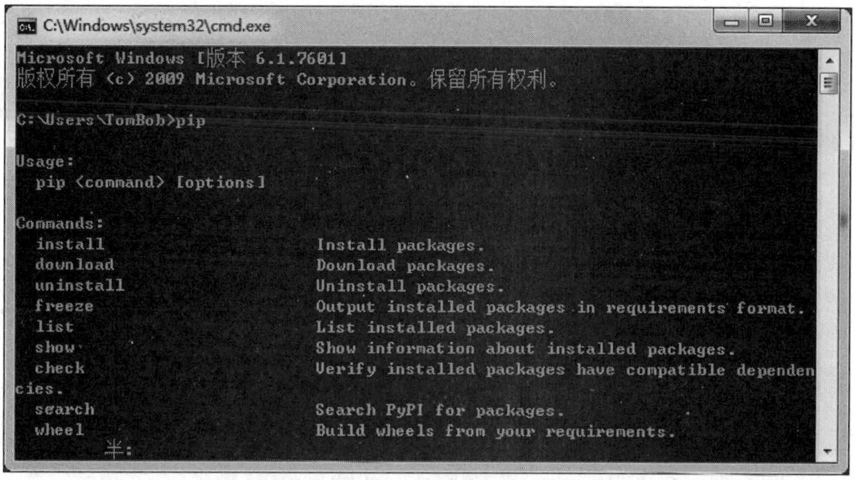

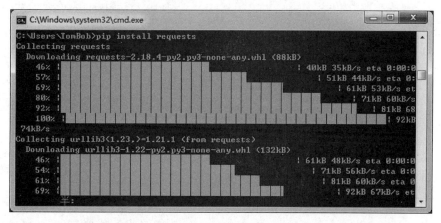

图 3-12　在 cmd.exe 窗口中输入 pip 命令

图 3-13　输入 pip install requests 命令完成 requests 库的安装

在安装成功 requests 库之后,通过 requests 库输入网址获取网页内容。使用 requests 库获取网页内容最基本的方法是 get()请求。例如获取访问百度主页的代码如下:

```
>>> import requests
>>> url = "http://www.baidu.com"
>>> res = requests.get(url)
```

通过 requests.get()方法返回的是一个 response 对象,上面将其保存在 res 变量中,可以通过 res 变量来查看 response 对象的属性,其代码如下:

```
>>> res.status_code
200
>>> res.encoding
'ISO - 8859 - 1'
>>> res.encoding = 'utf - 8'
>>> res.text
```

```
<! DOCTYPE html >
<! -- STATUS OK --><html><head><meta http-equiv=content-type content=text/html;
charset=utf-8><meta http-equiv=X-UA-Compatible content=IE=Edge><meta content=
always name=referrer><link rel=stylesheet type=text/css href=http://s1.bdstatic.
com/r/www/cache/bdorz/baidu.min.css><title>百度一下,你就知道</title></head><body
link=♯0000cc><div id=wrapper><div id=head><div class=head_wrapper><div class=
s_form><div class=s_form_wrapper><div id=lg><img hidefocus=true src=//www.
baidu.com/img/bd_logo1.png width=270 height=129></div><form id=form name=f action=//
www.baidu.com/s class=fm><input type=hidden name=bdorz_come value=1><input type=
hidden name=ie value=utf-8><input type=hidden name=f value=8><input type=
hidden name=rsv_bp value=1><input type=hidden name=rsv_idx value=1><input type=
hidden name=tn value=baidu><span class="bg s_ipt_wr"><input id=kw name=wd class=
s_ipt value maxlength=255 autocomplete=off autofocus></span><span class="bg s_btn_
wr"><input type=submit id=su value=百度一下 class="bg s_btn"></span></form></div>
</div><div id=u1><a href=http://news.baidu.com name=tj_trnews class=mnav>新闻
</a><a href=http://www.hao123.com name=tj_trhao123 class=mnav>hao123</a><a href=
http://map.baidu.com name=tj_trmap class=mnav>地图</a><a href=http://v.baidu.com
name=tj_trvideo class=mnav>视频</a><a href=http://tieba.baidu.com name=tj_trtieba
class=mnav>贴吧</a><noscript><a href=http://www.baidu.com/bdorz/login.gif?
login&amp;tpl=mn&amp;u=http%3A%2F%2Fwww.baidu.com%2f%3fbdorz_come%3d1 name=
tj_login class=lb>登录</a></noscript><script>document.write('<a href="http://
www.baidu.com/bdorz/login.gif?login&tpl=mn&u=' + encodeURIComponent(window.location.
href + (window.location.search === "" ? "?" : "&") + "bdorz_come=1") + '" name="tj_
login" class="lb">登录</a>');</script><a href=//www.baidu.com/more/ name=tj_
briicon class=bri style="display: block;">更多产品</a></div></div></div><div
id=ftCon><div id=ftConw><p id=lh><a href=http://home.baidu.com>关于百度</a>
<a href=http://ir.baidu.com>About Baidu</a></p><p id=cp>&copy;2017 
Baidu <a href=http://www.baidu.com/duty/>使用百度前必读</a> <a href=
http://jianyi.baidu.com/ class=cp-feedback>意见反馈</a> 京ICP证030173号
 <img src=//www.baidu.com/img/gs.gif></p></div></div></div></body>
</html>
```

在上述代码中,res.status_code 表示 response 对象的状态代码,200 表示连接成功。res.encoding 表示 response 对象内容的编码方式。可以通过代码 res.encoding = 'utf-8',将原来的 ISO-8859-1 编码方式修改为 UTF-8 编码方式,这样可以正常地显示中文字符。最终,通过 res.text 显示通过爬虫获取到的网页内容。

通过 requests.get()方法返回的 response 对象中,包含一些常用的属性来表征请求响应后的结果。response 对象的常用属性及说明如表 3-5 所示。

表 3-5　response 对象的常用属性及说明

| 属　　性 | 说　　明 |
| --- | --- |
| res.status_code | HTTP 请求的返回状态代码 |
| res.text | URL 对应的网页内容 |
| res.encoding | HTTP 响应内容的编码方式 |
| res.content | HTTP 响应内容的二进制形式 |
| res.json() | requests 中内置的 JSON 解码器 |
| res.raise_for_status() | 失败请求(非 200 响应)抛出异常 |

### 4. 网络爬虫需要遵守的协议

网络爬虫可从网络服务器抓取各种信息,其中可能存在涉及个人隐私或商业机密的内容,如果将不合适的内容提供给爬虫使用者,可能会给服务器管理者带来不必要的困扰与纠纷,因此需要 Robots 协议(Robots Exclusion Standard)来对网络爬虫进行规范。Robots 协议是网络爬虫排除标准,其作用为网站告知网络爬虫哪些页面可以抓取,哪些网页不可以抓取。该协议的内容存放于网站根目录下的 robots.txt 文件中。例如,京东的 robots 文件网址为 https://www.jd.com/ robots.txt,其内容如下:

```
User－agent: *
Disallow: /? *
Disallow: /pop/ * .html
Disallow: /pinpai/ * .html? *
User－agent: EtaoSpider
Disallow: /
User－agent: HuihuiSpider
Disallow: /
User－agent: GwdangSpider
Disallow: /
User－agent: WochachaSpider
Disallow: /
```

User-agent：* 中的 * 代表的所有的搜索引擎种类,* 是一个通配符,代表所有;Disallow：/? * 禁止访问所有以问号开头的链接;Disallow:/pop/ * . html 代表禁止访问 pop 目录下以 html 结尾的网址;Disallow:/pinpai/ * . html? * 代表禁止访问 pinpai 目录下 html 后面接? 号的网址。

当用 requests. get()方法访问网页时,get()方法后面还可以设置一个 headers 参数。当爬虫访问服务器时,有些服务器检查访问 headers 的 User-Agent 域,如果发现不是浏览器访问,服务器会拒绝访问。这时,可以手工加入 User-Agent 域,加入某种浏览器的请求头信息,其代码如下:

```
res = requests.get(url, headers = {'User－Agent':'Mozilla/5.0'})
```

上述代码将模拟 Mozilla/5.0 浏览器访问相应的 URL 网页。

## 3.4.2　Python 网络爬虫实战

视频讲解

### 1. 基于正则表达式的数据获取

正则表达式(Regular Expression)是用于处理字符串的强大工具,通常被用来从文本中抽取符合某种规则的内容。Python 中使用正则表达式,只需要在程序前面加入 import re 即可。正则表达式拥有自己独特的语法,它们主要用于模式的匹配。其常见的语法如下所述。

(1).表示匹配任意字符,换行符\n 除外。

(2) * 表示匹配前一个字符 0 次或无限次。

（3）？表示匹配前一个字符 0 次或 1 次。

（4）.＊ 表示贪心算法。

（5）.＊？表示非贪心算法。

（6）（）表示括号内的数据作为结果返回。

在基于正则表达式的 Python 网络爬虫程序中，最常用的方法就是 re.findall(pattern,string)，该方法表示从 string 字符串中按照 pattern 这种模式去匹配内容。需要注意的是 re.findall()方法的返回值为列表，之后还需要遍历这个列表来获取所需的内容。通过这种方法可以获取< li ></li >标签中的内容，即所有学院名称。其代码如下：

```
import re
s = '''< html >
            <li>信息与安全工程学院</li>
            <li>新闻与传播学院</li>
            <li>法学院</li>
    </html>'''
results = re.findall('< li >(.＊?)</li>',s)
for each in results:
        print(each)
```

其中，s 为所需要的处理的字符串，因为其中有换行，所以用三引号将其引起来，re.findall(pattern,string)方法表示从 string 字符串中按照 pattern 这种模式去查找内容，方法的第一个参数代表匹配的模式，在上例中< li >(.＊?)</li>表示按照左边是< li >、右边是</li>的模式从 s 中抽取字符串。在上例中满足左边是< li >、右边是</li>的恰好为所有学院的名称。

使用正则表达式的抽取方法主要就是观察需要抽取内容的左右两边，将需要抽取的中间内容用(.＊?)代替即可，因为上例中的三个学院的名称都处于左边是< li >、右边是</li>的标签之间，所以用模式< li >(.＊?)</li>就可以抽取出它们的内容。

**2. 基于 XPath 的数据获取**

XPath 是 XML Path Language 的缩写，它是一种小型的查询语言，它既可以在 HTML 中查找信息，也可以通过元素和属性进行导航。第三方 XPath 库也需要先安装再使用，其安装方法为 pip install lxml。XPath 能够根据 HTML 的语法建立解析树，进而高效解析其中的内容。XPath 使用路径表达式来选取 HTML 文档中的节点或者节点集。这些路径表达式和常规的计算机文件系统中看到的表达式非常相似。XPath 的简单调用方法代码如下：

```
from lxml import etree
selector = etree.HTML(网页源代码)
selector.xpath (路径表达式)
```

上面的源代码为网页的 HTML 源代码，路径表达式为 XPath 语法规则，XPath 主要有 6 种标签的使用方法。

（1）//（双斜杠），定位根节点，会对全文进行扫描，在文档中选取所有符合条件的内容，以列表的形式返回。

（2）/（单斜杠），寻找当前标签路径的下一层路径标签或者对当前路标签内容进行操作。

（3）/text()，获取当前路径下的文本内容。

（4）/@xxxx，提取当前路径下标签的属性值。

（5）.（点），用来选取当前节点。

（6）..（双点），选取当前节点的父节点。

下面通过具体实例讲解通过 XPath 获取网页中的数据，其代码如下：

```
from lxml import etree
html = '''< html >
    < head >
        < title > Python 网络爬虫</title>
    </head >
    < body >
        < div class = 'university'>
            < a href = "http://www.zuel.edu.cn/">中南财经政法大学</a>
        </div >
        < div class = 'school'>
            < li >< a href = "http://xagx.zuel.edu.cn/">工程学院</a></li>
            < li >< a href = "http://tsxy.zuel.edu.cn/">数学学院</a></li>
            < li >< a href = "http://law.zuel.edu.cn/">法学院</a></li>
        </div >
    </body >
</html > '''
```

【例 3-1】　通过 XPath 获取标题数据"Python 网络爬虫"。

实现代码如下：

```
page = etree.HTML(html)
tags = page.xpath("//title/text()")
for tag in tags:
    print(tag)            # 打印标题 Python 网络爬虫
```

在上面的代码中，通过//title 搜索根目录下的< title >标签，通过//title/text()获取< title >标签中的内容。上面代码的运行结果为：

```
Python 网络爬虫
```

【例 3-2】　通过 XPath 获取所有< a >标签中的内容和超链接网址。

实现代码如下：

```
page = etree.HTML(html)
links = page.xpath("//a/@href")
for link in links:
    print(link)            # 获取 href 的超链接
```

在上面的代码中，通过//a 搜索根目录下的< a >标签，通过//a/@href 获取所有的超链

接信息。上面代码的运行结果为:

```
http://www.zuel.edu.cn/
http://xagx.zuel.edu.cn/
http://tsxy.zuel.edu.cn/
http://law.zuel.edu.cn/
```

【例 3-3】 通过 XPath 获取<a>标签中的学院内容,而不包括学校,可以先采用//div[@class='school']获取学院所在的<div>标签,再获取<a>标签中的内容。

实现代码如下:

```
page = etree.HTML(html)
schools = page.xpath("//div[@class = 'school']/li/a/text()")
        #通过//div[@class = 'school'],搜索根目录下 class 属性值为 school 的<div>标签
for school in schools:
    print(school)
```

在上面的代码中,通过//div[@class='school']搜索根目录下 class 属性值为 school 的<div>标签,然后通过/li/a/text()搜索该<div>标签下<li>标签下面的<a>标签内容,其运行结果为:

```
工程学院
数学学院
法学院
```

使用 XPath 的一个优势在于在多数浏览器中都有审查元素的功能,如 Chrome 浏览器右键快捷菜单中的"审查元素"命令,如图 3-14 所示。在右边选择所需的 HTML 代码,然后右击,在弹出的快捷菜单中选择 Copy XPath 命令复制对应的 XPath,如图 3-15 所示。通过 Copy XPath 命令可以直接将该元素的 XPath 代码复制到粘贴板中。

图 3-14　Chrome 浏览器右键快捷菜单中的"审查元素"命令

### 3. 使用 Python 操作 Excel 表格

Python 可以采用 Python 自带的 csv 库将数据写入 Excel 表格中。操作 Excel 表格时需要将 Excel 数据转换为一个二维列表,如图 3-16 所示。

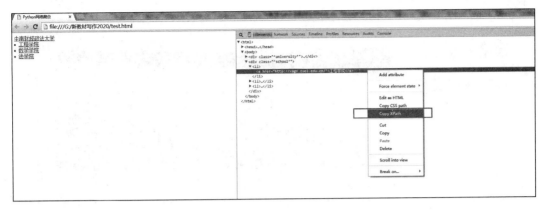

图 3-15 选择 Copy XPath 命令复制对应的 XPath

| A | B | C |
|---|---|---|
| D | E | F |

⇒

```
rows=[
['A','B','C'],
['D','E','F'],
]
```

图 3-16 操作 Excel 表格时需要将 Excel 数据转换为一个二维列表

在上例中,rows=[['A','B','C'],['D','E','F']]实际上对应的就是 Excel 中第一行是 A,B,C,第二行是 D,E,F 的表格,在写入数据时,需要用 open()方法建立一个 csv 文件并打开它,其代码如下:

```
file = open('test.csv','w',newline = '')
```

open()函数的第一个参数 test.csv 是需要打开的文件名字,第二个参数 w 代表以写入的方式打开文件,第三个参数 newline = ''表示在写入时行与行不需要空行。Python 写入 Excel 的代码如下:

```
import csv                                    # 导入 csv 库
rows = [['A','B','C'],[ 'D','E','F']]          # 定义二维列表
file = open('test.csv','w',newline = '')       # 以写入的方式打开 test.csv 文件
f_csv = csv.writer(file)                       # 准备写入
f_csv.writerows(rows)                          # 写入数据
file.close()                                   # 关闭文件
```

### 4. 基于正则表达式获取中南映像数据案例

下面介绍通过 Python 获取中南映像数据(网址为 http://www.zuel.edu.cn/2019n/list.htm),如图 3-17 所示。

首先,需要提取标题,通过对 HTML 源文件的观察,获得标题的模式与代码,如图 3-18 所示。

上例中的粗体部分"25 万字,一份来自中南大的知识产权强国战略专家意见"是需要从网页源代码中抽取的内容,只需要把粗体部分替换为(.*?)就变成所需要的模式,最后在

图 3-17　通过 Python 获取中南映像数据

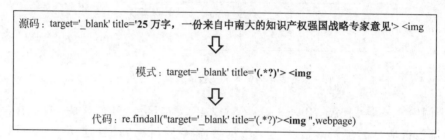

图 3-18　获得标题的模式与代码

Python 代码中使用 re. findall("target='\_blank' title='(. \* ?)><img ",webpage)，将会把 webpage(HTML 源代码)中所有满足模式条件的字符串以列表的形式返回。

接着，要分析提取供稿单位的 HTML 源代码，获得供稿单位的模式与代码，如图 3-19 所示。

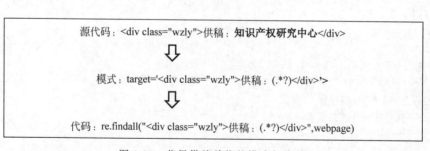

图 3-19　获得供稿单位的模式与代码

上述粗体字部分"知识产权研究中心"是需要从网页源代码中抽取的内容，只需要把粗体部分替换为(. \* ?)就可以变成所需要的模式。在 Python 中使用 re. findall("< div class= "wzly">供稿：(. \* ?)</div >",webpage)，将会把 webpage(HTML 源代码)中所有满足模式条件的字符串以列表的形式返回。

通过 Python 获取中南映像数据的完整代码如下所示：

```
import re                                          ＃导入 re 库
import requests                                    ＃导入 requests 库
url = 'http://www.zuel.edu.cn/2019n/list.htm'      ＃设置 2019 年中南映像的网址
response = requests.get(url)                        ＃访问 2019 年中南映像的网址
response.encoding = 'utf - 8'                       ＃设置编码格式为 utf - 8
webpage = response.text                             ＃获取 2019 年中南映像网页源代码
titles = re.findall("target = '_blank' title = '(. * ?)'> < img",webpage)  ＃获取所有的标题信息
feeds = re.findall('< div class = "wzly">供稿: (. * ?)</div>',webpage)  ＃获取所有的供稿信息
print("所有标题: ")
for title in titles:                               ＃依次打印所有的标题
    print(title)
print("所有供稿单位: ")
for feed in feeds:                                 ＃依次打印所有的供稿单位
    print(feed)
```

最终程序的返回结果为所有的文章标题以及所有的供稿单位,返回结果内容如图 3-20 所示。

```
RESTART: C:/Users/Administrator/AppData/Local/Programs/Python/Python37/code/7基于正则表达
式获取中南映像数据案例.py
所有标题:
25万字 , 一份来自中南大的知识产权强国战略专家意见'
【身边的榜样】指数经济创新团队党小组: 党旗下的育才故事'
希贤好故事(23) 韩翼: 把热情洒满新疆这片土地'
【身边的榜样群体】教学督导: 做中南大教学质量的"提灯人"'
石智雷: "学术研究的终点在于回馈学生"'
"研中学""做中学" 培养卓越会计人才'
"教书育人奖" 获得者熊波: 用诗句讲解大学数学的女老师'
"教书育人奖" 获得者孙贤林: 为学生义务补课19年'
"教书育人奖" 获得者王淑红: 坚守初心的"投资顾问"'
"教书育人奖" 获得者曹亮: 教学能手 学生良师'
"教书育人奖" 获得者黎江虹: 先做益友 后为良师'
"教书育人奖" 获得者刘惠好: 把知识贡献给学生和社会'
"教书育人奖" 获得者赵兴罗: 将选修课变成"必修课"的财政史老师'
"教书育人奖" 获得者卢现祥: 新制度经济学的"传播者"'
所有供稿单位:
知识产权研究中心
统计与数学学院
校报学通社
教学督导与评估中心
公共管理学院
会计学院
统计与数学学院
会计学院
工商管理学院
工商管理学院
法学院
金融学院
```

图 3-20　返回结果内容

## 5. 基于 XPath 获取中国银行股票数据案例

获取股票数据对于金融分析非常有用,下面的案例将分析中国银行 2019 年第一季度的股票交易数据(网址为 http://quotes.money.163.com/trade/lsjysj_601988.html? year＝2019＆season＝1),如图 3-21 所示。

视频讲解

中国银行(601988) 历史交易数据

2019 一季度 查询 下载数据

| 日期 | 开盘价 | 最高价 | 最低价 | 收盘价 | 涨跌额 | 涨跌幅(%) | 成交量(手) | 成交金额(万元) | 振幅(%) | 换手率(%) |
|---|---|---|---|---|---|---|---|---|---|---|
| 2019-03-29 | 3.71 | 3.79 | 3.71 | 3.77 | 0.06 | 1.62 | 1,791,175 | 67,257 | 2.16 | 0.09 |
| 2019-03-28 | 3.72 | 3.73 | 3.69 | 3.71 | -0.02 | -0.54 | 1,087,031 | 40,306 | 1.07 | 0.05 |
| 2019-03-27 | 3.73 | 3.75 | 3.72 | 3.73 | 0.01 | 0.27 | 1,058,660 | 39,510 | 0.81 | 0.05 |
| 2019-03-26 | 3.75 | 3.75 | 3.71 | 3.72 | -0.01 | -0.27 | 1,250,035 | 46,574 | 1.07 | 0.06 |
| 2019-03-25 | 3.78 | 3.79 | 3.73 | 3.73 | -0.07 | -1.84 | 1,880,807 | 70,767 | 1.58 | 0.09 |
| 2019-03-22 | 3.80 | 3.82 | 3.78 | 3.80 | 0.01 | 0.26 | 1,419,561 | 53,923 | 1.06 | 0.07 |
| 2019-03-21 | 3.80 | 3.82 | 3.79 | 3.79 | 0.00 | 0.00 | 1,713,724 | 65,228 | 0.79 | 0.08 |
| 2019-03-20 | 3.81 | 3.82 | 3.77 | 3.79 | -0.02 | -0.52 | 1,648,942 | 62,576 | 1.31 | 0.08 |
| 2019-03-19 | 3.84 | 3.85 | 3.80 | 3.81 | -0.03 | -0.78 | 1,601,599 | 61,221 | 1.30 | 0.08 |
| 2019-03-18 | 3.79 | 3.84 | 3.77 | 3.84 | 0.05 | 1.32 | 2,130,221 | 81,025 | 1.85 | 0.10 |
| 2019-03-15 | 3.79 | 3.82 | 3.78 | 3.79 | 0.00 | 0.00 | 1,518,035 | 57,629 | 1.06 | 0.07 |
| 2019-03-14 | 3.80 | 3.83 | 3.77 | 3.79 | -0.01 | -0.26 | 1,289,656 | 48,960 | 1.58 | 0.06 |
| 2019-03-13 | 3.83 | 3.84 | 3.78 | 3.80 | -0.03 | -0.78 | 1,591,609 | 60,540 | 1.57 | 0.08 |
| 2019-03-12 | 3.79 | 3.87 | 3.79 | 3.83 | 0.04 | 1.06 | 2,473,383 | 94,854 | 2.11 | 0.12 |
| 2019-03-11 | 3.74 | 3.81 | 3.74 | 3.79 | 0.04 | 1.07 | 1,981,058 | 74,496 | 1.87 | 0.09 |

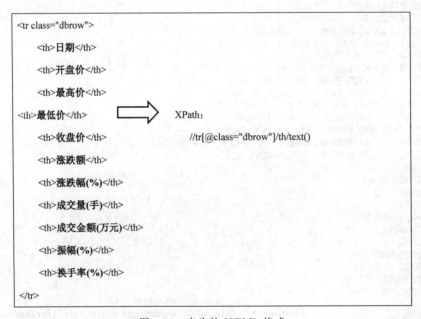

图 3-21　分析中国银行 2019 年第一季度的股票交易数据

通过分析发现该网页的数据有两种不同的格式,其中表头的 HTML 格式如图 3-22 所示。

```
<tr class="dbrow">
    <th>日期</th>
    <th>开盘价</th>
    <th>最高价</th>
<th>最低价</th>              ⇨        XPath:
    <th>收盘价</th>                       //tr[@class="dbrow"]/th/text()
    <th>涨跌额</th>
    <th>涨跌幅(%)</th>
    <th>成交量(手)</th>
    <th>成交金额(万元)</th>
    <th>振幅(%)</th>
    <th>换手率(%)</th>
</tr>
```

图 3-22　表头的 HTML 格式

对于以上 HTML 源代码采用 XPath 的路径表达式//tr[@class="dbrow"]/th/text()来解析里面的内容,其中 XPath 的前面部分//tr[@class="dbrow"]表示在整个网页中搜索 class="dbrow"的<tr>标签,XPath 的后面部分/th/text()表示在该<tr>下面寻找所有的<th>标签中的内容。

另外,表中数据的 HTML 格式如图 3-23 所示。

```
<table class="table_bg001 border_box limit_sale">
  <tr class="">
    <td>2019-03-29</td>
    <td class='cGreen'>3.71</td>
    <td class='cRed'>3.79</td>
    <td class='cGreen'>3.71</td>        XPath:
    <td class='cRed'>3.77</td>          //table[@class="table_bg001
    <td class='cRed'>0.06</td>            order_box limit_sale"]/tr/td/text()
    <td class='cRed'>1.62</td>
    <td>1,791,175</td>
    <td>67,257</td>
    <td>2.16</td>
    <td>0.09</td>
  </tr>
```

图 3-23　表中数据的 HTML 格式

其中，XPath 的前面部分//table[@class="table_bg001 border_box limit_sale"]表示在整个网页中搜索 class="table_bg001 border_box limit_sale"的<table>标签，XPath 的后面部分/tr/td/text()表示在该 table 里找到所有的<tr>下面的<td>数据，也就是所有的股票数据。

使用 Python 获取中国银行 2019 年第一季度的股票交易数据的完整代码如下：

```python
import requests
import re
from lxml import etree
import csv
url = "http://quotes.money.163.com/trade/lsjysj_601988.html?year=2019&season=1"
                                        # 设置待抓取的股票网址
colnum = 11                             # 股票一共有 11 列属性
res = requests.get(url)                 # 访问股票网址
res.encoding = 'utf-8'                  # 设置为 utf-8 编码
content = res.text                      # 获取股票网页源代码
page = etree.HTML(content)
row = []                                # 存储每一行数据
rows = []                               # 按行存储所有数据
heads = page.xpath('//tr[@class="dbrow"]/th/text()')
                                        # 设置股票表头的 XPath
rows.append(heads)                      # 把表头加入到第一行
tds = page.xpath('//table[@class="table_bg001 border_box limit_sale"]/tr/td/text()')
                                        # 股票内容的 XPath
i = 1                                   # i 用于计数，每 11 个为一组加入列表
for td in tds:
    if(i % colnum != 0):                # 如果不是 11 的倍数，就直接加入 row 中
        row.append(td)
    else:                               # 每 11 个为一组存放到 rows 中
        row.append(td)
```

```
            rows.append(row)
            row = [ ]
        i = i + 1
    f = open('中国银行.csv','w',newline = '')      #将数据写入 Excel 文件中
    f_csv = csv.writer(f)
    f_csv.writerows(rows)
    f.close()
    print(len(rows),"行数据写入完毕")
```

由于股票中的数据都是在< td >中,需要将其按照每 11 个为一组加入列表,于是采用下面的循环结构并结合 if 语句,代码如下:

```
i = 1                           #i 用于计数
for td in tds:
    if(i % colnum!= 0):         #如果不是 11 的倍数,就直接加入 row 中
        row.append(td)          #把股票数据加入列表 row 中
    else:                       #每 11 个为一组存放到 rows 中
        row.append(td)          #把股票数据加入列表 row 中
        rows.append(row)        #把一行数据加入 rows 中
        row = [ ]               #清空 row 列表,用于下一次的数据加载
    i = i + 1                   #计数器 i 增加 1
```

最终,程序将获取后的股票数据写入 Excel 文件中,如图 3-24 所示。

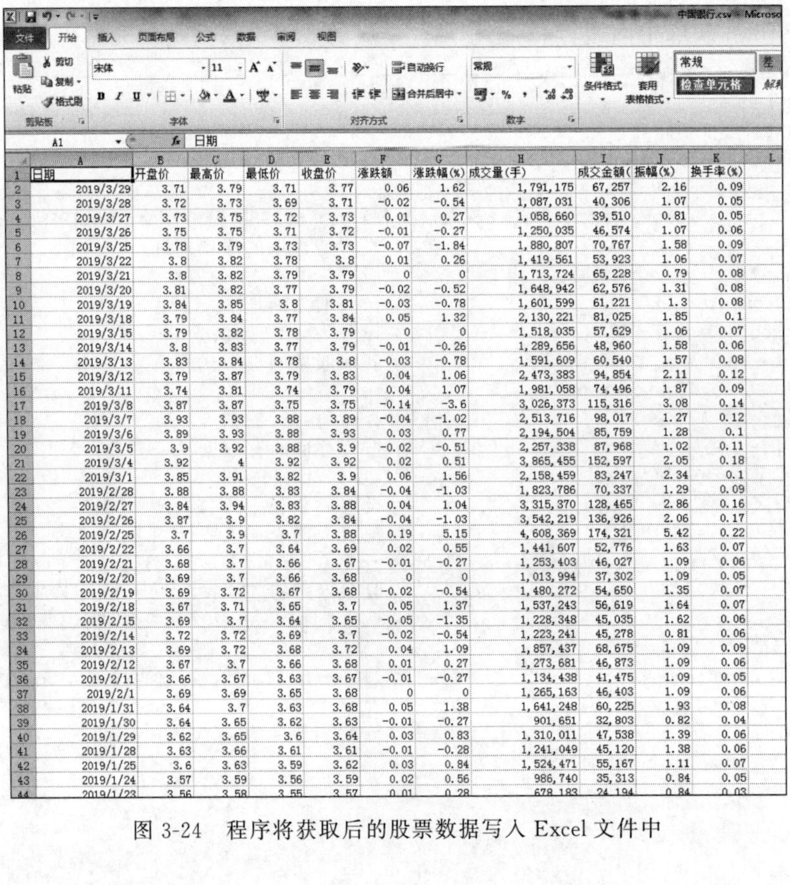

| 日期 | 开盘价 | 最高价 | 最低价 | 收盘价 | 涨跌额 | 涨跌幅(%) | 成交量(手) | 成交金额( | 振幅(%) | 换手率(%) |
|---|---|---|---|---|---|---|---|---|---|---|
| 2019/3/29 | 3.71 | 3.79 | 3.71 | 3.77 | 0.06 | 1.62 | 1,791,175 | 67,257 | 2.16 | 0.09 |
| 2019/3/28 | 3.72 | 3.73 | 3.69 | 3.71 | -0.02 | -0.54 | 1,087,031 | 40,306 | 1.07 | 0.05 |
| 2019/3/27 | 3.73 | 3.75 | 3.72 | 3.73 | 0.01 | 0.27 | 1,058,660 | 39,510 | 0.81 | 0.05 |
| 2019/3/26 | 3.75 | 3.75 | 3.71 | 3.72 | -0.01 | -0.27 | 1,250,035 | 46,574 | 1.07 | 0.06 |
| 2019/3/25 | 3.78 | 3.79 | 3.73 | 3.73 | -0.07 | -1.84 | 1,880,807 | 70,767 | 1.58 | 0.09 |
| 2019/3/22 | 3.8 | 3.82 | 3.78 | 3.8 | 0.01 | 0.26 | 1,419,561 | 53,923 | 1.06 | 0.07 |
| 2019/3/21 | 3.8 | 3.82 | 3.79 | 3.79 | 0 | 0 | 1,713,724 | 65,228 | 0.79 | 0.08 |
| 2019/3/20 | 3.81 | 3.82 | 3.77 | 3.79 | -0.02 | -0.52 | 1,648,942 | 62,576 | 1.31 | 0.08 |
| 2019/3/19 | 3.84 | 3.85 | 3.8 | 3.81 | -0.03 | -0.78 | 1,601,599 | 61,221 | 1.3 | 0.08 |
| 2019/3/18 | 3.79 | 3.84 | 3.77 | 3.84 | 0.05 | 1.32 | 2,130,221 | 81,025 | 1.85 | 0.1 |
| 2019/3/15 | 3.79 | 3.82 | 3.78 | 3.79 | 0 | 0 | 1,518,035 | 57,629 | 1.06 | 0.07 |
| 2019/3/14 | 3.8 | 3.83 | 3.77 | 3.79 | -0.01 | -0.26 | 1,289,656 | 48,960 | 1.58 | 0.06 |
| 2019/3/13 | 3.83 | 3.84 | 3.78 | 3.8 | -0.03 | -0.78 | 1,591,609 | 60,540 | 1.57 | 0.08 |
| 2019/3/12 | 3.79 | 3.87 | 3.79 | 3.83 | 0.04 | 1.06 | 2,473,383 | 94,854 | 2.11 | 0.12 |
| 2019/3/11 | 3.74 | 3.81 | 3.74 | 3.79 | 0.04 | 1.07 | 1,981,058 | 74,496 | 1.87 | 0.09 |
| 2019/3/8 | 3.87 | 3.87 | 3.75 | 3.75 | -0.14 | -3.6 | 3,026,373 | 115,316 | 3.08 | 0.14 |
| 2019/3/7 | 3.93 | 3.93 | 3.88 | 3.89 | -0.04 | -1.02 | 2,513,716 | 98,017 | 1.27 | 0.12 |
| 2019/3/6 | 3.89 | 3.93 | 3.88 | 3.93 | 0.03 | 0.77 | 2,194,504 | 85,759 | 1.28 | 0.1 |
| 2019/3/5 | 3.9 | 3.92 | 3.88 | 3.9 | -0.02 | -0.51 | 2,257,338 | 87,968 | 1.02 | 0.11 |
| 2019/3/4 | 3.92 | 4 | 3.92 | 3.92 | 0.02 | 0.51 | 3,865,455 | 152,597 | 2.05 | 0.18 |
| 2019/3/1 | 3.85 | 3.91 | 3.82 | 3.9 | 0.06 | 1.56 | 2,158,459 | 83,247 | 2.34 | 0.1 |
| 2019/2/28 | 3.88 | 3.88 | 3.83 | 3.84 | -0.04 | -1.03 | 1,823,786 | 70,337 | 1.29 | 0.09 |
| 2019/2/27 | 3.84 | 3.94 | 3.83 | 3.88 | 0.04 | 1.04 | 3,315,370 | 128,465 | 2.86 | 0.16 |
| 2019/2/26 | 3.87 | 3.9 | 3.82 | 3.84 | -0.04 | -1.03 | 3,542,219 | 136,926 | 2.06 | 0.17 |
| 2019/2/25 | 3.7 | 3.9 | 3.7 | 3.88 | 0.19 | 5.15 | 4,608,369 | 174,321 | 5.42 | 0.22 |
| 2019/2/22 | 3.66 | 3.7 | 3.64 | 3.69 | 0.02 | 0.55 | 1,441,607 | 52,776 | 1.63 | 0.07 |
| 2019/2/21 | 3.68 | 3.7 | 3.66 | 3.67 | -0.01 | -0.27 | 1,253,403 | 46,027 | 1.09 | 0.06 |
| 2019/2/20 | 3.69 | 3.7 | 3.66 | 3.68 | 0 | 0 | 1,013,994 | 37,302 | 1.09 | 0.05 |
| 2019/2/19 | 3.69 | 3.72 | 3.67 | 3.68 | -0.02 | -0.54 | 1,480,272 | 54,650 | 1.35 | 0.07 |
| 2019/2/18 | 3.67 | 3.71 | 3.65 | 3.7 | 0.05 | 1.37 | 1,537,243 | 56,619 | 1.64 | 0.07 |
| 2019/2/15 | 3.69 | 3.7 | 3.64 | 3.65 | -0.05 | -1.35 | 1,228,348 | 45,035 | 1.62 | 0.06 |
| 2019/2/14 | 3.72 | 3.72 | 3.69 | 3.7 | -0.02 | -0.54 | 1,223,241 | 45,278 | 0.81 | 0.06 |
| 2019/2/13 | 3.69 | 3.72 | 3.68 | 3.72 | 0.04 | 1.09 | 1,857,437 | 68,675 | 1.09 | 0.09 |
| 2019/2/12 | 3.67 | 3.7 | 3.66 | 3.68 | 0.01 | 0.27 | 1,273,681 | 46,873 | 1.09 | 0.06 |
| 2019/2/11 | 3.66 | 3.67 | 3.63 | 3.67 | -0.01 | -0.27 | 1,134,438 | 41,475 | 1.09 | 0.05 |
| 2019/2/1 | 3.69 | 3.69 | 3.65 | 3.68 | 0 | 0 | 1,265,163 | 46,403 | 1.09 | 0.06 |
| 2019/1/31 | 3.64 | 3.7 | 3.63 | 3.68 | 0.05 | 1.38 | 1,641,248 | 60,225 | 1.93 | 0.08 |
| 2019/1/30 | 3.64 | 3.65 | 3.62 | 3.63 | -0.01 | -0.27 | 901,651 | 32,803 | 0.82 | 0.04 |
| 2019/1/29 | 3.62 | 3.65 | 3.6 | 3.64 | 0.03 | 0.83 | 1,310,011 | 47,538 | 1.39 | 0.06 |
| 2019/1/28 | 3.63 | 3.66 | 3.61 | 3.61 | -0.01 | -0.28 | 1,241,049 | 45,120 | 1.38 | 0.06 |
| 2019/1/25 | 3.6 | 3.63 | 3.59 | 3.62 | 0.03 | 0.84 | 1,524,471 | 55,167 | 1.11 | 0.07 |
| 2019/1/24 | 3.57 | 3.59 | 3.56 | 3.59 | 0.02 | 0.56 | 986,740 | 35,313 | 0.84 | 0.05 |
| 2019/1/23 | 3.56 | 3.58 | 3.55 | 3.57 | 0.01 | 0.28 | 678,183 | 24,194 | 0.84 | 0.03 |

图 3-24　程序将获取后的股票数据写入 Excel 文件中

# 本章小结

　　网络科技的发展伴随着人类社会的每一次跃迁,以物联网、5G、区块链、人工智能为代表的新兴科技为网络技术提供新的发展动能。万物互联改变的不仅仅是连接方式,以智能化为形态的网络科技跨越了人与物、物与物的边界,逐渐演变成人类-技术共存体,它既拥有无与伦比的力量,也具有与时俱进的特点。本章以信息网络技术对主要对象,详细介绍了其起源发展、技术体系和运行机制等相关内容,并对大数据时代下的信息网络技术发展新动态进行了梳理,最后介绍了基于信息网络技术与 Python 程序设计语言的大数据获取方法。在本章的学习过程中,希望读者能够对信息网络技术有更深入、全面的了解,并结合自己所学专业领域,尝试利用信息网络提供的丰富数据资源完成数据获取操作,进而为后续大数据分析打下基础,解决与专业领域相关的问题。

　　通过网络爬虫工具获取分析所需的数据之后,接下来该如何处理? 如何展示这些信息? 在第 1 章中已经了解,大数据分析中涉及的数据类型繁多,常见的有结构化数据和非结构化数据。根据数据类型的不同,可以使用不同的方式进行处理和分析。在后续的章节中,将分别介绍以文本为代表的非结构化数据和以表格为代表的结构化数据的处理与分析的方法。

# 第 4 章

## 文本数据处理

在数据分析的过程中，对于以文本数据为代表的非结构化信息，可以使用微软 Office 工具包中的 Word 和 PowerPoint 进行处理和展示。在第 3 章中，已经通过网络爬虫工具采集到了"中南映像"网站的相关数据，这些数据以文本为主，属于非结构化信息，在本章中将介绍 Word 和 PowerPoint 的相关知识，完成对上述信息的处理和展示发布。

## 4.1 办公软件概述

在现代办公中，熟练掌握和应用信息处理与发布技术，有助于简化工作并轻松、高效地完成任务。

利用计算机处理文字信息，需要有相应的文字信息处理软件，文字信息处理软件通常是办公软件的核心组件之一。

通过前面章节的学习及练习，得到了一些基本素材，接下来需要选择一款文字处理软件来编辑和排版文档。

国际上办公软件的市场基本上是微软公司的 MS Office 一家独大，其他的还有 IBM Lotus 公司的 SmartSuite、Sun 公司的 Writer 等小众软件。国内市场除了 MS Office 以外，近些年由于知识产权意识的提升，金山公司的 WPS 作为民族软件的代表，逐渐在拓宽应用范围，首先它是中国政府采购最广泛的办公软件之一，同时由于对个人用户永久免费，并且提供无障碍兼容微软办公软件的文件格式，也吸引了大量个人用户，在国内与 MS Office 形成了对峙的局面。

## 4.2 基于 Word 的文字编辑处理

本章介绍的文字编辑方法是以 MS Office 2016 版本的 Word 2016 提供的功能为例。Word 2016 是一种集文字编辑、表格制作、图片插入、图形绘制、格式排版与文档打印等功能于一体的文字处理系统,具有强大的文本编辑和排版及图文混排与表格制作功能,可以和其他多种软件进行信息交互。它界面友好,使用方便直观,具有"所见即所得"的特点。掌握了其使用方法后,使用其他类似软件可以举一反三。

"工欲善其事,必先利其器。"Word 2016 的主要工作界面如图 4-1 所示,文档标题栏的下方包括功能区、编辑区、状态栏和视图栏 4 个部分。

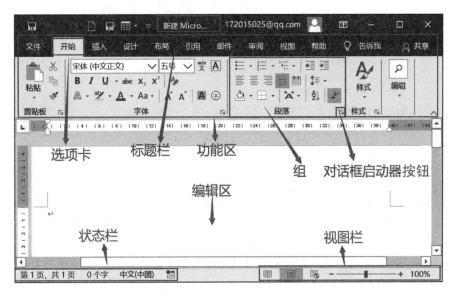

图 4-1　Word 2016 的主要工作界面

其中,功能区是完成字处理的核心部分,保持了与浏览器一致的选项卡风格,如图 4-1 所示。操作按类别分类集中在多个选项卡下,如"开始""插入"等。在每个选项卡中,又按照具体功能将其中的操作命令进行更详细的分类,每一类称为一个组,如"开始"选项卡中的"字体"组、"段落"组等。每个组中的操作多以命令按钮的形式呈现,部分组的右下角有对话框启动器按钮,单击对话框启动器按钮,可以打开相应的对话框或任务窗格,提供与该组相关的更多操作选项。在"视图"选项卡右侧是"告诉我您想要做什么"搜索框,相当于以往的"帮助"功能,在框内输入需要的内容,可实现"帮助"功能。此外,将鼠标指针移动到各个命令按钮上,停留几秒会自动弹出该命令功能的简要介绍和适用场合。

## 4.2.1　创建文档

首先在 Word 2016 中创建一个新文档来输入和编辑文档《中南映像——2019 统计报告》。

在启动 Word 2016 应用程序时,系统会自动创建一个空白文档,并且自动命名为"文档 1"。除了文件名,Word 2016 默认添加的文件扩展名是 docx(也可以另存为 Word 支持的其他扩展名)。此外,也可以在功能区的"文件"选项卡中创建文档。创建的文档可以是空白文档,也可以是基于模板的文档。

【提示】　还可以用 Ctrl＋N 组合键快速创建空白文档。

这里选择创建一个空白文档。在编辑区中完成输入,如图 4-2 所示。

【提示】　编辑区中会显示换行符等灰色的不可打印符号,便于编辑者直观地把握页面

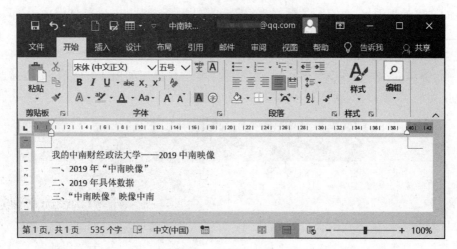

图 4-2　输入示例

和段落的格式，而实际打印和印刷时不会出现这些符号。

请注意图 4-2 的标题栏中的文档标题已修改为"中南映像"。这说明在录入文字过程中，已将该文档保存在硬盘上，并做了重命名的工作。这一步骤非常重要。原因有两个：一是一个文档需要有一个有意义的名字以便于存档；二是对文档进行第一次保存操作之前，所有的内容都存于内存中，一旦掉电或软件意外终止，所有的工作都将灰飞烟灭，无处查询。虽然 Word 2016 提供了定期保存自动恢复信息的功能，默认设置是每 10min 自动保存一次，但为了避免发生意外而丢失数据，经常单击"保存"按钮■或者使用 Ctrl＋S 组合键保存文档是必须养成的好习惯。

### 4.2.2　文本编辑

最常用的组件操作就是复制和粘贴了。在文本编辑过程中，可以将找到的合适图文素材从网页或其他文件中复制到当前正在编辑的文档中。此外，文本的选定、复制、移动、删除、查找和完成基本的文字录入后的替换等操作也是文本编辑过程中必须要掌握的，下面将对这些操作方法进行介绍。

**1. 文本的选定**

在对文本进行各项编辑操作前，需要先选定要操作的内容，称为文本选定或选定文本。选定文本有两种方法，即基本的选定方法和利用选定区。

1）基本的选定方法

（1）鼠标选定：将光标移到欲选取的段落或文本的开头，按住鼠标左键拖曳经过需要选定的内容后松开鼠标。

（2）键盘选定：将光标移到要选取的段落或文本的开头，同时按住 Shift 键和光标移动键来选定内容。

2）利用选定区

在文本区的左边有一垂直的长条形空白区域，称为选定区。当鼠标移动到选定区时，鼠标指针变为右向箭头，在该区域单击，可选中鼠标指针所指的一整行文字；双击，可选中鼠标指针所在的段落；三击，整个文档全部被选中。此外，在选定区中拖动鼠标指针可选中连续的若干行。若要取消选定,在文本窗口的任意处单击或按光标移动键即可。文本选定的操作如表 4-1 所示。

表 4-1 文本选定的操作

| 选 定 内 容 | 操 作 |
|---|---|
| 一个单词或汉字 | 在所需的文字、词组或英文单词中双击 |
| 一句 | 按住 Ctrl 键,在需要选定的句中单击 |
| 一行 | 将光标移至该行左侧,当鼠标指针变成 后单击 |
| 连续多行 | 将光标移至要选择的首(末)行左侧,当鼠标指针变成 后按住鼠标左键向下(上)拖到想要选择的位置松开 |
| 一段 | 将光标移至该段左侧,当鼠标指针变成 后双击 |
| 整篇文档 | 将光标移至文档左侧,当鼠标指针变成 后三击或按 Ctrl+A 组合键 |
| 连续文本 | 将光标定位在要选定文本起始处,按住鼠标左键拖到结束位置松开(或按 Shift 键单击结束处) |
| 不连续文本 | 先选定一个文本区域,然后按住 Ctrl 键的同时再选定其他文本区域 |
| 矩形区域文本 | 将光标定位在要选定的文本起始处,按住 Alt 键的同时按住鼠标左键拖到结束位置松开 |

### 2. 文本的复制和移动

文档的编辑过程中可能会从其他文件中复制需要的内容(例如,本章的任务是要从保存的网页文件中复制内容),或者会遇到需要调整文档内容的先后顺序,或者输入相同内容,此时可利用文本的移动和复制功能,有效地避免重复输入所浪费的时间与精力。

文本的复制和移动(又称为剪切),可以通过“开始”选项卡的“剪贴板”组、鼠标右键的快捷菜单、鼠标拖动、组合键 4 种方式达到目的。这里强烈推荐使用组合键的方式来完成文本复制或者移动的操作,这种操作方式不仅适用于办公软件,其他软件中只要涉及复制、移动和粘贴操作都适用。具体操作的分解动作如下:

(1)选定需要移动或复制的文本,按 Ctrl+X 组合键(剪切)或 Ctrl+C 组合键(复制)。

(2)将光标定位到目标位置,按 Ctrl+V 组合键(粘贴)。

### 3. 文本的删除

文本的删除操作如表 4-2 所示。

表 4-2 文本的删除操作

| 删 除 内 容 | 操 作 |
|---|---|
| 一个文字 | 将光标定位在要删除的文字前(后),按 Delete(Backspace)键 |
| 连续文本 | 选定后按 Delete 键或 Backspace 键 |
| 不连续文本 | 选定后按 Delete 键 |

### 4. 查找和替换

如果想在一篇长文档中查找某段文字,或者想用新输入的一段文字代替文档中已有的且出现在多处的特定文字，可以使用 Word 2016 提供的查找和替换功能，在"开始"选项卡的"编辑"组中单击"替换"按钮，即可弹出"查找和替换"对话框，如图 4-3 所示。在"查找内容"下拉列表框中输入要被替换的文字，如 Word，在"替换为"下拉列表框中输入替换的新文字，如 Word 2016，单击"全部替换"按钮，即可将文档中所有的"Word"替换为"Word 2016"。

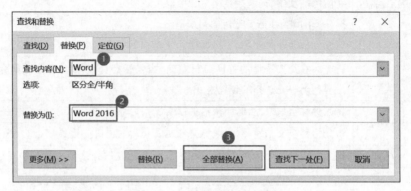

图 4-3　"查找和替换"对话框

从网上获取文字素材时，由于网页制作软件排版功能的局限性，文档中经常会出现一些非打印字符，此时可利用查找和替换功能进行处理。例如，当文档中空格比较多时，可以在"查找内容"下拉列表框中输入空格符号，在"替换为"下拉列表框中不进行任何字符的输入，单击"全部替换"按钮，将多余的空格删除。

**5．拼写和语法**

用户输入的文本，难免会出现拼写和语法上的错误，如果自己检查会花费大量时间。Word 2016 提供了拼写和语法检查功能，这是由其拼写检查器和语法检查器来实现的。

在"审阅"选项卡的"校对"组中单击"拼写和语法"按钮，拼写检查器就会使用拼写词典检查文章中的每一个词，拼写和语法检查如图 4-4 所示。如果该词在拼写词典中，拼写检查器就认为它是正确的，否则就会加红色波浪线来报告错词信息，并根据拼写词典中能够找到的词给出修改建议。如果 Word 2016 指出的错误不是拼写或语法错误时（如人名、公司或专业名称的缩写等），可以单击"忽略""全部忽略"或"忽略规则"按钮忽略错误提示，继续文档其余内容的检查工作。也可以把它们添加到拼写词典中，避免以后再出现同样的问题。语法检查器则会根据当前语言的语法结构，指出文章中潜在的语法错误，并给出解决方案参考，帮助用户校正句子的结构或词语的使用。

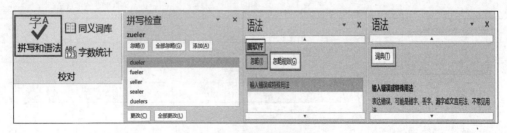

图 4-4　拼写和语法检查

目前文字处理软件对英文的拼写和语法检查的正确率较高,对中文校对的作用不大。

输入完成的无格式文档"中南映像"如图 4-5 所示。文档内容有了,但形式上什么都没有做,还远未达到一份优质的报告的要求。在 4.2.3 节中,将运用 Word 2016 功能区提供的丰富选项来对文档进行排版。

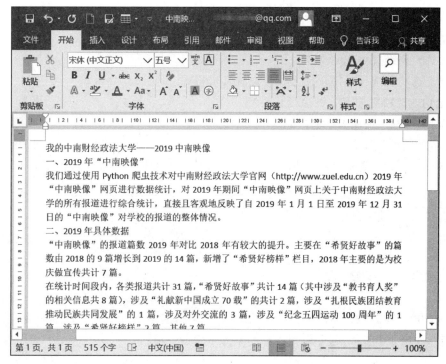

图 4-5　输入完成的无格式文档"中南映像"

## 4.2.3　文档排版

文档排版是运用字处理软件处理文档的核心内容。就 Word 2016 而言,主要涉及功能区中的"开始""插入""设计""布局"4 个选项卡的内容。

"开始"选项卡主要涉及文字格式和段落设置。

"插入"选项卡的功能比较丰富,主要涉及文档中各种媒体元素的编辑,包括图片、图形、统计图表、数据表格、页眉和页脚、超链接、文本框、艺术字、特殊符号等,美化文本的元素基本上出现在此选项卡中。

"设计"选项卡提供了预定模板和自定义模板的功能,以及对页面的整体修饰功能。

"布局"选项卡主要提供页面版式设计的功能。

除此之外,还有一些在处理图片、图形、表格等媒体元素时才会出现的隐藏选项卡,即上下文选项卡。

### 1. 设置字体格式

字体格式设置包括字体(宋体、黑体等)、字号、字形(加粗、倾斜等)、颜色、下画线、底纹和边框等。部分字体格式效果如图 4-6 所示。

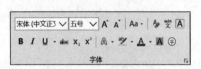

图 4-6　部分字体格式效果

格式设置的步骤如下。

（1）选定要设置格式的文本；

（2）点选功能选项或用快捷方式来设置文本格式。

点选功能选项有如下 3 种途径。

① 利用"开始"选项卡"字体"组中提供的各个按钮或下拉列表进行相应字体设置，"字体"组内容如图 4-7 所示。

② 选定文本后，鼠标略微移动，在出现的浮动工具栏内选择，浮动工具栏如图 4-8 所示。

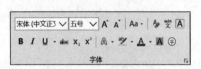

图 4-7　"字体"组内容

图 4-8　浮动工具栏

③ 单击"字体"组右下角的对话框启动器按钮 ，启动"字体"对话框来完成设置。"字体"对话框如图 4-9 所示，其中包含所有的字体格式设置项目。

图 4-9　"字体"对话框

## 2. 设置段落格式

Word 中两个段落标记（即回车符）之间的内容称为段，段是以段落标记作为结束标志的。通过设置段落格式可使文档的版面更有层次感。段落格式的设置一般包括设置段落缩进方式和对齐方式、设置段间距和行间距等。

段落缩进有 4 种形式，即首行缩进、悬挂缩进、左缩进和右缩进。4 种段落缩进形式如图 4-10 所示。

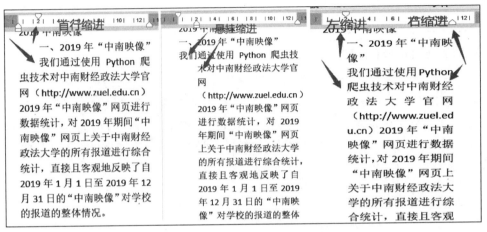

图 4-10　4 种段落缩进形式

段落的对齐方式有水平对齐和垂直对齐。水平对齐方式一般包括左对齐、居中对齐、右对齐、两端对齐和分散对齐。5 种段落对齐方式如图 4-11 所示。

图 4-11　5 种段落对齐方式

段落的垂直对齐是指在一个段落中，如果有文字和图文混排或者存在不同字号的文字时，这些高低不同的对象该如何对齐。段落的垂直对齐有顶端对齐、居中对齐、基线对齐、底端对齐和自动 5 种。系统默认设置是"自动"，因此这种对齐方式容易被人忽视。设置的方法是在"开始"选项卡"段落"组中单击右下角的对话框启动器按钮 ，弹出"段落"对话框，选择"中文版式"选项卡"字符间距"选项组中"文本对齐方式"下拉列表中的相应命令。

段间距和行间距是最常用的段落设置选项之一，合适的段落间距设置会使文档看上去更有层次感。需要注意的是，段落标记不仅用于标记一个段落的结束，它还保留有关该段落的所有格式设置（如段间距、行距、段落样式、对齐方式等），所以在移动或复制某一段落时，若要保留该段落的格式就一定要将段落标记一并选定。"段落"组的右上角有一个"显示和隐藏编辑标记"按钮 。这个按钮可以显示或者隐藏编辑区内的不可打印的编辑标记，如回车符、分页符、分节符、标题标记等。

**【提示】**　在编辑文档时，经常需要将某些文本段落或图形图像设置为相同的格式，使用"剪贴板"组中的格式刷 ，可以方便、快捷地实现相同格式的复制，提高文本编辑效率。选定希望复制其格式的文本段落或其他对象，单击"格式刷"按钮，当光标变成刷子的形状后去"刷"目标对象即可；若要连续复制多次，则双击"格式刷"按钮；要取消复制，只需按 Esc 键或再次单击"格式刷"按钮。格式刷是排版工具中的"神器"。

### 3. 设置项目符号和编号

为了强调某些内容之间的并列和顺序关系，使文档的层次结构更为清晰、更加有条理，经常要用到项目符号和编号。Word 2016 提供了 7 种标准的项目符号和编号，并且允许用户自定义项目符号和编号。功能区"开始"选项卡"段落"组中提供了项目符号、编号和多级列表的设置按钮，非常方便。项目符号、编号及多级列表示意图如图 4-12 所示。

| 项目符号↵ | 编号↵ | 多级列表↵ |
|---|---|---|
| ☞→字符排版↵ | A.→字符排版↵ | 1 → 字符排版↵ |
| ☞→段落排版↵ | B.→段落排版↵ | 1.1 → 段落排版↵ |
| ☞→页面排版↵ | C.→页面排版↵ | 1.1.1·页面排版↵ |

图 4-12　项目符号、编号及多级列表示意图

### 4. 设置特殊版式

如果要给文档的版式增添一些特殊效果来提升品质，需要使用一些特殊的排版方式。Word 2016 提供了如分栏排版、改变文字方向、首字下沉等多种特殊的排版方式。前两种设置在"布局"选项卡"页面设置"组中提供，而"首字下沉"的功能由"插入"选项卡"文本"组提供。

### 5. 设置段落边框

在文档中添加各种各样的边框和底纹，可以增强文档的生动性，或突出显示一些需要强调的重要内容。各类边框设置的入口都集中在"设计"选项卡"页面背景"组中，单击"页面边框"按钮，可以打开"边框和底纹"对话框。通过适当的设置可以为文字、段落、页面添加不同类型和样式的边框，以及为这些边框填充颜色和底纹。

利用本节中介绍的各类文档排版工具和方法，对无格式的"中南映像"文档进行排版，文字排版的样张如图 4-13 所示。对比图 4-5 和图 4-13，已经能直观体会到适当的排版为文档带来不一样的感观。那么是否还可以提升呢？答案当然是肯定的。这是一篇关于"中南映像"的报告。如果插入一两幅与"中南映像"相关的图片会更有吸引力。另外对于文章中的部分统计数据，如果能用表格或图形的方式将这些数据可视化，那么这部分素材会显得更为直观。因此，在文档中添加媒体表现元素是文字处理任务的最后关卡。

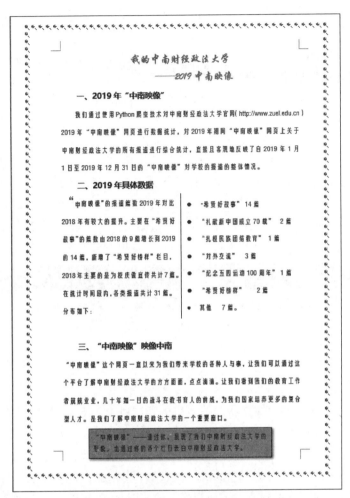

图 4-13　文字排版的样张

## 4.2.4　图文混排

Word 2016 可以在文档中添加的媒体元素包括图片、表格、图形（形状）、图表、SmartArt、文本框、艺术字、特殊符号和公式、超链接、联机视频等，内容相当丰富。这些媒体元素的设置全部集中在功能区的"插入"选项卡下。要想灵活、恰当地运用这些元素，不仅需要掌握 Word 2016 中的相关操作方法，还需要有意识地通过模仿和实践来增强个人的美学修养。

本节将介绍图文混排的工具和方法，对"中南映像"报告文档进行进一步的编辑和修饰，具体包括：①插入图片；②插入表格；③插入图表。

**1. 插入图片**

插入图片有 4 种方法。

（1）通过"复制"和"粘贴"命令（单击按钮或用快捷键）。

（2）直接将其他位置的图片拖曳到文档中。

（3）单击"插入"选项卡"插图"组中的"图片"按钮（也即在"插入"选项卡"插图"组中单

击"图片"按钮),弹出"插入图片"对话框,在对话框中选取图片所在的存储位置,单击"插入"按钮插入图片。

(4) 复制图片后,单击"开始"选项卡"剪切板"组中"粘贴"按钮下方的三角按钮,在下拉列表中选择"选择性粘贴"命令,弹出"选择性粘贴"对话框,选择所需要的格式。

【提示】 为了避免将图片与读图软件的相关信息以及链接全部贴入文档而造成 Word 文档变得庞大,强烈推荐使用第(3)种或第(4)种方法。

在插入图片之前翻遍功能区的选项卡,除了插入操作以外,找不到任何与图片相关的设置选项。这是怎么回事呢? 别着急,当完成插入操作后,选中图片,功能区就会自动出现一个新的选项卡"图片工具-格式",单击这个选项卡或者双击图片,就会发现 Word 2016 提供了整整一张标签页的图片设置工具,"图片工具-格式"选项卡如图 4-14 所示。通过这些工具可以对图片进行一般的处理和美化操作,例如调整图片大小和位置、剪裁、增加艺术效果、更改图片的版式等。这就是本节开头提到的上下文选项卡之一。

图 4-14 "图片工具-格式"选项卡

### 2. 插入表格

设计规范合理的表格能使文档所表述内容的逻辑性和准确性增强,不仅可以提高文章的说服力,还可以紧缩篇幅、节约版面,也兼具活跃和美化版面的功能。

制作表格的一般流程为: ①根据内容设计表格的行数和列数; ②在需要绘制表格的位置用"插入"选项卡提供的表格选项插入或绘制表格; ③根据文风调整表格样式。

与图片工具类似,当插入表格后选中表格或者将光标放入表格中,功能区会出现新的用于表格设置的"表格工具"选项卡,"表格工具"选项卡又包括"设计"和"布局"两个附属选项卡。"表格工具"选项卡如图 4-15 所示,"布局"选项卡主要用于表格的格局设计,就好比房屋的房型设计,有几个房间、房间的大小和功用;"设计"选项卡主要用于设置表格样式,就好比房屋的装修设计,通过各类装饰使得房间更加美观、好看。

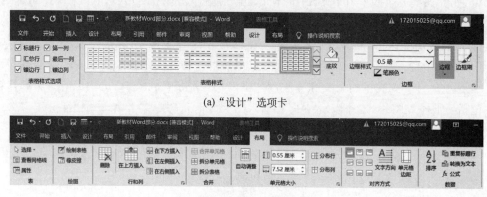

(a)"设计"选项卡

(b)"布局"选项卡

图 4-15 "表格工具"选项卡

**3. 插入图表**

图表比表格更直观,是以图的形式对数据进行的形象化的表示,一般用于展示数据中蕴含的关系模式和趋势的信息,可有效地辅助读者分析和理解数据。单击"插入"选项卡中的"图表"按钮,即可弹出"插入图表"对话框,如图 4-16 所示。Word 2016 提供了十几种图表样式。这些样式还可以组合运用,能满足各类数据表现形式的需求。

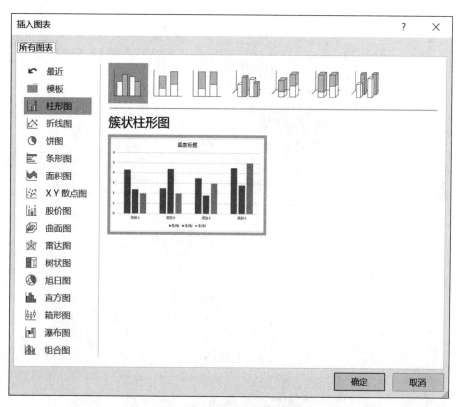

图 4-16  "插入图表"对话框

Word 2016 提供的图表制作方式是导引式的,选择一种图表并单击"确定"按钮后,就会进入图表制作流程,根据打开的对话框的提示,填写数据、设置标题和图例等要素信息,就能得到预期的样式。图表制作涉及的要素比较多,特别要注意各个要素之间的大小比例、位置、配色等,使图表看上去协调、美观。要制作出表现力很强的精美图表并非易事,需要不断尝试和积累。

**4. 其他元素**

根据文档内容的需要,还可以插入文本框、形状、SmartArt、艺术字、公式等其他元素,操作的方法类似,在此不再逐一叙述。需要强调的是,这些元素的使用不是为了形式,能最有效地表达信息才是最终的目标。

最后再次调整上述文档的排版,适当精简一些文字,使其在一页内呈现完整的内容,调研报告参考样张结果如图 4-17 所示。

图 4-17 调研报告参考样张结果

### 4.2.5 高级排版技巧

撰写论文是每位学子都要经历的一件重要的事。论文格式是不少同学在准备毕业论文时经常遇到的一个大问题。各校的毕业论文格式一般以国家有关标准为依据,结合本校实际与学科实际对论文格式提出的具体要求而拟定详细可操作的论文格式模板。《××大学本科学位毕业论文排版格式规范要求》主要包括封面、目录、正文、参考文献等的格式设置。本节将介绍如何用 Word 2016 对毕业论文进行排版,使之符合××大学要求的具体格式规范,使论文排版更加轻松和方便。排版后封面和目录效果如图 4-18 所示,部分论文正文效果如图 4-19 所示。

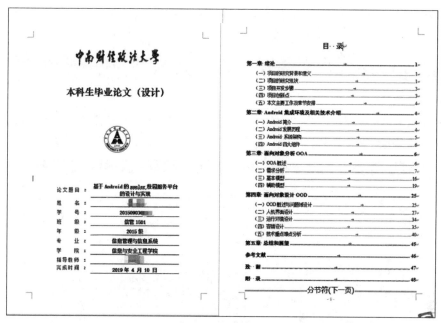

图 4-18 封面和目录效果

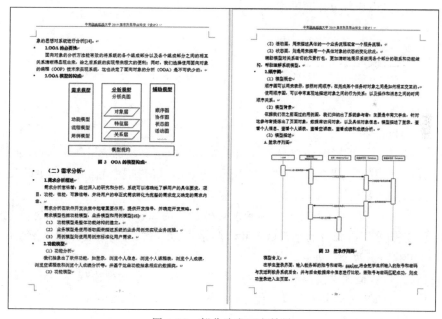

图 4-19 部分论文正文效果

## 1. 主题和样式

Word 2016 提供了多种预设的文档主题(模板)、丰富的文本样式和图表样式。这些主题和样式都是经过美学专业人士精心设计的,因此能直接选用,以快速实现较为美观的排版效果。如有必要,还可以在预设的样式基础上进行微调,使其更加满足读者的需要。

1) 使用文档主题

使用文档主题可以快速改变文档的整体格式,赋予它专业和时尚的外观。主题是一套具有统一设计元素的格式选项,比样式集的设置范围更大。主题包括主题颜色(配色方案的集合)、主题字体(标题字体、正文字体等)和主题效果(应用于形状、图表、艺术字、SmartArt图形等的效果外观)。主题在Office中是共享的,同一主题不仅可以在Word文档中使用,也可以在Excel、PowerPoint等其他Office文档中使用。通过使用同一主题,可以确保不同Office文档都具有统一的外观。

使用文档主题的方式如图4-20所示。单击"设计"选项卡"文档格式"组中的"主题"按钮,从下拉列表中选择一种主题即可快速改变文档的外观。

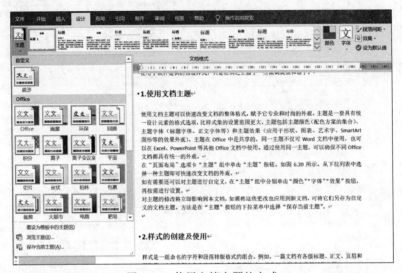

图4-20　使用文档主题的方式

如有需要,还可以对主题进行自定义,在"文档格式"组中分别单击"颜色""字体""效果"按钮,再按需进行设置。

对主题的修改将立即影响到当前文档,如果需要将这些更改也应用到新文档,可将它们另存为自定义的文档主题。其方法是在"主题"按钮的下拉列表中选择"保存当前主题"命令。

2)样式的创建及使用

样式是一组命名的字符和段落排版格式的组合。例如,一篇文档有各级标题、正文、页眉和页脚等,它们分别有各自的字符格式和段落格式,并各以其样式名存储以便使用。

使用样式有如下两个好处:

- 可以轻松、快捷地编排具有统一格式的段落,使文档格式严格保持一致,而且样式便于修改。如果文档中多个段落使用了同一样式,只要修改样式就可以修改文档中带有该样式的所有段落。
- 样式有助于构造大纲和创建目录。

Word不仅预定义了很多标准样式,还允许用户根据自己的需要修改标准样式或自己新建样式。

(1)使用已有样式。

要使用已有的样式,可以选定需要使用样式的段落,在"开始"选项卡"样式"组中的快速样式库中选择已有的样式;或单击"开始"选项卡"样式"组右下角的对话框启动器按钮 ,打开"样式"任务窗格,在列表框中根据需要选择相应的样式。

（2）新建样式。

当 Word 提供的样式不能满足用户的需要时，可以自己创建新样式。

单击"样式"任务窗格左下角的"新建样式"按钮 ，弹出"根据格式化创建新样式"对话框，如图 4-21 所示。在该对话框中输入样式名称，选择样式类型、样式基准，设置该样式的格式，再勾选"添加到样式库"复选框。在"根据格式化创建新样式"对话框中设置样式格式时，可以通过格式栏中的相应按钮快速、简单地设置，也可以单击"格式"下拉按钮，在弹出的下拉列表中选择相应的命令详细设置。

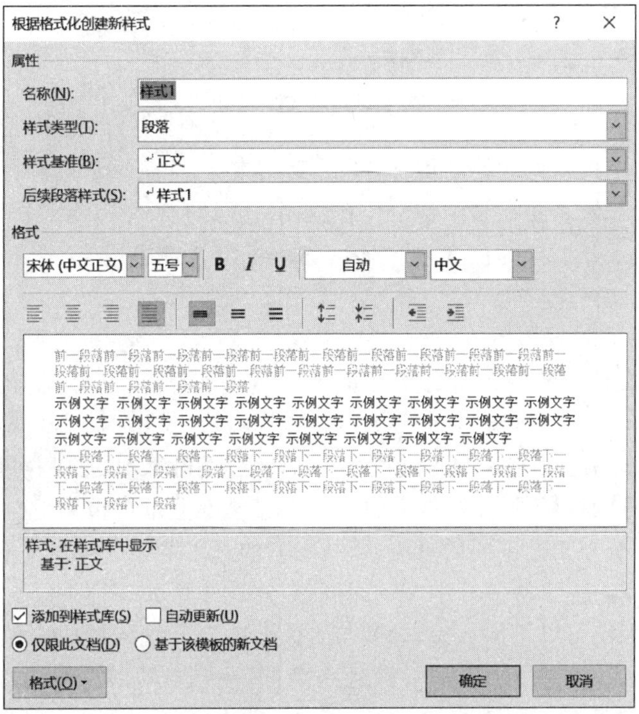

图 4-21　"根据格式化创建新样式"对话框

新样式建立后，就可以像已有样式一样直接使用了。

（3）修改和删除样式。

如果对已有的样式不满意，则可以对它进行更改和删除。更改样式后所有应用了该样式的文本都会随之改变。

修改样式的方法是：在"样式"任务窗格中右击需要修改的样式名，在弹出的快捷菜单中选择"修改"命令，在弹出的"修改样式"对话框中设置所需的格式即可。

删除样式的方法与上面类似，不同的是应在快捷菜单中选择"从样式库中删除"命令，此时，带有此样式的所有段落自动应用"正文"样式。

**2. 分隔符**

Word 2016 中的分隔符主要有分页符、分栏符和分节符。各类分隔符如图 4-22 所示。这里主要介绍分页符和分节符。

1）分页符

当文本或图形等内容填满一页时，Word 2016 会插入一个自动分页符并开始新的一页。

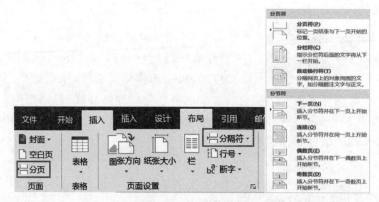

图 4-22　各类分隔符

然而,在书籍、杂志中也常见这样的情况:当一章结束后,无论这章内容是否写满一页,下一章一定从新的一页开始。要在某个特定位置强制分页,可插入"手动"分页符,插入方法是:将插入点置于要插入分页符的位置,按 Ctrl+Enter 组合键或单击"插入"选项卡"页面"组中的"分页"按钮。

2) 分节符

Word 通过为文档分节将文档划分为多个部分,每一部分可以有不同的页面设置,如不同页边距、页面方向、页眉、页脚、页码等。这使得同一篇文档的不同部分可以具有不同的页面外观。例如,一本书的每一章可被划分为一"节",这使得每章的页眉可以具有不同的内容(如分别是对应各章的章标题);一本书的前言和目录部分也可被划分为不同的"节",这使得前言和目录部分有与正文不同的页眉,而且它们的页码格式也与正文不同(一般为罗马数字的页码 i、ii、iii…)。注意,Word 中"节"的概念与图书的"章节"不同,虽然有时一个章节可被划分为一"节",但也可以不那么做,分节与否关键决定于是否要实现不同的页面设置。

在 Word 中分节,要通过插入另一种特殊字符——分节符来完成。在 Word 中有 4 种分节符可供选择,如表 4-3 所示。

表 4-3　Word 中的分节符

| 分节符 | 功 能 作 用 |
|---|---|
| 下一页 | 分节符也会同时强制分页(即兼有分页符的功能),将光标当前位置的前后两部分内容分为两节,并将后一节移到下一页面上,即在下一页开始新的节。一般图书在每一章的结尾都会有一个这样的分节符,使下一章从新页开始,并开始新的一节,以便使后续内容和上一章具有不同的页面外观 |
| 连续 | 该分节符仅分节,不分页。当需要上一段落和下一段落具有不同的版式时,例如上一段落不分栏,下一段落分栏(但又不开始新的一页),可在两段之间插入"连续"分节符,这样两段的分栏情况不同,但它们仍可位于同一页 |
| 偶数页 | 该分节符也会同时强制分页(即兼有分页符的功能),与"下一页"分节符不同的是该分节符总是在下一偶数页上开始新节。如果下一页刚好是奇数页,该分节符会自动插入一张空白页,再在下一个偶数页上开始新节 |
| 奇数页 | 该分节符也会同时强制分页(即兼有分页符的功能),与"下一页"分节符不同的是该分节符总是在下一奇数页上开始新节。如果下一页刚好是偶数页,该分节符会自动插入一张空白页,再在下一个奇数页上开始新节 |

如果在页面视图中看不到分隔符标志，可单击"开始"选项卡"段落"组中的"显示/隐藏编辑标记"按钮进行显示。若要删除分节符，可选择分隔符或将光标置于分隔符前面，按 Delete 键即可。

插入分节符的方法与插入分页符类似，将插入点定位到文档中要插入分节符的位置（即要实现不同页面设置的分界处），单击"布局"选项卡"页面设置"组中的"分隔符"按钮，从下拉列表中选择"下一页""连续""偶数页"或"奇数页"命令，如图 4-22 所示。

在 Word 中使用分节符的示例如图 4-23 和图 4-24 所示。使用分节符，可以在同一文档中使用不同大小和不同方向的纸张（上一节内使用纵向纸张，下一节内使用横向纸张）；也可以在同一文档中给部分文本分栏（上一节内不分栏，下一节内分栏）；还可以设置不同的页码格式（上一节内使用罗马数字，下一节内使用阿拉伯数字且页码又从 1 开始）；等等。要实现这些目的，在不同格式的"分界处"插入"分节符"即可。

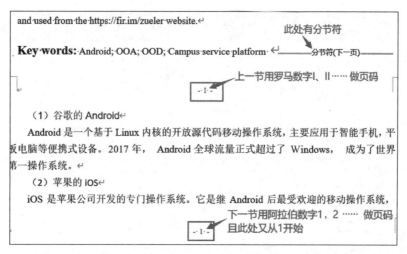

图 4-23　Word 中使用分节符的示例：使用分节符设置不同页码

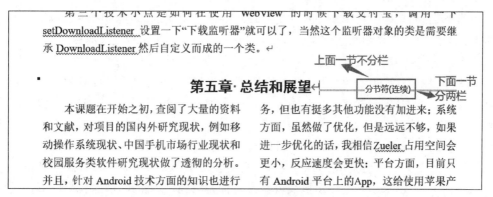

图 4-24　Word 中使用分节符的示例：使用分节符设置不同分栏

**3. 页眉、页脚和页码**

页眉是文档中每个页面的顶部区域。页脚是文档中每个页面的底部区域。这两个文档区域常用于显示文档的附加信息，如页码、日期、公司徽标、文档标题、文件名或作者名等。

有时页眉、页脚的含义也被延伸到左右两侧页边距中的区域，即页面四周边缘区域都称页眉和页脚。在文档中，不必为每页都逐一输入页眉和页脚的内容，只要在任意一页上输入一次，Word 就会自动在本节内的所有页中添加相同的页眉和页脚内容。

1）创建页眉和页脚

创建页眉和创建页脚的方法类似，下面以创建页眉为例，介绍具体的操作方法。

单击"插入"选项卡"页眉和页脚"组中的"页眉"按钮，从下拉列表中选择"编辑页眉"命令，或者直接双击页眉区，即可进入页眉编辑状态，同时功能区右侧出现"页眉和页脚工具-设计"选项卡，如图 4-25 所示。然后可直接在页眉中输入内容，也可单击该选项卡中的相应按钮，插入"日期和时间""图片""剪贴画"等。例如，这里仅输入文字内容为"中南财经政法大学 2019 届本科生毕业论文（设计）"。输入后，本节内的所有页面都将具有相同的页眉内容（如文档未分节，则整个文档的所有页面都将具有相同的页眉内容）。

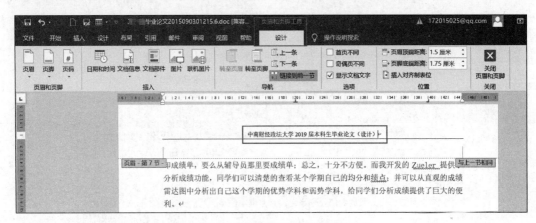

图 4-25　"页眉和页脚工具-设计"选项卡

【注意】　"页眉和页脚工具-设计"选项卡只在编辑页眉、页脚时才会出现，而在编辑正文时自动隐藏，因此也属于上下文选项卡的一种。

单击"页眉和页脚工具-设计"选项卡中的"转至页脚"按钮 ▓，将切换到页脚区，即可设置页脚。当然也可拉动滚动条到页面底端，然后将插入点直接定位到页脚区。

在页眉/页脚编辑状态下，正文区域呈灰色显示，是不能被编辑的。而双击正文区可切换回正文编辑状态（或单击"页眉和页脚工具-设计"选项卡中的"关闭页眉和页脚"按钮 ▓ 返回正文编辑状态）。在正文编辑状态下，页眉/页脚区又呈灰色显示，不能被编辑。而双击页眉/页脚区，又可切换回页眉/页脚的编辑状态。正文、页眉/页脚区的编辑状态是两种不同的状态，要在两种状态下切换，最简便的方法就是双击要编辑的区域。

页眉内容下方的横线是由于页眉内容被自动套用了样式"页眉"。该样式中预设了边框和底纹中的下框线，如不希望显示横线可修改名称为"页眉"的样式，清除其中的下框线格式即可。也可直接将页眉/页脚区的文字样式设置为"正文"或"清除样式"。

Word 2016 还内置了许多页眉/页脚样式，可使用这些内置样式直接创建整洁、美观的页眉/页脚。例如，双击任意一页的页眉区进入页眉编辑状态后，单击"页眉和页脚工具-设计"选项卡"页眉和页脚"组中的"页眉"按钮，从下拉列表中选择"奥斯汀"选项，即可插入"奥斯汀"式的页眉，如图 4-26 所示。插入完成后，在所有页面中均应用这种样式的页眉。

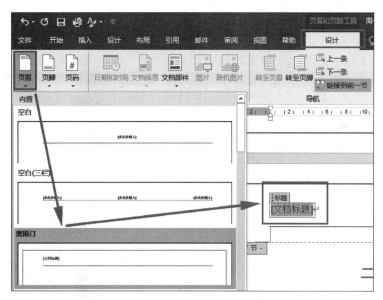

图 4-26　插入"奥斯汀"式的页眉

由图 4-26 可知,在插入内置样式的页眉/页脚后,在页眉/页脚区往往会自动出现一些占位符,便于输入内容,如上例在页眉区域会自动出现"标题"占位符(其中含有"［文档标题］"字样)。如果不希望使用占位符输入内容,可单击占位符上的选择手柄 标题 并选中它,然后按 Delete 键将它删除,然后再在页眉/页脚区自行输入内容。

2) 为不同节创建不同的页眉和页脚

图 4-27 显示了一篇"中南财经政法大学 2019 届本科生毕业论文(设计)"文档。进入页眉/页脚编辑状态后,在任意页的页眉处输入文字"中南财经政法大学 2019 届本科生毕业论文(设计)",则本文档的所有页的页眉都将显示文字"中南财经政法大学 2019 届本科生毕业论文(设计)"。如果希望仅在正文页眉中显示文字,而在目录页页眉中没有内容,就需要在目录和正文之间分节。在不同的节中可以分别设置不同的页眉和页脚内容。

将插入点定位到"作者声明"标题前,单击"布局"选项卡"页面设置"组中的"分隔符"按钮,从下拉列表中选择"下一页"分节符,在目录和正文之间分节。分节后只要为某节中任意一个页面输入了页眉/页脚,则该节的所有页面都将具有相同的页眉/页脚内容。在输入页眉/页脚内容时,要留意 Word 在页眉/页脚旁边给出的提示,如"页眉-第 1 节-""页脚-第 2节-"等,以明确正在输入的是哪种情况。"中南财经政法大学 2019 届本科生毕业论文(设计)"文档及页眉设置结果如图 4-27 所示。

分节后,默认情况下,下一节自动接受上一节的页眉/页脚内容,即两节之间存在着链接关系。这时仍无法实现在不同节中设置不同的页眉/页脚内容。因为在这一节设置了页眉/页脚,如果有链接,它的上一节或者下一节也都将被自动设置相同的页眉/页脚内容。在上一节或者下一节设置页眉/页脚内容时,本节亦然。因此在设置页眉/页脚内容前,应留意本节与其他节是否存在链接关系。

将插入点定位到某节的页眉/页脚后,观察"页眉和页脚工具-设计"选项卡的导航组的 链接到前一节 按钮,如果按钮为高亮状态,则表示它与前一节有链接,这时在页眉/页脚区域

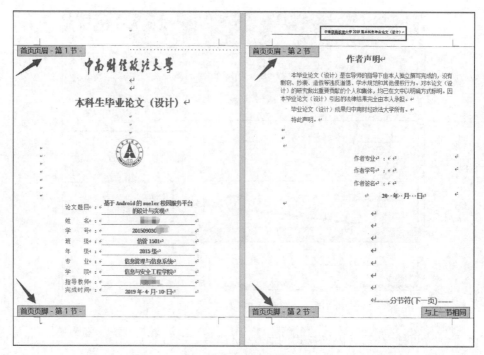

图 4-27　"中南财经政法大学 2019 届本科生毕业论文（设计）"文档及页眉设置结果

Word 也有提示"与上一节相同"（如图 4-27 中文档第 2 页的页脚区右侧所示）。在本节设置页眉/页脚，前一节也会被设置为相同内容；在前一节设置页眉/页脚，本节也会被设置为相同内容。单击该按钮使之切换为非高亮状态，就断开了它与前一节的链接，此时，页眉/页脚区的"与上一节相同"提示消失。这时由于断开了链接，本节和前一节可分别设置不同的页眉/页脚，互不影响。

【注意】　只能查看或断开本节与前一节的链接，本节与后一节是否有链接则无法从本节中获知，要到后一节查看 ⬛链接到前一节 按钮才能确定。

页眉链接和页脚链接是分别设置的，页眉有链接不影响页脚，页脚有链接也不影响页眉，应将插入点首先定位到页眉、页脚区域，再单击相应按钮分别设置页眉的链接、页脚的链接。

在"中南财经政法大学 2019 届本科生毕业论文（设计）"文档中将插入点定位到第 2 节（即正文节）任意一页的页眉区域，单击 ⬛链接到前一节 按钮，使之为非高亮，然后在第 2 节页眉中输入文字"中南财经政法大学 2019 届本科生毕业论文（设计）"。再通过浏览文档，或单击"页眉和页脚工具-设计"选项卡"导航"组中的"上一条"按钮，将插入点定位到第 1 节（即目录节）的页眉区域，在页眉中不输入任何内容，就实现了目录无页眉，正文页眉为"中南财经政法大学 2019 届本科生毕业论文（设计）"。

【注意】　并不是所有情况都要让 ⬛链接到前一节 按钮为非高亮。当既要分节又要使后一节与前一节具有相同的页眉/页脚内容时，应保持该按钮为高亮。这时 Word 会自动设置链接节的页眉/页脚为相同内容，这样就免去了再由人工逐一设置各节的麻烦。

3）奇偶页或首页创建不同的页眉和页脚

只要为某节中任意一个页面设置了页眉/页脚，则该节的所有页面都将自动具有相同的页眉/页脚内容。然而,有时还需要在同一节中分别设置几种不同的页眉/页脚内容,例如,偶数页显示书名、奇数页显示章标题。或者对于双面打印的文档,要使奇数页页码右对齐、偶数页页码左对齐(以使页码都位于书刊的"外缘")。这不必再通过分节实现,只要在"页眉和页脚工具-设计"选项卡"选项"组中勾选"奇偶页不同"复选框,就可以对奇数页和偶数页的页眉/页脚分别做两套不同的设置。

【注意】 如果在任意一节内勾选了"奇偶页不同"复选框,则全文所有节的页眉/页脚都将"奇偶页不同";不能只针对某一节单独设置"奇偶页不同"。如果仅希望在某节内"奇偶页不同"、其他节奇偶页相同,也要先将全文设置为"奇偶页不同",然后在奇偶页相同的节中设置相同的奇数页、偶数页的页眉/页脚内容即可。

在本节案例中,假如希望在"中南财经政法大学 2019 届本科生毕业论文(设计)"文档的正文部分设置偶数页页眉"中南财经政法大学 2019 届本科生毕业论文(设计)",奇数页页眉没有内容。首先在"页眉和页脚工具-设计"选项卡"选项"组中勾选"奇偶页不同"复选框,这时 Word 在页眉/页脚旁给出的提示变为"奇数页页眉-第 2 节-""偶数页页眉-第 2 节-"等。此时若设置本节内任意一个奇数页的页眉/页脚,本节内其他奇数页的页眉/页脚就都设置好了。然而,本节的偶数页不受影响,此时可继续设置本节内任意一个偶数页的页眉/页脚,即可同时完成本节内所有偶数页的页眉/页脚设置。在本例中,可先设置奇数页的情况,在"奇数页页眉-第 2 节-"的提示下,删除页眉中的任何内容(或单击"页眉和页脚工具-设计"选项卡"页眉和页脚"组中的"页眉"按钮,从下拉列表中选择"删除页眉"命令)。再设置偶数页的情况,单击"页眉和页脚工具-设计"选项卡"导航"组中的"上一条"或"下一条"按钮,将插入点定位到本节任意偶数页的页眉,在"偶数页页眉-第 2 节-"的提示下,仍保持页眉内容为"中南财经政法大学 2019 届本科生毕业论文(设计)"。

如果在"选项"组勾选"首页不同"复选框,还能为每节的首页单独设置一套页眉/页脚,它将不影响其他页。例如,需要首页没有页眉/页脚,勾选此复选框后,将首页的页眉/页脚内容删除即可。

4) 插入页码和域

在页眉/页脚区直接输入的内容是固定的文本,它们在每一页的页眉/页脚中都固定不变,在页眉/页脚区还可插入"动态"的内容,称为域。这些"动态"的内容不是由人们通过键盘直接输入的,必须通过 Word 的功能插入;插入后,如果单击这些内容,它们还会出现有灰色阴影的底纹。

为什么还需要"动态"的内容呢? 例如,每页的页码就是一种"动态"内容。页码是文档每一页面上标明次序的号码或其他数字,用来统计文档的页数,便于读者检索。页码也是位于页眉/页脚区的内容,但设想如果在第一页的页眉区直接输入文字 1,是不是所有页面的页眉内容都将是 1 了呢? 要让第一页是 1、第二页能自动变为 2……就需要插入一种动态内容——页码。这样插入的页码不但在不同页中数字可变,还能随文档的修改(如新增、删除内容等)自动更新。除页码外,Word 还允许插入很多其他"动态"内容,如本页内某种样式的文字、文档标题、文档作者等,这些带有灰色阴影底纹的内容都是域,可以自动变化、自动更新。

(1) 插入页码。

Word 提供了许多预设的页码格式,不仅可将页码插入页面顶端和底端,还可将页码插入左侧和右侧页边距的区域中。双击页眉/页脚区,进入页眉/页脚编辑状态后,单击"插入"

（或"页眉和页脚工具-设计"）选项卡"页眉和页脚"组中的"页码"按钮，从下拉列表中选择一种预设格式就可以了。

例如，将插入点定位到页脚区，然后从下拉列表中选择"当前位置"→"普通数字"命令插入普通页码，可见页码（一个带阴影的数字）被插入插入点所在位置，在页脚处插入页码的方法如图4-28所示。页码也像一个被输入到页眉/页脚区的普通文字一样，可被设置格式，如字体格式、段落对齐格式等。例如，可在"开始"选项卡"段落"组中将页码左对齐、居中对齐或右对齐。

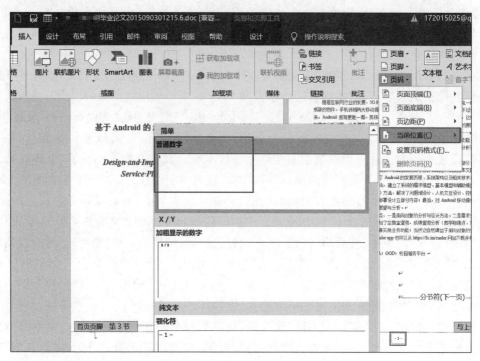

图 4-28　在页脚处插入页码的方法

【注意】　当从"页码"按钮的下拉列表中选择预设页码，如"页面顶端"或"页面底端"中的"普通数字1""普通数字2"等时，插入页码后可能会删除页眉/页脚区的原有内容。当需要页眉/页脚区既有页码也有其他内容时，应通过选择"当前位置"命令插入页码。

有时还要在同一文档的不同部分设置不同的页码格式。例如，正文部分的页码使用阿拉伯数字（1，2，3，…），目录部分的页码使用大写罗马数字（Ⅰ，Ⅱ，Ⅲ，…）。要实现这一效果，必须在不同页码格式的内容部分之间分节，如上例应至少目录部分为一节、正文部分为一节。

然后将插入点定位到目录部分任意一页的页眉/页脚区，仍单击上述"页码"按钮，从下拉列表中选择"设置页码格式"命令，弹出"页码格式"对话框，如图4-29所示。在对话框的"编号格式"中有多种编号格式，如"1，2，3，…""-1-，-2-，-3-，…""ⅰ，ⅱ，ⅲ，…"等。这里从中选择大写罗马数字"Ⅰ，Ⅱ，Ⅲ，…"。

在对话框中还可设置页码编号值为"续前节"或固定"起始

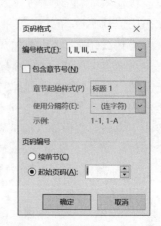

图 4-29　"页码格式"对话框

页码"。续前节是指接续前节最后一页的页码值继续对页码编号,如前节页码到第5页,本节页码将从第6页开始(当分节符是奇数页或偶数页分节符时,会跳过一页偶数页或奇数页)。"起始页码"是直接设置页码编号的起始值,而无论前节页码编号如何。如在右侧文本框中输入1,则强制本节从第1页开始编页码。一般在目录节或正文第1章中,都应设置为"起始页码"从1开始。而对正文第2章及以后各章应选择"续前节"。

【注意】 "编号格式"和"页码编号"都只影响本节,如果其他节也需要相同的页码格式,需要在其他节中重复打开"页码格式"对话框重复设置。

在示例文档中,还希望目录首页和每章首页不显示页码,其余页面奇数页页码显示在页脚右侧、偶数页页码显示在页脚左侧。在目录的页脚编辑状态,在"页眉和页脚工具-设计"选项卡"选项"组中勾选"奇偶页不同"和"首页不同"复选框,分别对3种情况下的页脚进行设置:①在"首页页脚-第1节-"的提示下删除页脚的所有内容;②单击"下一条"按钮,在"偶数页页脚-第1节-"的提示下,插入页码后设置段落为左对齐;③单击"下一条"按钮,在"奇数页页脚-第1节-"的提示下,插入页码后设置段落为右对齐。

再单击"下一条"按钮进入第2节(第1章),同样首先确认勾选了"奇偶页不同"和"首页不同"复选框,然后分别对第2节中3种情况下的页脚进行设置:①首页(不输入页脚内容);②偶数页(插入页码并左对齐);③奇数页(插入页码并右对齐)。如果页码格式不是"1,2,3,…",或页码编号未从1开始(首页是第1页不显示页码),打开"页码格式"对话框,再调整正确即可。

再逐一设置第3节及以后各节的页脚,同样首先确认勾选了"奇偶页不同"和"首页不同"复选框,然后分别对每一节3种情况下的页脚进行设置:①首页(不输入页脚内容);②偶数页(插入页码并左对齐);③奇数页(插入页码并右对齐)。页码格式为"1,2,3,…",但页码编号均为"续前节"(由于分节符是"奇数页"分节符,在各章交界处的页码编号可能出现跳跃一个偶数编号的情况)。由于 链接到前一节 按钮默认是高亮的,第3节及以后各节的很多设置都已由 Word 自动完成,此时只需查看和检查其是否正确即可,无须重复进行操作。

(2)插入域。

文档中可能发生变化的内容可通过插入域来输入。域是一种插入到文档中的代码,它所表现的内容可以自动变化,而不像直接输入到文档中的内容那样固定不变。Word 的许多功能实际都是通过域来实现的,例如,自动更新日期、页码、目录等。当将插入点定位到域上时,域内容往往会以浅灰色底纹显示,以与普通的固定内容相区别。

【注意】 插入域后还可以对域进行编辑或修改。右击文档中的域,在弹出的快捷菜单中选择"编辑域"命令,弹出"域"对话框,在对话框中修改。或者在弹出的快捷菜单中选择"切换域代码"命令,将看到由一对"{ }"括起来的内容,就是域代码。编程高手们常直接对其代码进行修改来设置内容。

Word 还提供了很多对域操作的组合键:F9 键,更新域;Ctrl+F9 组合键,插入域;Shift+F9 组合键,对所选的域切换域代码和它的显示内容;Alt+F9 组合键,对所有域切换域代码和它的显示内容;Ctrl+Shift+F9 组合键,将域转换为普通文本(文字将不带底纹,并失去自动更新的功能)。

如果所插入的页码或域默认显示域代码,而非显示内容,则可选择"文件"→"选项"命令,弹出"Word 选项"对话框,在左侧列表中选择"高级"选项卡,在右侧"显示文档内容"组中取消勾选"显示域代码而非域值"复选框,如图 4-30 所示。

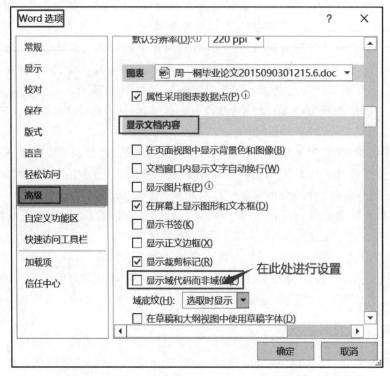

图 4-30　在"Word 选项"对话框中设置域

图 4-31 所示的文档中有 3 个一级标题"一、绪论""二、Android 集成环境及相关技术介绍""三、面向对象分析 OOA"已被应用了"标题 1"样式，它们分属不同的页面。现要使每页中这种样式的标题文字自动显示在本页页眉区域中，且每一页页眉内容应随本页中"标题 1"样式的文字内容同步变化，需要在页眉区中插入域。

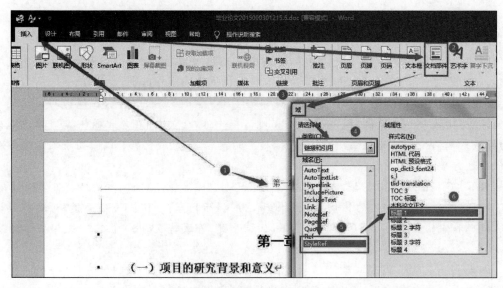

图 4-31　在页眉处插入域

　　双击任意一页的页眉区进入页眉编辑状态,单击"插入"选项卡"文本"组中的"文档部件"按钮,从下拉列表中选择"域"命令。在弹出的"域"对话框中,在"类别"中选择"链接和引用"选项,再在下方的"域名"列表中选择 StyleRef,表示要引用特定样式的文本。再在右侧"样式名"列表中选择"标题 1",表示要引用文档中具有"标题 1"样式的文本。单击"确定"按钮,则在页眉插入了本页中具有"标题 1"样式的文本,插入域的效果如图 4-32 所示。当将插入点定位到所插入的内容上时,该内容会以浅灰色底纹显示。

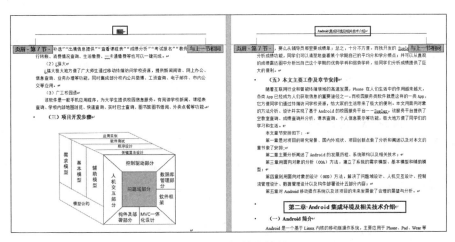

图 4-32　插入域的效果

　　标题被设置了项目编号或多级列表的编号后,可实现在页眉中只显示段落的编号(而不显示标题内容),只需要在"域"对话框的右侧勾选"插入段落编号"复选框即可。例如,文档的各章标题已被设置为"标题 1"样式,并添加了多级列表编号(各章标题的编号为"第一章""第二章"……)。要在页眉处插入本页所属章的编号和章标题,需先后两次选择"文档部件"→"域"命令,弹出"域"对话框,先后插入两个域。在两次的对话框中都选择"链接和引用"、StyleRef、"标题 1",只是在第一次弹出的对话框中勾选"插入段落编号"复选框,以仅插入"第×章"的编号(插入后在页眉处自行输入一个空格分隔),在第二次弹出的对话框中不勾选此复选框,以仅插入章标题的内容(不包含编号)。在页眉处插入章节编号和章节标题结果如图 4-33 所示。

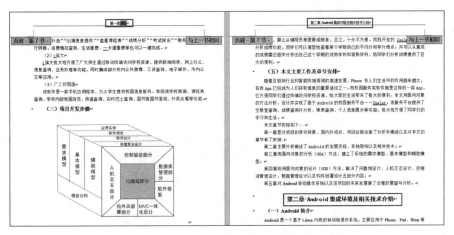

图 4-33　在页眉处插入章节编号和章节标题结果

Word 中的域还可显示很丰富的内容，例如，在页眉/页脚区还可插入文档标题、作者姓名、备注等。在图 4-31 所示的"域"对话框的"类别"中选择"文档信息"选项，然后在"域名"中选择某种文档信息即可。文档标题、作者姓名、备注等文档信息，可通过选择"文件"→"信息"命令，然后在后台视图中设置。若通过插入域在页眉/页脚显示这些信息，则显示的内容将随上述信息的变化而实时更新，即如果在后台视图中改变了文档标题、作者姓名、备注等信息，页眉/页脚的内容也会对应改变，这比通过手工输入再逐一修改要方便很多。

### 4. 目录和索引

对于如毕业论文这样的长文档，目录是必不可少的。目录列出文档中的各级标题及标题在文档中相对应的页码。一般情况下，所有正式出版物都有一个目录，其中包含书刊中的章、节及各章节的页码位置等信息。使用目录可以使文档的结构更加清晰，便于阅读者对整个文档进行快速查找和定位。要在较长的 Word 文档中成功添加目录，最方便的一种方法是采用带有级别的样式，例如"标题 1"～"标题 3"样式。

1）创建目录

对于长文档，Word 可以自动创建目录（目录实际上也是一种域）。要使用这一功能，必须首先将相应的章节标题段落设置为一定的大纲级别。Word 是依靠大纲级别区分章节标题或正文的，并把不同级别的内容提取出来制作成目录。要设置段落的"大纲级别"，在"段落"对话框"缩进和间距"选项卡的"大纲级别"下拉列表框中设置即可。

当为段落设置内置标题样式（如"标题 1""标题 2"）时，实际上同时设置了大纲级别，当然也可不设置样式，直接设置大纲级别。

在为文档章节标题设置了正确的大纲级别后，将插入点定位到文档中要插入目录的位置（通常位于文档开头），单击"引用"选项卡"目录"组中的"目录"按钮，从下拉列表中选择一种自动目录样式即可快速生成目录，"目录"下拉列表内容如图 4-34 所示。

从下拉列表中选择"自定义目录"命令，弹出"目录"对话框，如图 4-34 所示。在对话框中可对目录做详细设置，如是否包含页码、目录中显示的标题级别等。在"格式"下拉列表中还可为目录指定一种预设的格式，如"来自模板""古典""流行""正式"等。

单击对话框中的"选项"按钮，弹出"目录选项"对话框，如图 4-35 所示。在对话框中调整各级标题样式和目录项的关系。在各样式名称旁边的文本框中输入目录级别（1～9 中的一个数字）。如果不希望某种样式的对应标题出现在目录中，则删除对应文本框中的数字。

对所插入的目录还可进行一定的编辑，如删除某些行、设置字体和段落格式等。为了让目录单独占一页，一般在插入目录后，在目录的结尾处还要插入一个"分页符"或者"下一页"的分节符。

【注意】　Word 自动生成的目录项是带有超链接的，但单击它并不会跳转到对应章节，需按住 Ctrl 键的同时单击目录项才能跳转。

如果创建目录后又对标题进行了修改，或者由于对正文的修改而使标题所在页的页码发生变化，这时需要对目录进行更新。将插入点定位到目录中的任意位置（整个目录将呈阴影背景显示），单击"引用"选项卡"目录"组中的"更新目录"按钮；或右击文档中的目录，在弹出的快捷菜单中选择"更新域"命令，弹出"更新目录"对话框，如图 4-36 所示。然后在对话框中选择"只更新页码"或"更新整个目录"单选按钮，前者表示只更新现在目录各标题的页码，后者表示标题内容和页码全部更新，即重建目录。如果有标题的增删或修改，则应选择后者。

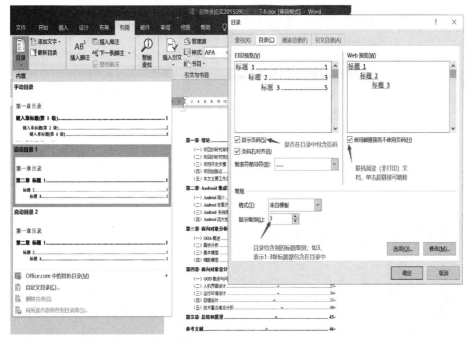

图 4-34　"目录"下拉列表内容与"目录"对话框

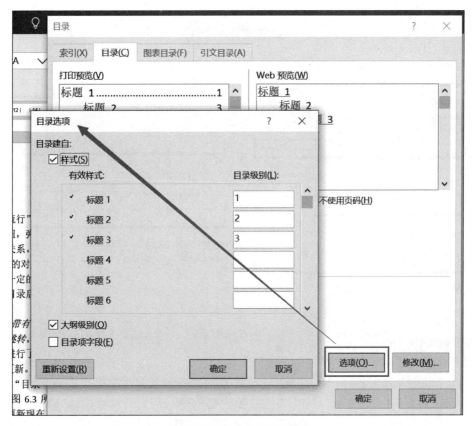

图 4-35　"目录选项"对话框

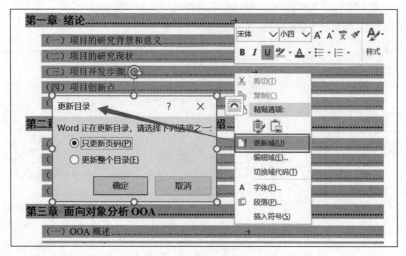

图 4-36  "更新目录"对话框

2）制作索引

不少科技书籍在末尾会包含索引表，其内容是在本书中出现的某些词语（称关键词）及它们在书中对应的页码，这可为读者快速查找书中的关键词提供方便。索引表示例如图 4-37 所示。

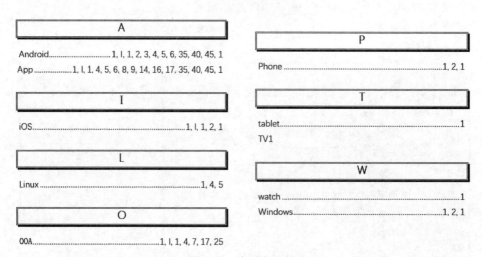

图 4-37  索引表示例

（1）标记索引项。

要创建索引表，必须在文档中首先标记关键词。标记后，才能创建如图 4-37 所示的索引表，Word 将收集所有被标记过的词及它们出现的页码信息并在索引表中列出。例如，在图 4-38 所示的文档中，现要对 Android 这一关键词创建一个索引项标记，即希望将来在文档末尾的索引表中列出这一关键词的所有出现页码，其具体操作方法如下。

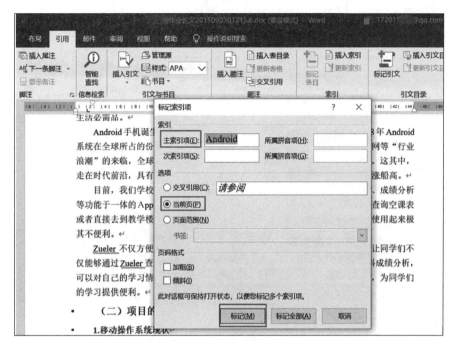

图 4-38　"标记索引项"对话框

选中文档中的任意一处 Android，单击"引用"选项卡"索引"组中的"标记条目"按钮，弹出"标记索引项"对话框，如图 4-38 所示。其中，在"主索引项"文本框中自动填入了所选文字，根据需要修改或不修改，也可在"次索引项"文本框中进一步设置下一级，即第 2 级索引项（如需设置第 3 级索引项，在"次索引项"文本框中应输入：第 2 级索引项＋英文冒号（:）＋第 3 级索引项）。单击"标记"按钮可标记一处索引项（此处的页码将来会在索引表中列出）。然后不必关闭对话框继续在文档中选择其他关键词位置，再单击"标记"按钮进行标记。

同一词汇可能在文档中出现多次，这时需要对该词汇的所有出现位置逐一进行标记。只有出现标记的页面的页码才会出现在索引表中。靠人工一个个地逐一标记所有出现位置操作较烦琐，Word 提供了自动全部标记功能，可辅助这一操作。在对话框中单击"标记全部"按钮，Word 将自动找出文档中该词汇的所有出现位置，并自动对它们一一做标记。

【注意】　如果使用"全部标记"，当关键词在同一段落中多次出现时，只有其第一次出现的位置才被标记，同段内第 2 次及以后的出现位置不被标记。

要创建对另一个索引项的交叉引用，即引用其他索引项的索引，在对话框的"选项"组中选择"交叉引用"单选按钮，然后在其后的文本框中输入另一个索引项。

标记关键词本质上是 Word 在每个关键词的后面自动添加了一个域，这些域是非打印字符，默认情况不可打印，也是不可见的。但如果单击"显示/隐藏编辑标记"按钮 ✔ 使其为高亮状态，即可看到被标记的关键词后有形如{XE "Android"}的域。Word 便是依据这些域创建如图 4-37 所示的索引表的。因此若要取消索引标记，只要连同{ }一起删除该域即可。

例如，若在图 4-38 所示的"标记索引项"对话框中单击"标记全部"按钮，则全文中所有出现的 Android 将均被标记，目录中也不例外。而目录中的词不应被标记，这时应找到目录中 Android 后面的{XE "Android"}，目录中的索引标记如图 4-39 所示，然后连同{ }按

Delete 键一起删除（必须使 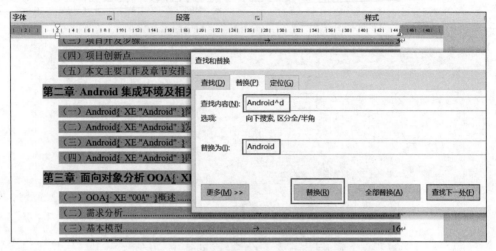 按钮为高亮状态，才能看到被标记词后面的域）。同理，还可以删除图表目录中的标记词后面的域。

图 4-39　目录中的索引标记和"查找和替换"对话框

　　当索引标记域较多时，逐个删除比较烦琐，也可通过查找替换方法批量完成，即替换"关键词＋域"的内容为"关键词"。例如，若要取消文档中对关键词 Android 的所有标记，可单击"开始"选项卡"编辑"组中的"替换"按钮，弹出"查找和替换"对话框，如图 4-39 所示。在"查找内容"中输入 Android ^d（其中^d 可先单击左下角的"更多"按钮，再通过"特殊格式"→"域"命令输入），在"替换为"文本框中输入 Android，单击"全部替换"按钮即可。

　　（2）自动标记索引项。

　　当要标记的关键词较多时，逐个词标记较烦琐，也可通过索引文件自动完成。索引文件可以是一个 Word 文件，在其中列出所有要标记的关键词，然后即可让 Word 按照此文件自动标记文档中的所有关键词。例如，一个索引文件的示例如图 4-40（a）所示。在该索引文件中，表格第 1 列是要被标记的在文档中搜索的文字（应与文档中出现的形式完全一致，否则将不能被索引搜索到）。第 2 列是索引项，其中主、次索引项之间以英文冒号（:）分隔。各索引条目要按照操作系统名称和手机品牌分类，前 2 行属于操作系统，第 3 行属于小程序，其他行属于手机品牌。因此，操作系统、手机、小程序为主索引项，各条目如"苹果"等为次索引项。

(a) 一个索引文件的示例　　　　　　　　　　(b) 自动标记索引项后生成的索引表

图 4-40　索引文件和通过文件自动标记索引项后生成的索引表

　　在索引文件中也可不使用表格而直接输入 2 列文字，2 列文字之间以 Tab 键分隔。如果索引文件只包含 1 列，则该列既是搜索文字也是主索引项（无次索引项）。

　　准备好索引文件"索引文件素材. docx"后,单击"引用"选项卡"索引"组中的"插入索引"按钮,弹出"索引"对话框,如图 4-41 所示。单击对话框中的"自动标记"按钮,浏览并选择刚刚加工制作好的索引文件"索引文件素材. docx",则可以自动完成所有关键词的索引项标记,非常方便。

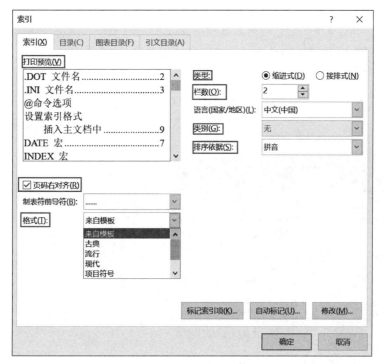

图 4-41　"索引"对话框

　　(3)创建索引表。

　　标记索引项的域是非打印文字,如果将这些文字显示出来,将会额外占用一些页面空间,可能影响后续索引项,使其所在页码后移。因此,在创建索引表前,应先取消"显示/隐藏编辑标记"按钮 高亮显示。隐藏这些文字,以便使各索引项位于正确页码的页面中。

　　将插入点定位到文档中要插入索引表的地方(如文档末尾),单击"引用"选项卡"索引"组中的"插入索引"按钮,弹出"索引"对话框,如图 4-41 所示。设置索引的格式、类型、栏数、排序依据等,其中类型有"缩进式"和"接排式"两个选项,若使用前者则次索引项将相对于主索引项缩进编排,若使用后者则主次索引项都将排在一行中。这里选择类型为"缩进式",格式为"流行",栏数为 2,类别为"无",排序依据为"拼音",单击"确定"按钮,自动标记索引项后生成的索引表如图 4-40(b)所示。

　　**5. 脚注和尾注**

　　脚注和尾注常用于学术论文或专著中,它们是对正文添加的注释:在页面底端或文字区域下方所加的注释称为脚注,如图 4-42(a)所示;在每节的末尾或全篇文档末尾添加的注释称为尾注。脚注和尾注一般均通过一条短横线与正文分隔开。Word 2016 提供了自动插入脚注和尾注的功能,并会自动为脚注和尾注编号。

　　要插入脚注,可将插入点定位到要插入注释的位置,单击"引用"选项卡"脚注"组中的

"插入脚注"按钮。如果要插入尾注，可单击"插入尾注"按钮。Word 会自动将插入点定位到脚注或尾注区域中，此时直接输入脚注或尾注的内容即可。

【注意】　要查看插入的脚注或尾注内容，不必将页面翻到底部或文档末尾处，只要将鼠标指针停留在文档中被添加了脚注或尾注文本后面的数字编号上，注释文本就会出现在屏幕提示中。

单击"脚注"组右下角的对话框启动器按钮 ↘ ，可弹出"脚注和尾注"对话框，如图 4-42（b）所示。在对话框中可对脚注和尾注的格式进行详细设置，如设置编号格式为"①，②，③…"。

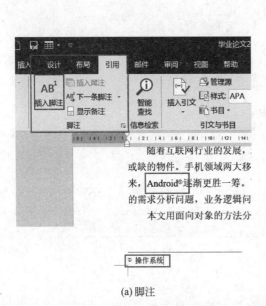

(a) 脚注

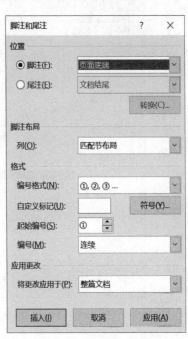

(b) "脚注和尾注" 对话框

图 4-42　脚注和注尾

在"脚注和尾注"对话框中单击"转换"按钮，还可将脚注和尾注进行互换。例如，在本节素材文档中将脚注全部转换为尾注。

在"脚注和尾注"对话框中，可以发现脚注或尾注的编号格式只有"1，2，3，…"，而没有"[1]，[2]，[3]，…"。如何在文档中设置后者的编号格式呢？可先设置编号格式为"1，2，3，…"，然后通过查找和替换的方式，在每个编号上都增加"[]"达到目的。

这里以本节素材文档为例，具体操作方法为：单击"开始"选项卡"编辑"组中的"替换"按钮，弹出"查找和替换"对话框，在对话框的"查找内容"文本框中输入"^f"（可通过单击"特殊格式"按钮，在展开的菜单中选择"脚注标记"命令进行输入），在"替换为"文本框中输入"[^&]"（其中，"^&"部分可通过单击"特殊格式"按钮，在展开的菜单中选择"查找内容"命令进行输入）。如果还要使正文中的脚注编号使用上标，可保持插入点在"替换为"文本框中，再选择"格式"→"字体"命令，在弹出的"字体"对话框中勾选"上标"复选框，最后单击"全部替换"按钮即可。脚注编号格式修改方法如图 4-43 所示。

一般情况下，脚注和尾注内容与正文之间会有一条短分隔线用于将两者隔开，若要对该

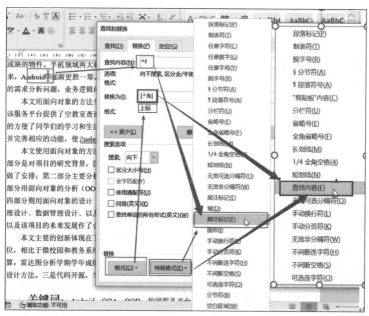

图 4-43　脚注编号格式修改方法

分隔线进行修改,则需要在脚注和尾注的编辑窗格进行操作,而不能在正文中直接修改。例如,在素材文档中要将脚注的分隔线改为文字"参考文献",操作方法为:单击"视图"选项卡"文档视图"组中的"草稿"按钮,切换为草稿视图,然后单击"引用"选项卡"脚注"组中的"显示备注"按钮,文档底部出现脚注或尾注的编辑窗格,在窗格中的"脚注"下拉列表中选择"脚注分隔符"命令,即可在窗格中对分隔符内容进行编辑和修改。这里通过 Delete 键删除默认的横线分隔符,再输入文本"参考文献",最后单击"视图"选项卡"页面视图"按钮切换回页面视图,可发现脚注分隔符已被修改。修改脚注分隔符操作及结果如图 4-44 所示。

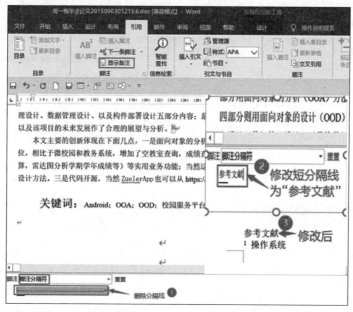

图 4-44　修改脚注分隔符操作及结果

#### 6．题注和交叉引用

1）为图片和表格插入题注

题注是添加的图片、表格、图表或公式等元素上的带编号标签，如"图 4-1 Word 2016 的主要工作界面""图 4-2 输入示例""表 4-1 文本选定操作"等。使用题注，可以保证 Word 文档（尤其是长文档）中的图、表等元素按顺序自动编号，当移动、添加或删除图和表时，各题注的编号会自动更新。这比手工逐一修改编号要方便很多，也避免了编号出错的问题。

要为图表插入题注，可将插入点定位到要添加题注的位置，如表格的上方或图片的下方（当图片为"非嵌入型"环绕时，应选中图片）。单击"引用"选项卡"题注"组中的"插入题注"按钮，弹出"题注"对话框，在"题注"对话框中给出的题注内容是"图表 1"。如不希望使用"图表"作为标签名称，而希望用"图"作为标签名称（使题注变为"图 1""图 2"……），可单击"新建标签"按钮，弹出"新建标签"对话框。在其中输入新标签"图"，单击"确定"按钮回到"题注"对话框。操作过程如图 4-45 所示。

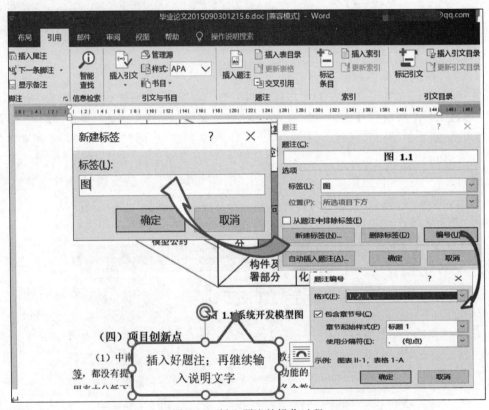

图 4-45　插入题注的操作过程

如果希望在题注编号中再加入章节号（如第 1 章的图依次被编号为"图 1.1""图 1.2"……，第 2 章的图依次被编号为"图 2.1""图 2.2"……），可单击"编号"按钮，弹出"题注编号"对话框，勾选"包含章节号"复选框，再从"章节起始样式"下拉列表框中选择"标题 1"（文档中的章标题已被应用了这种标题样式）选项，分隔符选择"．（句点）"选项，单击"确定"按钮回到"题注"对话框，再单击"确定"按钮即可插入题注标签和编号，操作过程如图 4-45 所示。插入题注标签和编号后，可在其后输入图片的文字说明（如"输入示例"）。选中所插入的题注，可见题注编号数字带有灰色阴影底纹，说明题注也是通过域这一形式来实现其内容的实时变化的。

为文档中的第2张图片以及后续图片插入题注时，在单击"插入题注"按钮后打开的"题注"对话框中，Word会自动选择上一次创建的新标签"图"和章节编号样式，这样用户不必重新设置，直接单击"确定"按钮即可插入题注。

2）创建交叉引用

插入题注后，在正文内容中也要有相应的引用说明。例如，创建了题注"图1.1 系统开发模型图"后，相应的正文内容就要有引用说明，如"请见图1.1"或"如图1.1所示"。而正文的引用说明应和图表的题注编号一一对应；若图表的题注编号发生改变（如变为图1.2），正文中引用它的文字也应发生对应改变（如变为"请见图1.2"）。这一引用关系称为交叉引用。

要使用交叉引用，可将插入点定位到要创建交叉引用的地方，如图片的上一段落的文字"开发模型如下图所示"中的"如"字之后（并删除"下"字），单击"引用"选项卡"题注"组中的"交叉引用"按钮，弹出"交叉引用"对话框，如图4-46所示。在"引用类型"下拉列表框中选择"图"选项，在"引用内容"下拉列表框中选择"仅标签和编号"选项，从而将插入的内容设置为形如"图1.1"的格式。如果勾选"插入为超链接"复选框，则引用的内容还会以超链接的方式插入到文档中，按住Ctrl键同时单击

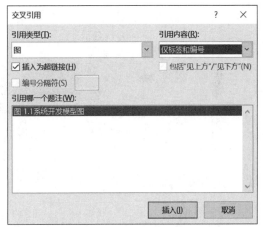

图4-46 "交叉引用"对话框

引用内容，即可跳转到所引用的内容处。在"引用哪一个题注"列表框中选择要引用的题注，如"图1.1 系统开发模型图"，单击"插入"按钮，则交叉引用插入后形成文字"开发模型如图1.1所示"，其中"图1.1"部分带有灰色阴影底纹，显然这一部分也属于域。

如果在文档的后续位置还有要插入的交叉引用，则不要关闭"交叉引用"对话框，继续在文档中的其他位置定位插入点，然后在对话框中选择对应项并单击"插入"按钮完成插入操作。当所有交叉引用都插入完成后，再单击对话框中的"关闭"按钮关闭对话框。

交叉引用除可链接到题注外，还可通过在"交叉引用"对话框的"引用类型"下拉列表框中选择对应项，使交叉引用链接到同一文档中的各级标题文字，以及被应用到项目符号的段落、脚注、尾注、书签等。

3）插入表目录

当为文档中的图、表、公式等插入了题注后，还可创建一个图表目录。图表目录不同于普通的文档目录，它不列出各章节标题，而是列出文档中的题注，以方便了解文档中都有哪些图、表或公式等。单击"引用"选项卡"题注"组中的"插入表目录"按钮，弹出"图表目录"对话框，如图4-47所示。在对话框中设置要创建目录的题注标签（如"图"），并选择格式，单击"确定"按钮即可创建图表目录。

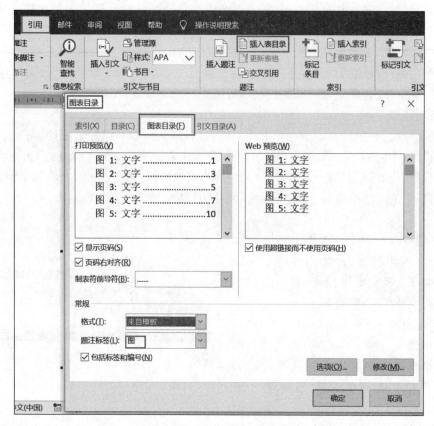

图 4-47 "图表目录"对话框

# 4.3 制作演示文稿发布信息

大数据时代人们获取的信息需要向外发布,对于非结构化的信息,可以使用 Word 和 PowerPoint 进行处理和展示。例如在进行信息发布、产品宣传、工作汇报、教学培训、会议演讲等实际工作时,希望直观、形象地传达信息,可以借助于文字、图形、图像、色彩、声音、视频、动画等多种媒体元素来达到给观众留下深刻印象的效果,使用 MS Office 2016 中的组件 PowerPoint 2016 可以帮助人们制作演示文稿来实现目标。使用演示文稿发布信息如图 4-48 所示。

图 4-48 使用演示文稿发布信息

应用 PowerPoint 2016 创建演示文稿可以概括为两大步骤:

第一步:创建并保存演示文稿。

启动 PowerPoint 2016 程序,新建空白演示文稿,也可以根据模板来创建演示文稿。将需要发布的数据信息作为内容添加进演示文稿的多张幻灯片中,然后保存文件(*.pptx),这样就创建了一个简单的演示文稿。

第二步：美化演示文稿，让幻灯片放映时给观众留下深刻印象。

这里要用到排版功能（会用到在 Word 2016 应用中学会的一些编辑排版技能），还要利用主题，幻灯片切换，动画效果，插入图片、音频和视频等功能来使得演示文稿生动、有趣和吸引人。

PowerPoint 创建演示文稿的流程如图 4-49 所示。

图 4-49　PowerPoint 创建演示文稿的流程

【提示】　如何查看正在使用的 Office 的版本？

选择"文件"→"账户"命令，查看"产品信息"，可以看到 Office 产品名称和版本号。有关详细信息，可单击"关于 PowerPoint"按钮，查看完整版本号和版本位（32 位或 64 位），如图 4-50 所示。

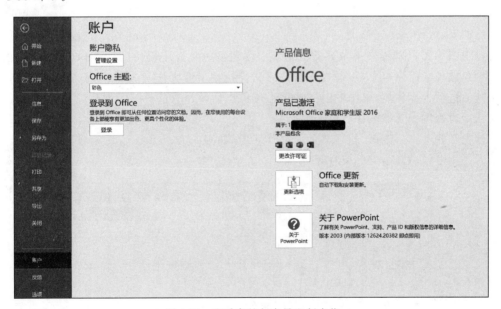

图 4-50　查看完整版本号和版本位

## 4.3.1　创建并保存演示文稿

根据本章前两节介绍的 Word 文档"中南映像-文字素材.docx"提供的文字及图片素材（见图 4-51），创建一个演示文稿（文件名为"中南映像.pptx"），将文字素材和图片通过幻灯片展示出来,并且具备视觉上的美化效果。下面将通过 5 个例子逐级完成这个演示文稿。

图 4-51　文字及图片素材

**【提示】**　本节操作步骤讲解的前提是假定阅读者已通过 Word 2016 的学习,掌握了 Office 软件的一些通用操作技能。

**【例 4-1】**　创建一个空白演示文稿(中南映像_1.pptx),将素材文字输入或者复制、粘贴到幻灯片中,演示文稿共 4 张幻灯片,如图 4-52 所示,无排版要求。

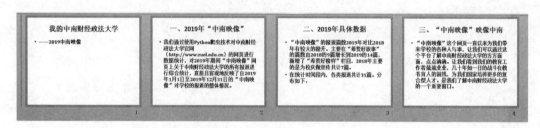

图 4-52　演示文稿幻灯片

启动 PowerPoint 2016 后,可以看到 Microsoft Office Backstage 视图(也称后台视图)。在后台视图中可以管理文件及其相关数据:创建、保存、打印、检查隐藏的数据或个人信息以及设置选项。简而言之,可通过该视图对文件执行所有无法在文件内部完成的操作。在进入其他选项卡操作后,单击"文件"选项卡可再次切换到后台视图。创建一个新演示文稿,首先在后台视图中开始操作。

首先了解 PowerPoint 操作界面及操作对象,如图 4-53 所示。若想学习更多操作技能,可随时使用 PowerPoint 2016 的帮助功能。

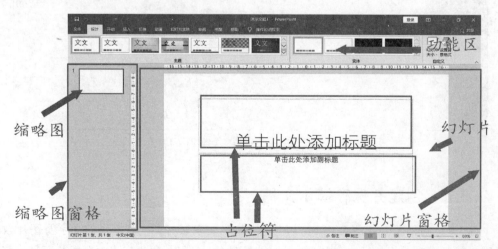

图 4-53　PowerPoint 操作界面及操作对象

创建一个简单的演示文稿(中南映像_1.pptx)。具体步骤如下。

(1) 启动 PowerPoint 2016,在后台视图中单击"新建"选项卡"空白演示文稿"组中的"创建"按钮。

(2) 在右侧幻灯片窗格的幻灯片占位符(矩形虚线框)中输入内容(或者复制、粘贴文字内容),制作完成幻灯片 1。

(3) 单击左侧缩略图窗格的幻灯片缩略图,按 Enter 键,就可以增加一张空白幻灯片,然后在右侧幻灯片窗格的幻灯片占位符中继续输入内容。此步骤可重复操作,添加并制作完成其他幻灯片。

(4) 单击"保存"按钮,在打开的对话框中选择保存的路径,将文件命名为"中南映像_1",演示文稿会自动添加扩展名.pptx。文件名"中南映像_1.pptx"中的"1"表示是演示文稿的第 1 版。

此时,一个简单的演示文稿已经创建。如果需要创建一个内容丰富、生动而有吸引力的演示文稿,可继续学习 PowerPoint 2016 中出现的重要概念,掌握它们的使用技能。

**1. 主题和模板**

主题和模板可帮助用户轻松、快捷地创建外观引人注目且风格一致的幻灯片,避免大量重复手动设置幻灯片的格式。

在例 4-1 中,新建演示文稿的操作步骤(1)可以使用以下方法之一实现。

- 创建空白演示文稿。
- 根据"主题"创建新演示文稿。
- 搜索联机模板和主题创建新演示文稿。
- 根据个人模板创建新演示文稿。

1) 主题

(1) 主题概述。

PowerPoint 2016 提供了多种内置主题,每个主题都是 PowerPoint 程序提供的一组统一的设计元素,包括配色方案、背景、字体样式和占位符的放置。使用主题可以轻松、快速地使演示文稿获得统一的美化外观,制作出具有专业设计师水准的演示文稿。

在"普通视图"的"设计"选项卡中提供了一些预先设计的主题,可以供用户选择使用,每个主题都包括一个幻灯片母版和一组相关版式。如果用户在演示文稿中使用多个主题,那么就将拥有多个幻灯片母版和多组版式。

(2) 主题的应用。

最常用的操作是让所有幻灯片都应用同一个主题。首先单击"设计"选项卡,将鼠标悬停在功能区的一个主题上,预览幻灯片将呈现的外观。如果需要更多的主题供选择,单击"更多"按钮 ▾ 可查看,然后单击选定的主题完成主题应用。所选主题会默认应用到演示文稿中的所有幻灯片。

若要让一张或多张幻灯片应用某个主题,可选中一张或多张幻灯片,右击功能区中所需的主题,然后在弹出的快捷菜单中选择"应用于选定幻灯片"命令。

可以通过修改现有主题来创建自定义主题。在"设计"选项卡"主题"组中选中某个主题,然后单击"变体"组中的"更多"按钮 ▾,通过选择"颜色""字体""效果"或"背景样式"来自行设计自己的主题。完成主题的设计后,单击"主题"组中的"更多"按钮 ▼,然后选择"保存当前主题"命令,并且命名自定义的主题。

2)模板

(1)模板概述。

模板包括特定主题和用于特定场景(如信息发布、商业计划汇报或课堂课程讲解)的一些预制内容。使用模板可以大大简化对新演示文稿的设计。用户可以联机在 Templates.Office.com 上获取数百种不同类型的 PowerPoint 免费模板,也可以将自己设计的演示文稿另存为模板文件(∗.potx)来创建、存储、重复使用以及与他人共享自己的自定义模板。

(2)模板的应用。

① 从标准 PowerPoint 模板创建新演示文稿。首先启动 PowerPoint 2016,在打开的后台视图中从 Office 库中选择一个模板,然后单击"创建"按钮,就可以在新文件中创建幻灯片。

② 从个人模板开始创建新演示文稿。启动 PowerPoint 2016,在打开的后台视图中选择"新建"命令,在右侧单击"个人"按钮,个人模板界面如图 4-54 所示。单击需要应用的模板文件(个人模板预先创建)。在打开的向导中单击"创建"按钮,然后添加新的幻灯片和编辑幻灯片的内容。

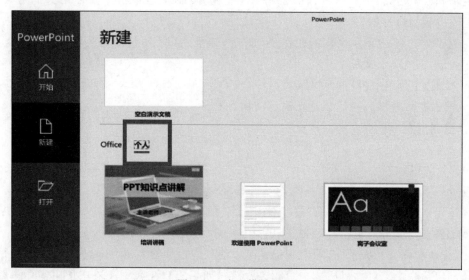

图 4-54　个人模板界面

新建一个演示文稿后需要保存演示文稿为"∗.pptx"类型。如果已有默认存放路径,使用该默认路径保存。可以查看或更改个人模板的默认位置,选择"后台视图"→"选项"命令,在弹出的"PowerPoint 选项"对话框左侧选择"保存"命令,在右侧可以看到"默认个人模板位置"文本框。此外,用户也可以重新输入一个存放个人模板的文件路径。

**2. 幻灯片的基本操作**

创建由多张幻灯片组成的演示文稿时,常用的操作是选中幻灯片、新建幻灯片、移动幻灯片和删除不需要的幻灯片,以及对幻灯片的分组管理——幻灯片分节。

1)选中幻灯片

在对幻灯片进行任何操作之前都必须首先选中幻灯片。

选中单张幻灯片：单击左侧缩略图窗格中的幻灯片。

选中多张不连续幻灯片：单击左侧缩略图窗格中的一张所需幻灯片，然后按住 Ctrl 键，再单击其他多张所需幻灯片。

选中多张连续幻灯片：单击左侧缩略图窗格中所需的第一张幻灯片，按住 Shift 键，然后再单击所需的最后一张幻灯片。

2）新建幻灯片

有多种方式可以添加新幻灯片，新建幻灯片的多种方式如图 4-55 所示。

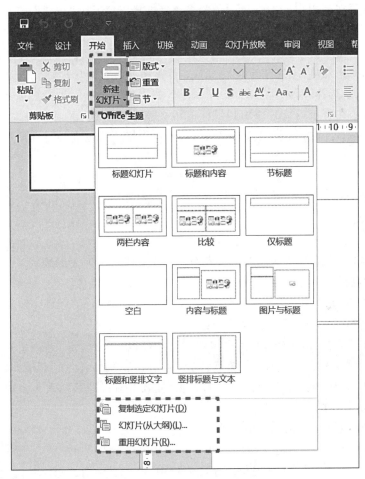

图 4-55  新建幻灯片的多种方式

（1）按 Enter 键来添加。在"普通视图"下的左侧缩略图窗格上，单击要在其后插入新幻灯片的幻灯片，直接按 Enter 键，即可添加一张新空白幻灯片，版式与原有上一张幻灯片相同，然后编辑其内容。

（2）在"普通视图"下的左侧缩略图窗格上，选中要在其后插入新幻灯片的现有幻灯片，单击"开始"选项卡中的"新建幻灯片"按钮，在版式库中选择需要的版式，即可插入新幻灯片。然后可以在占位符中添加和编辑文字与其他对象。

（3）复制幻灯片。在左侧缩略图窗格中选中待复制幻灯片，选择"开始"→"新建幻灯片"→"复制选定幻灯片"命令，然后编辑文字和其他对象。也可以右击待复制幻灯片，在弹出的快捷菜单中选择"复制幻灯片"命令。

（4）选择"开始"→"新建幻灯片"→"幻灯片（从大纲）"命令，可以根据已经设置好大纲级别的文件（＊.rtf）来快速添加幻灯片。操作步骤参阅例4-2。

（5）选择"开始"→"新建幻灯片"→"重用幻灯片"命令，可以重新使用（导入）其他演示文稿中的幻灯片，向目标演示文稿添加一个或多个幻灯片，而无须打开其他文件。在目标演示文稿中对已经导入的幻灯片所做的更改不会影响原始演示文稿中的幻灯片。

重用幻灯片的具体操作如下。首先打开想要向其添加幻灯片的演示文稿，在左侧缩略图窗格中，单击要在其中添加幻灯片的位置。然后选择"开始"→"新建幻灯片"→"重用幻灯片"命令。接着在右侧"重用幻灯片"窗格中，单击"打开PowerPoint文件"按钮，在"浏览"对话框中，找到并单击所需的演示文稿文件，然后单击"打开"按钮。随后，在"重用幻灯片"窗格中，若要添加一张幻灯片，则单击该幻灯片；若要添加所有幻灯片，则右击任意幻灯片，在弹出的快捷菜单中选择"插入所有幻灯片"命令。如果想要添加到目标演示文稿的幻灯片保留原来的格式，则在将该幻灯片添加到目标演示文稿之前勾选"保留源格式"复选框。导入的幻灯片是原始幻灯片的副本，默认情况下，导入的幻灯片将改变为目标演示文稿中幻灯片的格式。

【例4-2】 根据Word文档"中南映像-文字素材.docx"，使用"幻灯片（从大纲）"命令重新快速制作与例4-1一样的有4张幻灯片的演示文稿"中南映像_2.pptx"。

具体操作如下。

（1）打开Word文档"中南映像-文字素材.docx"，设置用作幻灯片标题的Word文档文字为大纲级别1，设置用作幻灯片正文内容的Word文档文字为大纲级别2。

即将文字"我的中南财经政法大学""一、2019年'中南映像'""二、2019年具体数据""三、'中南映像'映像中南"设置为大纲级别1，其余文字设置为大纲级别2。将编辑后的Word文档另存为"中南映像-文字素材.rtf"。

（2）启动PowerPoint 2016，在后台视图中选择"新建空白演示文稿"命令，然后选择"开始"→"新建幻灯片"→"幻灯片（从大纲）"命令。在弹出的"插入大纲"对话框中，从地址栏中找到"中南映像-文字素材.rtf"文件并选中，单击"插入"按钮，即可插入4张新幻灯片。删除第一张多余的空白幻灯片。

（3）将文件保存为演示文稿"中南映像_2.pptx"。

3）移动幻灯片

方法一：在"普通视图"下的左侧缩略图窗格中，单击要移动的幻灯片的缩略图，然后将其拖动到新位置。也可以选中多张幻灯片同时移动。

方法二：在"幻灯片浏览视图"中一次性查看所有幻灯片，选中需要移动的幻灯片拖动到新的位置。

方法三：使用"剪切"和"粘贴"命令来移动幻灯片。

4）删除幻灯片

选中需要删除的单张或多张幻灯片，按Delete键删除；或者右击，在弹出的快捷菜单中选择"删除幻灯片"命令。

5）拆分幻灯片

如果一张幻灯片中的文字太多，在文本占位符的左下角会出现智能提示符号，单击该符号打开下拉列表,可以选择"将文本拆分到两个幻灯片"命令,如图 4-56 所示。也可在"普通视图"下先复制该幻灯片,然后分别编辑这两张幻灯片的文字或对象,将其更改为不同的两张幻灯片。此外,还可单击"视图"选项卡中的"大纲视图"按钮,从"普通视图"切换到"大纲视图"。在需要拆分的文字的行首按 Enter 键,前面增加了一行空白行。右击空白行,在弹出的快捷菜单中选择"升级"命令,即可拆分出一张新幻灯片。

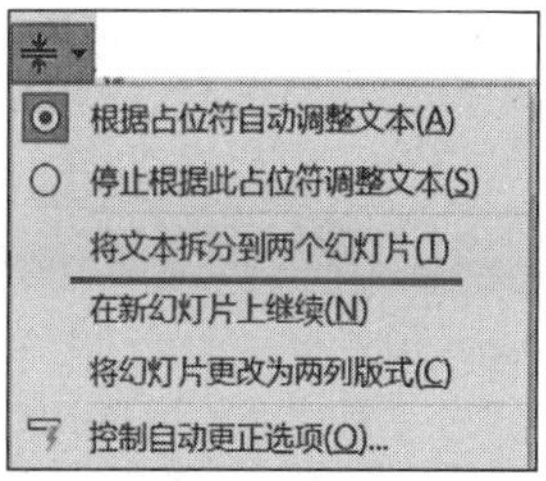

图 4-56 "将文本拆分到两个幻灯片"命令

6) 幻灯片分节

节的作用是把幻灯片划分成不同组别,可以将相同专题内容分配到一个节,将不同专题内容分配到不同节。如果是新建的空白文稿,开始可以使用节来列出演示文稿大纲。幻灯片分节的相关操作如下。

(1) 新增节。

在缩略图窗格中的幻灯片之间右击,在弹出的快捷菜单中选择"新增节"命令,即在幻灯片缩略图上方出现节名称"无标题节"。右击节名称,在弹出的快捷菜单中选择"重命名"命令,然后在"节名称"文本框中输入新的节名。也可以在"开始"选项卡下单击"节"按钮,选择"添加节"命令。

(2) 折叠节。

单击节名称旁边的三角形按钮即可折叠本节内的幻灯片。节名旁边的数字即为该节中幻灯片的数量。

(3) 更改节的顺序。

在"普通视图"或"幻灯片浏览视图"中,将节标题拖动到所需位置,或者右击,在弹出的快捷菜单中选择"向上移动节"或"向下移动节"命令。

(4) 删除节。

右击要删除的节,在弹出的快捷菜单中选择"删除节"命令。

## 4.3.2 幻灯片布局和内容编辑

### 1. 幻灯片布局和视图

幻灯片的布局是通过版式来实现的。幻灯片是由对象组成的,文本、表格、图像、插图、多媒体等对象都是幻灯片重要的组成元素。占位符决定了幻灯片中对象的摆放位置。

1) 占位符

占位符是幻灯片版式上的虚线容器,可以放置标题、正文文本、表格、图表、SmartArt 图形、图片、剪贴画、视频和声音等对象。标准幻灯片版式和占位符类型如图 4-57 和图 4-58 所示。

2) 幻灯片版式

幻灯片版式包含幻灯片上显示的所有内容的格式、位置和占位符框。幻灯片版式还包含幻灯片的"颜色""字体""效果""背景"(这 4 项统称为主题)。PowerPoint 2016 包含一系列内置幻灯片版式,可以满足用户的基本需求。在幻灯片"普通视图"下,首先选中待编辑幻灯片,然后单击"开始"选项卡"幻灯片"组中的"版式"按钮,从显示的选项库中单击某个版式

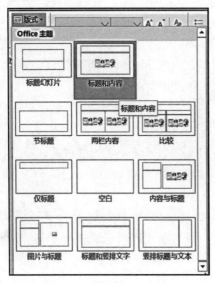

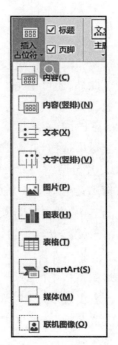

图 4-57　标准幻灯片版式　　　　　　　　图 4-58　占位符类型

加以应用。更快捷的方式是右击幻灯片，在弹出的快捷菜单中选择不同版式加以应用。PowerPoint 2016 包含的内置幻灯片版式可以在幻灯片母版中修改，在母版中更改版式后，之后在"普通视图"下添加的新幻灯片都将基于新版式。如果演示文稿中有以前的旧版式幻灯片，这些幻灯片需要重新应用版式。如果更改版式后感觉不喜欢，可单击"开始"选项卡"幻灯片"组中的"重置"按钮还原版式。使用"重置"命令不会删除所添加的任何内容。

3）演示文稿视图

PowerPoint 2016 为用户不同的使用目的提供了 5 种视图方式来显示演示文稿的内容，分别是普通视图、大纲视图、幻灯片浏览视图、备注页视图和阅读视图。可以通过将鼠标移动到"视图"选项卡的不同视图图标上查看功能说明。一般最常用的是普通视图。

**2. 幻灯片内容编辑**

在幻灯片中添加文本和设置文本格式详细操作可借鉴在 Word 中的文本输入及相应操作方式。PowerPoint 2016 提供了内置主题，每个主题都包括配色方案、背景、字体样式和占位符的放置，使用主题可以轻松、快速地使演示文稿获得统一的美化外观。

PowerPoint 2016 在"插入"选项卡中提供了添加图像、插图、相册、页眉和页脚等功能。其中相册功能的基本操作如下。

（1）单击"插入"选项卡"图像"组"相册"下的三角形按钮，然后在下拉列表中选择"新建相册"命令，弹出"相册"对话框，如图 4-59 所示。

（2）单击"插入图片来自"中的"文件/磁盘"按钮，在"插入新图片"对话框中找到并单击要插入的图片（可以同时选中多张图片），然后单击"插入"按钮。

（3）在"相册"对话框中，可以继续对"相册版式"组的"图片版式""相框形状""主题"进行设置。

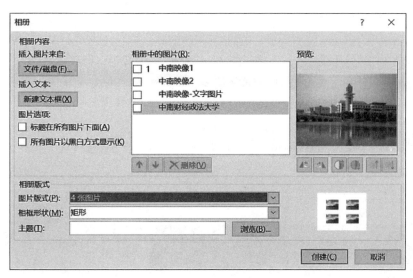

图 4-59 "相册"对话框

（4）在"相册"对话框中单击"创建"按钮，即可完成相册的创建。

如果需要对相册进行编辑，可以单击"插入"选项卡"图像"组"相册"下的三角形按钮，然后在下拉列表中选择"编辑相册"命令。更多操作可查看帮助功能。

"插入"选项卡中的添加图片、添加形状和添加 SmartArt 等功能详细操作与 Word 中的类似。PowerPoint 2016 提供了将文字转换为 SmartArt 的功能。幻灯片中的图表的相关操作可借鉴在 Excel 中图表的操作。更多详细操作说明可查看帮助功能。

在例 4-2 中已创建了一个简单的演示文稿"中南映像_2.pptx"，现在对该演示文稿有进一步的设计要求。

【例 4-3】 设置第 1 张幻灯片版式为"标题幻灯片"，将素材提供的图片 1 和图片 2 插入到第 1 张幻灯片合适位置，要求图片高度为 8cm，锁定纵横比，并且两张图片底端对齐。将第 3 张幻灯片版式设置为"空白"并忽略背景图片；将原 Word 文档中的表格加入第 3 张幻灯片，转换为带数据标签的"簇状条形图"，设置水平轴间隔单位为 5，边界最大值为 15，最小值为 0。在最后增加一张空白幻灯片。为全部幻灯片设置"平面"主题。将幻灯片分节：第 1 张幻灯片节标题是"封面"；将第 2～4 张幻灯片分为一节，节标题是"校园报道统计"；将第 5 张幻灯片设置为"视频展示"节。

具体操作如下。

（1）打开演示文稿"中南映像_2.pptx"，右击第 1 张幻灯片缩略图，在弹出的快捷菜单中选择"版式"→"标题幻灯片"命令。在右侧编辑幻灯片，单击"插入"选项卡"图像"组中的"图片"按钮，弹出"插入图片"对话框，在对话框中浏览图片存放路径，同时选中图片 1 和图片 2（Shift 键+单击），单击对话框中的"插入"按钮。

同时选中图片 1 和图片 2，单击"图片工具-格式"选项卡 "大小"组右下角的箭头，打开"设置图片格式"窗格，设置"高度"为 8cm，勾选"锁定纵横比"复选框。在"排列"组中单击"对齐"按钮，在下拉列表中选择"底端对齐"命令。

（2）右击第 3 张幻灯片，在弹出的快捷菜单中选择"版式"→"空白"命令。右击第 3 张幻灯片缩略图，在弹出的快捷菜单中选择"设置背景格式"命令，打开"设置背景格式"窗格，在窗格中勾选"隐藏背景图形"复选框。

将文档"中南映像-文字素材.docx"中的表格复制、粘贴到第 3 张幻灯片。选中表格,单击"插入"选项卡"插图"组中的"图表"按钮,在"插入图表"对话框中,选择"条形图"→"簇状条形图"命令,编辑自动打开的 Excel 窗口中表格的数据,如图 4-60 所示。关闭 Excel 窗口,删除原表格。将图表拖放至合适位置,右击选中的所有数据系列,在弹出的快捷菜单中选择"添加数据标签"命令。右击图中水平坐标轴,在弹出的快捷菜单中选择"设置坐标轴格式"→"系列选项"→"坐标轴选项"命令,在右侧窗格中对坐标轴选项进行设置,坐标轴设置参数如图 4-61 所示。

图 4-60　编辑自动打开的 Excel 窗口中表格的数据　　图 4-61　坐标轴设置参数

(3) 选中第 4 张幻灯片缩略图,按 Enter 键,将插入版式相同的空白幻灯片,右击第 5 张幻灯片,在弹出的快捷菜单中选择"标题与内容"命令。

(4) 在"设计"选项卡"主题"组中选择"平面"主题,默认将主题"应用于所有幻灯片"。否则,右击主题,在弹出的快捷菜单中选择"应用于选定幻灯片"命令。

(5) 右击第 1 张幻灯片,在弹出的快捷菜单中选择"新增节"命令,在弹出的"重命名节"对话框中输入节名称"封面",单击"重命名"按钮即可。右击第 2 张幻灯片重复类似操作,重命名节标题为"校园报道统计";右击第 5 张幻灯片重复类似操作,重命名节标题为"视频展示"。

(6) 将演示文稿另存为"中南映像_3.pptx"。

视频讲解

### 4.3.3　视觉美化的渠道

PowerPoint 2016 可以通过演示文稿的外观设计使各个幻灯片具有统一或独特的外观。外观设计的方法主要包括应用主题(包括内置主题和外部主题)和设计幻灯片母版。

**1. PowerPoint 2016 的母版**

1) PowerPoint 2016 母版的相关概念

(1) PowerPoint 2016 的 3 种母版。

① 幻灯片母版。幻灯片母版是 PowerPoint 2016 模板的一个部分,用于设置幻灯片的

样式,包括标题和正文等文本的格式、占位符的大小和位置、项目符号和编号样式、背景设计和配色方案等。

② 讲义母版。讲义母版用于更改讲义的打印设计和版式。通过讲义母版,在讲义中设置页眉和页脚,控制讲义的打印方式。

③ 备注母版。备注母版主要用于控制备注页的版式和备注文字的格式。

比较常用的幻灯片版式的更改和管理是在幻灯片母版视图进行的。在"视图"选项卡中单击"幻灯片母版"按钮,可以打开幻灯片母版视图,如图 4-62 所示。

图 4-62 幻灯片母版视图

(2) 幻灯片母版。

在"幻灯片母版视图"左侧的缩略图窗格中,幻灯片母版是指第 1 张也即最大的那张幻灯片。编辑幻灯片母版时,所做的编辑更改会影响基于该母版的所有幻灯片。例如,对于标题占位符中的标题样式以及内容占位符中的各个大纲级别的文本样式的编辑会影响所有基于该母版的幻灯片。要使所有的幻灯片包含相同的文字(如水印)和图像(如徽标),也要在幻灯片母版中进行编辑,这些更改将应用到所有幻灯片中。

【注意】 在普通视图中编辑时,用户的操作不会改变幻灯片母版视图的设置。例如,用户出现"无法删除幻灯片中的图片"之类的问题,这可能因为更改的内容是在幻灯片母版或版式母版上定义的,需要切换到幻灯片母版视图下删除。

(3) 版式母版。

显示在第 1 张母版幻灯片下方的其他母版统称为版式母版,包括"目录"版式、"标题和内容"版式、"两栏内容"版式等,这些版式母版分别提供不同的布局版式以供选择。这些版式母版既继承了第 1 张母版的所有编辑排版,又具有自己单独的编辑排版设置。

2) 幻灯片母版和版式母版的主要操作

对幻灯片母版和版式母版的主要操作包括:

(1) 使用占位符。幻灯片母版中有 5 种占位符,分别是标题占位符、文本占位符、日期占位符、幻灯片编号占位符和页脚占位符。标题和正文等文本的格式、占位符的大小和位置、项目符号和编号样式、背景设计和配色方案等皆可按需要编辑设置,具体操作可以借鉴所学 Word 的类似基本操作或者参阅 PowerPoint 2016 的相关帮助内容。

【注意】 在幻灯片母版视图下,每个占位符内的文字只起提示作用(例如看到了"#"编号,"页脚"等占位符),不要在母版的这 5 种占位符中添加文字,只需设置其格式。即使在里面添加文字也不会显示在幻灯片上面。

(2) 更改现有版式。单击"幻灯片母版"选项卡"母版板式"组中的"插入占位符"按钮,在下拉列表的 10 种占位符类型中选择需添加的占位符,例如"内容"占位符、"文本"占位符和"图片"占位符等,根据需要调整占位符的大小和位置。

（3）删除现有版式。在左侧缩略图窗格中选中某个不需要的幻灯片版式,按 Delete 键删除该版式。

（4）添加新幻灯片母版。在左侧缩略图窗格中单击预放置新幻灯片母版的位置,单击"幻灯片母版"选项卡"编辑母版"组中的"插入幻灯片母版"按钮。

（5）关闭幻灯片母版。完成对幻灯片母版和版式母版的编辑设置之后,单击"幻灯片母版"选项卡"关闭"组中的"关闭母版视图"按钮,返回普通视图。

（6）如果需要重复使用自定义的幻灯片母版,可以将自定义的幻灯片母版保存为模板。在幻灯片母版视图下完成以上的创建或编辑之后,选择"文件"→"另存为"命令,在打开的对话框中选择保存文件的路径,输入文件名,选择"保存类型"为"模板(.potx)",单击"保存"按钮。

**2. 向幻灯片背景添加水印**

PowerPoint 没有像 Word 一样的水印工具用于直接添加水印,需要手动向幻灯片添加文本背景,以获得水印效果。可以用文本框或艺术字来制作水印。具体操作如下。

（1）若要向单独的幻灯片添加水印,可在普通视图下打开此幻灯片。若要将水印添加到演示文稿中的所有幻灯片上,可在幻灯片母版视图下操作。

（2）若要使用文本框制作水印,可单击"插入"选项卡"文本"组中的"文本框"按钮,然后拖动鼠标,拖曳出所需尺寸的文本框,在文本框中输入文字并编辑。

（3）若要使用艺术字制作水印,可单击"插入"选项卡"文本"组中的"艺术字"按钮,选择艺术字样式,然后输入文字内容。

（4）选中文本框或艺术字后,可以在"绘图工具-格式"选项卡"排列"组中选择需要的命令完成所需排版。

（5）如果想在背景中添加徽标,可将徽标添加为背景图片。

【例 4-4】 在演示文稿"中南映像_3.pptx"的基础上,在幻灯片右上角显示幻灯片编号,标题幻灯片不显示编号,编号字体为 12 号黑体。在幻灯片左上角显示艺术字水印"中南映像",将其调整到合适大小并旋转一定角度,艺术字样式为"填充：浅灰色,背景色 2;内部阴影"。

具体操作如下。

（1）打开演示文稿"中南映像_3.pptx",单击"视图"选项卡"母版视图"组中的"幻灯片母版"按钮,进入幻灯片母版视图,选中左侧第 1 张最大的幻灯片母版,单击"插入"选项卡"文本"组中的"艺术字"按钮,在"艺术字样式"下拉列表中选择"填充：浅灰色,背景色 2;内部阴影"样式,在"艺术字"文本框中输入"中南映像",调整字体大小,拖曳艺术字旋转柄到合适角度,将其拖放到幻灯片母版左上角合适位置。

（2）在第 1 张最大的幻灯片母版中,将幻灯片编号占位符拖放至幻灯片母版的右上角。选中占位符<♯>,在"开始"选项卡"字体"组中设置字体为黑体,字号为 12。

（3）单击"幻灯片母版"选项卡"关闭"组中的"关闭母版视图"按钮回到"普通视图"。

（4）单击"插入"选项卡"文本"组中的"页眉和页脚"按钮,在弹出的对话框中勾选"幻灯片编号"和"标题幻灯片中不显示"复选框,单击"全部应用"按钮。

（5）将演示文稿另存为"中南映像_4.pptx"。

**3. 幻灯片切换、动画、插入音频和视频**

1）幻灯片切换

为了加强幻灯片的视觉效果，使其更引人注目，在从一张幻灯片切换到另一张幻灯片时，可以添加特殊的换片动态效果，这个功能由"切换"选项卡提供。"切换"样式分为"细微""华丽""动态内容"3个组别，每个切换样式都有相应的变体，可在"效果选项"中选择。

在"切换"选项卡"计时"组中提供了切换方式设置选项，例如单击时切换或者按计时自动切换、切换时有无声音效果、切换过程的持续时间。默认选择的切换效果对当前幻灯片有效，也可以设置成将该切换效果应用于全部幻灯片。

2）幻灯片中文本和其他对象的动画设置

幻灯片动画就是给幻灯片上的文本和其他对象，例如图片、形状、表格、SmartArt 图形等对象在出现、消失、移动或强调时添加动态视觉效果或者声音效果。

PowerPoint 2016 中有 4 种不同类型的动画效果："进入""退出""强调""动作路径"。

（1）"进入"动画：用来设置对象从外部进入或出现在幻灯片中的方式，如出现、淡出、飞入、浮入等。

（2）"退出"动画：当某对象的动画效果播放完毕后，如果要让该对象离开幻灯片播放画面，就要为该对象设置"退出"动画。

（3）"强调"动画：当对象已经出现在播放画面中时，可以对其设置强调效果，如脉冲、陀螺旋、放大/缩小、填充颜色等。

（4）"动作路径"动画：设定对象在幻灯片放映过程中从一个位置按照某种轨迹移动到另一个位置，路径轨迹可以是直线、弧形、转弯、循环等，也可以是用户按需求自定义的。

在演示文稿中向文本、图片和形状等对象添加动画的操作步骤如下：首先，选中要设置动画的文本或其他对象（可以同时选中多个对象设置动画）。其次，在"动画"选项卡中选择一种动画（每个动画都有自己的名称）。然后，在"效果选项"中选择该动画的一种效果。接着，为同一个文本或对象添加更多动画时，单击"添加动画"按钮，从列表中选择所需动画。重复"添加动画"步骤多次可为同一个对象添加多个动画序列。

为不同的文本或对象重复设置同一种动画时，可以使用"动画刷"。将鼠标指针移动到"动画刷"按钮上可以显示其使用说明。

动画启动的方法有多种选项，各种选项的含义如下：

（1）单击时：单击幻灯片时启动动画。

（2）与上一动画同时：与序列中的上一动画同时播放动画。

（3）上一动画之后：上一动画出现后立即启动动画。

（4）持续时间：延长或缩短效果。

（5）延迟：效果运行之前增加时间。

3）幻灯片超链接

（1）设置超链接。

在 PowerPoint 2016 中，超链接可以是从一张幻灯片到同一演示文稿中另一张幻灯片的链接，也可以是从一张幻灯片到不同演示文稿中另一张幻灯片、电子邮件地址、网页或文件的链接。可以为文本或对象，如图片、图形、形状或艺术字创建超链接。

（2）设置动作按钮。

动作按钮是指可以添加到演示文稿中的内置按钮形状（位于形状库中），可以设置单击时或鼠标移过时动作按钮将执行的动作，还可以为剪贴画、图片或 SmartArt 图形中的文本设置动作。

**【例 4-5】** 在演示文稿"中南映像_4.pptx"的基础上，为第 1 张幻灯片的标题设置自动从左侧飞入的动画，要求副标题自动同时从右侧飞入。随后要求图片 1 和图片 2 自动地同时"翻转式由远及近"地进入。添加"下一站茶山刘.mp3"素材音频，要求放映时歌曲一直播放到幻灯片放映结束，并且歌曲循环播放，放映时不显示音频标记 🔊。为第 3 张幻灯片中的图表添加动画效果，要求播放时自动"按类别""飞入"。为第 5 张幻灯片输入标题"我的中南财经政法大学"，插入素材"PPT 例题演示.mp4"视频，用素材图片 3 作为视频的封面，要求视频自动播放时全屏放映。设置全部幻灯片播放时的切换方式是从左侧"擦除"，换片方式为单击时换片或间隔 5s 自动换片。最后，将演示文稿另存为"中南映像.pptx"。

具体操作如下。

（1）打开演示文稿"中南映像_4.pptx"，选中第 1 张幻灯片的标题，单击"动画"选项卡"动画"组中的"飞入"按钮，选择"效果选项"→"自左侧"命令，选择"计时"→"开始"→"与上一动画同时"命令。选中副标题，单击"动画"选项卡"动画"组中的"飞入"按钮，选择"效果选项"→"自右侧"命令，选择"计时"→"开始"→"与上一动画同时"命令。选中图片 1，单击"动画"选项卡"动画"组中的"翻转式由远及近"按钮，选择"计时"→"开始"→"上一动画之后"命令，单击"动画刷"，用动画刷去单击图片 2，选择"计时"→"开始"→"与上一动画同时"命令。

（2）单击"插入"选项卡"媒体"组中的"音频"按钮，在下拉列表中选择"PC 上的音频"命令，在"音频"对话框中找到素材"下一站茶山刘.mp3"文件，单击"插入"按钮。在"音频工具-播放"选项卡"音频选项"组中，在"开始"右侧的下拉列表框中选择"自动"命令，勾选"跨幻灯片播放""循环播放，直到停止""放映时隐藏"复选框，设置音频播放操作如图 4-63 所示。

（3）选中第 3 张幻灯片中的图表，单击"动画"选项卡"动画"组中的"飞入"按钮，选择"效果选项"→"按类别"命令，选择"计时"→"开始"→"与上一动画同时"命令。

（4）选中第 5 张幻灯片，在标题占位符中输入文字"我的中南财经政法大学"，单击内容占位符中的"插入视频文件"按钮，在"插入视频文件"对话框中选中素材"PPT 例题演示.mp4"文件，单击"插入"按钮。选中视频，单击"视频工具-格式"选项卡"调整"组中的"标牌框架"按钮，在下拉列表中选择"文件中的图像"命令，弹出"插入图片"对话框，单击"浏览"按钮，选中素材图片 3，单击"插入"按钮。选中视频，在"视频工具-播放"选项卡的"视频选项"组中勾选"全屏播放"复选框。设置视频播放如图 4-64 所示。

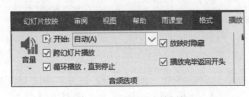

图 4-63　设置音频播放

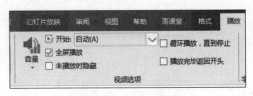

图 4-64　设置视频播放

（5）单击"切换"选项卡"切换到此幻灯片"组中的"擦除"按钮，选择"效果选项"→"自左侧"命令。在"计时"组设置"换片方式"为单击鼠标时和间隔5s自动换片，设置换片方式如图 4-65 所示。单击"应用到全部"按钮。

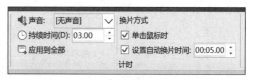

图 4-65　设置换片方式

（6）将演示文稿另存为"中南映像.pptx"。演示文稿结果浏览视图如图 4-66 所示。

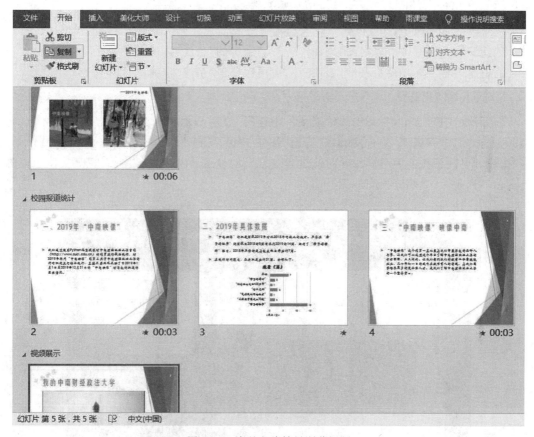

图 4-66　演示文稿结果浏览视图

## 4.3.4　演示文稿的放映和输出

### 1. 演示文稿的放映

演示文稿完成后的放映可以通过单击"幻灯片放映"选项卡"开始放映幻灯片"组中的"从头开始"或"从当前幻灯片开始"按钮，或单击窗口底部的"幻灯片放映"按钮 🖵 。

### 2. 录制幻灯片演示

单击"幻灯片放映"选项卡"设置"组中的"录制幻灯片演示"按钮，可以将演示文稿放映过程录制成视频，以便演示者或缺席者以后观看。可以在幻灯片放映期间将旁白讲解与激光笔的使用一起录制。

**3. 自定义幻灯片放映**

自定义幻灯片放映是选择全部演示文稿中的一部分幻灯片，按新的播放顺序形成幻灯片组合，并为该组合命名，选择不同的组合进行放映，以满足不同的放映场合需要。

**4. 创建自动放映的演示文稿**

如果将 PowerPoint 2016 演示文稿发送给同事或其他用户，希望用户不进入编辑模式，直接放映演示文稿，可以将该演示文稿另存为"PowerPoint 放映（＊.ppsx）"文件。用户双击扩展名为 ppsx 的文件时，幻灯片自动开始放映。

**5. 向幻灯片添加演讲者备注**

创建演示文稿时，单击"视图"选项卡"显示"组中的"备注"按钮，在"备注"窗格中输入演讲者的备注内容。如果要隐藏演讲者备注，可再次单击"备注"按钮。

**6. 演示时使用备注**

幻灯片放映时右击，在弹出的快捷菜单中选择"显示演示者视图"命令，切换到"演示者视图"。在"演示者视图"中，每张幻灯片的"备注"显示在右侧。单击"增大文本"或"缩小文本"按钮可更改备注的大小。放映时演讲者在自己的显示器上查看备注，而观众从显示屏幕上则看不到备注，演示者视图如图 4-67 所示。

图 4-67　演示者视图

**7. 导出演示文稿**

演示文稿最简单的导出方式便是将其直接保存为演示文稿文件。保存演示文稿时，默认文件为演示文稿文件（＊.pptx）。还可以根据需要另存为其他类型的文件。此外，也可以选择"文件"→"导出"命令，通过导出方式列表中的不同命令将演示文稿导出为 PDF/XPS 文档、视频、动态 GIF、CD 或讲义。

# 本章小结

使用 Word 与 PowerPoint 完成以文本数据为代表的非结构化数据的处理与展示是技能,更是艺术。完成本章的学习,只能说掌握了最基本的技能,虽然距文字处理与幻灯片制作高手还有很大差距,但相信通过一步一步的尝试和努力,读者已掌握了一些基本方法,收获了一些信心,具备了自我提升的基础。对于使用 Word 2016 与 PowerPoint 2016 的初学者,更多的操作技能可以查看帮助功能,在学习和应用过程中尝试认真地去面对每一次制作文档与演示文稿的任务。另外可以常备一两本实用的工具参考书,以供需要时查阅。如果希望提高制作文档与演示文稿的技能,可以浏览下面一些网站以助提升设计灵感。例如,Product Hunt 网、灵感网络、幻觉网、Baubauhaus 网、优设网、视觉中国、站酷。

最后,一定要记住这句话:"网络,是永不失联的老师。"

第 4 章 扩展案例视频

# 第 5 章

# 表格数据处理

在信息化时代,计算机网络成为人们获取信息的重要工具。在互联网中所获取的数据资料往往要借助于智能软件工具进行相关的处理后才能进行进一步的统计与分析。根据数据类型的不同,可以使用不同的方式进行处理和分析,而 Office 正是进行不同类型数据和信息管理及处理的工具。在第 4 章中,介绍了如何使用 Word 和 PowerPoint 对于非结构化信息进行处理和展示。除非结构化数据外,以二维表结构进行逻辑表达和实现的结构化数据也是大数据分析的主要对象。

本章将以 Excel 2016 为主要工具,通过大量实操案例介绍如何利用 Excel 强大的数据计算、统计分析、辅助决策以及图表绘制功能,完成表格数据的存储、管理、运算、统计分析与制图输出等操作,从而对获取的原始数据进行预处理,使其满足大数据分析的需要。

## 5.1 Excel 基础

制作电子表格是 Excel 最基本的功能。电子表格同书面表格一样,可以存储和记录各种类型的数据及信息,满足人们对这些信息的存储、查询和管理需要。本节将介绍 Excel 2016 制作电子表格的基础知识和概念。

### 5.1.1 Excel 界面与基本术语

Excel 2016 保持了与其他 Office 2016 组件一致的工作界面风格,Excel 2016 基本操作界面如图 5-1 所示,包含基本的组成部分,如标题栏、功能区、状态栏等。根据自身功能定位,Excel 2016 的工作界面也有一定的特殊性,下面将结合图 5-1 中的内容介绍 Excel 的工作界面和基本术语。

(1)工作簿。工作簿是一个 Excel 电子表格文件,用来存储并处理工作数据的文件,其默认的名称是 Book,以 xlsx 为扩展名。

(2)工作表。工作簿中有若干由水平方向的行与垂直方向的列构成的表格,称为工作

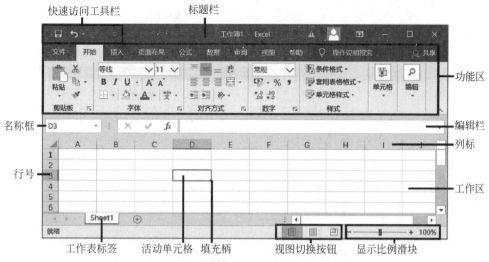

图 5-1 Excel 2016 基本操作界面

表。一个工作簿可以包含多张工作表,工作表的默认名称为 Sheet。当前显示的工作表称为活动工作表,单击不同的标签项,可以在不同的工作表之间切换显示。

(3) 功能区。Excel 的基本功能都可以在功能区中通过不同类型的选项卡来实现,这些选项卡包括"文件""开始""插入""页面布局""公式""数据""审阅""视图""帮助"等。同时,功能区中的内容还可以通过"Excel 选项"设置进行灵活的自定义调整。

(4) 工作区。工作区由行号、列标、工作表标签和单元格组成,可以输入不同类型的数据,是最直观显示所有输入内容的区域。

(5) 单元格。工作表的每一行和每一列交叉形成的小格称为单元格,它们是 Excel 中最基本的操作对象。可以在单元格中输入数字、文字、日期、公式等数据。每个单元格都有一个地址,由行号与列标组成。其中行号为数字 $1 \sim 1\,048\,576$,列标为字母 $A \sim Z$、$AA \sim ZZ$、$AAA \sim XFD$。例如,G3 表示是第 3 行第 7 列的单元格地址。

(6) 名称框。名称框位于工作区的左上方,用于指示当前选定的单元格、图表项或绘图对象。

(7) 编辑栏。编辑栏位于工作区的右上方,用于显示、输入和编辑当前活动单元格中的数据或公式。单击"取消"按钮 ✕ 可以取消在编辑栏输入的内容,单击"输入"按钮 ✓ 可确定输入的内容,单击"插入函数"按钮 $f_x$ 可插入函数。

## 5.1.2 Excel 的基本操作

工作簿、工作表与单元格是组成 Excel 文件的三大要素,Excel 中的操作主要是针对它们进行的。下面介绍工作簿、工作表与单元格的基本操作。

**1. 工作簿的基本操作**

Excel 的工作簿实际上就是一个 Excel 文件,因此对工作簿的操作就是对文件的操作,包括创建、保存、打开与关闭工作簿。

1) 创建工作簿

可以使用多种方法创建工作簿,包括:

（1）在 Excel 工作窗口中创建。在现有的工作窗口上，有以下 3 种等效操作可以创建新工作簿。

① 由系统"开始"菜单或桌面快捷方式启动 Excel，打开 Excel 程序窗体，单击"空白工作簿"命令。

② 在功能区上选择"文件"→"新建"命令，单击"空白工作簿"按钮。

③ 按 Ctrl+N 组合键。

（2）在系统中创建工作簿文件。

安装了 Office 2016 的 Windows 系统会在鼠标右键菜单中自动添加新建"Microsoft Excel 工作表"的快捷命令，通过这一快捷命令也可以创建新的 Excel 工作簿文件。具体操作如下。在 Windows 桌面或文件夹窗口的空白处右击，在弹出的快捷菜单中选择"新建"→"Microsoft Excel 工作表"命令，如图 5-2 所示。完成操作后可在当前位置创建一个新的 Excel 工作簿文件，双击此新建的文件，即可在 Excel 工作窗口中打开此工作簿。

图 5-2 "Microsoft Excel 工作表"命令

2）保存工作簿

在工作簿中输入数据或完成编辑工作后，可以对相关操作进行保存以防止数据的丢失。保存工作簿可使用多种方法。

（1）单击"快速访问工具栏"中的"保存"按钮 ⊞。这种方式下，文件的保存位置与上次保存的位置相同。

（2）在功能区上选择"文件"→"保存"命令。这种方式下，文件的保存位置与上次保存的位置相同。

（3）在功能区上选择"文件"→"另存为"命令，弹出"另存为"对话框。在"保存位置"下拉列表框中选择工作簿要存放的文件夹或磁盘名。在"文件名"下拉列表框中输入文件名，在"文件类型"下拉列表框中选择文件类型，最后单击"保存"按钮。

（4）按 Ctrl+S 组合键。

（5）按 Shift+F12 组合键。

3）打开工作簿

打开现有工作簿的方法如下所述。

（1）直接通过文件打开。利用 Windows 资源管理器找到工作簿文件所在路径,直接双击该文件图标即可打开。

（2）使用"打开"对话框打开。先启动 Excel 2016,在功能区上选择"文件"→"打开"命令,在"打开"对话框中选择要打开的工作簿文件,单击"打开"按钮即可。

另外,使用这种方法还可以打开其他类型的文件,并通过"另存为"命令将其保存为工作簿文件。下面将在 Excel 中打开"中国银行.csv"文件,该文件是使用第 3 章所介绍的爬虫工具采集到的中国银行股票数据信息,最后将其保存为工作簿文件"中国银行.xlsx"。打开并保存工作簿文件具体操作如图 5-3 所示。

图 5-3　打开并保存工作簿文件具体操作

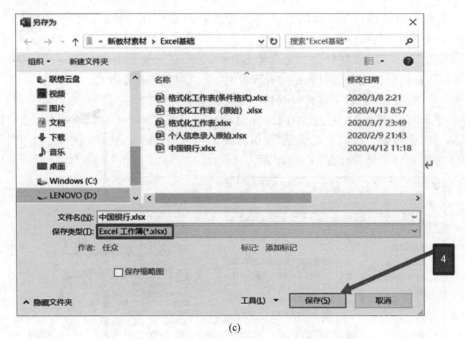

(c)

图 5-3　（续）

4）关闭工作簿和 Excel 程序

当用户结束工作后，可以关闭 Excel 工作簿。关闭工作簿可使用多种方法。

（1）单击工作簿窗口中的"关闭"按钮。

（2）在功能区上选择"文件"→"关闭"命令。

（3）按 Ctrl+W 组合键。

（4）按 Alt+F4 组合键。

（5）在功能区右击，在弹出的快捷菜单中选择"关闭"命令。

**2. 工作表的基本操作**

1）创建、重命名和删除工作表

在新建工作簿时，Excel 将自动为该工作簿创建一个工作表。如果需要，可添加新的工作表，并完成工作表的重命名和删除等管理工作，具体操作如下。

（1）单击工作表标签右侧的"新工作表"按钮，如图 5-4 所示，即可在工作表的末尾插入新工作表。单击"开始"选项卡"单元格"组中的"插入"按钮，在下拉列表中选择"插入工作表"命令，或在当前工作表标签上右击，在弹出的快捷菜单中选择"插入"命令，在"插入"对话框中选中"工作表"类型，再单击"确定"按钮，即可在当前工作表右侧插入新工作表。

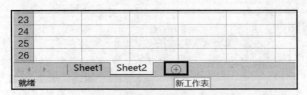

图 5-4　单击工作表标签右侧的"新工作表"按钮

（2）若需要为新工作表定义一个名称或者重命名现有的工作表，可以在该工作表标签上双击，或者先通过标签选中要命名的工作表，然后单击"开始"选项卡"单元格"组中的"格式"按钮，在下拉列表中选择"重命名工作表"命令，此时工作表标签名称将进入可编辑状态，输入新的工作表名后按 Enter 键确认。

（3）当工作簿中有多张工作表时，可以为工作表标签设置颜色以突出显示部分工作表。在要改变颜色的工作表标签上右击，在弹出的快捷菜单中选择"工作表标签颜色"命令，或者单击"开始"选项卡"单元格"组中的"格式"按钮，在下拉列表中选择"工作表标签颜色"命令，打开颜色选择列表，在其中选择一种颜色作为工作表标签颜色。

（4）如果要删除某一个工作表，可在要删除的工作表标签上右击，在弹出的快捷菜单中选择"删除"命令，或单击"开始"选项卡"单元格"组中的"删除"按钮，在下拉列表中选择"删除工作表"命令即可。工作表删除后将被永久删除，不能恢复。

2）同时选定多个工作表

除了选定某个工作表作为当前工作表外，还可以同时选中多个工作表形成"组"。在工作组模式下，可以方便地同时对多个工作表对象进行复制、删除等操作。可以使用多种方法同时选定多个工作表。

（1）按住 Ctrl 键，同时依次单击需要选定的工作表标签，即可同时选定多个工作表。

（2）如果需要选定的工作表为连续排列的工作表，可以先单击其中的第一个工作表标签，然后按住 Shift 键，再单击连续工作表中的最后一个工作表标签，即可同时选定连续的多个工作表。

（3）如果要选定当前工作簿中的所有工作表组成工作组，可以在任意工作表标签上右击，在弹出的快捷菜单中选择"选定全部工作表"命令。

（4）多个工作表被同时选中后，会在标题栏上显示"组"字样，被选定的工作表标签都将反白显示。单击任意一个工作表标签可取消工作组，标题栏的"组"字样也同时消失。

3）移动和复制工作表

以下方法可以实现工作表的移动和复制操作。

（1）使用菜单。

选中要移动或复制的工作表，单击"开始"选项卡"单元格"组中的"格式"按钮，在下拉列表中选择"移动或复制工作表"命令，或右击选中的工作表标签，在弹出的快捷菜单中选择"移动或复制"命令，都将会弹出"移动或复制工作表"对话框，如图 5-5 所示。在该对话框中选择好目标工作簿，再选择工作表要移动或复制的位置，并根据需要选择是否建立副本，最后单击"确定"按钮即可。

【注意】　"建立副本"即为复制工作表，否则为移动工作表。

（2）使用鼠标拖动。

使用鼠标拖动实现移动或复制工作表的方法是首先打开目标工作簿，选中要移动或复制的工

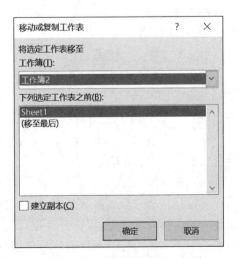

图 5-5　"移动或复制工作表"对话框

作表,按住鼠标左键沿着标签栏拖动鼠标,当黑色小三角形移到目标位置时,释放鼠标左键即可移动工作表。若要复制工作表,则在拖动过程中按住 Ctrl 键。

4) 拆分工作表

当工作表中的数据比较多并且需要比较工作表中不同部分数据时,可以对工作表进行拆分,如图 5-6 所示,以使屏幕能同时显示工作表的不同部分,方便用户对较大的表格进行数据比较。

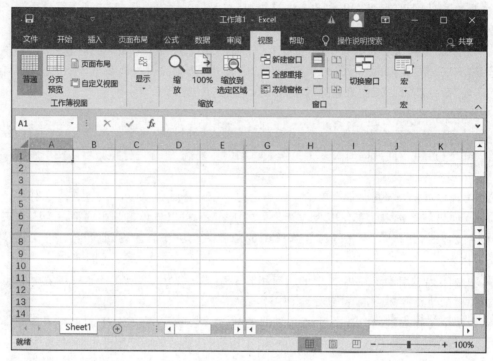

图 5-6　拆分工作表

（1）水平拆分工作表。

单击要进行水平拆分的行号,再单击"视图"选项卡"窗口"组中的"拆分"按钮,工作表将被拆分成上、下两部分。

（2）垂直拆分工作表。

单击要进行垂直拆分的列号,再单击"视图"选项卡"窗口"组中的"拆分"按钮,工作表将被拆分成左、右两部分。

（3）同时进行水平、垂直拆分工作表。

单击工作表中某个单元格,再单击"视图"选项卡"窗口"组中的"拆分"按钮,工作表将被拆分成上、下、左、右 4 部分。

（4）取消拆分。

将鼠标指针定位到拆分条上,按住鼠标左键即可移动拆分条,从而改变窗格的布局。在工作表处于拆分状态时,将拆分条拖到窗口边缘或在拆分条上双击,即可在窗口内去除某拆分条。再次单击"视图"选项卡"窗口"组中的"拆分"按钮,将同时取消水平拆分和垂直拆分的效果。

5）冻结工作表窗格

（1）单击"视图"选项卡"窗口"组中的"冻结窗格"按钮，将打开冻结窗格下拉列表，如图 5-7 所示，选择需要冻结的内容即可。若选择"冻结窗格"命令，则将在选中的单元格的上面和左边出现两条细实线，细实线的上面和左边部分单元格区域不再随着滚动条的滚动而移动。

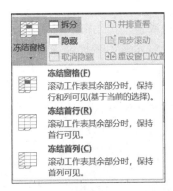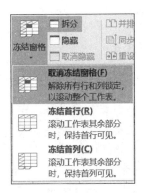

图 5-7　冻结窗格下拉列表

（2）若需要取消冻结，则再次单击"冻结窗格"按钮，在下拉列表中选择"取消冻结窗格"命令即可。

**3. 单元格、行、列的基本操作**

1）选择单元格、行与列

单元格是存放输入数据或公式的区域。在对单元格进行编辑操作之前，首先要选择一个或多个单元格区域。

（1）选择单个单元格。直接单击所要选择的单元格，选中的单元格将以黑色边框显示。

（2）选择连续的单元格区域。在要选择区域的第一个单元格上按下鼠标左键并拖动鼠标到适当位置后释放鼠标。鼠标划过的连续的矩形区域即为选中的单元格区域。或者先单击要选择区域的第一个单元格，然后按下 Shift 键的同时单击最后一个单元格，此时两次单击之间的连续多个单元格即为选中的单元格区域。

（3）选择不连续的单元格区域。单击任意一个要选择的单元格，然后按住 Ctrl 键继续单击其他需要选择的单元格。

（4）选择一行或一列。单击所要选择行的行号或列的列标。

（5）选择连续的多行（列）。选中第一行（列）后，按住鼠标左键并拖至要选择的最后一行（列）。或者选中第一行（列）后，按住 Shift 键再选中最后一行（列）。

（6）选择不连续的多行（列）。选中第一行（列）后，按住 Ctrl 键的同时一一选中其他需要选择的行（列）。

（7）全选。按 Ctrl＋A 组合键或者单击工作表左上角的"全选"按钮 ，即可选择整个表格区域。

2）插入单元格、行与列

当在工作表中插入单元格、行与列后，原有的单元格将发生移动。

（1）插入单元格。首先选择要插入单元格的位置，单击"开始"选项卡"单元格"组中的

"插入"按钮,在下拉列表中选择"插入单元格"命令,或右击要插入单元格的位置,在弹出的快捷菜单中选择"插入"命令,在对话框中选择一种插入方式后,单击"确定"按钮。

（2）插入行或列。单击某单元格,单击"开始"选项卡"单元格"组中的"插入"按钮,在下拉列表中选择"插入工作表行"或"插入工作表列"命令,将在该单元格的上方插入一行或左侧插入一列。也可以通过插入单元格的方法,选择"整行"或"整列"插入方式插入行或列。

3）合并单元格

合并单元格是指将相邻的两个或多个水平或垂直单元格区域合并为一个单元格。区域左上角单元格的名称和内容自动成为合并后的单元格的名称和内容,区域中其他单元格的内容将被删除。合并单元格的方法如下。

（1）方法一。

先选中要进行合并操作的单元格区域,单击"开始"选项卡"对齐方式"组中的"合并后居中"按钮,或单击其右侧的倒三角按钮打开下拉列表。下拉列表中的命令功能如下。

①合并后居中：将选中的所有单元格合并为一个单元格,且合并后单元格的内容默认为水平居中、垂直居中显示。

② 跨越合并：将所选单元格的每行合并到一个更大的单元格。

③ 合并单元格：将选中的所有单元格合并为一个单元格,且保留合并前左上角单元格的对齐方式。

（2）方法二。

先选中要进行合并操作的单元格区域,单击"开始"选项卡"对齐方式"组右下角的对话框启动器按钮 ⊡ ,弹出"设置单元格格式"对话框,如图 5-8 所示。单击对话框中的"对齐"选项卡,勾选"合并单元格"复选框,单击"确定"按钮。通过此对话框可同时设置合并后的单元格内容的水平对齐、垂直对齐方式以及文本的方向。

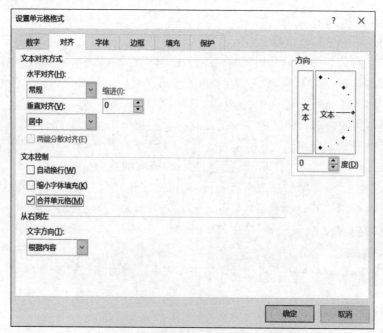

图 5-8 "设置单元格格式"对话框

4) 删除单元格、行与列

先选中要删除的单元格、行或列,然后单击"开始"选项卡"单元格"组中的"删除"按钮,在下拉列表中选择"删除单元格""删除工作表行"或"删除工作表列"命令;或者右击要删除的一个单元格,在弹出的快捷菜单中选择"删除"命令,在弹出的"删除"对话框中选择一种删除方式后,单击"确定"按钮。

## 5.1.3　在工作表中输入和导入数据

视频讲解

要用 Excel 处理数据,首先要获取数据,在空白的工作簿中添加数据的方式包括以下两种:一种是手工输入,这种方式通常用于数据量较小的应用;另一种是外部导入,即从其他数据源,如网页、文档、外部工作表中批量导入数据。

**1. Excel 的数据类型**

Excel 中的数据类型有文本型、数值型、日期型和时间型等。

1) 文本型数据

文本型也称字符型,由汉字、字母、数字及符号等字符组成,如企业的部门名称、学生的考试科目、姓名等。

文本的输入比较简单,一般文本直接输入即可。文本数据默认的对齐方式为左对齐。对于由纯数字组成的文本,如学号、手机号、身份证号码、邮政编码等,输入时应在数字前输入一个英文单引号作为纯数字文本的前导符(如'201713113001);或者在输入之前选中单元格,在"设置单元格格式"对话框的"数字"选项卡下将其设置为"文本"格式。

如果想要将所有文本显示在当前单元格中,可以在输入时按 Alt+Enter 组合键在单元格内换行;或者在"设置单元格格式"对话框的"对齐"选项卡下将其设置为"自动换行"。

2) 数值型数据

数值型数据由数字 0~9、正负号(+、−)、小数点(.)、百分号(%)、货币符号(如 $)、指数符号(E)等组成。数值型数据默认的对齐方式为右对齐。

数值型数据输入时主要注意负数、分数的输入方法。可以直接输入负号及数字或用圆括号来进行负数的输入,如输入"(100)"就相当于输入了"−100"。而输入分数的方法为先输入一个 0,然后输入一个空格,再输入该分数。如输入"0 2/3"即可输入分数 $\frac{2}{3}$,否则系统会显示为"2 月 3 日"。

3) 日期型和时间型数据

Excel 中日期型和时间型数据是以一种特殊的数值形式存储的,这种数值形式称为"序列值",范围为 1~2 958 465,对应的日期为 1900 年 1 月 1 日~9999 年 12 月 31 日。例如,1900 年 1 月 15 日的序列值为 15,2007 年 5 月 1 日的序列值为 39 203。

(1) 日期存储为数值的形式,它继承了数值的所有运算功能,日期运算的实质是序列值的数值运算。例如,要计算两个日期之间相距的天数,可以直接在单元格中输入两个日期,再用减法运算的公式来计算即可。

(2) 时间型数据则被存储为小数,0 对应 0 时,1/24 对应 1 时,1/12 对应 2 时。如 1.5 对应于 1900 年 1 月 1 日 12∶00。

日期与时间的输入要遵循一定的格式，否则系统会把输入的时间当作文本来处理。

（3）日期的标准输入方式：使用斜线或短横线分隔日期的年、月、日。例如，在单元格中输入"2018/6/28"或"2018-6-28"，按 Enter 键后，单元格最后显示的日期格式都是"2018/6/28"。如果输入"2018 年 6 月 28 日"或者"6 月 28 日"，Excel 也会智能识别出这是日期型数据，只是不改变当前的显示格式，但在上方的编辑栏内这几种输入方式都会被自动转换为标准日期形式，如图 5-9 所示，其中 B 列是输入格式，D 列是显示格式，而编辑栏内都会转换为标准输入格式，表示这是日期型数据。

| B1 | | ⋮ | ✕ | ✓ | *fx* | 2018-6-28 | |
|---|---|---|---|---|---|---|---|
| | A | B | | C | | D | E |
| 1 | | 2018-6-28 | | | | 2018/6/28 | |
| 2 | | 2018/6/28 | | | | 2018/6/28 | |
| 3 | | 2018年6月28日 | | | | 2018年6月28日 | |
| 4 | | 6月28日 | | | | 6月28日 | |
| 5 | | | | | | | |

图 5-9　标准日期形式

（4）时间的标准输入方式：使用冒号（:）分隔时、分、秒。如果采用 12 小时制的时间，Excel 将把输入的时间默认为上午时间（AM）；若输入的是下午时间，则应在时间后面加一空格，然后输入 PM。系统默认为 24 小时制。如果要同时输入日期与时间，需要在日期与时间之间输入一个空格。

（5）日期型和时间型数据默认的对齐方式为右对齐。按"Ctrl＋;"组合键可以输入当前系统日期；按"Ctrl＋Shift＋;"组合键可以输入当前系统时间。

**2. 手动输入不同类型的数据**

在工作表中输入信息最直接的方法就是手动输入数据。

【例 5-1】　使用 Excel 工作表管理某公司的员工基本信息，使用手动输入的方式完成部分信息的输入工作。

具体操作如下。

（1）打开工作表 Sheet1，在 C2 单元格上单击，使其变为活动单元格，在单元格内输入第一位员工的姓名"赵奇"，按 Enter 键。完成第一个姓名的输入后，活动单元格将自动向下跳转到 C3 单元格，在 C3～C15 单元格内依次输入所有员工的姓名。

（2）在 D2 单元格内输入员工"赵奇"的出生年月信息"1970/2"，按 Enter 键确认后单元格将显示该日期为"1970/2/1"，更改日期显示方式为"1970 年 2 月"（参考 5.1.4 节格式化工作表的内容）。在 D2～D15 单元格内依次输入每一位员工的出生年月。

（3）依次在 F2～F15 单元格内输入所有员工的工龄信息。员工信息输入结果如图 5-10 所示。

**3. 自动填充数据**

当工作表某个区域中的数据之间存在某种变化规律时，可使用自动填充的方法，提高数据的输入效率。下面在员工信息表中的序号列输入等差序列作为序号值。具体操作如下。

| | A | B | C | D | E | F |
|---|---|---|---|---|---|---|
| 1 | 序号 | 工号 | 姓名 | 出生年月 | 性别 | 工龄 |
| 2 | | N0002 | 赵奇 | 1970年2月 | | 21 |
| 3 | | N0003 | 王成材 | 1973年9月 | | 17 |
| 4 | | N0004 | 朱怀玉 | 1973年2月 | | 18 |
| 5 | | N0005 | 谭芳 | 1982年8月 | | 11 |
| 6 | | N0007 | 李铭书 | 1978年5月 | | 13 |
| 7 | | N0008 | 陈凯 | 1980年10月 | | 10 |
| 8 | | N0012 | 李涛 | 1981年4月 | | 7 |
| 9 | | N0013 | 唐江 | 1983年10月 | | 7 |
| 10 | | N0014 | 胡丽芳 | 1987年6月 | | 6 |
| 11 | | N0015 | 张菊 | 1981年3月 | | 9 |
| 12 | | N0016 | 杨军 | 1983年2月 | | 5 |
| 13 | | N0017 | 毕道玉 | 1977年7月 | | 13 |
| 14 | | N0019 | 董珊珊 | 1989年6月 | | 3 |
| 15 | | N0020 | 秦月元 | 1991年11月 | | 2 |

图 5-10　员工信息输入结果

（1）打开"员工基本信息"工作表,选中 A2 单元格,使其变为活动单元格,在单元格内输入"1",在 A3 单元格内输入"2"。

（2）选中单元格区域 A2:A3,将鼠标指针移至选中区域的右下角黑色小方块处（此处称为"填充柄"）,当鼠标指针显示为黑色加号 ✚ 时,按住鼠标左键向下拖动至 A15 单元格,将自动在单元格区域 A2:A15 内填充等差序列编号"1,2,3,…,14",自动填充序列结果如图 5-11 所示。

除使用填充柄进行自动填充外,还可以使用填充命令在连续单元格中批量输入定义为序列的数据内容。单击"开始"选项卡"编辑"组中的"填充"按钮 ↓,在下拉列表中选择"序列"命令,

| | A | B | C | D |
|---|---|---|---|---|
| 1 | 序号 | 工号 | 姓名 | 出生年月 |
| 2 | 1 | N0002 | 赵奇 | 1970年2月 |
| 3 | 2 | N0003 | 王成材 | 1973年9月 |
| 4 | 3 | N0004 | 朱怀玉 | 1973年2月 |
| 5 | 4 | N0005 | 谭芳 | 1982年8月 |
| 6 | 5 | N0007 | 李铭书 | 1978年5月 |
| 7 | 6 | N0008 | 陈凯 | 1980年10月 |
| 8 | 7 | N0012 | 李涛 | 1981年4月 |
| 9 | 8 | N0013 | 唐江 | 1983年10月 |
| 10 | 9 | N0014 | 胡丽芳 | 1987年6月 |

图 5-11　自动填充序列结果

在弹出的"序列"对话框中选择填充的方向为"列",根据需要设置填充的类型,输入步长值和终止值。序列填充设置如图 5-12 所示。

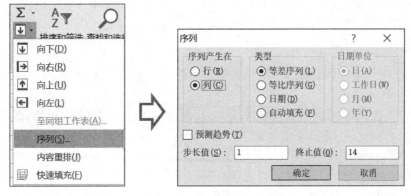

图 5-12　序列填充设置

（3）Excel 会根据活动单元格中的内容自动选择要填充的序列，包括：

数字序列：如 1，2，3，…或者 2，4，6，…，系统将自动根据选中的前两个单元格的差值确定等差序列的步长，如果只选中了一个单元格，等差步长将默认为 1。

日期序列：如 2016 年 1 月、2016 年 2 月……或者 1 日、2 日、3 日等。

文本序列：如一、二、三、……或者星期一、星期二、星期三、……、星期日等。

（4）除使用系统内置的序列填充数据外，如果要填充数据之间的规律较复杂，也可以创建自定义的填充序列。在功能区选择"文件"→"选项"命令，弹出"Excel 选项"对话框。在此对话框中单击左窗格中的"高级"选项卡，然后单击右侧窗格"常规"区域下方的"编辑自定义列表"按钮，弹出"自定义序列"对话框，如图 5-13 所示。

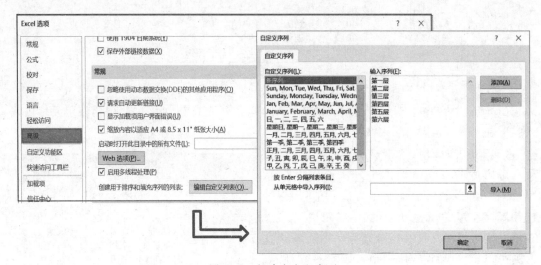

图 5-13　新建自定义序列

（5）对话框的"自定义序列"列表中显示了包括 Excel 内置序列在内的现有序列，单击"自定义序列"列表中的"新序列"选项，在右侧的"输入序列"列表框中输入新建的序列，如"第一层，第二层，第三层，……，第六层"，每一项以 Enter 键分隔。输入完后，单击"添加"按钮，序列将被添加至"自定义序列"列表中，单击"确定"按钮完成序列的添加。

（6）接下来就可以使用上面创建的序列在工作表中输入序列数据。在工作表中选中准备输入序列的起始单元格，在此单元格中输入"第一层"，拖动该单元格的填充柄，就可以实现自定义序列数据的自动填充（"第二层""第三层"……）。

### 4. 批量输入相同数据

在 Excel 中还可以批量输入相同的数据。如在员工信息表的性别列中输入性别值。具体操作如下。

（1）打开"员工基本信息"工作表，按住 Ctrl 键选中要输入"男"的单元格，然后在编辑栏中输入"男"，再按 Ctrl＋Enter 组合键，这些选中的单元格就全部填充了相同的内容，操作结果如图 5-14(a)所示。

（2）按照相同的方法可在其他单元格内输入"女"。也可以利用"定位"功能来完成此操作。具体操作如下。鼠标移至 E 列上方，鼠标指针变为向下的黑色箭头时单击选中"性别"列，然后单击"开始"选项卡"编辑"组中的"查找和选择"按钮，在下拉列表中选择"定位条件"

| E15 | | ▼ | : | × | ✓ | $f_x$ | 男 |
| --- | --- | --- | --- | --- | --- | --- | --- |

| | A | B | C | D | E |
| --- | --- | --- | --- | --- | --- |
| 1 | 序号 | 工号 | 姓名 | 出生年月 | 性别 |
| 2 | 01 | N0002 | 赵奇 | 1970年2月 | 男 |
| 3 | 02 | N0003 | 王成材 | 1973年9月 | 男 |
| 4 | 03 | N0004 | 朱怀玉 | 1973年2月 | |
| 5 | 04 | N0005 | 谭芳 | 1982年8月 | |
| 6 | 05 | N0007 | 李铭书 | 1978年5月 | 男 |
| 7 | 06 | N0008 | 陈凯 | 1980年10月 | 男 |
| 8 | 07 | N0012 | 李涛 | 1981年4月 | 男 |
| 9 | 08 | N0013 | 唐江 | 1983年10月 | |
| 10 | 09 | N0014 | 胡丽芳 | 1987年6月 | |
| 11 | 10 | N0015 | 张菊 | 1981年3月 | |
| 12 | 11 | N0016 | 杨军 | 1983年2月 | 男 |
| 13 | 12 | N0017 | 毕道玉 | 1977年7月 | |
| 14 | 13 | N0019 | 董珊珊 | 1989年6月 | |
| 15 | 14 | N0020 | 秦月元 | 1991年11月 | 男 |

(a) 批量输入性别"男"的结果

| E4 | | ▼ | : | × | ✓ | $f_x$ | 女 |
| --- | --- | --- | --- | --- | --- | --- | --- |

| | A | B | C | D | E |
| --- | --- | --- | --- | --- | --- |
| 1 | 序号 | 工号 | 姓名 | 出生年月 | 性别 |
| 2 | 01 | N0002 | 赵奇 | 1970年2月 | 男 |
| 3 | 02 | N0003 | 王成材 | 1973年9月 | 男 |
| 4 | 03 | N0004 | 朱怀玉 | 1973年2月 | 女 |
| 5 | 04 | N0005 | 谭芳 | 1982年8月 | 女 |
| 6 | 05 | N0007 | 李铭书 | 1978年5月 | 男 |
| 7 | 06 | N0008 | 陈凯 | 1980年10月 | 男 |
| 8 | 07 | N0012 | 李涛 | 1981年4月 | 男 |
| 9 | 08 | N0013 | 唐江 | 1983年10月 | 女 |
| 10 | 09 | N0014 | 胡丽芳 | 1987年6月 | 女 |
| 11 | 10 | N0015 | 张菊 | 1981年3月 | 女 |
| 12 | 11 | N0016 | 杨军 | 1983年2月 | 男 |
| 13 | 12 | N0017 | 毕道玉 | 1977年7月 | 女 |
| 14 | 13 | N0019 | 董珊珊 | 1989年6月 | 女 |
| 15 | 14 | N0020 | 秦月元 | 1991年11月 | 男 |

(b) 批量输入性别"女"的结果

图 5-14　批量输入相同的数据示例操作结果

命令,弹出"定位条件"对话框,如图 5-15 所示,选择"空值"单选按钮,确定后就选中了所有剩余的单元格,再批量输入"女"即可,操作结果如图 5-14(b)所示。

**5. 数据验证**

在向工作表输入数据的过程中,为了避免出现过多的错误与非法信息输入,可以使用数据验证功能,为单元格指定数据录入的规则,限制在单元格中输入数据的类型和范围。以员工信息表的数据输入为例,利用数据验证功能实现下述要求。

- 将员工的工龄信息的输入范围限制在整数 0～42 范围内,无法输入超出此范围的其他值。
- 将员工的部门信息的输入限制为指定序列"管理部,市场部,综合部,研发部"中的值,并通过下拉列表控制,无法输入除此之外的其他值。

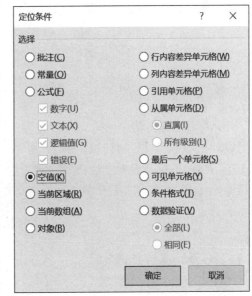

图 5-15　"定位条件"对话框

具体操作如下。

(1) 对工龄信息的输入进行控制。选中"工龄"列所在的单元格区域 F2:F15,单击"数据"选项卡"数据工具"组中的"数据验证"按钮,弹出"数据验证"对话框。在"设置"选项卡的"允许"下拉列表框中选择"整数"选项,在"数据"下拉列表框中选择"介于"选项,在"最小值"和"最大值"输入框中分别输入允许输入的最小值 0 和最大值 42。

(2) 在"出错警告"选项卡的"样式"下拉列表框中选择"警告"选项,在右侧的"标题"文本框中输入"工龄输入提示",在"错误信息"列表框中输入"请输入 0～42 范围内的整数","数据验证"对话框设置结果如图 5-16 所示。单击"确定"按钮,完成数据验证。此时如果在单元格区域 F2:F15 内的任意一个单元格中输入除整数 0~42 之外的值,将会提示错误信息,如图 5-17 所示。

图 5-16 "数据验证"对话框设置结果

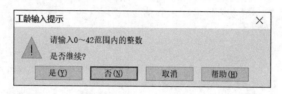

图 5-17 提示错误信息 1

(3)对员工部门信息的输入进行控制。选中"部门"列所在的单元格区域 H2:H15,单击"数据"选项卡"数据工具"组中的"数据验证"按钮,弹出"数据验证"对话框。在"设置"选项卡的"允许"下拉列表框中选择"序列"选项,在"来源"文本框中输入指定序列值"管理部,市场部,综合部,研发部",每个值之间用西文逗号分隔,"数据验证"对话框设置结果如图 5-18 所示。

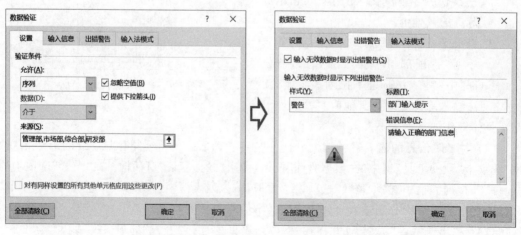

图 5-18 "数据验证"对话框设置结果

（4）在"出错警告"选项卡的"样式"下拉列表框中选择"警告"选项，在右侧的"标题"文本框中输入"部门输入提示"，在"错误信息"列表框中输入"请输入正确的部门信息"，单击"确定"按钮，完成数据验证。此时如果选中单元格区域 H2：H15 内的任意一个单元格，其右侧会出现一个下拉箭头，单击该箭头将出现序列"管理部，市场部，综合部，研发部"列表，在列表中选择一个值将自动填入活动单元格中，如果在单元格内手动输入了列表范围外的值，将会提示错误信息，如图 5-19 所示。

图 5-19　提示错误信息 2

（5）若需要取消对上述单元格区域的数据验证，可以再次选中单元格区域 F2：F15 和 H2：H15，在"数据验证"对话框中单击左下角的"全部清除"按钮即可。

**6. 导入外部数据**

除了使用上述方法向工作表中录入数据以外，Excel 还支持从外部数据源获取数据并导入工作表中，如文本文件、网页、Access 数据库等。

【例 5-2】　"中国银行.csv"文件如图 5-20 所示，该文件是使用第 3 章所介绍的爬虫工具采集到的中国银行股票数据信息，需要将该文件导入 Excel 中。

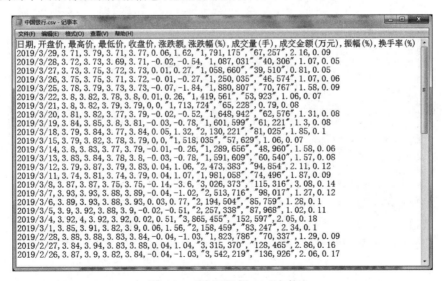

图 5-20　"中国银行.csv"文件

具体操作如下。

（1）新建一个 Excel 工作簿并打开，选中 A1 单元格。单击"数据"选项卡"获取外部数据"组中的"自文本"按钮，弹出"导入文本文件"对话框，在对话框中选择要导入的文本文件，这里选择"中国银行.csv"文件进行导入，如图 5-21 所示。

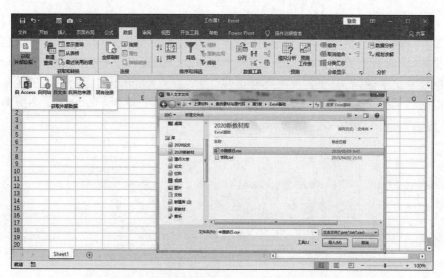

图 5-21 选择"中国银行.csv"文件进行导入

（2）单击"导入"按钮，弹出"文本导入向导-第 1 步，共 3 步"对话框，如图 5-22 所示。系统会自动判断数据中是否具有分隔符，单击"下一步"按钮。

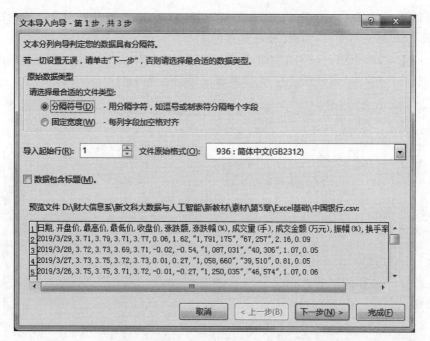

图 5-22 "文本导入向导-第 1 步，共 3 步"对话框

（3）在打开的"文本导入向导-第 2 步，共 3 步"对话框中设置分隔数据所包含的分隔符号，这里勾选"逗号"复选框，如图 5-23 所示。

（4）单击"下一步"按钮，弹出"文本导入向导-第 3 步，共 3 步"对话框。在此步骤中，可以取消对某列的导入，还可以设置每个导入列的数据格式。这里保持默认设置，列数据格式设置结果如图 5-24 所示。

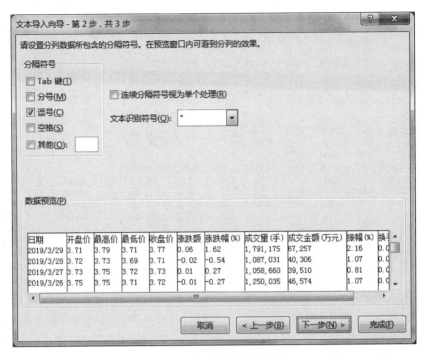

图 5-23 勾选"逗号"复选框

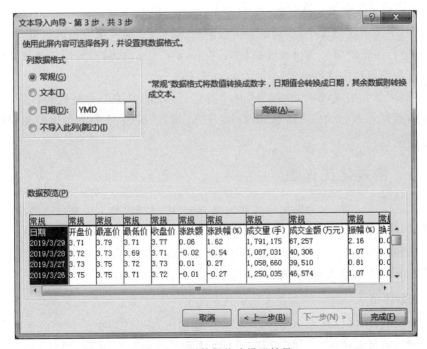

图 5-24 列数据格式设置结果

（5）单击"完成"按钮，在弹出的"导入数据"对话框中输入导入的开始位置，单击"确定"
按钮完成导入，导入结果如图 5-25 所示。最后，将导入的文件另存为名为"中国银行.xlsx"
的工作簿文档。

| | A | B | C | D | E | F | G | H | I | J | K |
|---|---|---|---|---|---|---|---|---|---|---|---|
| 1 | 日期 | 开盘价 | 最高价 | 最低价 | 收盘价 | 涨跌额 | 涨跌幅(%) | 成交量(手) | 成交金额(万元) | 振幅(%) | 换手率(%) |
| 2 | 2019/3/29 | 3.71 | 3.79 | 3.71 | 3.77 | 0.06 | 1.62 | 1,791,175 | 67,257 | 2.16 | 0.09 |
| 3 | 2019/3/28 | 3.72 | 3.73 | 3.69 | 3.71 | -0.02 | -0.54 | 1,087,031 | 40,306 | 1.07 | 0.05 |
| 4 | 2019/3/27 | 3.73 | 3.75 | 3.72 | 3.73 | 0.01 | 0.27 | 1,058,660 | 39,510 | 0.81 | 0.05 |
| 5 | 2019/3/26 | 3.75 | 3.75 | 3.71 | 3.72 | -0.01 | -0.27 | 1,250,035 | 46,574 | 1.07 | 0.06 |
| 6 | 2019/3/25 | 3.78 | 3.79 | 3.73 | 3.73 | -0.07 | -1.84 | 1,880,807 | 70,767 | 1.58 | 0.09 |
| 7 | 2019/3/22 | 3.8 | 3.82 | 3.78 | 3.8 | 0.01 | 0.26 | 1,419,561 | 53,923 | 1.06 | 0.07 |
| 8 | 2019/3/21 | 3.8 | 3.82 | 3.79 | 3.79 | 0 | 0 | 1,713,724 | 65,228 | 0.79 | 0.08 |
| 9 | 2019/3/20 | 3.81 | 3.82 | 3.77 | 3.79 | -0.02 | -0.52 | 1,648,942 | 62,576 | 1.31 | 0.08 |
| 10 | 2019/3/19 | 3.84 | 3.85 | 3.8 | 3.81 | -0.03 | -0.78 | 1,601,599 | 61,221 | 1.3 | 0.08 |
| 11 | 2019/3/18 | 3.79 | 3.84 | 3.77 | 3.84 | 0.05 | 1.32 | 2,130,221 | 81,025 | 1.85 | 0.1 |
| 12 | 2019/3/15 | 3.79 | 3.82 | 3.78 | 3.79 | 0 | 0 | 1,518,035 | 57,629 | 1.06 | 0.07 |
| 13 | 2019/3/14 | 3.8 | 3.83 | 3.77 | 3.79 | -0.01 | -0.26 | 1,289,656 | 48,960 | 1.58 | 0.06 |
| 14 | 2019/3/13 | 3.83 | 3.84 | 3.78 | 3.8 | -0.03 | -0.78 | 1,591,609 | 60,540 | 1.57 | 0.08 |
| 15 | 2019/3/12 | 3.79 | 3.87 | 3.79 | 3.83 | 0.04 | 1.06 | 2,473,383 | 94,854 | 2.11 | 0.12 |
| 16 | 2019/3/11 | 3.74 | 3.81 | 3.74 | 3.79 | 0.04 | 1.07 | 1,981,058 | 74,496 | 1.87 | 0.09 |
| 17 | 2019/3/8 | 3.87 | 3.87 | 3.75 | 3.75 | -0.14 | -3.6 | 3,026,373 | 115,316 | 3.08 | 0.14 |
| 18 | 2019/3/7 | 3.93 | 3.93 | 3.88 | 3.89 | -0.04 | -1.02 | 2,513,716 | 98,017 | 1.27 | 0.12 |

图 5-25　导入结果

数据导入工作表中后,将自动与外部数据源关联,这里如果"中国银行.csv"中的数据发生改变,单击"数据"选项卡"连接"组中的"全部刷新"按钮,即可更新工作表中的数据。如果要导入来自其他数据源的数据,可以单击"数据"选项卡"获取外部数据"组中的其他按钮,通过相应的对话框操作来实现。

**7. 单元格数据的编辑和修改**

在制作电子表格的过程中,如有需要可以对单元格内已输入的数据进行编辑和修改,方法为双击要进行编辑的单元格进入编辑状态,直接在单元格内进行修改,或者单击要修改的单元格,然后在编辑栏中进行修改。

如果要删除单元格或者单元格区域中的内容,可以选中该单元格或者区域,按 Delete 键完成删除,或者单击"开始"选项卡"编辑"组中的"清除"按钮,在打开的下拉列表中选择要清除的对象即可。

## 5.1.4　格式化工作表

使用 5.1.3 节介绍的多种数据输入和编辑方法,可以完成基本表格数据的输入,得到基本表格数据的输入结果图 5-26 所示。显然这只是电子表格制作过程中的一个初步的结果,其样式、外观和布局并不工整。在 Excel 中,可以使用不同的方法对工作表进行格式化处理,让表格的外观更加整洁美观,增加数据的易读性。

**1. 设置字体格式**

选中需要进行字体设置的单元格,在"开始"选项卡"字体"组中通过相应按钮完成字体和颜色的设置,也可以单击"字体"组右下角的对话框启动器按钮 ⬜,弹出"设置单元格格式"对话框,在"字体"选项卡下对字体格式进行设置,如图 5-27 所示。这里对工作表中的字体做出如下设置。

(1) 列名的字体设为"黑体",字号为 12,颜色为"自动"。

(2) 其他区域的字体设为"楷体",字号为 11,颜色为"深蓝"。

| | A | B | C | D | E | F | G | H | I |
|---|---|---|---|---|---|---|---|---|---|
| 1 | 序号 | 工号 | 姓名 | 出生年月 | 性别 | 工龄 | 岗位类型 | 部门 | 学历 |
| 2 | 1 | N0002 | 赵奇 | 1970年2月 | 男 | 21 | A类 | 管理部 | 研究生 |
| 3 | 2 | N0003 | 王成材 | 1973年9月 | 男 | 17 | A类 | 管理部 | 研究生 |
| 4 | 3 | N0004 | 朱怀玉 | 1973年2月 | 女 | 18 | B类 | 管理部 | 研究生 |
| 5 | 4 | N0005 | 谭芳 | 1982年8月 | 女 | 11 | A类 | 市场部 | 研究生 |
| 6 | 5 | N0007 | 李铭书 | 1978年5月 | 男 | 13 | A类 | 综合部 | 本科 |
| 7 | 6 | N0008 | 陈凯 | 1980年10月 | 男 | 10 | B类 | 市场部 | 本科 |
| 8 | 7 | N0012 | 李涛 | 1981年4月 | 男 | 7 | B类 | 研发部 | 研究生 |
| 9 | 8 | N0013 | 唐江 | 1983年10月 | 女 | 7 | B类 | 研发部 | 研究生 |
| 10 | 9 | N0014 | 胡丽芳 | 1987年6月 | 女 | 6 | B类 | 综合部 | 本科 |
| 11 | 10 | N0015 | 张菊 | 1981年3月 | 女 | 9 | C类 | 研发部 | 研究生 |
| 12 | 11 | N0016 | 杨军 | 1983年2月 | 男 | 5 | C类 | 研发部 | 本科 |
| 13 | 12 | N0017 | 毕道玉 | 1977年7月 | 女 | 13 | C类 | 综合部 | 研究生 |
| 14 | 13 | N0019 | 董珊珊 | 1989年6月 | 女 | 3 | C类 | 市场部 | 本科 |
| 15 | 14 | N0020 | 秦月元 | 1991年11月 | 男 | 2 | C类 | 市场部 | 本科 |

图 5-26 基本表格数据的输入结果

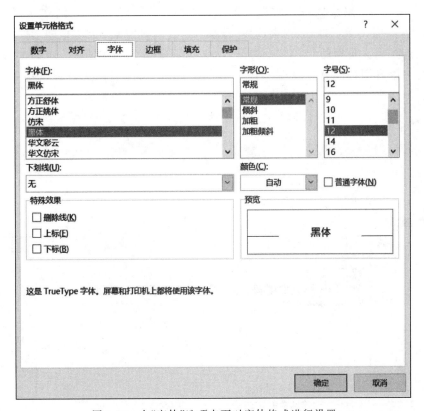

图 5-27 在"字体"选项卡下对字体格式进行设置

## 2. 设置数字格式

数字格式是各个单元格中数据的外观形式,设置数字格式只是更改单元格中数值的显示形式,并不影响其实际值。Excel 中包含如下类型的数字格式。

常规:不包含任何特定的数字格式,它是 Excel 中默认的数字格式。

数值:用于表示一般数字,可以指定小数位数、是否使用千位分隔符以及负数的显示方式。

货币：表示货币的数值，可以指定货币符号、小数位数以及负数的显示方式。

会计专用：对一列数值进行货币符号或者小数点对齐显示。

日期：按照不同的方式显示日期值。

时间：按照不同的方式显示时间值。

百分比：将单元格内的数值乘以 100 并用百分数形式显示，可以指定小数位数。

分数：按照不同的类型以分数形式显示数字。

科学记数：使用指数形式显示数字。

文本：将单元格内容视为文本，数字也作为文本处理，其显示内容与输入完全一致。

特殊：包括邮政编码、中文小写数字和中文大写数字。

自定义：在现有数字格式基础上进行自定义设置。

这里对工作表中列的数字格式进行设置。具体操作如下。

（1）选择"出生年月"列对应的单元格区域 D2:D15，在"开始"选项卡"数字"组中单击右下角的对话框启动器按钮 ，打开"设置单元格格式"对话框的"数字"选项卡，在"分类"列表框中选择要设置的数字格式，这里选择"日期"，在右侧的"类型"列表框中选择日期显示的类型，这里选择英文日期的年月显示类型"Mar-12"，单击"确定"按钮。此时工作表中"出生年月"列中的日期将以英文日期形式显示，单元格日期数字格式设置及结果如图 5-28 所示。

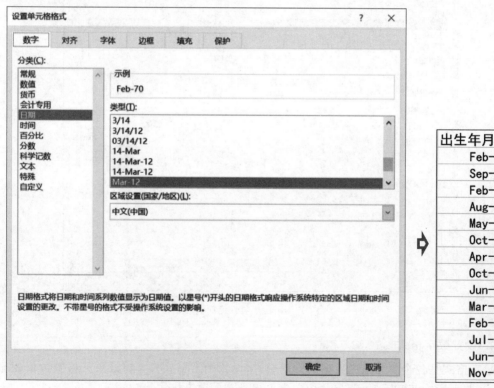

图 5-28　单元格日期数字格式设置及结果

（2）选择"工龄"列对应的单元格区域 F2:F15，打开"设置单元格格式"对话框的"数字"选项卡，按照相同的方式将数字格式设置为"数值"，并设置"小数位数"为 0，单击"确定"按钮完成设置,对于工作表中的其他区域,直接单击"开始"选项卡"数字"组中的下拉箭头,在下拉列表框中设置数字格式为"文本"。

### 3. 设置对齐方式

对齐是指单元格内容相对于单元格上、下、左、右的位置,分为水平对齐和垂直对齐。水平对齐方式有常规、靠左、居中、靠右、填充、两端对齐、跨列居中等;垂直对齐方式有靠上、居中、靠下、两端对齐等。

通过"开始"选项卡"对齐方式"组中的按钮可以设置单元格的对齐方式。也可以单击"对齐方式"组右下角的对话框启动器按钮 ,打开"设置单元格格式"对话框的"对齐"选项卡进行设置,如图 5-29 所示。这里选择"姓名"列对应的单元格区域 C2:C15,在"设置单元格格式"对话框中"水平对齐"下拉列表中选择"分散对齐(缩进)"选项,在"垂直对齐"下拉列表中选择"居中"选项,单击"确定"按钮,让姓名的内容居中分散填满整个单元格,使其更加美观。对于其他单元格,设置其水平和垂直对齐方式都为"居中"。

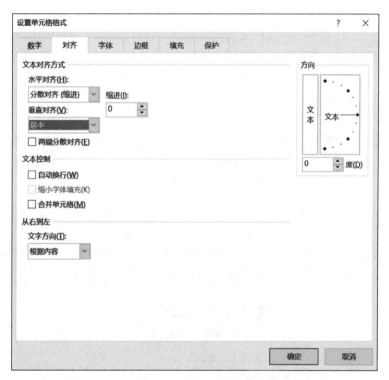

图 5-29　"设置单元格格式"对话框的"对齐"选项卡

### 4. 设置行、列格式

默认情况下,Excel 工作表中所有行的行高和所有列的列宽都是相等的。当在单元格中输入较多数据时,经常会出现内容显示不完整的情况(只有在编辑栏中才能看到完整数据,日期被显示为＃＃＃＃＃),此时就需要适当调整单元格的行高和列宽。

下面对员工信息表的行高和列宽进行设置。这里首先选中列标题所在的单元格区域 A1:I1,单击"开始"选项卡"单元格"组中的"格式"按钮,在下拉列表中选择"行高"命令,弹出"行高"对话框,将行高设置为"20",单击"确定"按钮,单元格行高设置如图 5-30 所示。接下来选择工作表的其他区域,以相同的方式打开单元格格式下拉列表,选择"自动调整行高"命令。最后,选择包括列标题在内的所有单元格区域 A1:I15,选择"自动调整列宽"命令。这样 Excel 将自动根据单元格中的内容进行行高、列宽设置。

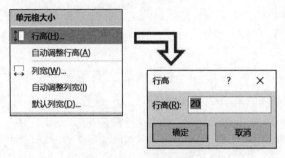

图 5-30  单元格行高设置

### 5. 设置边框和填充色

默认情况下,工作表中的网格线只用于显示而不会被打印,且所有的单元格都没有填充颜色,为了让表格更加美观,并突出显示重要的内容,可以设置工作表的边框和填充颜色。具体操作如下。

(1) 打开工作表,选中所有数据范围单元格区域 A1:I15,单击"开始"选项卡"字体"组中的"边框"按钮,在下拉列表中选择"其他边框"命令,打开"设置单元格格式"对话框的"边框"选项卡,如图 5-31 所示。首先在选项卡中对选中范围的外边框进行设置,在"线条"的"样式"列表框中选中"双线 ═══════",在"线条"的"颜色"下拉列表框中选择"深红色"选项,单击"外边框"按钮 田 确定设置的内容。接下来设置内边框的线条样式为"细实线 ┈┈┈┈┈",线条颜色为"自动",单击"内部"按钮 田 确定设置的内容。最后单击"确定"按钮完成边框设置。

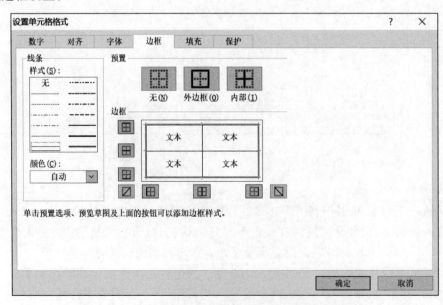

图 5-31  "设置单元格格式"对话框的"边框"选项卡

（2）对列标题所在的单元格区域填充颜色。选择单元格区域 A1：I1，单击"开始"选项卡"单元格"组中的"格式"按钮，在下拉列表中选择"设置单元格格式"命令，打开"设置单元格格式"对话框并选择"填充"选项卡，在右侧的"图案样式"下拉列表框中选择样式"6.25％灰色"，在左侧的"背景色"中选择"浅蓝色"，单击"确定"按钮，完成列标题单元格颜色底纹的填充，"填充"选项卡的设置如图 5-32 所示。

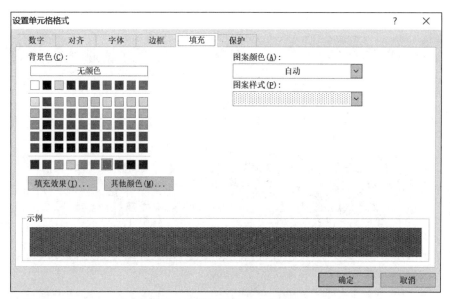

图 5-32　"填充"选项卡的设置

员工信息表格式化效果如图 5-33 所示。

|  | A | B | C | D | E | F | G | H | I |
|---|---|---|---|---|---|---|---|---|---|
| 1 | 序号 | 工号 | 姓名 | 出生年月 | 性别 | 工龄 | 岗位类型 | 部门 | 学历 |
| 2 | 1 | N0002 | 赵　奇 | Feb-70 | 男 | 21 | A类 | 管理部 | 研究生 |
| 3 | 2 | N0003 | 王成材 | Sep-73 | 男 | 17 | A类 | 管理部 | 研究生 |
| 4 | 3 | N0004 | 朱怀玉 | Feb-73 | 女 | 18 | B类 | 管理部 | 研究生 |
| 5 | 4 | N0005 | 谭　芳 | Aug-82 | 女 | 11 | A类 | 市场部 | 研究生 |
| 6 | 5 | N0007 | 李铭书 | May-78 | 男 | 13 | A类 | 综合部 | 本科 |
| 7 | 6 | N0008 | 陈　凯 | Oct-80 | 男 | 10 | B类 | 市场部 | 本科 |
| 8 | 7 | N0012 | 李　涛 | Apr-81 | 男 | 7 | B类 | 研发部 | 研究生 |
| 9 | 8 | N0013 | 唐　江 | Oct-83 | 女 | 7 | B类 | 研发部 | 研究生 |
| 10 | 9 | N0014 | 胡丽芳 | Jun-87 | 女 | 6 | B类 | 综合部 | 本科 |
| 11 | 10 | N0015 | 张　菊 | Mar-81 | 女 | 9 | C类 | 研发部 | 研究生 |
| 12 | 11 | N0016 | 杨　军 | Feb-83 | 男 | 5 | C类 | 研发部 | 本科 |
| 13 | 12 | N0017 | 毕道玉 | Jul-77 | 女 | 13 | C类 | 综合部 | 研究生 |
| 14 | 13 | N0019 | 董珊珊 | Jun-89 | 女 | 3 | C类 | 市场部 | 本科 |
| 15 | 14 | N0020 | 秦月元 | Nov-91 | 男 | 2 | C类 | 市场部 | 本科 |

图 5-33　员工信息表格式化效果

**6. 套用表格格式快速格式化工作表**

除了手动完成格式化操作外，Excel 还提供了多种自动格式化设置的功能，如使用单元格样式、表格格式和主题实现包括字体、颜色、填充、对齐方式等一系列格式的自动设置，以节省手动格式化的时间。现为员工信息表套用一种表格格式。具体操作如下。

（1）打开工作表，选中数据表中任意单元格（如 A2 单元格），单击"开始"选项卡"样式"

组中的"套用表格格式"按钮，在展开的下拉列表中，Excel 2016 提供了 60 种表格格式。选择其中的"表样式中等深浅 9"格式，弹出"套用表格式"对话框，保留默认的选项，单击"确定"按钮，数据表即可被创建为"表格"并应用对应的样式效果。

（2）单击"表格工具-设计"选项卡"工具"组中的"转换为区域"按钮，如图 5-34 所示。弹出"是否将表格转换为普通区域"对话框，在弹出的对话框中单击"是"按钮，即可将表格转换为普通数据表，如图 5-35 所示。

图 5-34　单击"转换为区域"按钮

| 序号 | 工号 | 姓名 | 出生年月 | 性别 | 工龄 | 岗位类型 | 部门 | 学历 |
|---|---|---|---|---|---|---|---|---|
| 1 | N0002 | 赵奇 | 1970年2月 | 男 | 21 | A类 | 管理部 | 研究生 |
| 2 | N0003 | 王成材 | 1973年9月 | 男 | 17 | A类 | 管理部 | 研究生 |
| 3 | N0004 | 朱怀玉 | 1973年2月 | 女 | 18 | B类 | 管理部 | 研究生 |
| 4 | N0005 | 谭芳 | 1982年8月 | 女 | 11 | A类 | 市场部 | 研究生 |
| 5 | N0007 | 李铭书 | 1978年5月 | 男 | 13 | A类 | 综合部 | 本科 |
| 6 | N0008 | 陈凯 | 1980年10月 | 男 | 10 | B类 | 市场部 | 本科 |
| 7 | N0012 | 李涛 | 1981年4月 | 男 | 7 | B类 | 研发部 | 研究生 |
| 8 | N0013 | 唐江 | 1983年10月 | 女 | 7 | B类 | 研发部 | 研究生 |
| 9 | N0014 | 胡丽芳 | 1987年6月 | 女 | 6 | B类 | 综合部 | 本科 |
| 10 | N0015 | 张菊 | 1981年3月 | 女 | 9 | C类 | 研发部 | 研究生 |
| 11 | N0016 | 杨军 | 1983年2月 | 男 | 5 | C类 | 研发部 | 本科 |
| 12 | N0017 | 毕道玉 | 1977年7月 | 女 | 13 | C类 | 综合部 | 研究生 |
| 13 | N0019 | 董珊珊 | 1989年6月 | 女 | 3 | C类 | 市场部 | 本科 |
| 14 | N0020 | 秦月元 | 1991年11月 | 男 | 2 | C类 | 市场部 | 本科 |

图 5-35　将表格转换为普通数据表

### 7. 条件格式设置

条件格式功能可以为满足某些条件的单元格或者单元格区域设置某种格式，以方便用户直观地查看表中符合条件的单元格数据。例如可以突出显示用户所关注的单元格、强调异常值，还可以使用数据条、颜色刻度和图标集等来直观地显示数据。以图 5-33 中的工作表为例，利用条件格式进行如下设置。

- 在"出生年月"列中，使用突出单元格显示规则设置所有 1980 年以前出生的单元格填充色和字体。
- 在"工龄"列中，使用数据条填充规则描述所有员工工龄的长短。
- 在"岗位类型"列中，使用自定义条件格式根据不同的岗位类型设置不同的格式。

（1）打开工作表，选择"出生年月"列对应的单元格区域 D2:D15，单击"开始"选项卡"样式"组中的"条件格式"按钮，在下拉列表中选择"突出显示单元格规则"→"小于"命令，弹出"小于"对话框，如图 5-36 所示。在左侧的输入框中输入"Jan-80"，即对出生年月小于 1980 年1 月的单元格格式进行设置，在"设置为"下拉列表框中选择应设置的格式，这里选择"浅红填充色深红色文本"，单击"确定"按钮，这样单元格区域 D2:D15 中所有出生年月在 1980 年以前的单元格数据都将被设置为"浅红"色填充的"深红"颜色的字体。

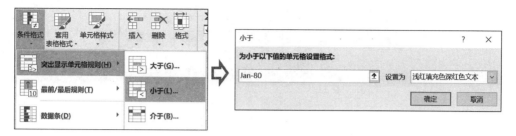

图 5-36　弹出"小于"对话框

（2）选择"工龄"列对应的单元格区域 F2：F15，单击"开始"选项卡"样式"组中的"条件格式"按钮，在下拉列表中选择"数据条"→"实心填充"→"蓝色数据条"命令，数据条填充格式设置如图 5-37 所示。这样单元格区域 F2：F15 将按照工龄的大小填充蓝色数据条，数据条的长度反映了单元格中值的大小，数据条越长代表工龄越长，数据条越短则代表工龄越短。

（3）选择"岗位类型"列对应的单元格区域 G2：G15，单击"开始"选项卡"样式"组中的"条件格式"按钮，在下拉列表中选择"新建规则"命令，弹出"新建格式规则"对话框，如图 5-38 所示。在"选择规则类型"列表框中选择"只为包含以下内容的单元格设置格式"选项，在"编辑规则说明"中选择下拉列表中的内容，设置单元格值等于"A 类"时满足条件，单击下方的"格式"按钮，弹出"设置单元格格式"对话框，在对话框中设置当单元格内容为"A 类"时的显示格式，这里在"字体"选项卡中设置字体为"加粗"，颜色为"红色"，单击"确定"按钮回到"新建格式规则"对话框，再次单击"确定"按钮，完成格式规则的设定。按照同样的方法新建两条规则，分别设置单元格值等于"B 类"（"加粗蓝色"）和"C 类"（"加粗绿色"）时的格式，单击"确定"按钮即可完成自定义条件格式的应用。

图 5-37　数据条填充格式设置

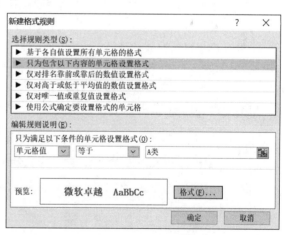

图 5-38　新建格式规则设置

（4）条件格式全部应用完成后，工作表中的特定单元格格式将发生变化，条件格式应用结果如图 5-39 所示。

**8. 格式的复制和删除**

1）格式的复制

在功能区单击"开始"选项卡"剪切板"组中的"格式刷"按钮 格式刷，可以将相同的格式

| | A | B | C | D | E | F | G | H | I |
|---|---|---|---|---|---|---|---|---|---|
| 1 | 序号 | 工号 | 姓名 | 出生年月 | 性别 | 工龄 | 岗位类型 | 部门 | 学历 |
| 2 | 1 | N0002 | 赵 奇 | Feb-70 | 男 | 21 | A类 | 管理部 | 研究生 |
| 3 | 2 | N0003 | 王成材 | Sep-73 | 男 | 17 | A类 | 管理部 | 研究生 |
| 4 | 3 | N0004 | 朱怀玉 | Feb-73 | 女 | 18 | B类 | 管理部 | 研究生 |
| 5 | 4 | N0005 | 谭 芳 | Aug-82 | 女 | 11 | A类 | 市场部 | 研究生 |
| 6 | 5 | N0007 | 李铭书 | May-78 | 男 | 13 | A类 | 综合部 | 本科 |
| 7 | 6 | N0008 | 陈 凯 | Oct-80 | 男 | 10 | B类 | 市场部 | 本科 |
| 8 | 7 | N0012 | 李 涛 | Apr-81 | 男 | 7 | B类 | 研发部 | 研究生 |
| 9 | 8 | N0013 | 唐 江 | Oct-83 | 女 | 7 | B类 | 研发部 | 研究生 |
| 10 | 9 | N0014 | 胡丽芳 | Jun-87 | 女 | 6 | B类 | 综合部 | 本科 |
| 11 | 10 | N0015 | 张 菊 | Mar-81 | 女 | 9 | C类 | 研发部 | 研究生 |
| 12 | 11 | N0016 | 杨 军 | Feb-83 | 男 | 5 | C类 | 研发部 | 本科 |
| 13 | 12 | N0017 | 毕道玉 | Jul-77 | 女 | 13 | C类 | 综合部 | 研究生 |
| 14 | 13 | N0019 | 董珊珊 | Jun-89 | 女 | 3 | C类 | 市场部 | 本科 |
| 15 | 14 | N0020 | 秦月元 | Nov-91 | 男 | 2 | C类 | 市场部 | 本科 |

图 5-39　条件格式应用结果

复制到其他单元格区域中。单击"格式刷"按钮可以复制一次格式,双击"格式刷"按钮可以将复制的格式多次应用到新的单元格中。

2) 删除单元格的格式

若需要一次性删除单元格的所有格式,有以下两种方法。

(1) 方法一。

先选中某一单元格区域,然后单击"开始"选项卡"编辑"组中的"清除"按钮,在下拉列表中选择"清除格式"命令,所选单元格区域将恢复到 Excel 默认格式效果。

(2) 方法二。

选中一个未编辑过的空白单元格,单击"格式刷"按钮,然后拖动鼠标去选中要删除格式的单元格区域。

使用本节介绍的格式化工作表方法,可以对导入到工作簿的中国银行股票数据进行格式设置,如字体字号,边框底纹等等,使其更加整洁美观,得到中国银行股票数据表格式化结果如图 5-40 所示(详见素材工作簿文件"中国银行(格式化结果).xlsx")。读者可自行尝试完成相关的格式化操作,以达到类似的效果。

| | A | B | C | D | E | F | G | H | I | J | K | L |
|---|---|---|---|---|---|---|---|---|---|---|---|---|
| 1 | | | | | | | | | | | | |
| 2 | | 日期 | 开盘价 | 最高价 | 最低价 | 收盘价 | 涨跌额 | 涨跌幅(%) | 成交量(手) | 成交金额(万元) | 振幅(%) | 换手率(%) |
| 3 | | 2019/3/29 | 3.71 | 3.79 | 3.71 | 3.77 | 0.06 | 1.62 | 1,791,175 | 67,257 | 2.16 | 0.09 |
| 4 | | 2019/3/28 | 3.72 | 3.73 | 3.69 | 3.71 | -0.02 | -0.54 | 1,087,031 | 40,306 | 1.07 | 0.05 |
| 5 | | 2019/3/27 | 3.73 | 3.75 | 3.72 | 3.73 | 0.01 | 0.27 | 1,058,660 | 39,510 | 0.81 | 0.05 |
| 6 | | 2019/3/26 | 3.75 | 3.75 | 3.71 | 3.72 | -0.01 | -0.27 | 1,250,035 | 46,574 | 1.07 | 0.06 |
| 7 | | 2019/3/25 | 3.78 | 3.79 | 3.73 | 3.73 | -0.07 | -1.84 | 1,880,807 | 70,767 | 1.58 | 0.09 |
| 8 | | 2019/3/22 | 3.8 | 3.82 | 3.78 | 3.8 | 0.01 | 0.26 | 1,419,561 | 53,923 | 1.06 | 0.07 |
| 9 | | 2019/3/21 | 3.8 | 3.82 | 3.79 | 3.79 | 0 | 0 | 1,713,724 | 65,228 | 0.79 | 0.08 |
| 10 | | 2019/3/20 | 3.81 | 3.82 | 3.77 | 3.79 | -0.02 | -0.52 | 1,648,942 | 62,576 | 1.31 | 0.08 |
| 11 | | 2019/3/19 | 3.84 | 3.85 | 3.8 | 3.81 | -0.03 | -0.78 | 1,601,599 | 61,221 | 1.3 | 0.08 |
| 12 | | 2019/3/18 | 3.79 | 3.84 | 3.77 | 3.84 | 0.05 | 1.32 | 2,130,221 | 81,025 | 1.85 | 0.1 |
| 13 | | 2019/3/15 | 3.79 | 3.82 | 3.78 | 3.79 | 0 | 0 | 1,518,035 | 57,629 | 1.06 | 0.07 |
| 14 | | 2019/3/14 | 3.8 | 3.83 | 3.77 | 3.79 | -0.01 | -0.26 | 1,289,656 | 48,960 | 1.58 | 0.06 |
| 15 | | 2019/3/13 | 3.83 | 3.84 | 3.78 | 3.8 | -0.03 | -0.78 | 1,591,609 | 60,540 | 1.57 | 0.08 |
| 16 | | 2019/3/12 | 3.79 | 3.87 | 3.79 | 3.83 | 0.04 | 1.06 | 2,473,383 | 94,854 | 2.11 | 0.12 |
| 17 | | 2019/3/11 | 3.74 | 3.81 | 3.74 | 3.79 | 0.04 | 1.07 | 1,981,058 | 74,496 | 1.87 | 0.09 |
| 18 | | 2019/3/8 | 3.87 | 3.87 | 3.75 | 3.75 | -0.14 | -3.6 | 3,026,373 | 115,316 | 3.08 | 0.14 |
| 19 | | 2019/3/7 | 3.93 | 3.93 | 3.88 | 3.89 | -0.04 | -1.02 | 2,513,716 | 98,017 | 1.27 | 0.12 |

图 5-40　中国银行股票数据表格式化结果

## 5.2 Excel 公式与函数

Excel 最突出的特点就是可以使用公式进行数据处理。公式可以由运算符、常量、单元格引用以及函数组成。函数是一些预定义的特殊算式,它们可以与各类运算符一起构成各种公式以满足数据处理的需要。本节将对 Excel 公式及函数的使用方法进行介绍。

### 5.2.1 Excel 公式的基本使用

公式本质上就是一组以等号开始的表达式,由运算符、常量、单元格引用以及函数组成。

**1. 公式中的运算符**

运算符是构成公式的基本元素之一,每个运算符分别代表一种元素方式。Excel 中的运算符包括以下 4 种类型。

(1) 算术运算符。主要用于加、减、乘、除、百分比及乘幂等各种常规的算术运算。

(2) 比较运算符。主要用于比较数据的大小,包括对文本或数值的比较,并产生逻辑值 TRUE(真)或 FALSE(假)。

(3) 文本运算符。主要用于将一个或多个文本数据进行连接与合并起来,连接运算的结果类型仍然为文本类型。

(4) 引用运算符。主要用于产生单元格引用。

公式中的运算符的作用说明如表 5-1 所示。

表 5-1 公式中的运算符的作用说明

| 运 算 符 | 说 明 | 操 作 示 例 |
|---|---|---|
| — | 算术运算符:负号 | ＝－5＊6;运算结果为－30 |
| ％ | 算术运算符:百分比 | ＝80＊5%;运算结果为4 |
| ^ | 算术运算符:乘幂 | ＝4^2;运算结果为16 |
| ＊和/ | 算术运算符:乘和除 | ＝4＊3/2;运算结果为6 |
| ＋和－ | 算术运算符:加和减 | ＝3＋2－4;运算结果为1 |
| ＝、<>、>、<、>=、<= | 比较运算符:等于、不等于、大于、小于、大于或等于、小于或等于 | ＝A1＝B1;判断 A1 和 B1 是否相等<br>＝A1<>"ABC";判断 A1 是否不等于"ABC"<br>＝B1>=6;判断 B1 是否大于或等于 6 |
| ＆ | 文本运算符:连接文本 | ="Hello"&"Excel";两个字符串连接得到"HelloExcel" |
| :(冒号) | 引用运算符的一种 | ＝SUM(A1:B8);表示引用以冒号两边的单元格为左上角和右下角的矩形单元格区域 |
| (空格) | 引用运算符的一种 | ＝SUM(A1:B5 A3:C7);引用 A1:B5 与 A3:C7 的重叠的单元格区域 |
| ,(逗号) | 引用运算符的一种 | ＝SUM(A1:B5,A3:C7);在公式中对不同参数进行间隔 |

当公式中使用多个运算符时,Excel 将根据各个运算符的优先级顺序进行运算,对于同级运算符,则按从左到右的顺序运算,如表 5-2 所示。

**2. 公式中的常量**

常量就是公式中输入的数值和文本。例如,公式"＝3＋5"中的 3、5 都是常量,是数值常量;再如公式"＝A2＆"武汉""中的"武汉"也是常量,称为文本常量。

表 5-2　不同运算符的优先级

| 顺　　序 | 运　算　符 | 说　　明 |
|---|---|---|
| 1 | :,(空格),, | 引用运算符：冒号、空格和逗号 |
| 2 | — | 算术运算符：负号(取得与原值正负号相反的值) |
| 3 | % | 算术运算符：百分比 |
| 4 | ^ | 算术运算符：乘幂 |
| 5 | * 和/ | 算术运算符：乘和除 |
| 6 | ＋和— | 算术运算符：加和减 |
| 7 | & | 文本运算符：连接文本 |
| 8 | = ,<,>,<= ,>= ,<> | 比较运算符：比较两个值 |

### 3. 公式的输入、编辑与复制

【例 5-3】 某公司员工的工资信息表如图 5-41 所示。为了计算每个员工当月应扣除的公积金,可以使用公式对工作表中的数据进行处理和运算。

| | A | B | C | D |
|---|---|---|---|---|
| 1 | 工号 | 姓名 | 基础工资 | 公积金 |
| 2 | N0002 | 赵奇 | ¥4,680.00 | |
| 3 | N0003 | 王成材 | ¥4,360.00 | |
| 4 | N0004 | 朱怀玉 | ¥3,460.00 | |
| 5 | N0005 | 谭芳 | ¥3,880.00 | |
| 6 | N0007 | 李铭书 | ¥3,720.00 | |
| 7 | N0008 | 陈凯 | ¥2,900.00 | |
| 8 | N0012 | 李涛 | ¥2,660.00 | |
| 9 | N0013 | 唐江 | ¥2,660.00 | |
| 10 | N0014 | 胡丽芳 | ¥2,580.00 | |

图 5-41　某公司员工的工资信息表

具体操作如下。

(1) 在“公积金”下方的第一个单元格上单击,使其成为活动单元格。此处单击选中 D2 单元格。

(2) 输入等号“＝”,表示正在输入公式而非文本数据。按照政策,员工每月需要缴纳的公积金数额为基础工资的 12%,因此可在等号后面输入“C2 * 12%”。其中 C2 为单元格引用,代表的是第 C 列(基础工资)第 2 行的值(4680.00),该引用可以通过直接输入单元格地址或者单击对应的单元格生成。

(3) 公式输入完成后可按 Enter 键,计算结果将显示在公式所在的单元格中。

(4) 输入到单元格中的公式可以像普通数据一样,通过拖动单元格右下角的填充柄或者使用填充命令进行复制填充,此时填充和复制的是公式本身,公式计算结果会由于公式中引用的变化而发生改变。公式的输入、编辑与复制及相对引用的使用如图 5-42 所示。

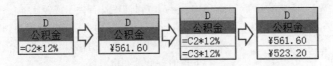

图 5-42　公式的输入、编辑与复制及相对引用的使用

### 4. 单元格引用

单元格引用是 Excel 中最常用的运算对象。单元格引用表示的是一个或者多个单元格的地址,可通过该地址对相应单元格中已存储的数据进行运算。常用的单元格引用类型包括:

(1) 相对引用。又称相对单元格引用,即直接给出列标与行号的引用方法,如 A1、C5 等。相对引用中的单元格地址不是固定地址,而是基于包含公式的单元格与被引用的单元格之间的相对位置的相对地址。在默认情况下,公式中对单元格的引用都是相对引用,如果复制公式,相对引用将自动调整。以图 5-42 中 D2 单元格中的公式“＝C2 * 12%”为例,其

中"C2"就是相对引用,表示在 D2 中引用位于同一行第 3 列单元格的值。当向下复制公式
到单元格 D3 时,那么与 D3 位于同一行,第 3 列的单元格就变成了 C3,因此 D3 中的公式将
自动变为"＝C3＊12％",如图 5-42 所示。同理,公式被复制到 D5 时即将变为"＝C5＊
12％"。相对引用的好处是当公式位置发生变化时,公式中引用的单元格会自动发生变化,
以便通过复制公式的方式快速完成批量计算。

（2）绝对引用。与相对引用不同,绝对引用不会随着公式单元格位置的变化而变化。
单元格的绝对引用是指在单元格标识符的行号和列标前都加上"＄"符号,表示将行列冻结,
如"＄C＄2"。绝对引用中被冻结的行列号不会随着公式的复制而发生改变,因此如果图 5-42
中 D2 单元格中的公式变为"＝＄C＄2＊12％",那么当公式被向下复制到单元格 D3 时,公
式的内容将仍为"＝＄C＄2＊12％",因此计算得到的结果也不会发生改变。公式中的绝对
引用如图 5-43 所示。

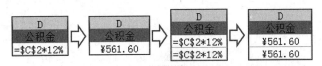

图 5-43　公式中的绝对引用

（3）混合引用。混合引用是指单元格引用行或列中的某一项被冻结的情况。当需要将
引用中的行冻结而允许列变化时,可以在行号前加"＄"符号,如"C＄2"。当需要将应用中
的列冻结而允许行变化时,则可以在列标前加"＄"符号,如"＄C2"。

（4）区域引用。在引用单元格区域时,可能用到引用运算符":"," "," "（空格）。

- 用":"运算符来引用单元格区域。例如 E2:H8,表示以 E2 单元格为左上角顶点,以
  H8 单元格为右下角顶点围成的矩形区域。
- 用","运算符来引用若干个不连续的单元格区域。例如"A2:D5,G6"表示单元格区
  域 A2:D5 与 G6 单元格共同组成的区域。
- 用" "（空格）运算符来引用前后两个单元格区域相交的单元格区域。例如"A1:C3[空格]
  B2:D4",表示引用单元格区域 A1:C3 和 B2:D4 之间相交的部分,即单元格区域 B2:C3。

（5）不同工作表中单元格的引用。可以引用同一工作簿中不同工作表的单元格,其引
用格式为:工作表名！[＄]列标[＄]行号。例如,在工作表 Sheet1 的 A1 单元格中计算工
作表 Sheet2 的 A1 单元格与 A2 单元格之和的操作为:选定 Sheet1 工作表的 A1 单元格,
输入公式"＝Sheet2！A1＋Sheet2！A2"后按 Enter 键。更简单的操作方法是在输入公式的
"＝"后,单击 Sheet2 的工作表标签,切换到 Sheet2 工作表,单击 A1 单元格,输入"＋"后再
单击 A2 单元格,最后按 Enter 键。

（6）不同工作簿中单元格的引用。还可以引用不同工作簿中的单元格,其引用格式为:
[工作簿文件名]工作表名！[＄]列标[＄]行号。例如,在当前工作表 A1 单元格统计工作
簿"招生统计.xlsx"中的 A1 单元格和 A2 单元格数值和的操作为:选定当前工作表中的 A1
单元格,输入"＝"后单击任务栏上"招生统计"工作簿任务按钮,单击 A1 单元格后输入
"＋",再单击"招生统计"工作簿中的 A2 单元格,最后按 Enter 键。此时,在当前工作表中
A1 单元格的公式为"[招生统计.xlsx]Sheet1！＄A＄1＋[招生统计.xlsx]Sheet1！＄A＄2"。
注意,引用不同工作簿中的单元格时,默认是绝对引用。

**5. 名称的定义与引用**

一种常见的绝对引用使用方法是为单元格或者单元格区域指定一个名称，并在公式中使用这些名称表示绝对引用区域。在定义名称的过程中，应注意需要遵循以下语法原则：

- 新的名称不能与现有的名称重复（不区分大小写），且不能与单元格的地址相同，如 A1，$E6 等。
- 名称中不能使用空格，第一个字符只能是字母（或中文汉字）、下画线或反斜杠。
- 一个名称的长度不能超过 255 个西文字符。

**【例 5-4】** 名称定义示例工作表如图 5-44 所示，使用不同的方法分别对工作表中的不同区域定义名称。

具体操作如下。

（1）使用名称框定义名称。在定义名称前，首先选择要命名的单元格或者区域，这里选择图 5-44 工作表中的单元格区域 A2:A7，在"名称框"中输入"月份"后按 Enter 键确认，即可将该单元格区域定义名称为"月份"。

（2）根据所选内容批量创建名称。如要将工作表中的每一列以列标题来定义名称，可以选择要命名的数据区域，这里选择 A1:E7 单元格区域。单击"公式"选项卡"定义的名称"组中的"根据所选内容创建"按钮，弹出"根据所选内容创建名称"对话框，如图 5-45 所示。勾选"首行"复选框，最后单击"确定"按钮，即可分别创建以列标题"北京""上海"等命名的 4 个名称。

图 5-44　名称定义示例工作表

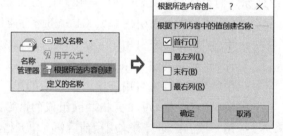

图 5-45　弹出"根据所选内容创建名称"对话框

（3）使用"新建名称"命令定义名称。单击"公式"选项卡"定义的名称"组中的"定义名称"按钮，弹出"新建名称"对话框，如图 5-46 所示。在输入框中输入想要定义的名称和备注信息，并指定名称所引用的范围。这里在"名称"文本框中输入"销量"，在"范围"下拉列表框中选择"工作簿"，在"批注"列表框中输入"一月份各地销量"，在"引用位置"文本框中选择工作表中第 2 行对应的单元格区域 $B$2:$E$2，最后单击"确定"按钮完成名称定义。

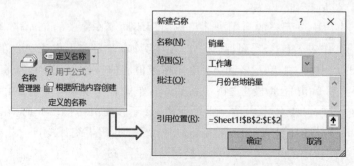

图 5-46　弹出"新建名称"对话框

（4）名称定义完成后，可以在公式中直接手工输入已定义的名称（使用鼠标选择已定义名称的区域作为需要插入公式中的单元格引用时，Excel会自动应用该单元格区域的名称）。此外在编辑公式的过程中，还可以单击"公式"选项卡"定义的名称"组中的"用于公式"按钮，打开名称下拉列表并单击所要使用的名称，将该名称添加进公式中。在公式中引用名称如图5-47所示。

| ▲ | A | B | C | D | E | F | G | H |
|---|---|---|---|---|---|---|---|---|
| 1 | | 北京 | 上海 | 重庆 | 广州 | | | |
| 2 | 一月份 | 45 | 67 | 56 | 92 | | =SUM(销量 | |
| 3 | 二月份 | 86 | 90 | 92 | 93 | | SUM(number1 | |
| 4 | 三月份 | 87 | 92 | 93 | 94 | | | |
| 5 | 四月份 | 46 | 44 | 93 | 94 | | | |
| 6 | 五月份 | 96 | 96 | 94 | 95 | | | |
| 7 | 六月份 | 93 | 93 | 65 | 94 | | | |

图5-47 在公式中引用名称

（5）若要查看和管理已经定义的名称，则可单击"公式"选项卡"定义的名称"组中的"名称管理器"按钮，打开"名称管理器"对话框。在该对话框中可以查看所有已经定义的名称及其所引用的范围，并对它们进行编辑、修改和删除操作。

## 5.2.2 Excel 函数的基本使用

函数是公式中的运算对象，也是Excel中较为复杂的内容，Excel系统的真正功能可以说是由它的函数功能来体现的，合理地运用函数可以完成非常复杂的计算任务，数据的分析和处理一般都是使用函数来完成的。

### 1. 函数与函数分类

函数也可以理解为是一些预定义的公式，Excel提供了大量的函数，如求和函数SUM、求平均值函数AVERAGE、求最大值函数MAX等。这些函数按照功能的不同被分为12大类，函数分类及典型示例如表5-3所示。

表5-3 函数分类及典型示例

| 类 别 | 典型函数示例 |
|---|---|
| 财务 | NPV，投资净现值计算函数；RATE，实际利率计算函数 |
| 逻辑 | IF，条件判断函数；AND，与逻辑判断函数；OR，或逻辑判断函数 |
| 文本 | LEFT/RIGHT，从左/右侧截取字符串函数；TRIM，删除字符串首尾空格函数；LEN，返回字符串长度函数 |
| 日期和时间 | DATE，获取日期函数；NOW，获取当前日期和时间函数 |
| 查找和引用 | VLOOKUP，垂直查询函数；HLOOKUP，水平查询函数 |
| 数学和三角函数 | SUM，求和函数；LOG，对数函数；SIN，正弦函数；COS，余弦函数；INT，取整函数；ROUND，四舍五入函数 |
| 统计 | AVERAGE，平均值函数；COUNT，计数函数；MAX/MIN，最大值/最小值函数；RANK.EQ，排名函数 |
| 工程 | CONVERT，度量系统转换函数 |
| 多维数据集 | CUBEVALUE，多维数据集汇总返回函数 |

续表

| 类　　别 | 典型函数示例 |
|---|---|
| 信息函数 | TYPE,数据类型查看函数;ISBLANK,空值判断函数 |
| 兼容性 | RANK,排名函数(早期版本) |
| 网络函数 | ENCODEURL 函数,WEBSERVICE 函数,FILTERXML 函数 |

### 2. 函数的输入与编辑

在公式中输入函数时应遵循一些语法规则。

- 函数通常表示为:函数名([参数1],[参数2],…),括号中的参数可以有多个,中间用逗号分隔,其中方括号中的参数为可选参数,有的函数可以没有参数。
- 函数名后面的括号必须成对出现,括号与函数名之间不能有空格。
- 函数的参数可以是文本、数值、日期、时间、逻辑值或单元格的引用等,甚至可以是另一个或几个函数(函数的嵌套)。

在输入函数的过程中,我们可能无法准确地记忆每个函数的名称以及参数的组成,因此Excel提供了函数参考帮助我们输入函数。一般来说,可以通过以下两种方法输入函数:

1) 手工输入

在编辑栏中采用手工输入函数,前提是用户必须熟悉函数名的拼写、函数参数的类型、次序以及含义。因此,对于初学者而言,更推荐使用下面的方法输入函数。

2) 使用函数向导输入

为方便用户输入函数,Excel提供了函数向导功能,具体操作为:选择某一个单元格,进入公式编辑状态。单击"公式"选项卡"函数库"组中的"插入函数"按钮,或者单击编辑栏中的"插入函数"按钮 $f_x$ ,弹出"插入函数"对话框,如图 5-48 所示。

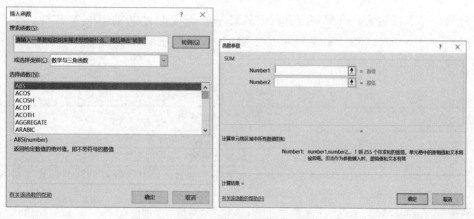

图 5-48 "插入函数"和"函数参数"对话框

以上两种方法均会弹出"插入函数"对话框。在"或选择类别"下拉列表框中选择所需要的函数类别,或在"搜索函数"文本框中输入函数的简单描述后单击"转到"按钮,再单击"选择函数"列表框中所需要的函数名,单击"确定"按钮,即可弹出"函数参数"对话框,如图 5-48 所示。由于函数不同,函数的参数个数不同,类型也不同,因此"函数参数"对话框内容也有所不同。分别输入各个参数后,单击"确定"按钮即可。

除此以外,Excel 将不同类别的函数封装成了不同的按钮,放置在"公式"选项卡的"函数库"组中。用户可以单击不同类别的函数按钮,在下拉列表中选择需要的函数,打开对应的函数对话框设置函数参数即可。

## 5.2.3　常用函数的应用

### 1. 基础统计函数

Excel 中提供了多种基础统计函数,可以完成诸多统计计算。常用的 6 个统计函数及其功能和语法如表 5-4 所示。

表 5-4　常用的统计函数及其功能和语法

| 函　　数 | 说　　明 | 语　　法 |
|---|---|---|
| SUM | 将指定为参数的所有数字相加 | SUM(number1,[number2],…) |
| AVERAGE | 返回参数的算术平均值 | AVERAGE(number1,[number2],…) |
| MAX | 返回一组值中的最大值 | MAX(number1,[number2],…) |
| MIN | 返回一组值中的最小值 | MIN(number1,[number2],…) |
| COUNT | 计算参数列表中数字的个数 | COUNT(value1,[value2],…) |
| COUNTA | 计算区域中不为空的单元格的个数 | COUNT(value1,[value2],…) |

其中,参数解释如下。

(1) number1、value1。必需参数,进行相应统计的第一个数字、单元格引用或区域。

(2) number2、value2、…。可选参数,进行相应统计的其他数字、单元格引用或区域。

【例 5-5】　某班级考试成绩表如图 5-49 所示,需要对此班级的考试成绩进行相应的统计。

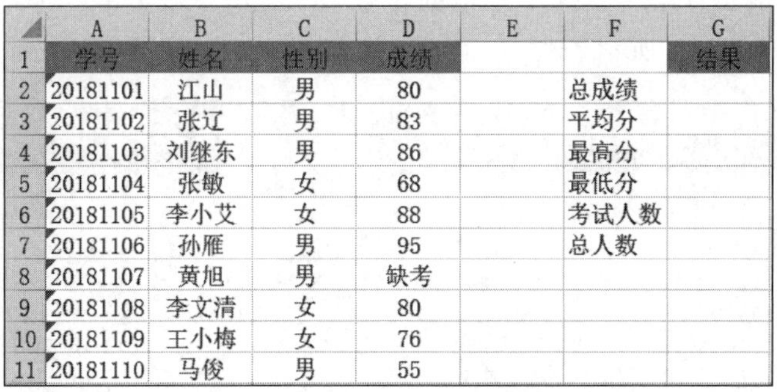

图 5-49　某班级考试成绩表

具体操作如下。

(1) 选中 G2 单元格,单击编辑栏中的"插入函数"按钮 $f_x$,弹出"插入函数"对话框。在该对话框的"或选择类别"下拉列表框中选择"常用函数"类别,单击列表框中的 SUM 函数后单击"确定"按钮,打开 SUM 函数的"函数参数"对话框。

(2) 设置"函数参数"对话框中的参数,如图 5-50 所示。

(3) 单击"确定"按钮,关闭该对话框,此时 G2 单元格中的公式为"=SUM(D2:D11)",计算出全班同学的考试总成绩,结果为 711。

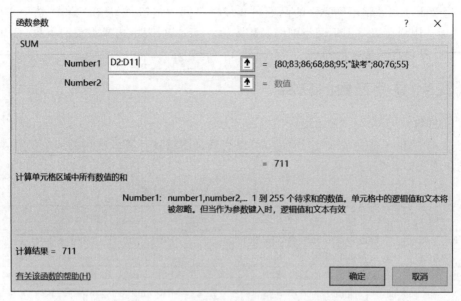

图 5-50　设置"函数参数"对话框中的参数

（4）在 G3 单元格中输入公式"＝AVERAGE(D2:D11)"，计算出全班的平均分，结果为 79。

（5）在 G4 单元格中输入公式"＝MAX(D2:D11)"，计算出该班的最高分，结果为 95。

（6）在 G5 单元格中输入公式"＝MIN(D2:D11)"，计算出该班的最低分，结果为 55。

（7）在 G6 单元格中输入公式"＝COUNT(D2:D11)"，计算出本次参加考试的人数，结果为 9。COUNT 函数只统计数字的个数，所以 D8 单元格的"缺考"不统计在内。

（8）在 G7 单元格中输入公式"＝COUNTA(D2:D11)"，计算出该班的总人数，结果为 10。COUNTA 函数统计不为空的单元格的个数，所以数字和文本全部统计在内。基础统计函数应用结果如图 5-51 所示。

| | A | B | C | D | E | F | G | H |
|---|---|---|---|---|---|---|---|---|
| 1 | 学号 | 姓名 | 性别 | 成绩 | | | 结果 | 公式 |
| 2 | 20181101 | 江山 | 男 | 80 | | 总成绩 | 711 | =SUM(D2:D11) |
| 3 | 20181102 | 张辽 | 男 | 83 | | 平均分 | 79 | =AVERAGE(D2:D11) |
| 4 | 20181103 | 刘继东 | 男 | 86 | | 最高分 | 95 | =MAX(D2:D11) |
| 5 | 20181104 | 张敏 | 女 | 68 | | 最低分 | 55 | =MIN(D2:D11) |
| 6 | 20181105 | 李小艾 | 女 | 88 | | 考试人数 | 9 | =COUNT(D2:D11) |
| 7 | 20181106 | 孙雁 | 男 | 95 | | 总人数 | 10 | =COUNTA(D2:D11) |
| 8 | 20181107 | 黄旭 | 男 | 缺考 | | | | |
| 9 | 20181108 | 李文清 | 女 | 80 | | | | |
| 10 | 20181109 | 王小梅 | 女 | 76 | | | | |
| 11 | 20181110 | 马俊 | 男 | 55 | | | | |

图 5-51　基础统计函数应用结果

视频讲解

**2. 条件统计函数**

条件统计函数包括单条件统计函数 SUMIF、AVERAGEIF 和 COUNTIF，以及多条件统计函数 SUMIFS、AVERAGEIFS 和 COUNTIFS。

1）SUMIF 函数

SUMIF 函数可以对指定单元格区域中符合指定条件的值求和。

SUMIF 函数的表达式为 SUMIF(range，criteria，[sum_range])，包含 2 个必需参数和 1 个可选参数。

（1）range。必需参数，用于求和条件计算的单元格区域。

（2）criteria。必需参数，表示条件计算的内容，即求和的条件。可以为数字、表达式、单元格引用和函数等。如">3000"则表示当 range 中的值满足大于 3000 的条件时参与求和运算。在书写的过程中，如果条件中含有文本或者逻辑、数学符号，则必须使用英文半角双引号(")括起来，如果条件仅为数字，则无须使用双引号。

（3）sum_range。可选参数，表示实际要进行求和计算的单元格范围。如果被省略，则将对 range 指定的单元格范围中的值进行求和。

2）SUMIFS 函数

SUMIFS 与 SUMIF 函数类似，可以对指定单元格区域中满足多个条件的单元格求和。

SUMIFS 函数的表达式为 SUMIFS(sum_range，criteria_range1，criteria1，[criteria_range2，criteria2]，…)，包含 3 个必需参数和多个可选参数。

（1）sum_range。必需参数，表示实际要进行求和计算的单元格范围。

（2）criteria_range1。必需参数，表示第一个求和条件计算对应的单元格区域。

（3）criteria1。必需参数，表示第一个求和条件计算的内容。可以为数字、表达式、单元格引用和函数等。

（4）criteria_range2，criteria2，…。可选参数，表示附加的求和条件计算单元格区域和附加的求和条件。最多允许附加 127 个求和条件计算内容，每个 criteria_range 区域所包含的行列个数必须与 sum_range 区域相同，所有求和计算条件相互关联，必须同时满足这些条件才能进行求和计算。

3）AVERAGEIF 函数

AVERAGEIF 函数可以对指定区域满足给定条件的所有单元格中的数值进行平均值计算。

AVERAGEIF 函数的表达式为 AVERAGEIF(range，criteria，[average_range])，包含 2 个必需参数和 1 个可选参数，其参数的构成与设置方法和 SUMIF 函数一致，此处不再赘述。

4）AVERAGEIFS 函数

AVERAGEIFS 函数与 AVERAGEIF 函数类似，可以对指定单元格区域中满足多个条件的单元格进行平均值统计。

AVERAGEIFS 函数的表达式为 AVERAGEIFS(average_range，criteria_range1，criteria1，[criteria_range2，criteria2]，…)，包含 3 个必需参数和若干个可选参数，其参数构成与设置方法同样可参照 SUMIFS 函数。

5）COUNTIF 函数

COUNTIF 函数可以统计指定区域内满足某个条件的单元格的个数。

COUNTIF 函数的表达式为 COUNTIF(range，criteria)，包含 2 个必需参数。

（1）range。必需参数，用来确定要计数的单元格区域。

（2）criteria。必需参数，表示计数的条件，可以为数字、表达式、单元格引用等，如"2000"则表示记录 range 内等于 2000 的值的个数。

6) COUNTIFS 函数

COUNTIFS 函数可以统计指定区域内满足多个条件的单元格的个数。

COUNTIFS 函数的表达式为 COUNTIFS（criteria_range1，criterial1，[criteria_range2，criteria2]，…），包含 2 个必需参数和若干个可选参数。

（1）criteria_range1。必需参数，用来确定要计数的单元格区域。

（2）criterial1。必需参数，表示计数的条件（同 COUNTIF 函数）。

（3）criteria_range2，criteria2，…。可选参数，表示附加的计数条件计算单元格区域和附加的计数条件（其设置方法同样可参照 SUMIFS 函数）。

【例 5-6】 某食品加工厂某月部分职工生产信息数据表如图 5-52 所示，需要对该厂职工的生产情况进行相应的统计。

| | A | B | C | D | E | F | G | H |
|---|---|---|---|---|---|---|---|---|
| 1 | 职工号 | 年龄 | 性别 | 生产部门 | 生产件数 | | | 结果 |
| 2 | 0012 | 36 | 女 | 第2车间 | 56 | | 总件数（第2车间） | |
| 3 | 0013 | 29 | 女 | 第1车间 | 74 | | 平均件数（第2车间） | |
| 4 | 0014 | 33 | 女 | 第2车间 | 68 | | 总件数（年龄>35，女性） | |
| 5 | 0015 | 42 | 男 | 第2车间 | 82 | | 平均件数（年龄>35，女性） | |
| 6 | 0016 | 37 | 男 | 第2车间 | 88 | | 总人数（年龄>35） | |
| 7 | 0017 | 44 | 女 | 第1车间 | 57 | | 总人数（年龄>35，女性） | |
| 8 | 0018 | 45 | 男 | 第1车间 | 81 | | | |
| 9 | 0019 | 39 | 女 | 第1车间 | 70 | | | |
| 10 | 0020 | 33 | 男 | 第2车间 | 85 | | | |
| 11 | 0021 | 40 | 女 | 第2车间 | 77 | | | |

图 5-52 职工生产信息数据表

具体操作如下。

（1）在 H2 单元格中输入公式"=SUMIF(D2:D11,"第 2 车间",E2:E11)"，计算出"第 2 车间"生产的总件数为 456。

该公式将"生产部门"列对应的单元格区域 D2:D11 作为求和条件判断区域 range 参数，利用 criteria 参数将"第 2 车间"作为判断条件，最后 sum_range 参数为"生产件数"列对应的单元格区域 E2:E11，即对所有生产部门为"第 2 车间"的产品生产件数相加求和，将结果显示在 H2 单元格中。

（2）在 H3 单元格中输入公式"=AVERAGEIF（D2:D11,"第 2 车间",E2:E11)"，计算出"第 2 车间"生产的平均件数为 76。

（3）在 H4 单元格中输入公式"=SUMIFS(E2:E11,B2:B11,"> 35",C2:C11,"女")"，计算出 35 岁以上女职工生产的总件数为 260。

公式中 sum_range 参数为"生产件数"列对应的单元格区域 E2:E11，第一个条件计算区域为"年龄"列对应的单元格区域 B2:B11，求和条件为"> 35"，第二个条件计算区域为"性别"列对应的单元格区域 C2:C11，求和条件为"女"，即对所有年龄大于 35 岁的女职工的产品生产件数进行求和，将结果显示在 H4 单元格中。

（4）在 H5 单元格中输入公式"=AVERAGEIFS（E2:E11,B2:B11,"> 35",C2:C11，"女")"，计算出 35 岁以上女职工生产的平均件数为 65。

（5）在 H6 单元格中输入公式"=COUNTIF(B2:B11,"> 35")"，计算出 35 岁以上职工的总人数为 7。

公式中的 range 参数为记录每位职工"年龄"的单元格区域 B2：B11，criteria 参数的值则表示对年龄大于 35 岁的所有记录进行计数，即统计 35 岁以上职工的总人数，并将结果显示在 H6 单元格中。

（6）在 H7 单元格中输入公式"＝COUNTIFS(B2：B11,">35",C2：C11,"女")"，计算出 35 岁以上女职工的总人数为 4。

在多条件统计时，每一个单元格区域都需要有相同的行数和列数。

以上职工生产信息统计结果如图 5-53 所示。

| | A | B | C | D | E | F | G | H |
|---|---|---|---|---|---|---|---|---|
| | 职工号 | 年龄 | 性别 | 生产部门 | 生产件数 | | | 结果 |
| | 0012 | 36 | 女 | 第2车间 | 56 | | 总件数（第2车间） | 456 |
| | 0013 | 29 | 女 | 第1车间 | 74 | | 平均件数（第2车间） | 76 |
| | 0014 | 33 | 女 | 第2车间 | 68 | | 总件数（年龄>35,女性） | 260 |
| | 0015 | 42 | 男 | 第2车间 | 82 | | 平均件数（年龄>35,女性） | 65 |
| | 0016 | 37 | 男 | 第2车间 | 88 | | 总人数（年龄>35） | 7 |
| | 0017 | 44 | 女 | 第1车间 | 57 | | 总人数（年龄>35,女性） | 4 |
| | 0018 | 45 | 男 | 第1车间 | 81 | | | |
| | 0019 | 39 | 女 | 第1车间 | 70 | | | |
| | 0020 | 33 | 男 | 第2车间 | 85 | | | |
| | 0021 | 40 | 女 | 第2车间 | 77 | | | |

图 5-53　职工生产信息统计结果

### 3. 垂直查询函数

视频讲解

垂直查询函数 VLOOKUP 可以搜索指定单元格区域的第一列，然后返回符合条件的值对应的相同行上任意单元格内的值。

VLOOKUP 函数表达式为 VLOOKUP(lookup_value, table_array, col_index_num, [range_lookup])，包含 3 个必需参数和 1 个可选参数。

（1）lookup_value。必需参数，表示要搜索的值。

（2）table_array。必需参数，表示被搜索的单元格区域，函数需要在该区域第一列中寻找 lookup_value 对应的值。

（3）col_index_num。必需参数，表示返回数据在 table_array 中的列号。如果 col_index_num 为 2，则返回 table_array 中符合 lookup_value 的那一行中第 2 列的值，若 col_index_num 为 3，则返回第 3 列的值，以此类推。

（4）range_lookup。可选参数。取值为逻辑值 TRUE 或者 FALSE，表示函数搜索的是与 lookup_value 精确匹配的值还是近似匹配的值。如果 range_lookup 为 TRUE 或者为默认值，则表示近似匹配，如果找不到与 lookup_value 精确匹配的值，则返回小于 lookup_value 的最大值；如果 range_lookup 为 FALSE，则表示精确匹配，如果找不到与 lookup_value 精确匹配的值，则返回错误值♯N/A。如果在 table_array 的第 1 列中找到多个与 lookup_value 匹配的值，则返回第一个匹配值所在行对应 col_index_num 列的值。

【例 5-7】　某银行某季度的股票信息数据表如图 5-54 所示，可利用 VLOOKUP 函数查询每个交易日的"收盘价"和"成交金额"。

首先将单元格区域 A2：A59 的值复制到单元格区域 M2：M59 中，再来查询每个交易日的"收盘价"和"成交金额"。

为了查询"收盘价"和"成交金额"，应将单元格区域 A2：K59 设置为 table_array，在其第

图 5-54　股票信息数据表

一列中搜索每个交易日的时间，并返回当天的"收盘价"和"成交金额"。以交易日"2019/3/29"的"收盘价"和"成交金额"计算为例，先在 N2 单元格中输入公式"= VLOOKUP（＄M2，＄A＄2：＄K＄59,5,FALSE)"，计算结果为 3.77，VLOOKUP 函数参数设置如图 5-55 所示。再在 O2 单元格中输入公式"= VLOOKUP（＄M2，＄A＄2：＄K＄59,9,FALSE)"，计算结果为 67 257。

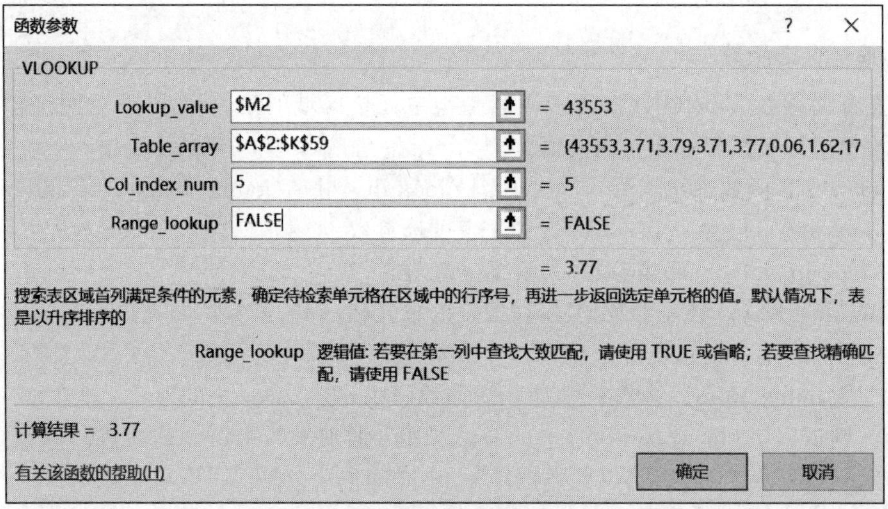

图 5-55　VLOOKUP 函数参数设置

VLOOPUP 的参数中，lookup_value 对应的 M2 单元格存放的是交易日"2019/3/29"对应的时间，因此在 table_array 的第 1 列中搜索该时间，并分别返回第 5 列（"收盘价"）和第 9 列（"成交金额"）中对应的值，此时将分别返回 3.77 和 67 257。需要注意的是，函数的 lookup_value 参数使用了混合引用（＄M2），以使搜索的值固定在 M 列上；table_array 参数则使用了绝对引用（＄A＄2：＄K＄61），这是为了在复制公式时使搜索的范围固定不变。

分别使用填充柄复制 N2 和 O2 单元格中的公式到 N61 和 O61 单元格，即可使用垂直查询函数计算每一个交易日的"收盘价"和"成交金额"，得到股票信息计算结果如图 5-56 所示。

| | A | B | C | D | E | F | G | H | I | J | K | L | M | N | O |
|---|---|---|---|---|---|---|---|---|---|---|---|---|---|---|---|
| 1 | 日期 | 开盘价 | 最高价 | 最低价 | 收盘价 | 涨跌额 | 涨跌幅(%) | 成交量(手) | 成交金额(万元) | 振幅(%) | 换手率(%) | | 日期 | 收盘价 | 成交金额(万元) |
| 2 | 2019/3/29 | 3.71 | 3.79 | 3.71 | 3.77 | 0.06 | 1.62 | 1,791,175 | 67,257 | 2.16 | 0.09 | | 2019/3/29 | 3.77 | 67257 |
| 3 | 2019/3/28 | 3.72 | 3.73 | 3.69 | 3.71 | -0.02 | -0.54 | 1,087,031 | 40,306 | 1.07 | 0.05 | | 2019/3/28 | 3.71 | 40306 |
| 4 | 2019/3/27 | 3.73 | 3.75 | 3.72 | 3.73 | 0.01 | 0.27 | 1,058,660 | 39,510 | 0.81 | 0.05 | | 2019/3/27 | 3.73 | 39510 |
| 5 | 2019/3/26 | 3.75 | 3.75 | 3.71 | 3.72 | -0.01 | -0.27 | 1,250,035 | 46,574 | 1.07 | 0.05 | | 2019/3/26 | 3.72 | 46574 |
| 6 | 2019/3/25 | 3.78 | 3.79 | 3.73 | 3.73 | -0.07 | -1.84 | 1,880,807 | 70,767 | 1.58 | 0.08 | | 2019/3/25 | 3.73 | 70767 |
| 7 | 2019/3/22 | 3.8 | 3.82 | 3.78 | 3.8 | 0.01 | 0.26 | 1,419,561 | 53,923 | 1.06 | 0.07 | | 2019/3/22 | 3.8 | 53923 |
| 8 | 2019/3/21 | 3.8 | 3.82 | 3.79 | 3.79 | 0 | 0 | 1,713,724 | 65,228 | 0.79 | 0.08 | | 2019/3/21 | 3.79 | 65228 |
| 9 | 2019/3/20 | 3.81 | 3.82 | 3.77 | 3.79 | -0.02 | -0.52 | 1,648,942 | 62,576 | 1.31 | 0.08 | | 2019/3/20 | 3.79 | 62576 |
| 10 | 2019/3/19 | 3.84 | 3.85 | 3.8 | 3.81 | -0.03 | -0.78 | 1,601,599 | 61,221 | 1.3 | 0.08 | | 2019/3/19 | 3.81 | 61221 |
| 56 | 2019/1/7 | 3.59 | 3.6 | 3.55 | 3.57 | -0.01 | -0.28 | 1,192,290 | 42,567 | 1.4 | 0.06 | | 2019/1/7 | 3.57 | 42567 |
| 57 | 2019/1/4 | 3.53 | 3.59 | 3.52 | 3.58 | 0.03 | 0.85 | 1,234,965 | 43,966 | 1.97 | 0.06 | | 2019/1/4 | 3.58 | 43966 |
| 58 | 2019/1/3 | 3.54 | 3.57 | 3.52 | 3.55 | 0.01 | 0.28 | 970,304 | 34,366 | 1.41 | 0.05 | | 2019/1/3 | 3.55 | 34366 |
| 59 | 2019/1/2 | 3.62 | 3.63 | 3.53 | 3.54 | -0.07 | -1.94 | 1,228,790 | 43,707 | 2.77 | 0.06 | | 2019/1/2 | 3.54 | 43707 |

图 5-56 股票信息计算结果

**4. 逻辑判断函数**

逻辑判断函数 IF 可以根据逻辑表达式的结果返回特定的值。

IF 函数的表达式为 IF(logical_test，value_if_true，value_if_false)，包含 3 个必需参数。

(1) logical_test。必需参数，表示作为判断条件的逻辑表达式，如 B2 > 200 就是一个逻辑表达式，如果 B2 单元格中的值大于 200，则该表达式的结果为 TRUE，否则为 FLASE。

(2) value_if_true。必需参数，表示当 logical_test 判断结果为 TRUE 时的函数返回值。

(3) value_if_false。必需参数，表示当 logical_test 判断结果为 FALSE 时的函数返回值。

**【例 5-8】** 某仓库货物库存信息表如图 5-57 所示，可利用 IF 函数根据每种货物的实际库存数量与预订数量，计算出其库存提示信息，即当某种货物库存数量小于预订数量时，在提示信息中记录"库存不足"，否则记录"有库存"。

以编号为 0123 的货物库存提示信息获取为例，在 D2 单元格中输入公式"＝IF(B2 >= C2,"有库存","库存不足")"，计算结果为"库存不足"。

该公式首先比较货物 0123 的库存数量(B2 单元格)与预订数量(C2 单元格)。若满足条件"B2 >= C2"(即库存量不小于订货量)，则表示库存足够，此时返回信息"有库存"，否则表示库存不足，此时返回信息"库存不足"。返回的值将显示在 D2 单元格内。使用填充柄复制 D2 单元格中的公式到 D9 单元格，即可使用相同的方法对每一种货物的库存提示信息进行判断，IF 函数应用结果如图 5-58 所示。

| | A | B | C | D |
|---|---|---|---|---|
| 1 | 货物编号 | 库存数量 | 预订数量 | 提示信息 |
| 2 | 0123 | 1000 | 1256 | |
| 3 | 0124 | 1200 | 1758 | |
| 4 | 0125 | 1800 | 1467 | |
| 5 | 0126 | 2000 | 1543 | |
| 6 | 0127 | 1000 | 897 | |
| 7 | 0128 | 800 | 965 | |
| 8 | 0129 | 1800 | 2298 | |
| 9 | 0130 | 1500 | 976 | |

图 5-57 某仓库货物库存信息表

| | A | B | C | D |
|---|---|---|---|---|
| 1 | 货物编号 | 库存数量 | 预订数量 | 提示信息 |
| 2 | 0123 | 1000 | 1256 | 库存不足 |
| 3 | 0124 | 1200 | 1758 | 库存不足 |
| 4 | 0125 | 1800 | 1467 | 有库存 |
| 5 | 0126 | 2000 | 1543 | 有库存 |
| 6 | 0127 | 1000 | 897 | 有库存 |
| 7 | 0128 | 800 | 965 | 库存不足 |
| 8 | 0129 | 1800 | 2298 | 库存不足 |
| 9 | 0130 | 1500 | 976 | 有库存 |

图 5-58 IF 函数应用结果

视频讲解

**5．排序函数**

排序函数 RANK.EQ 可以返回一个数值在指定数值列表中的排名，如果列表中有多个数值取值相同，则返回该值的并列最佳排名。

RANK.EQ 函数的表达式为 RANK.EQ(number，ref，[order])，包含 2 个必需参数和 1 个可选参数。

（1）number。必需参数，表示要确定排名的数值或单元格引用。

（2）ref。必需参数，表示排名需要参考的数值列表区域，区域中的非数字值将被省略。

（3）order。可选参数，表示排名的方式，如果 order 为 0 或者默认值，则表示进行降序排序，如果 order 不为 0，则表示进行升序排序。

**【例 5-9】** 某公司的月现金明细账目表如图 5-59 所示，可利用 RANK.EQ 函数计算每项账目的收支金额在当月的排序，并填入单元格区域 G5：G18 中，以便快速地了解当月现金明细账单中出现重大收支变化的账目位于何处。

| | 年 | 凭证类型 | 摘要 | 借 | 贷 | 增减排序 | 余额 |
|---|---|---|---|---|---|---|---|
| | 月 日 | | | | | | |
| × | 1 | | 期初余额 | | | 借 | 50,000.00 |
| | 2 | 现收 | 获得还款 | 10,000.00 | | | 60,000.00 |
| | 7 | 现付 | 偿还债务 | | 50,000.00 | | 10,000.00 |
| | 11 | 现收 | 产品销售收入 | 100,000.00 | | | 110,000.00 |
| | 12 | 现收 | 收取设备租金 | 60,000.00 | | | 170,000.00 |
| | 17 | 现付 | 支付工资 | | 80,000.00 | | 90,000.00 |
| | 18 | 现付 | 支付奖金 | | 16,000.00 | | 74,000.00 |
| | 18 | 现付 | 支付加班费 | | 5,000.00 | | 69,000.00 |
| | 21 | 现付 | 支付差旅费 | | 3,000.00 | | 66,000.00 |
| | 21 | 现收 | 出售知识产权 | 200,000.00 | | | 266,000.00 |
| | 21 | 现收 | 产品销售收入 | 110,000.00 | | | 376,000.00 |
| | 23 | 现付 | 购办公用品 | | 1,000.00 | | 375,000.00 |
| | 27 | 现付 | 购买原材料 | | 150,000.00 | | 225,000.00 |
| | 31 | 现收 | 产品销售收入 | 120,000.00 | | | 345,000.00 |
| | 31 | 现付 | 存款 | | 200,000.00 | | 145,000.00 |
| × | 31 | | 本月发生额及余额 | 600,000.00 | 505,000.00 | 借 | 145,000.00 |

图 5-59　某公司的月现金明细账目表

以当月 2 日的收支金额在当月的排序计算为例，在 G5 单元格内输入公式"＝RANK. EQ(E5＋F5，$E$5:$F$18)"，计算结果为 11。

公式将计算当月 2 日的账目收支金额之和(E5＋F5)在当月所有收支账目金额（单元格区域)E5:F18 中的排名，并将结果显示在单元格 G5 中。由于 order 参数为默认值，则排名规则为降序，即收支金额越大，排名越靠前。需要注意的是，函数的 ref 参数使用了绝对引用($E$5:$F$18)，这是为了在复制公式时使排名参考的范围固定不变。使用填充柄复制 G5 单元格中的公式到 G18 单元格，可以得到每一项账目的收支金额在当月所有账目中的排名，RANK.EQ 函数应用结果如图 5-60 所示。

由图 5-60 可以看出，现金明细账单中出现最大收支变化的账目出现在当月 21 日与 31 日，收支金额均达到了 200 000 元，账目摘要内容分别为"出售知识产权"与"存款"。

| 现金明细账 | | | | | | | |
|---|---|---|---|---|---|---|---|
| 年 | | 凭证类型 | 摘要 | 借 | 贷 | 增减排序 | 余额 |
| 月 | 日 | | | | | | |
| × | 1 | | 期初余额 | | | 借 | 50,000.00 |
| | 2 | 现收 | 获得还款 | 10,000.00 | | 11 | 60,000.00 |
| | 7 | 现付 | 偿还债务 | | 50,000.00 | 9 | 10,000.00 |
| | 11 | 现收 | 产品销售收入 | 100,000.00 | | 6 | 110,000.00 |
| | 12 | 现收 | 收取设备租金 | 60,000.00 | | 8 | 170,000.00 |
| | 17 | 现付 | 支付工资 | | 80,000.00 | 7 | 90,000.00 |
| | 18 | 现付 | 支付奖金 | | 16,000.00 | 10 | 74,000.00 |
| | 18 | 现付 | 支付加班费 | | 5,000.00 | 12 | 69,000.00 |
| | 21 | 现付 | 支付差旅费 | | 3,000.00 | 13 | 66,000.00 |
| | 21 | 现收 | 出售知识产权 | 200,000.00 | | 1 | 266,000.00 |
| | 21 | 现收 | 产品销售收入 | 110,000.00 | | 5 | 376,000.00 |
| | 23 | 现付 | 购办公用品 | | 1,000.00 | 14 | 375,000.00 |
| | 27 | 现付 | 购买原材料 | | 150,000.00 | 3 | 225,000.00 |
| | 31 | 现收 | 产品销售收入 | 120,000.00 | | 4 | 345,000.00 |
| | 31 | 现付 | 存款 | | 200,000.00 | 1 | 145,000.00 |
| × | 31 | | 本月发生额及余额 | 600,000.00 | 505,000.00 | 借 | 145,000.00 |

图 5-60　RANK.EQ 函数应用结果

## 5.3　Excel 数据处理工具

Excel 提供了强大的数据管理功能,通过丰富的数据处理工具,如排序、分类汇总、筛选及图表等对数据进行组织、整理、分析等操作,从而完成对原始表格数据的预处理,获取更加实用的信息,为后续数据分析工作提供支持。本节将对 Excel 中的数据分析和处理功能进行介绍。

### 5.3.1　数据清单

Excel 中所有的数据管理操作都是基于数据清单进行的,因此在进行数据分析和处理操作前,必须构建符合要求的数据清单。一个数据清单的实例如图 5-61 所示。

| | A | B | C | D | E | F | G |
|---|---|---|---|---|---|---|---|
| 1 | 工号 | 姓名 | 类别 | 基础工资 | 绩效工资 | 公积金 | 实发工资 |
| 2 | N0002 | 赵奇 | 正式工 | ¥4,680.00 | ¥2,500.00 | ¥702.00 | ¥6,285.20 |
| 3 | N0003 | 王成材 | 正式工 | ¥4,360.00 | ¥2,000.00 | ¥654.00 | ¥5,590.40 |
| 4 | N0005 | 谭芳 | 正式工 | ¥3,880.00 | ¥3,000.00 | ¥582.00 | ¥6,123.20 |
| 5 | N0004 | 朱怀玉 | 正式工 | ¥3,460.00 | ¥2,200.00 | ¥519.00 | ¥5,081.90 |
| 6 | N0013 | 唐江 | 正式工 | ¥2,660.00 | ¥1,570.00 | ¥399.00 | ¥3,821.07 |
| 7 | N0012 | 李涛 | 正式工 | ¥2,660.00 | ¥1,800.00 | ¥399.00 | ¥4,044.17 |
| 8 | N0007 | 李铭书 | 合同工 | ¥3,720.00 | ¥2,200.00 | ¥558.00 | ¥5,280.80 |
| 9 | N0008 | 陈凯 | 合同工 | ¥2,900.00 | ¥1,800.00 | ¥435.00 | ¥4,242.05 |
| 10 | N0014 | 胡丽芳 | 合同工 | ¥2,580.00 | ¥1,700.00 | ¥387.00 | ¥3,881.21 |
| 11 | N0017 | 毕道玉 | 合同工 | ¥2,060.00 | ¥1,100.00 | ¥309.00 | ¥2,851.00 |
| 12 | N0019 | 董珊珊 | 合同工 | ¥1,740.00 | ¥1,600.00 | ¥261.00 | ¥3,079.00 |
| 13 | N0020 | 秦月元 | 合同工 | ¥1,660.00 | ¥1,550.00 | ¥249.00 | ¥2,961.00 |

图 5-61　数据清单的实例

数据清单具有以下特点。

(1) 数据清单一般是一个矩形区域,区域内不能出现空白的行或列,也不能包括合并单元格。

　　（2）数据清单的第一行应该是标题行，用于描述所对应列的内容。

　　（3）每列必须包含同类的信息，且每列的数据类型相同。

　　（4）数据清单中不能存在重复的标题。

　　（5）同一个工作表内可以存放多个数据清单，它们之间用空白的行列进行分隔。

### 5.3.2　数据排序

　　对数据进行排序有助于快速、直观地显示数据并更好地理解数据内容，有助于组织、查找所需数据并进行相应的分析和决策。利用 Excel 提供的排序功能，可以使用不同的方式对数据清单的内容进行排序。

**1. 单列简单排序**

　　使用单列简单排序工具可以快速地对数据清单中的内容按照某一列的信息进行排序。

　　【例 5-10】　图 5-61 中的数据清单记录了某公司当月的职工工资表，若要对数据清单按照实发工资由高到低进行排序，可以使用单列简单排序方法。

　　具体操作如下。

　　（1）选中数据清单中位于"实发工资"列的某一单元格（如 G5 单元格），Excel 将自动识别该单元格所处的数据清单作为参与排序的区域，并将首行指定为标题行。

　　（2）单击"数据"选项卡"排序和筛选"组中的"降序"按钮 ，或者单击"开始"选项卡"编辑"组中的"排序和筛选"按钮，在下拉列表中选择"降序"命令。排序相关按钮与命令如图 5-62 所示。

　　　　　（a）排序相关按钮　　　　　（b）排序相关命令

图 5-62　排序相关按钮与命令

　　（3）Excel 将对数据清单中的数据按实发工资由高到低进行排序，单列简单排序结果如图 5-63 所示。

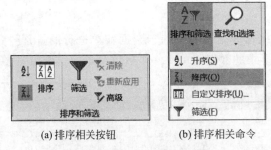

| | A | B | C | D | E | F | G |
|---|---|---|---|---|---|---|---|
| 1 | 工号 | 姓名 | 类别 | 基础工资 | 绩效工资 | 公积金 | 实发工资 |
| 2 | N0002 | 赵奇 | 正式工 | ¥4,680.00 | ¥2,500.00 | ¥702.00 | ¥6,285.20 |
| 3 | N0005 | 谭芳 | 正式工 | ¥3,880.00 | ¥3,000.00 | ¥582.00 | ¥6,123.20 |
| 4 | N0003 | 王成材 | 正式工 | ¥4,360.00 | ¥2,000.00 | ¥654.00 | ¥5,590.40 |
| 5 | N0007 | 李铭书 | 合同工 | ¥3,720.00 | ¥2,200.00 | ¥558.00 | ¥5,280.80 |
| 6 | N0004 | 朱怀玉 | 正式工 | ¥3,460.00 | ¥2,200.00 | ¥519.00 | ¥5,081.90 |
| 7 | N0008 | 陈凯 | 合同工 | ¥2,900.00 | ¥1,800.00 | ¥435.00 | ¥4,242.05 |
| 8 | N0012 | 李涛 | 正式工 | ¥2,660.00 | ¥1,800.00 | ¥399.00 | ¥4,044.17 |
| 9 | N0014 | 胡丽芳 | 合同工 | ¥2,580.00 | ¥1,700.00 | ¥387.00 | ¥3,881.21 |

图 5-63　单列简单排序结果

进行单列简单排序时,Excel 将根据数据类型采用不同的排序规则。

① 对于数字,按照数值由小到大或者由大到小排序。

② 对于文本,按照字母或汉字拼音 A~Z 或者 Z~A 排序。

③ 对于日期或者时间,按照时间从早到晚或从晚到早排序。

**2. 多条件复合排序**

在进行排序的过程中,可能需要同时考虑多个排序条件。例如在职工工资表中,可以同时根据员工类别和基础工资进行排序。即首先根据员工类别的取值进行排序,对于同一类别的员工,再比较基础工资的高低。此时,需要采用多条件复合排序方法。具体操作如下。

(1)选择数据清单中的任意一个单元格(如 D7 单元格),单击"数据"选项卡"排序和筛选"组中的"排序"按钮 ,或者单击"开始"选项卡"编辑"组中的"排序和筛选"按钮,在下拉列表中选择"自定义排序"命令,弹出"排序"对话框,如图 5-64 所示。

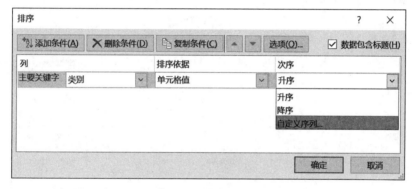

图 5-64 "排序"对话框

(2)在"主要关键字"下拉列表框中选择一个列标题作为多条件排序的第一个条件,在这里选择"类别"列(首先根据员工类别排序),在"排序依据"下拉列表框中选择按"单元格值"排序,在"次序"下拉列表框中选择排序的顺序,这里由于要按照员工类别进行排序,无法直接依据数字大小或者字母顺序来判断,因此需要依据"自定义序列"的顺序进行排序。选择"自定义序列"选项,弹出"自定义序列"对话框,如图 5-65 所示。

(3)在"自定义序列"对话框中,在"输入序列"下方的输入框中输入序列"正式工,合同工,临时工",以 Enter 键分隔每一项,单击"添加"按钮新建自定义序列。在"自定义序列"下方的列表框中选择新建的序列,单击"确定"按钮完成设置。设置完成后,将根据数据清单"类别"列中的单元格取值,按照"正式工"在前、"合同工"在中、"临时工"在后的顺序进行排序。

(4)对于同属一个类别的员工工资信息,可将"基础工资"作为多条件排序的第二个条件,按照"基础工资"由高到低排序。在"排序"对话框中单击"添加条件"按钮为条件列表增加一行,在"次要关键字"下拉列表框中选择"基础工资"列,分别选择"单元格值"和"降序"作为对应的排序依据和次序,"次要关键字"设置如图 5-66 所示。如有需要,可以通过单击"添加条件"按钮增添更多的排序条件,并设置对应的参数。

(5)完成排序条件设置后,单击"确定"按钮,Excel 将对数据清单中的内容先按照员工类别排序,如果类别相同,则再按照基础工资由高到低排序,得到复合多列排序结果如图 5-67 所示。

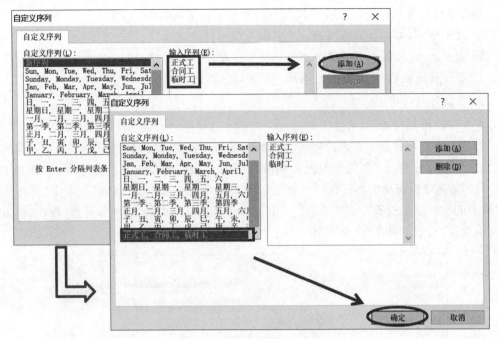

图 5-65 "自定义序列"对话框

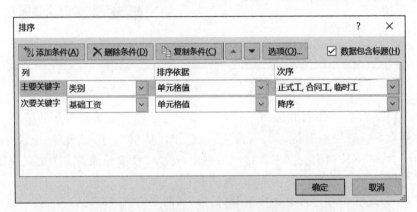

图 5-66 "次要关键字"设置

| | A | B | C | D | E | F | G |
|---|---|---|---|---|---|---|---|
| 1 | 工号 | 姓名 | 类别 | 基础工资 | 绩效工资 | 公积金 | 实发工资 |
| 2 | N0002 | 赵奇 | 正式工 | ¥4,680.00 | ¥2,500.00 | ¥702.00 | ¥6,285.20 |
| 3 | N0003 | 王成材 | 正式工 | ¥4,360.00 | ¥2,000.00 | ¥654.00 | ¥5,590.40 |
| 4 | N0005 | 谭芳 | 正式工 | ¥3,880.00 | ¥3,000.00 | ¥582.00 | ¥6,123.20 |
| 5 | N0004 | 朱怀玉 | 正式工 | ¥3,460.00 | ¥2,200.00 | ¥519.00 | ¥5,081.90 |
| 6 | N0013 | 唐江 | 正式工 | ¥2,660.00 | ¥1,570.00 | ¥399.00 | ¥3,821.07 |
| 7 | N0012 | 李涛 | 正式工 | ¥2,660.00 | ¥1,800.00 | ¥399.00 | ¥4,044.17 |
| 8 | N0007 | 李铭书 | 合同工 | ¥3,720.00 | ¥2,200.00 | ¥558.00 | ¥5,280.80 |
| 9 | N0008 | 陈凯 | 合同工 | ¥2,900.00 | ¥1,800.00 | ¥435.00 | ¥4,242.05 |
| 10 | N0014 | 胡丽芳 | 合同工 | ¥2,580.00 | ¥1,700.00 | ¥387.00 | ¥3,881.21 |
| 11 | N0017 | 毕道玉 | 合同工 | ¥2,060.00 | ¥1,100.00 | ¥309.00 | ¥2,851.00 |
| 12 | N0019 | 董珊珊 | 合同工 | ¥1,740.00 | ¥1,600.00 | ¥261.00 | ¥3,079.00 |
| 13 | N0020 | 秦月元 | 合同工 | ¥1,660.00 | ¥1,550.00 | ¥249.00 | ¥2,961.00 |
| 14 | N0016 | 杨军 | 临时工 | ¥1,900.00 | ¥900.00 | ¥285.00 | ¥2,515.00 |

图 5-67 复合多列排序结果

## 5.3.3 数据筛选

数据筛选是查询出满足条件的数据。可以按数值或文本值筛选,或按单元格颜色筛选那些设置了背景色或文本颜色的单元格中的数据。通过数据筛选功能,可以快速地在数据清单中提取出感兴趣的信息予以显示,同时隐藏其他暂时无须关注的数据。

Excel 中主要有两种方法可以实现数据的筛选:自动筛选和高级筛选。

**1. 自动筛选**

使用自动筛选的方法是选中数据清单中的任意一个单元格,单击"数据"选项卡"排序和筛选"组中的"筛选"按钮 ▽,或者单击"开始"选项卡"编辑"组中的"排序和筛选"按钮,在下拉列表中选择"筛选"命令,此时数据清单标题行中的每个单元格右侧出现"筛选"按钮。单击所需筛选的字段旁的按钮,可以在下拉列表中选择相关筛选命令进行筛选。

1) 在值列表中筛选

【例 5-11】 某专业学生信息表如图 5-68 所示,可以筛选出某一班级、全体男生或加权成绩高于 90 分的学生信息。下面筛选出所有班级为"信管 1801"的相关数据。

| | A | B | C | D | E | F | G |
|---|---|---|---|---|---|---|---|
| 1 | 学号 | 姓名 | 性别 | 年龄 | 班级 | 入学成绩 | 加权成绩 |
| 2 | 180305 | 包宏伟 | 女 | 20 | 信管1803 | 579 | 82.8 |
| 3 | 180203 | 陈万地 | 男 | 18 | 信管1802 | 575 | 79.4 |
| 4 | 180104 | 杜学江 | 男 | 17 | 信管1801 | 564 | 78.3 |
| 5 | 180301 | 符合 | 男 | 22 | 信管1803 | 574 | 81.3 |
| 6 | 180306 | 吉祥 | 男 | 19 | 信管1803 | 587 | 85.3 |
| 7 | 180206 | 李北大 | 女 | 22 | 信管1802 | 568 | 76.5 |
| 8 | 180302 | 李娜娜 | 男 | 17 | 信管1803 | 588 | 90.8 |
| 9 | 180208 | 刘康锋 | 女 | 22 | 信管1802 | 573 | 80.1 |
| 10 | 180201 | 刘鹏举 | 男 | 21 | 信管1802 | 573 | 80.3 |
| 11 | 180312 | 倪冬声 | 男 | 17 | 信管1803 | 581 | 83.2 |
| 12 | 180103 | 齐飞扬 | 女 | 19 | 信管1801 | 569 | 78.2 |
| 13 | 180105 | 苏解放 | 男 | 21 | 信管1801 | 577 | 81.4 |

图 5-68 某专业学生信息表

具体操作如下。

(1) 单击数据清单中的任意一个单元格。

(2) 单击"数据"选项卡"排序和筛选"组中的"筛选"按钮 ▽,或者单击"开始"选项卡"编辑"组中的"排序和筛选"按钮,在下拉列表中选择"筛选"命令,数据清单进入筛选状态。

(3) 单击"班级"单元格右侧的"筛选"按钮,在下拉列表中取消勾选"全选"复选框,再勾选"信管 1801"复选框,如图 5-69 所示,单击"确定"按钮。

2) 根据数据筛选

很多情况下,不仅需要按照现有的值列表来筛选,还要根据列数据中的数据大小、内容等来筛选,如在上述学生信息表中,筛选出入学成绩在年级前 8 名的学生信息,可以按下面的步骤操作:打开"入学成绩"列"自动筛选"按钮的下拉列表,选择"数字筛选"→"10 个最大的值"命令,弹出"自动筛选前 10 个"对话框,如图 5-70 所示。设置"最大"为"8",单击"确定"按钮。又如在此表中筛选出加权成绩大于 90 分的学生信息,则可以参照下面的步骤操作:打开"加权成绩"列"自动筛选"按钮的下拉列表,选择"数字筛选"→"大于"命令,弹出

"自定义自动筛选方式"对话框,如图 5-71 所示。设置"大于"值为"90",单击"确定"按钮。

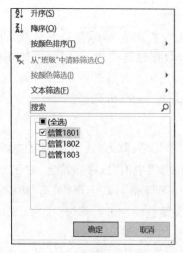

图 5-69　勾选"信管 1801"复选框

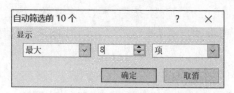

图 5-70　"自动筛选前 10 个"对话框

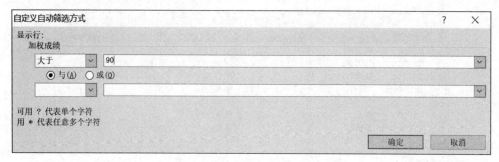

图 5-71　"自定义自动筛选方式"对话框

3）多条件筛选

若需要对多列数据同时进行筛选,则反复多次执行筛选步骤即可。需要注意的是,多个筛选条件之间为"并且"的关系,也就是说,所有筛选条件都满足的数据才会显示。例如,筛选出学生信息表中入学成绩位于前 8 位,且所属班级为信管 1801 班的学生信息,多条件筛选过程如图 5-72 所示。

4）取消筛选

（1）若为某一列设置了自动筛选条件,则该列（如"班级"列）的筛选箭头将变为 ，单击"班级"列的筛选箭头,在下拉列表中选择"从'班级'中清除筛选"命令,则可以清除为"班级"列设置的自动筛选条件。

（2）若要清除所有列的筛选条件,可单击"数据"选项卡"排序和筛选"组中的"清除"按钮;或者单击"开始"选项卡"编辑"组中的"排序和筛选"按钮,在下拉列表中选择"清除"命令。

（3）若要退出自动筛选状态,则可以单击"开始"选项卡"编辑"组中的"排序和筛选"按钮,在下拉列表中再次选择"清除"命令即可。

（4）取消筛选会令所有筛选结果都取消,即所有因筛选而被隐藏的行将全部显示出来。

| | A | B | C | D | E | F | G |
|---|---|---|---|---|---|---|---|
| 1 | 学号 ▼ | 姓名 ▼ | 性别 ▼ | 年龄 ▼ | 班级 ▼ | 入学成绩 ▼ | 加权成绩 ▼ |
| 6 | 180306 | 吉祥 | 男 | 19 | 信管1803 | 587 | 85.3 |
| 8 | 180302 | 李娜娜 | 男 | 17 | 信管1803 | 588 | 90.8 |
| 11 | 180312 | 倪冬声 | 男 | 17 | 信管1803 | 581 | 83.2 |
| 21 | 180109 | 罗家艳 | 女 | 20 | 信管1801 | 590 | 91.5 |
| 25 | 180311 | 高猛 | 男 | 19 | 信管1803 | 586 | 88 |
| 26 | 180110 | 陆敏 | 女 | 22 | 信管1801 | 589 | 88.8 |
| 28 | 180313 | 林惠萍 | 女 | 17 | 信管1803 | 587 | 89.2 |
| 30 | 180315 | 王燕 | 女 | 18 | 信管1803 | 587 | 90.1 |

- ■（全选）
- ☑ 信管1801
- ☐ 信管1803

| | A | B | C | D | E | F | G |
|---|---|---|---|---|---|---|---|
| 1 | 学号 ▼ | 姓名 ▼ | 性别 ▼ | 年龄 ▼ | 班级 ▼ | 入学成绩 ▼ | 加权成绩 ▼ |
| 21 | 180109 | 罗家艳 | 女 | 20 | 信管1801 | 590 | 91.5 |
| 26 | 180110 | 陆敏 | 女 | 22 | 信管1801 | 589 | 88.8 |

图 5-72　多条件筛选过程

**2. 高级筛选**

使用自动筛选功能可以满足数据清单中大部分的筛选需要,但部分条件较为复杂的筛选需求,则需要通过"高级筛选"功能来完成。在学生信息表中,对于下述类型的筛选,必须使用"高级筛选"来实现。

- 对不同列之间的筛选条件,建立"或"逻辑关系。如在数据清单中筛选加权成绩大于85分或者入学成绩大于580分的学生信息。
- 对于同一列的数据,构建多重范围的筛选条件。如筛选年龄小于18岁或大于21岁的学生信息。
- 将筛选结果显示在原数据清单以外的区域。如保留数据清单的原有显示方式,并将筛选结果显示到其他空白区域或者另一个工作表中。

现假设需要使用"高级筛选"功能筛选出1802班年龄在20岁及以上或者1803班加权成绩在80分以下的女生信息,并将结果显示在该工作簿的工作表 Sheet2 中。具体操作如下。

(1) 在单独的单元格区域内构建高级筛选条件。在数据清单外的空白单元格区域 I1:L3 内输入筛选条件,如图 5-73 所示。注意,在输入筛选条件的过程中,如果该条件以等号"＝"开头,应在等号"＝"前输入英文半角单引号"'",以免 Excel 将等号后面的部分默认作为公式处理(也可以省略等号)。

| I | J | K | L |
|---|---|---|---|
| 班级 | 性别 | 年龄 | 加权成绩 |
| 信管1802 | 女 | >=20 | |
| 信管1803 | 女 | | <80 |

图 5-73　筛选条件

高级筛选条件的构建应遵循以下原则:

- 条件区域内必须有列标题,且与数据列表中的列标题一致。
- 在相应的列标题下输入查询条件,可以使用诸如>、<、＝等运算符。
- 条件区域中同一行的条件之间为"与"逻辑关系,即必须同时满足时才会被筛选出来,位于不同行的条件之间为"或"逻辑关系,即只要满足某一行的条件就可以被筛选出来。

根据上述原则，可对比上图中的筛选条件与需要进行的筛选内容的一致性。

（2）确立了高级筛选条件后，单击需要显示筛选结果的位置，这里选择 Sheet2 工作表中的 A1 单元格。单击"数据"选项卡"排序和筛选"组中的"高级"按钮，弹出"高级筛选"对话框，其筛选结果如图 5-74 所示。

| | A | B | C | D | E | F | G | H | I | J | K | L | M |
|---|---|---|---|---|---|---|---|---|---|---|---|---|---|
| 1 | 学号 | 姓名 | 性别 | 年龄 | 班级 | 入学成绩 | 加权成绩 | | 班级 | 性别 | 年龄 | 加权成绩 | |
| 2 | 180305 | 包宏伟 | 女 | 20 | 信管1803 | 579 | 82.8 | | 信管1802 | 女 | >=20 | | |
| 3 | 180203 | 陈万地 | 男 | 18 | 信管1802 | 575 | 79.4 | | 信管1803 | 女 | | <80 | |
| 4 | 180104 | 杜学江 | 男 | 17 | 信管1801 | 564 | 78.3 | | | | | | |
| 5 | 180301 | 符合 | 男 | 22 | 信管1803 | 574 | 81.3 | | | | | | |
| 6 | 180306 | 吉祥 | 男 | 19 | 信管1803 | 587 | 85.3 | | | | | | |
| 7 | 180206 | 李北大 | 女 | 22 | 信管1802 | 568 | 76.5 | | | | | | |
| 8 | 180302 | 李娜娜 | 男 | 17 | 信管1803 | 588 | 90.8 | | | | | | |
| 9 | 180208 | 刘康锋 | 女 | 22 | 信管1802 | 573 | 80.1 | | | | | | |
| 10 | 180201 | 刘鹏举 | 男 | 21 | 信管1802 | 573 | 80.3 | | | | | | |
| 11 | 180312 | 倪冬声 | 男 | 17 | 信管1803 | 581 | 83.2 | | | | | | |
| 12 | 180103 | 齐飞扬 | 男 | 19 | 信管1801 | 569 | 78.2 | | | | | | |
| 13 | 180105 | 苏解放 | 男 | 21 | 信管1801 | 577 | 81.4 | | | | | | |
| 14 | 180108 | 华美 | 女 | 22 | 信管1801 | 560 | 77.5 | | | | | | |
| 15 | 180319 | 唐李生 | 男 | 18 | 信管1803 | 568 | 77.8 | | | | | | |
| 16 | 180219 | 黄耀 | 男 | 19 | 信管1802 | 571 | 82.2 | | | | | | |
| 17 | 180220 | 刘权利 | 男 | 17 | 信管1802 | 573 | 83.1 | | | | | | |
| 18 | 180205 | 郑家谋 | 男 | 18 | 信管1802 | 563 | 75.1 | | | | | | |
| 19 | 180307 | 凌晨 | 女 | 18 | 信管1803 | 574 | 81.1 | | | | | | |
| 20 | 180115 | 史玉磊 | 男 | 19 | 信管1801 | 561 | 75.3 | | | | | | |

| | A | B | C | D | E | F | G |
|---|---|---|---|---|---|---|---|
| 1 | 学号 | 姓名 | 性别 | 年龄 | 班级 | 入学成绩 | 加权成绩 |
| 2 | 180206 | 李北大 | 女 | 22 | 信管1802 | 568 | 76.5 |
| 3 | 180208 | 刘康锋 | 女 | 22 | 信管1802 | 573 | 80.1 |
| 4 | 180304 | 郝明星 | 女 | 17 | 信管1803 | 568 | 79.1 |

图 5-74　筛选结果

（3）在"方式"下方的单选框中选择筛选结果的存放方式，这里选择"将筛选结果复制到其他位置"单选按钮；在"列表区域"框中选择进行筛选的区域，这里选择 Sheet1 中学生信息数据清单对应的区域；在"条件区域"框中选择筛选条件所在的区域，这里选择 Sheet1 中的筛选条件区域 I1:L3；在"复制到"框中设置筛选结果所在的区域，这里选中 Sheet2 中的 A1 单元格，此时筛选结果将从 A1 单元格开始向右向下填充。

（4）单击"高级筛选"对话框中的"确定"按钮，符合条件的筛选结果将显示在 Sheet2 工作表中，筛选结果如图 5-74 所示。

### 5.3.4　分类汇总

分类汇总可以实现对数据的分类统计，即先根据数据清单中的某一列（字段）进行排序，将分类字段中字段值相等的记录合并为一组，然后对其他字段的数值进行各种统计计算，如求和、计数，求平均值、最大值、最小值、乘积等。

**1．创建简单的分类汇总**

【例 5-12】某服务业连锁公司全年的客户及收入信息如图 5-75 所示。为了更加清晰、直观地显示数据行之间的联系，并进行统计与分析，可以使用 Excel 提供的分类汇总方法，对数据清单中的客户按照行业或者级别进行分类，统计计算全年各类客户的业务收入。

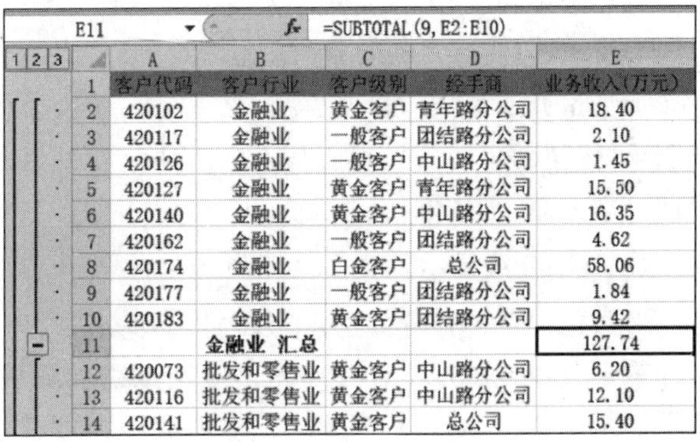

| | A | B | C | D | E |
|---|---|---|---|---|---|
| 1 | 客户代码 | 客户行业 | 客户级别 | 经手商 | 业务收入(万元) |
| 2 | 420073 | 批发和零售业 | 黄金客户 | 中山路分公司 | 6.20 |
| 3 | 420092 | 其他 | 一般客户 | 团结路分公司 | 0.85 |
| 4 | 420102 | 金融业 | 黄金客户 | 青年路分公司 | 18.40 |
| 5 | 420116 | 批发和零售业 | 黄金客户 | 中山路分公司 | 12.10 |
| 6 | 420117 | 金融业 | 一般客户 | 团结路分公司 | 2.10 |
| 7 | 420126 | 金融业 | 一般客户 | 中山路分公司 | 1.45 |
| 8 | 420127 | 金融业 | 黄金客户 | 青年路分公司 | 15.50 |
| 9 | 420127 | 制造业 | 黄金客户 | 青年路分公司 | 10.60 |

图 5-75　某服务业连锁公司全年的客户及收入信息

具体操作如下。

(1) 对数据清单中的内容按照"客户行业"进行分类,即以"客户行业"字段作为关键字排序(升序/降序均可),目的是让同一种行业的客户信息排列在一起。

【注意】 分类汇总的第一步为分类,即根据分类字段进行排序,这一步骤不能省略,否则将导致分类汇总结果出错。

(2) 完成数据的汇总操作。单击数据清单中的任意单元格(如 C4),单击"数据"选项卡"分级显示"组中的"分类汇总"按钮,弹出"分类汇总"对话框,如图 5-76 所示。

(3) 在"分类汇总"对话框中进行如下设置。

① 在"分类字段"下拉列表框中选择分类字段。此处选择"客户行业"。

② 在"汇总方式"下拉列表框中选择汇总方式。此处选择"求和"。

③ 在"选定汇总项"列表框中选择汇总字段。此处勾选"业务收入(万元)"复选框,统计每种行业的所有客户业务收入的总和。

④ 勾选"替换当前分类汇总"复选框,使新的汇总替换数据清单中已有的汇总结果。"每组数据分页"复选框可设置每组汇总数据之间是否自动插入分页符,这里保持未勾选状态。"汇总结果显示在数据下方"复选框可设置每组汇总结果显示在该组下方还是上方,此处将其勾选。

设置完成后的"分类汇总"对话框如图 5-76 所示。

(4) 单击"确定"按钮,完成分类汇总计算,分类汇总结果如图 5-77 所示(Excel 会分析数据清单,插入包含 SUBTOTAL 函数的公式进行计算)。

图 5-76　"分类汇总"对话框

图 5-77　分类汇总结果

**2. 多重分类汇总**

如果需要为数据清单添加更多的分类汇总，则需要进行多重分类汇总。具体操作如下。

（1）单击分类汇总求和后的数据清单中的任意单元格（如 C7），单击"数据"选项卡"分级显示"组中的"分类汇总"按钮，弹出"分类汇总"对话框。

（2）在"分类汇总"对话框中进行如下设置。

① 保留"分类字段"和"选定汇总项"的原有设置。

② 在"汇总方式"下拉列表框中选择汇总方式。此处选择"平均值"。统计每种行业的所有客户业务收入的平均值。

③ 取消勾选"替换当前分类汇总"复选框。多重分类汇总参数设置如图 5-78 所示。

图 5-78　多重分类汇总参数设置

（3）单击"确定"按钮，完成操作。

（4）重复以上操作，分别完成对"客户行业"进行最大值和最小值的分类汇总。多重分类汇总结果如图 5-79 所示。

**3. 取消和替换当前的分类汇总**

如果想要取消已经设置好的分类汇总，只需弹出"分类汇总"对话框，单击左下角的"全部删除"按钮即可。如果想要替换当前的分类汇总，则要在"分类汇总"对话框中勾选"替换当前分类汇总"复选框。

**4. 数据分级显示**

对数据清单进行分类汇总后，将自动进入分级显示状态。此外还可以为数据清单手工添加数据分级显示，Excel 支持最多 8 个级别的分级显示。如对于图 5-79 中所示的多重分类汇总结果，可以通过数据分级显示功能，显示每种行业中客户业务收入的概要情况（最大值、合计值）等，如果需要重点关注某一行业的信息，则可以查阅该行业所有客户收入的明细数据。具体操作如下。

| | A | B | C | D | E |
|---|---|---|---|---|---|
| 1 | 客户代码 | 客户行业 | 客户级别 | 经手商 | 业务收入(万元) |
| 2 | 420102 | 金融业 | 黄金客户 | 青年路分公司 | 18.40 |
| 3 | 420117 | 金融业 | 一般客户 | 团结路分公司 | 2.10 |
| 4 | 420126 | 金融业 | 一般客户 | 中山路分公司 | 1.45 |
| 5 | 420127 | 金融业 | 黄金客户 | 青年路分公司 | 15.50 |
| 6 | 420140 | 金融业 | 黄金客户 | 中山路分公司 | 16.35 |
| 7 | 420162 | 金融业 | 一般客户 | 团结路分公司 | 4.62 |
| 8 | 420174 | 金融业 | 白金客户 | 总公司 | 58.06 |
| 9 | 420177 | 金融业 | 一般客户 | 团结路分公司 | 1.84 |
| 10 | 420183 | 金融业 | 黄金客户 | 团结路分公司 | 9.42 |
| 11 | | **金融业 最小值** | | | 1.45 |
| 12 | | **金融业 最大值** | | | 58.06 |
| 13 | | **金融业 平均值** | | | 14.19 |
| 14 | | **金融业 汇总** | | | 127.74 |

图 5-79　多重分类汇总结果

(1) 对图 5-75 中的数据清单进行分类汇总后，在数据区域的左侧会出现分级显示符号，表明数据区域正处于分级显示状态，如图 5-80 所示。

| 1 2 3 4 5 6 | | A | B | C | D | E |
|---|---|---|---|---|---|---|
| | 1 | 客户代码 | 客户行业 | 客户级别 | 经手商 | 业务收入(万元) |
| | 2 | 420102 | 金融业 | 黄金客户 | 青年路分公司 | 18.40 |
| | 3 | 420117 | 金融业 | 一般客户 | 团结路分公司 | 2.10 |
| | 4 | 420126 | 金融业 | 一般客户 | 中山路分公司 | 1.45 |
| | 5 | 420127 | 金融业 | 黄金客户 | 青年路分公司 | 15.50 |
| | 6 | 420140 | 金融业 | 黄金客户 | 中山路分公司 | 16.35 |
| | 7 | 420162 | 金融业 | 一般客户 | 团结路分公司 | 4.62 |
| | 8 | 420174 | 金融业 | 白金客户 | 总公司 | 58.06 |
| | 9 | 420177 | 金融业 | 一般客户 | 团结路分公司 | 1.84 |
| | 10 | 420183 | 金融业 | 黄金客户 | 团结路分公司 | 9.42 |
| − | 11 | | **金融业 最小值** | | | 1.45 |
| − | 12 | | **金融业 最大值** | | | 58.06 |
| − | 13 | | **金融业 平均值** | | | 14.19 |
| − | 14 | | **金融业 汇总** | | | 127.74 |
| | 15 | 420073 | 批发和零售业 | 黄金客户 | 中山路分公司 | 6.20 |
| | 16 | 420116 | 批发和零售业 | 黄金客户 | 中山路分公司 | 12.10 |

图 5-80　分级显示状态

(2) 分级显示符号最上方的 1 2 3 表示分级的层数和级别，数字越小代表级别越大。通过单击不同的数字编号，可以改变右侧数据区域的显示层次。例如，单击“1”，分类汇总结果只显示最高层次的数据，即全年所有行业客户的业务收入总和及平均值等。单击“2”，分类汇总结果将显示第二层分级的数据，即来自每种行业的客户业务收入总计值，以此类推。若要进一步显示某个行业(如批发和零售业)的局部明细数据，可以单击对应汇总信息左侧的 + 按钮，如单击“批发和零售业 汇总”行左侧对应的 + 按钮，将展开显示来自“批发和零售业”的所有客户的详细的业务收入记录，这时原先的 + 按钮将自动变换为 − 按钮，若要隐藏已经显示的明细数据，则可单击该按钮实现。

## 5.3.5　合并计算

当所要分析和处理的数据来自多个不同的数据清单时，可以通过“合并计算”功能对这些数据进行合并计算，并存放到另一个数据清单中去。

**【例 5-13】** 有 3 个数据清单存放于 Sheet1 工作表中，分别代表了某干洗连锁公司 3 个分店一季度的销售信息，如图 5-81 所示。如果要统计所有分店一季度的销售情况，可以利用 Excel 提供的合并计算功能来完成。

| A | 1分店销售表 | | C | D | E | 2分店销售表 | | G | H | I | 3分店销售表 | | K |
|---|---|---|---|---|---|---|---|---|---|---|---|---|---|
| 商品类型 | 销量（件） | 利润（元） | | | 商品类型 | 销量（件） | 利润（元） | | | 商品类型 | 销量（件） | 利润（元） | |
| 羽绒服 | 366 | 7320 | | | 羽绒服 | 293 | 5860 | | | 羽绒服 | 226 | 4520 | |
| 西装 | 253 | 3289 | | | 西装 | 260 | 3380 | | | 西装 | 434 | 5642 | |
| 大衣 | 384 | 6528 | | | 大衣 | 287 | 4879 | | | 大衣 | 315 | 5355 | |
| 毛衣 | 181 | 2534 | | | 毛衣 | 206 | 2884 | | | 毛衣 | 248 | 3472 | |
| 衬衣 | 132 | 1584 | | | 衬衣 | 114 | 1368 | | | 衬衣 | 106 | 1272 | |
| 床单被套 | 37 | 1036 | | | 床单被套 | 46 | 1288 | | | 床单被套 | 21 | 588 | |

图 5-81　某干洗连锁公司 3 个分店一季度的销售信息

具体操作如下。

（1）打开案例工作簿文件"合并计算.xlsx"，选中 Sheet2 工作表的 A1 单元格。

（2）单击"数据"选项卡"数据工具"组中的"合并计算"按钮，弹出"合并计算"对话框，如图 5-82 所示。

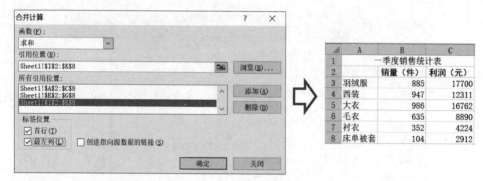

图 5-82　"合并计算"对话框和合并结果

（3）在"函数"下拉列表框中，选择"求和"选项。Excel 提供了一系列在合并计算中可以使用的统计方法，如"求和""求平均""最大/最小值""计数""方差/标准差"等。这里选择"求和"方式，这样在合并计算中将对来自各个分店的同一类商品的销量和利润值进行求和计算，得到该公司一季度各类商品的销售统计信息。

（4）在"引用位置"对话框中，选择要对其进行合并计算的数据清单区域。在这里选择工作表 Sheet1 左侧的数据清单对应的单元格区域 A2：C8。本例中所有需要合并的数据清单都位于同一个工作簿中，如果需要合并的数据位于另一个工作簿的工作表中，可以单击"浏览"按钮找到该工作簿，并指定需要合并的数据区域。

（5）单击"添加"按钮，先前选择的数据区域将显示在"所有引用位置"列表框中。

（6）重复（4）和（5）中的操作，添加其他需要进行合并计算的数据区域。这里分别添加中间和右侧的数据清单对应的单元格区域 E2：G8 和 I2：K8。需要注意的是，参与合并的数据清单不能与合并结果位于同一个工作表中，且它们应具有相同的布局。

（7）在"标签位置"组中选择数据标签在参与合并的数据区域中的位置。这里由于需要根据商品类型统计每种商品的销量和利润，因此合并数据区域的"首行"与"最左列"均为数据标签，应同时勾选上述两个复选框。由于所有数据都处于同一工作簿中，因此无须勾选"创建指向源数据的链接"复选框。

（8）单击"确定"按钮完成数据合并，得到合并结果如图 5-82 所示。

# 5.4 科学制图

Excel 在提供强大的数据处理功能的同时,也提供了丰富实用的图表功能。图表是数据的可视化表示,通过图表能够直观地显示工作表中的数据,形象地反映数据的差异和变化趋势。Excel 图表与数据是动态关联的,即如果图表所关联的表格数据发生改变,图表会自动更新来反映那些变化。

## 5.4.1 图表类型及组成

### 1. 图表的类型

视频讲解

Excel 2016 提供了 14 种标准图表类型,每个类型下又包括若干个子类型,比早期版本更加丰富。Excel 中的图表类型及其相关的功能描述如表 5-5 所示。

表 5-5 Excel 中的图表类型及其相关的功能描述

| 图表类型 | 功 能 描 述 |
| --- | --- |
| 柱形图 | 柱形图用于显示一段时间内的数据变化或说明各数据项之间的比较情况。在柱形图中,通常沿横坐标轴组织类别(如时间、种类等),沿纵坐标轴组织值 |
| 条形图 | 条形图类似于水平的柱形图,用来比较不同类别数据之间的差异情况,显示各持续型数值之间的比较情况 |
| 折线图 | 折线图常用来分析数据随时间的变化趋势,也可用来分析多组数据随时间变化的相互作用和相互影响 |
| 面积图 | 面积图显示数值之间或其他类别数据变化的趋势,它强调数量随时间而变化的程度,也可用于引起人们对总值趋势的注意 |
| 饼图 | 饼图可以显示一个数据系列中各项的大小在各项总和中的比例。一般而言,饼图比较适用于只有一组数据系列,系列中不超过 7 个类别且系列中没有负值或零值的情形 |
| 圆环图 | 像饼图一样,圆环图显示各个部分与整体之间的关系,但是它可以包含多个数据系列 |
| 散点图 | 散点图显示若干数据系列中各数值之间的关系,或者将两组数字绘制为 XY 坐标的一个系列。散点图通常用于显示和比较数值,例如科学数据、统计数据和工程数据 |
| 气泡图 | 气泡图是散点图的扩展,可以比较成组的 3 个值,其中两个值确定气泡的位置,第 3 个值确定气泡点的大小,应用于更加复杂的数据关系 |
| 曲面图 | 曲面图可以帮助寻找两组数据之间的最佳组合,如在某一 XY 坐标空间内描述地形高度最高的一个点 |
| 雷达图 | 雷达图可以比较几个数据系列的聚合值以及各值相对于中心点的变化 |
| 股价图 | 股价图通常用来显示股价的波动。不过,这种图表也可用于科学数据。例如,可以使用股价图来说明每天或每年温度的波动。必须按正确的顺序来组织数据才能创建股价图 |
| 瀑布图 | 瀑布图是指通过巧妙的设置使图表中数据点的排列形状似瀑布,一般用于分类使用,便于反映各部分之间的差异。能够在反映数据多少的同时,直观地反映出数据的增减变化 |
| 树状图 | 树状图作用于比较层级结构不同级别的值,以矩形显示层次结构级别中的比例。一般在数据按层级结构组织并具有较少类别时使用 |
| 旭日图 | 旭日图作用于比较层级结构不同级别的值,以环形显示层次结构级别中的比例。一般在数据按层级结构组织并具有较多类别时使用 |
| 直方图 | 直方图是一种统计报告图,一般用横轴表示数据类型,用纵轴表示分布情况 |
| 箱形图 | 箱形图是一种用作显示一组数据分散情况的统计图,能提供有关数据位置和分散情况的关键信息,经常使用在品质管理等领域 |

**2. 图表的组成**

Excel 的图表由诸多图表元素组成，包括图表区、绘图区、图表标题、图例、坐标轴、数据系列、网格线等，Excel 图表的组成如图 5-83 所示。

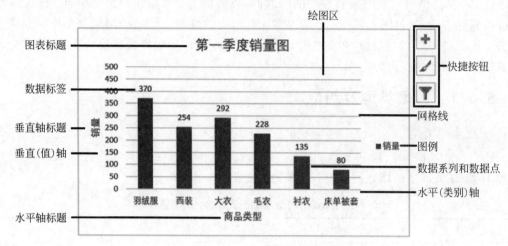

图 5-83　Excel 图表的组成

（1）图表区：包含整个图表及其中的全部元素。通过选定图表区可以对图表中的所有元素进行整体性的修改和编辑。

（2）绘图区：以坐标轴为界的图形绘制区域。

（3）图表标题：描述图表的名称，默认在图表的顶端。

（4）数据系列和数据点：数据系列是由数据点构成的，数据系列对应于工作表中选定区域的一行或一列数据，每个数据点则对应于该行或列中的某个单元格内的数据。可以在图表中绘制一个或者多个数据系列。

（5）数据标签：为各数据点提供附加信息的标签，表示数据源所在单元格的值。

（6）坐标轴：界定图表绘图区的线条，用作度量的参照框架，分为水平（类别）坐标轴与垂直（值）坐标轴。

（7）坐标轴标题：对坐标轴的说明性文本，包括水平轴标题、垂直轴标题。

（8）图例：图例是一个文本框，用于标识图表中相应数据系列的名称和数据系列在图表中的颜色。当图表只有一个数据系列时，默认不显示图例。

（9）快捷按钮：由上至下分别是图表元素按钮、图表样式按钮和图表筛选器按钮。其中，图表元素按钮可以快速添加、删除或更改图表元素；图表样式按钮可以快速设置图表样式和配色方案；图表筛选器按钮可以快速选择在图表上显示哪些数据系列和名称。

## 5.4.2　图表操作

**1. 在 Excel 中创建图表**

创建图表就是将工作表中的数据以图形化的方式显示出来。插入的图表既可以嵌入工作表中，也可以显示在单独的图表工作表中。

视频讲解

【例5-14】　某干洗店第一季度的销量数据如图5-84所示,可以根据此工作表中的数据来制作图表,从而直观形象地比较不同类型商品的销量。

| | A | B | C | D | E |
|---|---|---|---|---|---|
| 1 | 商品类型 | 价格 | 成本 | 销量 | 利润 |
| 2 | 羽绒服 | 32 | 12 | 370 | 7400 |
| 3 | 西装 | 25 | 10 | 254 | 3810 |
| 4 | 大衣 | 25 | 10 | 292 | 4380 |
| 5 | 毛衣 | 20 | 8 | 228 | 2736 |
| 6 | 衬衣 | 15 | 3 | 135 | 1620 |
| 7 | 床单被套 | 40 | 15 | 80 | 2000 |

图5-84　某干洗店第一季度的销售数据

具体操作如下。

(1)选择要创建图表的数据所在的单元格区域,可以选择不相邻的多个区域。这里为了比较图5-84中不同商品类型的销量情况,选择单元格区域A1:A7和D1:D7作为图表关联的数据区。

(2)单击"插入"选项卡"图表"组中的"插入柱形图或条形图"按钮,在下拉列表中选择"簇状柱形图"命令,如图5-85所示,即可在工作表中插入柱形图,如图5-86所示。

图5-85　选择"簇状柱形图"命令

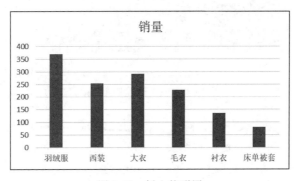

图5-86　插入柱形图

**2. 在 Excel 中编辑和修改图表**

图表创建完成后,得到的往往只是如图 5-86 所示的基本图表。如果需要用图表清晰地表达数据的含义,或制作个性化的图表,就需要对图表及图表中的不同元素进行编辑和修改。

(1) 更改布局和样式。

在创建基本图表后,可以重新对基本图表结构进行调整,选择更合适的布局方式显示图表。以图 5-86 中的基本图表为例,可对其布局和样式进行修改。具体操作如下。

① 使用 Excel 提供的 11 种预定义图表布局改变图表元素的位置,这里首先选中该基本图表,单击"图表工具-设计"选项卡"图表布局"组中的"快速布局"按钮,打开所有预定义的布局类型,并选择要使用的图表布局,这里选择"布局 2",该布局将为图表添加数据标签,并移除垂直坐标轴,预定义图表布局设置结果如图 5-87 所示。

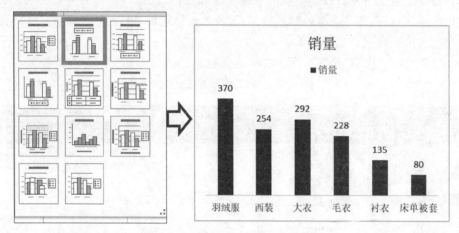

图 5-87　预定义图表布局设置结果

② Excel 还会根据图表的类型提供不同的预定义图表样式以供选择和设置,这里选中图表,在"设计"选项卡的"图表样式"组中选择"样式 4"。应用了样式的图表如图 5-88 所示。

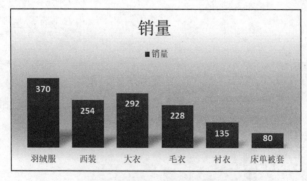

图 5-88　应用了样式的图表

③ 除了按照 Excel 预定义的设置修改图表布局和样式外,还可以进行手动编辑。如果需要手动修改图表元素的布局,可以在图表区中单击选中特定的元素,通过单击"设计"选项卡"图表布局"组中的"添加图表元素"按钮打开下拉列表,并选择不同的命令完成布局的更改,也可以直接拖动选中的元素将其放置到想要的位置。

④ 如果需要手动修改图表元素的格式,同样可以先选中该元素,通过"格式"选项卡"当前所选内容""形状样式"和"艺术字样式"组中的相应按钮完成特定元素样式的调整,也可以在所选元素上右击,在弹出的快捷菜单中选择相关的设置格式命令进行设置。

(2)设置数据系列格式。

完成布局设置后,还可以对图表数据系列格式进行进一步的设置。具体操作如下。双击该图表的数据系列,打开"设置数据系列格式"窗格,在"系列选项"选项卡中,设置"间隙宽度"选项为 0%,完成柱形大小与间距的调整。在"系列选项"选项卡中,依次选中"填充"下的"纯色填充"单选按钮,设置"颜色"为蓝色;再依次选中"边框"下的"实线"单选按钮,设置"颜色"为白色,"宽度"为 3 磅。数据系列格式设置过程与结果如图 5-89 所示。

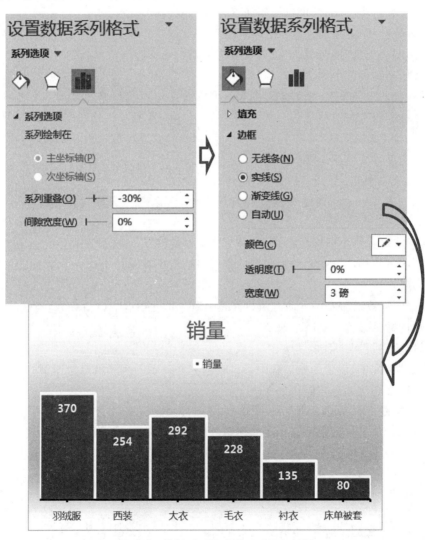

图 5-89 数据系列格式设置过程与结果

(3)更改图表类型。

选择某种图表类型创建了相应的图表之后,可以根据应用的需要,将其调整或更改为新的图表类型。具体操作如下。

① 选择需要更改类型的图表或者图表中的某一个数据系列。

② 单击"设计"选项卡"类型"组中的"更改图表类型"按钮,弹出"更改图表类型"对话框,选择需要变更的图表类型,单击"确定"按钮即可。

需要注意,如果更改后的图表类型不支持原图表的数据源,可能会出现错误提示。

(4) 设置图表字体。

选中图表区,单击"开始"选项卡,可设置整个图表的字体。此处依次设置上述图表的"字体"为微软雅黑、"字号"为10、"字体颜色"为黑色。

(5) 编辑图表标题。

图表的标题一般在创建图表的过程中由系统自动生成,因此其内容、位置和格式可能不符合实际的表达需要。此时,可以使用如下方法对图表标题进行修改:

① 如果图表中没有标题,则可以选中该图表,单击"图表工具-设计"选项卡"图表布局"组中的"添加图表元素"按钮,从下拉列表中选择要添加标题的位置,此时代表图表标题的文本框将被添加至图表区中。

② 如果图表已有标题,可在标题文本框中输入文字以编辑修改其内容。此处,将标题改为"第一季度销量图"。

③ 在"开始"选项卡的"字体"组和"段落"组中,可以设置标题的字体、段落格式。这里将图表标题的字体颜色改为"绿色"。

(6) 添加数据标签。

要标识图表各数据系列中数据点的具体取值,可以为图表添加数据标签。具体操作如下。

① 选择需要添加数据标签的图表或者图表中的某一个数据系列,单击"图表工具-设计"选项卡"图表布局"组中的"添加图表元素"按钮,从下拉列表中选择要添加数据标签的位置即可。

② 数据标签被添加后将自动与源数据表中对应单元格中的取值关联,当这些值发生变化时图表中的数据标签也会随之改变。

(7) 编辑图例和坐标轴。

在默认的情况下,创建图表过程中将自动创建并显示图例。可以对图例的位置、格式进行修改或者隐藏图例。具体操作如下。

① 选择要进行图例设置的图表,单击"图表工具-设计"选项卡"图表布局"组中的"添加图表元素"按钮,从下拉列表中选择要添加图例的位置或者隐藏图例(选择"无"命令)即可。

② 选择"更多图例选项"命令,打开"设置图例格式"窗格,可以进一步设置图例的格式。

③ 找到图例对应的文本框,可以对图例的内容进行编辑,并更改其字体和段落格式。

创建图表后,可以对坐标轴的显示、位置、刻度范围和标签进行编辑和修改。具体操作如下。

① 选择要进行坐标轴设置的图表,单击"图表工具-设计"选项卡"图表布局"组中的"添加图表元素"按钮,在下拉列表中选择"坐标轴"命令,即可对横、纵坐标轴进行设置。

② 选择"更多轴选项"命令,打开"设置坐标轴格式"窗格,可以进一步设置坐标轴的格式。这里将图表的横坐标轴设置为"颜色"为黑色、"宽度"为2磅的"实线",并设置"次刻度线类型"为"外部"。坐标轴格式设置如图5-90所示。

图 5-90　坐标轴格式设置

③ 为了让图表中每个数据点的取值之间的细微差距更容易被区分,可以为表格的横坐标轴和纵坐标轴添加网格线。单击"图表工具-设计"选项卡"图表布局"组中的"添加图表元素"按钮,在下拉列表中选择"网格线"命令,即可对网格线进行设置。

④ 为了更好地描述各个坐标轴所代表的含义,还可以为坐标轴添加标题。单击"图表工具-设计"选项卡"图表布局"组中的"添加图表元素"按钮,在下拉列表中选择"坐标轴标题"命令,即可对坐标轴标题进行设置。此处为图表添加横坐标轴标题,输入"商品类型"。通过"开始"选项卡的"字体"组和"段落"组,可以设置坐标轴标题的字体、段落格式。

本例中图表经过一系列的编辑和修改,最终图表编辑和修改结果如图 5-91 所示。

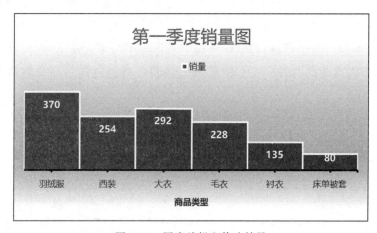

图 5-91　图表编辑和修改结果

(8) 移动图表。

如果图表与产生图表的数据位于同一个工作表中,该图表称为嵌入式图表。嵌入式图表可能会遮挡数据源中的数据。为了避免这种情况,可以将其移至合适的位置。具体操作如下。

① 在工作表中移动图表。

在图表区选中图表,将鼠标移到图表的边框位置,当鼠标指针变为 形状时,拖动图表到新的位置。

② 在工作表间移动图表。

在图表区的空白处右击,在弹出的快捷菜单中选择"移动图表"命令,弹出"移动图表"对话框。在"对象位于"复合框的下拉列表框中选择目标工作表,单击"确定"按钮,即可将图表移动到目标工作表中。此外,也可以选择"新工作表"选项,Excel 会新建一个 Chart 图表工作表。

### 5.4.3 常用图表的应用

掌握了基本图表的创建及编辑方法后,就可以使用不同类型的图表显示比较不同的数据。下面将详细介绍折线图及迷你图的使用方法。

**1. 折线图**

折线图常用来描述随时间变化的数据系列,如某地区不同时段的温度变化,或者某企业每月的营业额变化等。

【例 5-15】 如今,全球气候变暖这一现象已成为人们关注的焦点,我国某城市 1995—2005 年 2 月及 8 月的平均温度数据如图 5-92 所示,利用 Excel 提供的折线图工具,可以对上述数据进行对比分析,了解其变化趋势。

| | A | B | C | D | E | F | G | H | I | J | K | L |
|---|---|---|---|---|---|---|---|---|---|---|---|---|
| 1 | 时间 | 1995 | 1996 | 1997 | 1998 | 1999 | 2000 | 2001 | 2002 | 2003 | 2004 | 2005 |
| 2 | 2月 | 6.2 | 4.9 | 6.8 | 7.9 | 7.6 | 4.8 | 7.4 | 9.0 | 7.3 | 9.4 | 7.8 |
| 3 | 8月 | 29.2 | 28.3 | 27.8 | 29.9 | 27.1 | 28.6 | 27.5 | 27.9 | 29.4 | 29.4 | 28.7 |

图 5-92 我国某城市 1995—2005 年 2 月及 8 月的平均温度数据

具体操作如下。

(1) 选择要绘制图表的数据区域,这里选中工作表中的单元格区域 A2:L3。按照本节介绍的创建基本图表方法,创建一个"带数据标记的折线图",得到基本折线图,如图 5-93 所示。

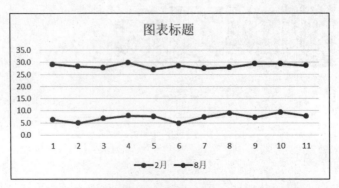

图 5-93 基本折线图

（2）对横坐标轴的标签进行设置，单击"图表工具-设计"选项卡"数据"组中的"选择数据"按钮，弹出"选择数据源"对话框。单击"水平（分类）轴标签"下方的"编辑"按钮，弹出"轴标签"对话框对横坐标轴标签进行编辑。在"轴标签区域"下方的输入框右侧单击按钮 🔼，接下来拖动鼠标选择横坐标轴对应的区域，即代表年份数据的单元格区域 B1：L1，单击"确定"按钮回到"选择数据源"对话框。此时"水平（分类）轴标签"下方的列表中将填入 1995—2005 年的年份信息，再次单击"确定"按钮，即可完成横坐标轴年份标签的设置。利用"选择数据源"和"轴标签"对话框设置横坐标轴标签过程如图 5-94 所示。

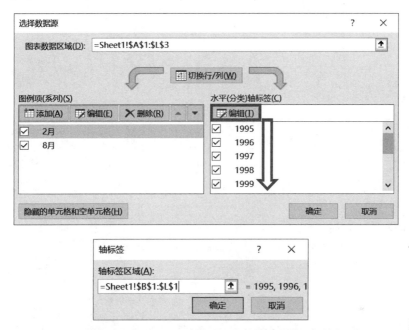

图 5-94　利用"选择数据源"和"轴标签"对话框设置横坐标轴标签过程

（3）通过鼠标拖动图表边框的尺寸控制点调整图表区的大小，在图表标题文本框中输入标题"1995—2005 年 2 月、8 月平均气温变化"，并设置其字体为加粗、14 号微软雅黑字体。

（4）在绘图区右击，在弹出的快捷菜单中选择"设置绘图区格式"命令，打开"设置绘图区格式"窗格，单击"填充与线条"选项卡，设置绘图区的填充方式为"渐变填充""预色渐变""线性向上"等，单击"关闭"按钮，此时绘图区将变为淡蓝色渐变填充效果。

（5）在绘图区中单击选中 2 月平均气温对应的数据系列，即颜色为蓝色的线条，为该数据系列添加数据标签，标签位置在数据点的正上方。可以结合数据标签看出该市 11 年间 2 月的平均气温基本在 5～10℃变化，其中最高月平均气温为 9.4℃，出现在 2004 年，最低月平均气温为 4.8℃，出现在 2000 年。

（6）如果需要分析数据随时间变化的趋势，可以为折线图中的数据系列添加趋势线。为了观察该市 2 月平均温度变化的趋势，再次选中 2 月平均气温对应的数据系列，右击，在弹出的快捷菜单中选择"添加趋势线"命令，打开"设置趋势线格式"窗格，在"趋势线选项"中选择"线性"单选按钮，设置线条颜色为"红色"、线型为"方点"、宽度为"1.5 磅"，单击"关闭"按钮，最终得到月平均气温变化图及趋势线如图 5-95 所示。通过趋势线可以看出，该市 2 月的平均气温在 11 年间整体呈略微上升趋势。

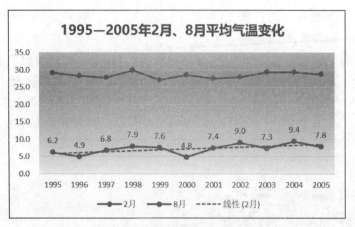

图 5-95　月平均气温变化图及趋势线

### 2. 迷你图

迷你图是插入工作表单元格中的微型图表，用于快速显示一系列数据的变化趋势，并能够突出显示最大值和最小值等统计信息。迷你图与一般的 Excel 图表不同，迷你图不是对象，它实际上是单元格背景中的一部分，因此可以在迷你图所在的单元格中输入数字、文本等各种类型的数据。

【例 5-16】　某公司各分店 2017—2018 年各季度的商品销量总额如图 5-96 所示，利用迷你图功能可以将各分店 2017—2018 年各季度销量的变化趋势显示在单元格区域 J3:J5 中。

| | A | B | C | D | E | F | G | H | I | J |
|---|---|---|---|---|---|---|---|---|---|---|
| 1 | 销量(件) | 2017 | | | | 2018 | | | | 销量迷你图 |
| 2 | | 第一季度 | 第二季度 | 第三季度 | 第四季度 | 第一季度 | 第二季度 | 第三季度 | 第四季度 | |
| 3 | 江北店2 | 1303 | 759 | 502 | 1297 | 1320 | 751 | 499 | 1354 | |
| 4 | 江南店1 | 1286 | 613 | 371 | 1374 | 1393 | 650 | 398 | 1446 | |
| 5 | 江南店2 | 1258 | 635 | 387 | 1200 | 1206 | 644 | 402 | 1242 | |

图 5-96　某公司各分店 2017—2018 年各季度的商品销量总额

具体操作如下。

（1）单击选中工作表的 J3 单元格，单击"插入"选项卡"迷你图"组中的"柱形"按钮，弹出"创建迷你图"对话框，如图 5-97 所示。

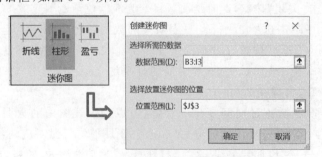

图 5-97　弹出"创建迷你图"对话框

（2）在"数据范围"框中输入迷你图所关联的数据区域，这里选择迷你图单元格同一行左侧的单元格区域 B3:I3，代表的是江北店 2 两个季度的销量信息，在"位置范围"框中已经显示了当前选中的单元格位置,这里不做修改。单击"确定"按钮,迷你图将被绘制到选中的单元格中。

(3)迷你图创建完成后,可以通过"设计"选项卡中的按钮和命令,对迷你图的类型、样式、数据点的显示进行设置。这里在"样式"组中将迷你图样式设置为"橙色,迷你图样式着色6,(无深色或浅色)"。在"显示"组中勾选"高点"复选框,即突出显示迷你图对应数据系列中的最大值。最后在"样式"组中的标记颜色下拉列表中设置高点显示颜色为"蓝色"。

(4)如果相邻的区域还有其他的数据系列,拖动迷你图所在单元格右下方的填充柄可以像复制公式一样填充迷你图。这里向下拖动 J3 单元格的填充柄到 J5 单元格,生成反映江南店 1 和江南店 2 销量的迷你图。迷你图的创建和编辑结果如图 5-98 所示。

图 5-98 迷你图的创建和编辑结果

(5)如果要删除迷你图,可以先选中迷你图所在的单元格,单击"迷你图工具-设计"选项卡"分组"组中的"清除"按钮,即可删除选中的迷你图。

# 本章小结

通过互联网获取数据分析所需的原始数据后,使用 Excel 对以表格为代表的结构化数据进行存储和处理是数据分析的重要准备工作。作为 Microsoft Office 办公组件的核心组成部分之一,Excel 2016 提供了一系列实用的表格数据处理工具,从而帮助用户完成从简单到复杂的结构化数据存储和管理工作,包括:

数据的录入与编辑。Excel 提供了多种表格数据录入的方式帮助用户节省表格制作的时间,包括手动输入、自动填充、由各类文档或数据库导入等。

工作表的格式化。通过 Excel 提供的格式化工具,用户可以根据自己的喜好对工作表进行诸如字体、颜色、边框、底纹等一系列格式化设置,让工作表更加美观整洁。

公式与函数。用户可以灵活地利用 Excel 中大量的公式函数完成不同类型的数据运算和统计操作,满足表格中海量数据处理的需要,简化数据计算的过程。

图表。以表格中的数据为基础添加不同类型的图表,完成不同数据之间的比较,以便更加清晰和直观地描述表格中的内容。

表格数据分析和处理。将数据表格作为小型的数据库进行管理,使用排序、筛选、分类汇总等工具对表格数据进行预处理,为数据分析做好准备。

Excel 不仅仅局限于实现基本的表格数据处理功能,而是提供了丰富的数据分析、处理和统计建模功能,让用户能够在大量相关数据中提取和挖掘关键信息,从而满足各类数据处理、统计分析和辅助决策的需要。在第 6 章中,将重点介绍使用 Excel 2016 完成数据分析的工具和方法。

第 5 章
扩展案例
视频

# 第 6 章

# 数据分析

在信息技术高速发展的今天,数据挖掘、大数据、人工智能等信息领域的技术和工具已经深入人们的生活,成为普遍关注的热点话题,而这些热门技术的应用与实现,都离不开数据分析这种信息化技术手段。那么,什么是数据分析?如何完成数据分析?本章将使用 Excel 2016 工具,介绍主要的数据分析方法及其应用案例。

## 6.1 数据分析基础

### 6.1.1 数据分析的概念

数据分析是指用适当的统计分析方法对收集来的大量数据进行分析,将它们加以汇总和理解并消化,以求最大化地开发数据的功能,发挥数据的作用。数据分析是为了提取有用信息和形成结论而对数据加以详细研究和概括总结的过程。简单地说,数据分析可以从大量数据中发现有用信息。这些信息往往涉及数据之间的因果关系、内部联系以及关键的业务规律,它们可以帮助人们更好地做出理解和判断,以便在特定的研究、业务运作或者商业活动中采取适当的行动。

如今,数据分析及相关工具已经在各行各业得到广泛应用。如科学研究者通过数据分析发现事物之间的联系和发展规律,以证实相关的理论与假设;企业管理者通过数据分析了解公司的运行现状,从而及时发现存在的问题并采取相应措施;股票投资者通过数据分析掌握大盘走势,从而发掘具有上升空间的潜力股投入资金等。

### 6.1.2 数据分析的类别

从统计学的角度,数据分析可以分为描述性数据分析、探索性数据分析、验证性数据分析 3 种。

(1) 描述性数据分析:使用统计学方法对数据的基本特征进行描述,如通过频数分析、集中与离散趋势分析描述数据的分布规律等。

（2）探索性数据分析：侧重于在数据分析中发现新的特征，如使用相关分析、因子分析研究变量之间的相互影响等。

（3）验证性数据分析：侧重于检验已有假设的真伪证明，常用方法有相关分析、因子分析和回归分析等。

从数据分析的目的角度，数据分析可以分为现状分析、原因分析和预测分析 3 类。

（1）现状分析：通过历史数据分析事物现状。如根据财务报表数据分析企业财务状况。

（2）原因分析：分析事物现状发生的原因。如结合公司业务数据分析企业出现亏损的原因。

（3）预测分析：通过现状数据预测未来的情形。如根据企业运营现状预测未来一年的财务状况。

# 6.2 描述性统计分析

描述性统计是指利用图表或者其他数学方法与工具，对数据的分布状态与特征进行统计和描述，从而发现其内在的变化规律。描述性统计分析是数据分析过程的基础性方法，通过描述性统计可以对数据的频数、集中趋势、离散程度等特征进行提取，并用图表的方式表达和归纳，为后续更加复杂的统计分析提供必要的数据支持。本节将利用 Excel 2016 的数据分析工具，对描述性统计分析方法和应用进行介绍。

## 6.2.1 数据频数分析

视频讲解

【例 6-1】 在 3.4 节中，已经使用 Python 语言中制作的网络爬虫工具采集了中国银行股票 2019 年第一季度的相关数据，并在第 5 章中使用 Excel 2016 对该数据进行的存储和管理，其内容存放在工作簿"中国银行.xlsx"的工作表"第一季度数据"中，如图 6-1 所示。其中 I 列的成交量数据是指股票买卖双方在当天达成交易的数量，其大小在一定程度上可以反映该只股票的活跃度和受关注程度，是股票投资人进行投资决策的风向标之一。通过对成交量数据的简单观察可知，该值随时间在一定范围内呈随机波动趋势，但无法确定其分布规律。此时，可以使用描述性统计中的数据频数分析方法统计成交量数据落入不同数据区段的频数，从而对该只股票成交量的变化规律进行初步的判断和分析。

| | 日期 | 开盘价 | 最高价 | 最低价 | 收盘价 | 涨跌额 | 涨跌幅(%) | 成交量(手) | 成交金额(万元) | 振幅(%) | 换手率(%) |
|---|---|---|---|---|---|---|---|---|---|---|---|
| 3 | 2019/3/29 | 3.71 | 3.79 | 3.71 | 3.77 | 0.06 | 1.62 | 1,791,175 | 67,257 | 2.16 | 0.09 |
| 4 | 2019/3/28 | 3.72 | 3.73 | 3.69 | 3.71 | -0.02 | -0.54 | 1,087,031 | 40,306 | 1.07 | 0.05 |
| 5 | 2019/3/27 | 3.73 | 3.75 | 3.72 | 3.73 | 0.01 | 0.27 | 1,058,660 | 39,510 | 0.81 | 0.05 |
| 6 | 2019/3/26 | 3.75 | 3.75 | 3.71 | 3.72 | -0.01 | -0.27 | 1,250,035 | 46,574 | 1.07 | 0.06 |
| 7 | 2019/3/25 | 3.78 | 3.79 | 3.73 | 3.73 | -0.07 | -1.84 | 1,880,807 | 70,767 | 1.58 | 0.09 |
| 8 | 2019/3/22 | 3.8 | 3.82 | 3.78 | 3.8 | 0.01 | 0.26 | 1,419,561 | 53,923 | 1.06 | 0.07 |
| 9 | 2019/3/21 | 3.8 | 3.82 | 3.79 | 3.79 | 0 | 0 | 1,713,724 | 65,228 | 0.79 | 0.08 |
| 10 | 2019/3/20 | 3.81 | 3.82 | 3.77 | 3.79 | -0.02 | -0.52 | 1,648,942 | 62,576 | 1.31 | 0.08 |
| 11 | 2019/3/19 | 3.84 | 3.85 | 3.8 | 3.81 | -0.03 | -0.78 | 1,601,599 | 61,221 | 1.3 | 0.08 |
| 12 | 2019/3/18 | 3.79 | 3.84 | 3.77 | 3.84 | 0.05 | 1.32 | 2,130,221 | 81,025 | 1.85 | 0.1 |
| 13 | 2019/3/15 | 3.79 | 3.82 | 3.78 | 3.79 | 0 | 0 | 1,518,035 | 57,629 | 1.06 | 0.07 |
| 14 | 2019/3/14 | 3.8 | 3.83 | 3.77 | 3.79 | -0.01 | -0.26 | 1,289,656 | 48,966 | 1.58 | 0.06 |
| 15 | 2019/3/13 | 3.83 | 3.84 | 3.78 | 3.8 | -0.03 | -0.78 | 1,591,609 | 60,540 | 1.57 | 0.08 |
| 16 | 2019/3/12 | 3.79 | 3.87 | 3.79 | 3.83 | 0.04 | 1.06 | 2,473,383 | 94,854 | 2.11 | 0.12 |

图 6-1 工作表"第一季度数据"

**1. 频数和频数分析**

频数也叫作"次数",是对所有数据按照某一标准进行分组后,出现在各个分组内的数据的个数。对数据进行分组,完成频数计算并形成统计图表的过程就是频数分析。频数分析不仅可以用于查看数据的基本分布形态情况,还可以反映每组数据对于总体水平所起的作用程度。在数理统计中,一般使用直方图的形式描述数据的频数分布结果。

**2. 利用Excel完成股票交易量频数分析**

在本节案例中,可以利用Excel 2016中的"数据分析"工具,对图6-1中股票成交量数据进行频数分析,了解其基本分布规律。具体操作如下。

(1)要在Excel 2016中使用"数据分析"工具,首先需要通过"Excel选项"对话框将"开发工具"选项卡设为显示(默认为不显示)。选择"文件"→"选项"命令,弹出"Excel选项"对话框,如图6-2所示。在左侧的列表中选择"自定义功能区",在最右侧的列表中勾选"开发工具"复选框,单击"确定"按钮完成设置,此时在Excel 2016界面上将出现"开发工具"选项卡。

图6-2　"Excel选项"对话框

(2)单击"开发工具"选项卡"加载项"组中的"Excel加载项"按钮,弹出"Excel加载宏"对话框。在"可用加载宏"列表框中勾选"分析工具库"和"规划求解加载项"复选框,单击"确定"按钮完成设置。此时在"数据"选项卡中将出现新的功能组"分析",通过单击功能组中的"数据分析"按钮,即可弹出"数据分析"对话框,对话框中显示了Excel 2016提供的数据分析工具列表,数据分析工具列表开启流程如图6-3所示。本章各小节涉及的所有数据分析工具均可在列表中找到并使用。在本节案例中,将使用列表中的"直方图"工具完成关于股票成交量的频数分析并绘制直方图。

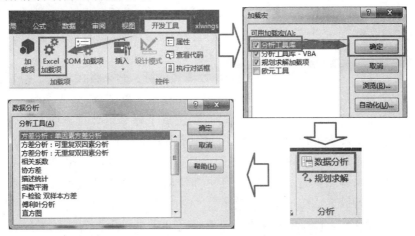

图 6-3　数据分析工具列表开启流程

（3）在开始频数分析前，需要制定数据分组的标准，确定每个数据组的变化区间，在工作表"第一季度数据"的 M 列中构建成交量数据分组标准，如图 6-4 左侧所示，对成交量按照每 1000000 手为一个分组，其中 0～1000000 手为第一组，10000001～2000000 手为第二组，以此类推。确立分组标准后，单击"数据"选项卡"分析"组中的"数据分析"按钮，打开"数据分析"对话框，在"分析工具"列表框中选择"直方图"选项，单击"确定"按钮，弹出"直方图"对话框，如图 6-4 右侧所示。在对话框中进行如下设置：

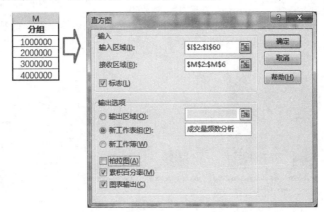

图 6-4　成交量数据分组标准和"直方图"对话框

- 在"输入区域"内设置要进行频数分析的原始数据，这里输入中国银行股票数据表成交量列对应的单元格区域 I2:I60。
- 在"接收区域"内设置数据分组标准区域，这里输入 M 列中构建的数据分组标准单元格区域 M2:M6。注意，如果不设置这个参数，Excel 将根据"输入区域"内数据的最大值、最小值范围自动建立平均分布的区间分组。
- 勾选"标志"复选框，表明"输入区域"和"接收区域"内的第一行均为标题而非数据。
- 在"输出选项"中设置频数分析结果的输出位置，这里选择将结果放置于名为"成交量频数分析"的新工作表中。

- 勾选"累积百分率"和"图表输出"复选框，以便在统计过程中计算截止到每个分组的累计数据频数占数据总量的百分比，并根据分析结果绘制直方图。注意，若勾选"柏拉图"复选框，则会增添按照频数降序排列的统计结果，读者可自行尝试此操作并观察其效果。

（4）设置完成后，单击"确定"按钮进行频数统计分析。结果将显示在工作表"成交量频数分析"中，成交量频数统计结果如图 6-5 所示。由图 6-5 可知，股票成交量统计结果以表格的形式显示在单元格区域 A1:C6 内，同时自动生成了频数统计直方图。在表格结果中，A 列描述了每一组的最大取值，最后一行中的"其他"则表示最后一组的范围为 4000001 及以上。为了更加清晰地描述各个分组的范围信息，可对 A 列中的数据进行手动调整，并对生成的直方图的布局等格式进行编辑，使其更加清晰明了。通过频数统计结果发现，2019年第一季度中国银行股票成交量主要分布在 1000001~2000000 手，其出现频数占数据总量的近 70%。此外，80% 以上的交易日成交量在 2000001 手以下。通过频数分析和直方图，相关数据的分布情况得以清晰、直观地展现。

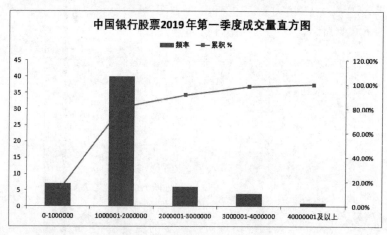

图 6-5　成交量频数统计结果

## 6.2.2　数据集中度分析

【例 6-2】　某高校要为新实验大楼采购一批灯泡，供应商提供了两种型号的灯泡产品以供选择，为了对灯泡的质量进行评估，现收集每种型号（型号 A、型号 B）各 50 个样本的灯泡使用寿命数据，如图 6-6 所示（详见素材文件"数据集中与离散分析.xlsx"的工作表"灯泡寿命数据"）。那么，根据这些数据应该如何做出选择呢？实际上，由于每个灯泡的使用受到众多因素的影响，其使用寿命呈随机离散分布，通过图 6-6 中的数据列表很难直接对哪种型号的灯泡质量更好进行判断。这里可以使用描述性统计分析中的集中度与离散度分析方法对数据的集中趋势与离散趋势进行统计，进而根据统计结果完成决策。

| 行 | 型号A | 型号B | 行 | 型号A | 型号B | 行 | 型号A | 型号B |
|---|---|---|---|---|---|---|---|---|
| 2 | 灯泡寿命（小时） | | | | | | | |
| 3 | 型号A | 型号B | | | | | | |
| 4 | 769 | 915 | 19 | 1380 | 1065 | 39 | 1206 | 1193 |
| 5 | 1122 | 1108 | 20 | 1081 | 940 | 40 | 990 | 967 |
| 6 | 875 | 1073 | 21 | 1003 | 1104 | 41 | 1082 | 1031 |
| 7 | 965 | 1277 | 22 | 1205 | 1111 | 42 | 938 | 1133 |
| 8 | 842 | 987 | 23 | 1122 | 1075 | 43 | 890 | 1036 |
| 9 | 1179 | 1063 | 24 | 1067 | 1067 | 44 | 1244 | 1205 |
| 10 | 1143 | 1060 | 25 | 1148 | 1034 | 45 | 976 | 1119 |
| 11 | 997 | 1092 | 26 | 1141 | 1040 | 46 | 973 | 1199 |
| 12 | 1200 | 1040 | 27 | 1079 | 1161 | 47 | 924 | 1259 |
| 13 | 1058 | 1247 | 28 | 838 | 1127 | 48 | 1366 | 1034 |
| 14 | 1137 | 1116 | 29 | 1101 | 1091 | 49 | 1023 | 1146 |
| 15 | 790 | 919 | 30 | 1284 | 1225 | 50 | 905 | 1160 |
| 16 | 911 | 980 | 31 | 1052 | 1182 | 51 | 993 | 1066 |
| 17 | 1124 | 982 | 32 | 1264 | 1239 | 52 | 1313 | 960 |
| 18 | 1268 | 1171 | 33 | 1137 | 1143 | 53 | 953 | 991 |
| | | | 34 | 870 | 1148 | | | |
| | | | 35 | 1059 | 1084 | | | |
| | | | 36 | 841 | 1142 | | | |
| | | | 37 | 1185 | 1066 | | | |
| | | | 38 | 1067 | 1157 | | | |
| | | | 39 | 1206 | 1193 | | | |

图 6-6　灯泡使用寿命数据

**1. 数据集中度分析介绍**

数理统计研究发现，大多数情况下数据会呈现出一种钟形分布特征，即在数据变化区间内，变量值离中心位置越近，出现的次数越多；反之，离中心位置越远，出现的次数越少，从而形成了一种以中心值为中心的集中趋势。数据集中度分析使用一些度量指标描述数据的中心值及数据向中心值集中的程度。常见的集中度度量指标包括：

（1）平均数。平均数又称为算术平均数，是最常用的数据集中趋势度量指标。一组数据的平均数等于它们的和除以数据的个数。平均数是概括数据的一个强有力的指标，它通过消除极端数据的差异将大量的数据浓缩成一个数据来概括，可以较好地实现数据集中趋势的度量。如在本节案例中，可以分别统计每种型号灯泡的平均寿命大小，从而选择平均值更高的灯泡型号。平均数指标可能存在的问题是其容易受到极端值的影响，如若型号 A 中某一个灯泡的使用寿命高达 3000 小时，则可能直接拉高型号 A 的整体平均寿命，从而影响判断。

（2）中位数。中位数是将一组数据按大小顺序排列后，处于中点位置的数值。中位数可以将全部的数据等分成两部分，每部分包含一半的数据，其中一部分数据小于中位数，另一部分数据大于中位数。中位数的计算较为简单，当数据个数为奇数时，直接使用处于中间位置的数值作为中位数。当数据个数为偶数时，则使用中间两个数的平均数作为中位数。使用中位数描述数据的集中趋势，可以不受极端数据的影响。

（3）众数。众数是指一组数据中出现次数最多的变量值，它是描述分类数据的集中趋势最常用的一种测度值。众数不受极端值的影响，一般用于分类数据。对于一般数据，需要数据量较大时众数才有意义。在一组数据中可能有多个众数（多个值出现次数一样且均为最多的情况下），也可能没有众数（所有数据取值均不同的情况下）。

**2. 利用 Excel 完成数据集中度分析**

在本节案例中，可以利用 Excel 2016"数据分析"模块中的"描述性统计"工具，使用不同的度量指标对图 6-6 中的灯泡寿命数据进行集中度分析，从而为采购决策提供参考依据。具体操作如下。

（1）单击"数据"选项卡"分析"组中的"数据分析"按钮，弹出"数据分析"对话框，在"分析工具"列表框中选择"描述统计"选项，单击"确定"按钮，弹出"描述统计"对话框，如图 6-7 所示。在对话框中进行如下设置。

- 在"输入区域"内设置要进行描述性统计分析的数据,这里选择两种型号灯泡寿命数据对应的单元格区域B3:C53。选择分组方式为"逐列",即每一列构成一组变量数据。勾选"标志位位于第一行"复选框,表明单元格区域内每一列第一行为标题而非数据。
- 在"输出选项"中设置结果输出的位置和内容,这里选择将分析结果显示于名为"描述性统计"的新工作表中,勾选"汇总统计"复选框,以便显示描述性统计结果。

（2）设置完成后,单击"确定"按钮,完成描述性统计计算,结果将显示在工作表"描述性统计"中,描述性统计结果如图6-8所示。由图6-8可知,描述性统计结果包含众多内容,其中"平均""中位数""众数"即为本小节涉及的集中度分析度量结果。可以看出,统计得到型号A和型号B灯泡的平均寿命分别为1061.722小时和1060.645小时,两种型号的灯泡寿命中位数分别为1067.294小时和1057.731小时,由于每只灯泡的寿命均不相同,因此无法统计两组数据的众数值(显示为"#N/A")。显然,无论从平均数还是中位数来看,型号A灯泡的寿命都要长于型号B。因此从数据集中度分析的角度可以得到型号A灯泡的质量更好,应选择此型号的产品进行采购。

图 6-7　"描述统计"对话框

| | A | B | C | D |
|---|---|---|---|---|
| 1 | 型号A | | 型号B | |
| 2 | | | | |
| 3 | 平均 | 1061.722 | 平均 | 1060.645 |
| 4 | 标准误差 | 21.22408 | 标准误差 | 12.62658 |
| 5 | 中位数 | 1067.294 | 中位数 | 1057.731 |
| 6 | 众数 | #N/A | 众数 | #N/A |
| 7 | 标准差 | 150.0769 | 标准差 | 89.28338 |
| 8 | 方差 | 22523.07 | 方差 | 7971.521 |
| 9 | 峰度 | -0.58348 | 峰度 | -0.49084 |
| 10 | 偏度 | 0.082279 | 偏度 | -0.02186 |
| 11 | 区域 | 611.2671 | 区域 | 362.3676 |
| 12 | 最小值 | 769.1308 | 最小值 | 881.1201 |
| 13 | 最大值 | 1380.398 | 最大值 | 1243.488 |
| 14 | 求和 | 53086.09 | 求和 | 53032.26 |
| 15 | 观测数 | 50 | 观测数 | 50 |

图 6-8　描述性统计结果

## 6.2.3　数据离散度分析

6.2.2节对图6-6所示的两种型号的灯泡寿命数据进行了集中度分析,得到型号A的灯泡优于型号B的结论,并以之作为采购决策的依据。然而,这个结论真的是正确的吗?实际上,灯泡产品的质量好坏除了根据使用寿命数据的集中趋势程度来判断外,数据的离散程度也是十分重要的评价标准。如果灯泡使用寿命的离散程度太高,则说明该型号灯泡个体之间的质量差异较大,产品整体均衡性不足。此时即使通过集中度分析得到的平均数或中位数很高,也需要慎重考虑是否要选择采购该产品。

**1. 数据离散度分析介绍**

数据的集中度分析使用中心值来概括所有数据的分布特征,该中心值的代表性如何,取决于数据的离散程度,也叫作数据的离中趋势。因此,在运用集中度分析及其度量指标描述数据集中趋势的同时,还需要使用离散度分析方法观察数据的离中趋势,了解各个数据点远离中心点的程度,以检验集中趋势度量指标结果的代表性。类似地,离散度分析中也采用若干度量指标描述数据的离中趋势,主要包括:

(1)极差。极差也被称为全距,表示一组数据中的最大值与最小值的差距。极差能够反映所有数据中个体数据值的最大变动范围,是描述数据离散度的最简单的度量指标,具有易于计算、易于理解的优点。但极差是根据所有数据中的两个极端值进行计算的,没有考虑中间绝大部分数据值的变动情况,因此不能准确地描述数据的离散程度,一般作为辅助度量指标使用。

(2)方差与标准差。方差与标准差是统计学中重要的度量指标,也是实际应用最广泛的离散度度量指标。方差表示一组数据中个体数据值与所有数据的平均数之差的平方的算术平均数,标准差是方差的平方根。其计算公式如下:

$$s^2 = \frac{\sum\limits_{i=1}^{n}(x_i - \bar{x})^2}{n}, \quad s = \sqrt{\frac{\sum\limits_{i=1}^{n}(x_i - \bar{x})^2}{n}}$$

其中,$x_i$ 表示数组中第 $i$ 个数值;$\bar{x}$ 为数组的算术平均数;$n$ 表示数组中数的个数。$s^2$ 和 $s$ 分别表示该数组的方差与标准差。由于方差与标准差是根据所有数据计算的,反映的是每个数据与其算术平均数相比平均相差的数值,因此它能够准确地描述数据的离散趋势。

**2. 利用 Excel 完成数据离散度分析**

在 6.2.2 节中,已经利用 Excel 2016"数据分析"模块中的"描述统计"工具对两种型号的灯泡使用寿命数据进行了描述统计分析。实际上,除平均数、中位数、众数等集中度量指标取值外,本节中的离散度度量指标也出现在图 6-8 所示的统计结果中了。其中 B11 与 D11 中所显示的"区域"取值即代表两组数据的极差结果。显然,型号 A 灯泡的使用寿命变化范围(611.2671)大于型号 B 的变化范围(362.3676),第 12 行与第 13 行中显示的每组数据最大值、最小值统计结果也反映了这一点。此外,型号 A 灯泡数据在方差和标准差两项统计结果中也都明显大于型号 B。上述结果均反映出型号 A 灯泡的使用寿命离散程度明显大于型号 B 灯泡,这意味着该型号的产品的质量均衡性较差,个别产品可能出现可靠性不足,容易损坏的情况。因此,即使其在数据集中度量指标上的结果略好于型号 B,也不能一味地将其作为最终的采购产品。

在图 6-8 所示的描述性统计结果中,除数据集中度与离散度分析指标外,还有一些其他统计指标结果,如标准误差、峰度、偏度等,这些指标能够从不同角度描述数据的分布特征,在进行数据分析与决策过程中均具有一定的参考价值。

## 6.2.4 数据交叉透视分析

【例 6-3】 某图书联营店各季度部分图书的销售数据如图 6-9 所示,该数据直接通过网络获取并存放于 Excel 工作表中,经过预处理后形成了可用于数据分析的数据清单(详见素材文件"数据预处理.xlsx"中的工作表"图书销售数据")。由于数据记录较多,很难直接通过图中显示的数据内容对目前图书的销售情况做出分析和判断,例如各分店中,哪个分店的经营状况较好、是否有分店的销售状况出现了问题,或者在全部在售图书中哪些书籍最为畅销,或者各季度销售额最大的图书是什么等。此时,可以使用数据交叉透视分析方法对数据中的各个变量进行交叉分析,以获取经营者的决策过程中所需要的关键信息。

视频讲解

| | A | B | C | D | E | F | G |
|---|---|---|---|---|---|---|---|
| 1 | 单据编号 | 季度 | 店名 | 书名 | 价格（元） | 销量（本） | 销售额（元） |
| 2 | D0011 | 一季度 | 乾之水书店 | 《大学计算机基础》 | ¥36.50 | 17 | ¥620.50 |
| 3 | D0012 | 一季度 | 学子书店 | 《大学生实用英语写作》 | ¥32.00 | 19 | ¥608.00 |
| 4 | D0014 | 一季度 | 学子书店 | 《计算机二级教程MS Office高级应用》 | ¥42.00 | 7 | ¥294.00 |
| 5 | D0017 | 一季度 | 乾之水书店 | 《大学英语四级词汇》 | ¥24.50 | 8 | ¥196.00 |
| 6 | D0018 | 一季度 | 文华书店 | 《大学计算机基础》 | ¥36.50 | 15 | ¥547.50 |
| 7 | D0019 | 一季度 | 乾之水书店 | 《大学生实用英语写作》 | ¥32.00 | 32 | ¥1,024.00 |
| 8 | D0020 | 一季度 | 文华书店 | 《计算机二级教程MS Office高级应用》 | ¥42.00 | 28 | ¥1,176.00 |
| 9 | D0029 | 一季度 | 乾之水书店 | 《数据库及其应用》 | ¥39.50 | 14 | ¥553.00 |
| 10 | D0031 | 一季度 | 文华书店 | 《大学英语四级词汇》 | ¥24.50 | 33 | ¥808.50 |
| 11 | D0035 | 一季度 | 乾之水书店 | 《计算机二级教程MS Office高级应用》 | ¥42.00 | 11 | ¥462.00 |
| 12 | D0037 | 一季度 | 学子书店 | 《大学计算机基础》 | ¥36.50 | 22 | ¥803.00 |
| 13 | D0039 | 一季度 | 学子书店 | 《数据库及其应用》 | ¥39.50 | 36 | ¥1,422.00 |
| 14 | D0040 | 一季度 | 文华书店 | 《数据库及其应用》 | ¥39.50 | 22 | ¥869.00 |
| 15 | D0041 | 二季度 | 学子书店 | 《大学英语四级词汇》 | ¥24.50 | 33 | ¥808.50 |
| 16 | D0042 | 二季度 | 乾之水书店 | 《数据库及其应用》 | ¥39.50 | 25 | ¥987.50 |
| 17 | D0043 | 二季度 | 文华书店 | 《大学英语四级词汇》 | ¥24.50 | 39 | ¥955.50 |
| 18 | D0052 | 一季度 | 乾之水书店 | 《计算机二级教程MS Office高级应用》 | ¥42.00 | 20 | ¥840.00 |

图 6-9　某图书联营店各季度部分图书的销售数据

### 1. 数据交叉透视分析介绍

数据交叉透视分析是一种常用的分类汇总统计方法，它通过对变量两两交叉配对产生的关联信息进行统计，从而发掘数据背后的隐含信息。对于图 6-9 所示的数据表而言，可以将"季度""店名""书名"3 列数据视为 3 组变量，其两两交叉产生的信息包括以下 3 种。

（1）季度和店名：可统计各个分店不同季度的图书销量和销售额情况。

（2）季度和书名：可统计各季度不同图书的销量和销售额情况。

（3）店名和书名：可统计各分店不同图书的销量和销售额情况。

### 2. 利用 Excel 完成图书销量交叉透视分析

在本节案例中，可以使用 Excel 2016 提供的数据透视表与数据透视图工具对图 6-9 中的图书销量数据进行交叉透视分析，从而为经营者提取出感兴趣的关键信息以供决策。具体操作如下。

（1）为了对各个分店不同季度的整体经营状况进行分析，可以先构建关于分店与季度两个变量的数据透视表，统计各分店在每个季度的图书销量信息。单击选中工作表"图书销售数据"数据清单区域内的任一单元格。单击"插入"选项卡"表格"组中的"数据透视表"按钮，弹出"创建数据透视表"对话框，如图 6-10 所示。在对话框中进行如下设置：

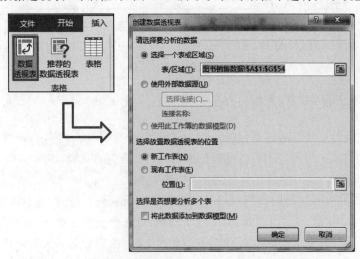

图 6-10　"数据透视表"按钮及"创建数据透视表"对话框

- 图 6-9 中的数据清单区域已被自动识别并显示在"选择一个表或区域"下的"表/区域"框中,并作为要进行分析的源数据,这里不做任何修改。注意,如有需要可以重新设置源数据对应的数据清单区域,若要使用来自外部的数据库或者文件作为创建数据透视表的源数据,可以通过选择"使用外部数据源"单选按钮,并单击"选择连接"按钮,在出现的对话框中选择相应的外部数据源。
- 在"选择放置数据透视表的位置"栏下,可以指定数据透视表的存放位置,如选择"新工作表"单选按钮,将专门在工作簿中新建一个工作表来存放数据透视表,也可以选择"现有工作表"单选按钮,将数据透视表放置在现有工作表的某个指定区域。这里选择"新工作表"单选按钮。

(2) 单击"确定"按钮,Excel 2016 将新建一个工作表(此处为 Sheet4),并将一个空白数据透视表添加至该工作表中,同时在右侧显示"数据透视表字段"窗格,如图 6-11 所示。注意,若"数据透视表字段"窗格没有默认显示,可以单击"数据透视表工具-分析"选项卡"显示"组中的"字段列表"按钮让其显示。默认情况下,"数据透视表字段"窗格包含两个部分:

图 6-11 "数据透视表字段"窗格

- 上半部分是字段部分,所有数据源中的字段都将被显示在字段列表中,通过勾选或取消勾选每个字段前的复选框,可以在数据透视表中添加或删除字段。
- 下半部分是布局部分,用于定义每个字段及其统计结果在数据透视表中的位置。布局部分包含 4 个区域,分别为"筛选器""行""列""值"区域,数据透视表字段列表布局区域与数据透视表位置对应关系如图 6-12 所示。

(3) 在"数据透视表字段"窗格中勾选某一字段对应的复选框后,该字段将被添加至下方布局部分的不同区域中,并在数据透视表中的对应位置更新显示。一般而言,非数值字段将会自动添加到"行"区域,数值字段会添加到"数值"区域,日期或时间字段将会添加到"列"区域。若要手动放置某一字段到特定的区域,可以直接将字段名拖动到布局部分的不同区域中,或者在字段名称上右击,在弹出的快捷菜单中选择相应的命令。此处,为了在数据透视表中显示不同书店在不同季度内的销售额统计情况,分别将"店名""季度""销售额(元)"字

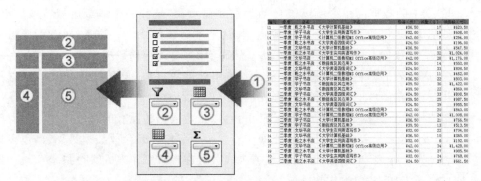

图 6-12　数据透视表字段列表布局区域与数据透视表位置对应关系

段拖动到"行""列""值"区域中,调整数据透视表中的数字格式为货币,此时得到各分店不同季度销售额透视分析结果,如图 6-13 所示。

| 求和项:销售额（元） | 列标签 | | | | |
| 行标签 | 一季度 | 二季度 | 三季度 | 四季度 | 总计 |
| 乾之水书店 | ¥2,855.50 | ¥3,666.50 | ¥3,611.50 | ¥1,831.00 | ¥11,964.50 |
| 文华书店 | ¥3,401.00 | ¥5,032.50 | ¥1,873.00 | ¥2,529.50 | ¥12,836.00 |
| 学子书店 | ¥3,127.00 | ¥3,864.50 | ¥2,899.00 | ¥3,595.50 | ¥13,486.00 |
| 总计 | ¥9,383.50 | ¥12,563.50 | ¥8,383.50 | ¥7,956.00 | ¥38,286.50 |

图 6-13　各分店不同季度销售额透视分析结果

【注意】　若列标签中季度顺序与图 6-13 所示的不一致(如"二季度"在最前),可单击"列"右侧的向下箭头,在下拉列表中选择"其他排序选项"命令,打开"排序"对话框,在其中设置"列"的排序方式为"升序排序",并在"其他选项"中设置排序依据为"笔画排序"即可。

(4)根据图 6-13 数据透视表中显示的信息,能够十分方便地对每个书店各季度的销售额进行比较和分析。如在所有分店中,学子书店全年总销售额最高,而乾之水书店总销售额最低。在季度方面,第二季度各书店的总销售额相对较高,而第三季度和第四季度则相对较低。通过上述信息,图书联营店高层能够十分清晰地评估各个书店全年各季度的效益好坏,并根据需要制定发展对策。

(5)通过修改数据透视表中的字段内容,继续统计并分析不同书店每种图书的最大销量情况。在"数据透视表字段"窗格的字段列表中,取消勾选"销售额(元)"和"季度"字段,将其从透视表中删除。同时勾选"销量(本)"和"书名"字段对应的复选框,将"书名"拖至"行"区域,将"销量(本)"拖至"值"区域,将"店名"拖至"筛选器"区域。在"值"区域内的字段将默认使用"求和"作为汇总方式,若要对其进行修改,可以单击该字段旁的下拉箭头,在下拉列表中选择"值字段设置"命令,弹出"值字段设置"对话框,如图 6-14 所示。

(6)在"值汇总方式"中,提供了多种方式以供选择(如求和、计数、平均值等),此处选择"最大值",统计 4 个季度之间每种图书销量的最大值,单击"确定"按钮。调整数据透视表中的数字格式为"常规",得到各书目最大销量透视统计结果及明细如图 6-15 所示。由于设置了"筛选器"字段,在数据透视表的左上角将出现一个字段筛选器,可以根据"店名"字段中的取值进行筛选,得到不同数据对应的数据透视表结果。图 6-15 显示了店名为"乾之水书店"

图 6-14 "值字段设置"对话框

的每种图书在不同季度之间的最大销量统计结果。例如《大学计算机基础》一书的最大销量为 30 本,在该单元格处双击,Excel 将创建一个新的工作表(Sheet1)显示乾之水书店《大学计算机基础》的销售数据明细,如图 6-15 所示。从清单中可以看出该书的最大销量出现在第四季度。

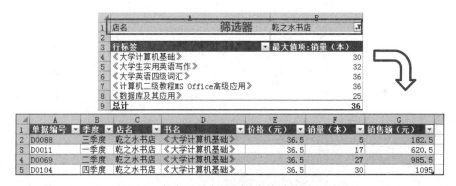

图 6-15 各书目最大销量透视统计结果及明细

为了更加直观地显示数据透视表中的内容,可以根据数据透视表中的内容生成对应的数据透视图。数据透视图与普通的图表类似,其基本的组成元素也与普通图表相同。与普通图表不同的是,数据透视表中的字段筛选器将同样在透视图中显示,以便对数据透视图的基本数据进行排序和筛选。为了更加形象地比较各个书店不同季度的销售额,可根据图 6-13 中的数据透视表创建数据透视图。具体操作如下。

(1)在图 6-13 的数据透视表中单击"数据透视表工具-选项"选项卡"工具"组中的"数据透视图"按钮,弹出"插入图表"对话框。

(2)按照与创建普通图表类似的方式,选择相应的图表类型和子类型。这里选择"柱形图"→"三维堆积柱形图"命令,单击"确定"按钮,插入数据透视图。

(3)对透视图中的各个元素进行编辑和修改,添加数据标签,其方式均与一般图表相同。各分店不同季度销售额数据透视图如图 6-16 所示。可以注意到图表周围加入了多个字段筛选器,通过它们可以更改图表中显示的数据。

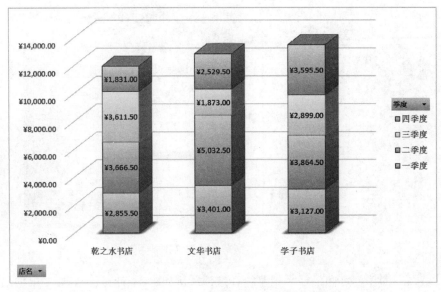

图 6-16　各分店不同季度销售额数据透视图

# 6.3　投资决策分析

投资决策是个人理财和企业经营十分重要的工具和手段,在进行投资决策分析时需要对各投资项目和方案的投入及其预期回报进行计算和分析,从而从众多备选决策方案中挑选最佳的投资方案。上述过程可以通过 Excel 2016 提供的各类投资决策相关函数实现,本节将对这些函数进行介绍。

## 6.3.1　定额投资分析

视频讲解

【例 6-4】　大学生小吴对一则基金投资的广告产生了兴趣,广告承诺投资人只需坚持每月 10 日固定投入 500 元,每年按照 10％的收益率计算,10 年后就能得到 10 万元的存款。每个月 500 元的投入就能让自己 30 岁前拥有超过 10 万元的资金,这对小吴来说是十分有吸引力的,但他又有些怀疑这条广告的真实性,因此迟疑不决。每月投入 500 元,真的能让小吴 10 年后得到 10 万元的存款吗? 使用 Excel 2016 中的投资决策分析函数,能够十分方便地找到答案。

### 1. 定额投资分析介绍

小吴看到的广告实际是一条基金定投产品的介绍。基金定投是定期定额投资基金的简称,是指在固定的时间(案例中为每月 10 日),以固定的相对较少的金额(案例中为 500 元)投入到某一开放式基金中,一般投资周期较长(1 年以上),通过复利的方式,定投基金仍可获得较大金额的回报。基金定投产品通常由银行、证券、保险等金融机构提供,与传统的金融投资和理财产品相比,资金定额定期投资具有类似长期储蓄的特点,能够积少成多,还能够平摊投资成本(每月以小额成本投入),从而降低整体风险。同时,基金定投还有着起点低

（一般 500 元/月起步）、方式简单的优势（每月固定时间投入固定金额即可），因此又被称为"小额投资计划"或"懒人投资"，受到了众多投资者的青睐。

为了进行投资决策分析，需要计算不同投资方案产生的收益。对于一次性投资，收益的计算相比比较简单。如一次性投入金额 10 000 元，年收益率为 10%，则一年后得到的收益可用如下公式计算：

$$fv = pv \times (1 + rate) = 10\,000 \times (1 + 10\%) = 11\,000（元）$$

上式中，fv 表示投资到期后的总收益额，或称为将来值，包括本金和利润；pv 表示初始投资的金额，或称为现值，在这里即指一次性投资的金额 10 000 元；rate 表示每期的收益率，这里即指年收益率 10%。

一年到期后，可将总收益额 fv 作为投资额继续投资 1 年，则第二年到期后的 fv 值为：

$$fv = pv \times (1 + rate) = 11\,000 \times (1 + 10\%) = 10\,000 \times (1 + 10\%)^2 = 12\,100（元）$$

以此类推，可得到一次性投资到期收益的计算公式为：

$$fv = pv \times (1 + rate)^{nper} \tag{6-1}$$

式（6-1）中，nper 表示投资期数。

从式（6-1）不难看出，到期总收益 fv 的值与初始投资额、收益率和投资期数有关。需要强调的是，投资期数除按年计算外，还可按月甚至周计算。如一次性投入金额 10 000 元，年收益率为 10%，分别按月投资与按年投资，1 年后的总收益是不同的。如按月投资，每期收益率 rate 为 10% ÷ 12 = 0.83%，投资期数 nper 为 12，由式（6-1）可得一年后的总收益为：

$$fv = pv \times (1 + rate)^{nper} = 10\,000 \times (1 + 0.83\%)^{12} = 11\,047（元）$$

可以看出，同样的初始投资额和年收益率，按月投资比按年投资的总收益额更多。这是由于按月投资每月都会有收益到账并可继续用于投资，即产生复利。投资额和收益率相同的情况下，投资周期越短，产生的复利越多。

除一次性投资外，还有按期增加投资的形式，其计算过程相对复杂得多。本案例中小吴看到的基金定投产品广告就属于按期增加投资这一类型，即初期投资 500 元，按月计算收益，年收益率为 10%，每月收益率为 0.83%，每月到期后继续购买，并追加投资 500 元，则 10 年后得到的总收益可用如下公式计算：

$$fv = pv(1 + rate)^{nper} + pmt \times \frac{(1 + rate)^{nper} - 1}{rate} \tag{6-2}$$

式（6-2）中，fv 表示投资到期后的总收益额；pv 表示初始投资的金额，这里即指初期投资金额 500 元；rate 表示每期的收益率，这里即指月收益率 0.83%；nper 表示投资期数，这里即指 10 年共 120 期；pmt 表示每期追加的投资金额，这里即指每月追加的 500 元。

在本例中，追加投资 pmt 是在每期的期末，即下一次投资期开始前投入的。在按期增加投资方法中，pmt 也可能发生在每个投资期的期初。如果将上述两种情形都考虑在内，则总收益计算公式（6-2）将转化为：

$$fv = pv(1 + rate)^{nper} + pmt \times (1 + rate \times type) \times \frac{(1 + rate)^{nper} - 1}{rate} \tag{6-3}$$

式（6-3）中，type 表示追加投资 pmt 的发生时间是在期初还是期末，期初为 1，期末为 0。在实际财务运算过程中，为了实现收支平衡，一般将收入金额记为正数，将支出金额记为负数，因此本例中的投资收支平衡公式为：

$$fv+pv(1+rate)^{nper}+pmt\times(1+rate\times type)\times\frac{(1+rate)^{nper}-1}{rate}=0 \qquad (6\text{-}4)$$

可以看出,在进行投资决策分析的过程中,涉及 fv、pv、rate、nper、pmt、type 共 6 个变量,如果已知其中任意 5 个变量,则可通过对式(6-4)求解得到剩余一个变量的结果。在 Excel 中,针对上述每个变量的求解提供了不同的函数来完成,即 Excel 2016 的投资决策函数 PV、FV、PMT、RATE 与 NPER 函数。

**2. 利用 Excel 完成定额投资分析**

在本节案例中,可以利用 Excel 2016 提供的 FV 函数分析小吴看到的基金定投产品广告是否属实。首先打开 Excel 素材文件"投资决策分析. xlsx",在工作表"基金定投产品分析"中的对应单元格中输入基金定投产品分析参数,如图 6-17 所示。

| | A | B | C | D |
|---|---|---|---|---|
| 1 | | | | |
| 2 | | 初始投资金额PV(元) | 0 | |
| 3 | | 每期收益率RATE | 0.83% | |
| 4 | | 各期追加投资金额PMT(元) | 500 | |
| 5 | | 投资期数NPER(月) | 120 | |
| 6 | | | | |
| 7 | | 10年后的总收益FV(元) | | |
| 8 | | | | |

图 6-17 基金定投产品分析参数

接下来在 C7 单元格中构建 FV 函数计算 10 年后的总收益,FV 函数可以基于固定的利率或者收益率,计算某项投资的未来值,其表达式为 FV(rate, nper, pmt, pv, type),包含 2 个必需参数和 3 个可选参数。

(1) rate。必需参数,表示各期利率或者收益率。

(2) nper。必需参数,表示总投资期,即此项投资的付款总期数。设置 rate 和 nper 参数时应注意两者在时间单位上的一致性,如投资期按年计算,则 rate 为年收益率,若按照月计算,则需要将年收益率除以 12 得到月收益率作为 rate 参数的取值。

(3) pmt。可选参数,表示各期投入的追加投资金额,该值为固定值,即整个投资期限内各期追加投资金额保持不变。如果此参数为 0 或者默认值,则表示该投资为一次性投资,此时 pv 参数不能为默认值。

(4) pv。可选参数,表示现值,即投资初始投入的金额。如果此参数为 0 或者默认值,则表示按期增加投资的形式,此时 pmt 参数不能为默认值。

(5) type。可选参数,表示各期追加金额投入的时间是在期初还是期末。若 type 的值为 0 或默认值,则表示投入时间为期末;若 type 的值为 1,则表示投入时间为期初。

利用编辑输入框或函数参数对话框在 C7 单元格中输入公式:

=FV(C3,C5,-C4,C2)

在 FV 函数中,各期收益率 rate 参数为 C3 单元格中的 0.83%,即年收益率为 10%时的每月收益率;总投资期数 nper 为 C5 单元格中的 120,即 10 年共计 120 个月;各期追加投资金额 pmt 参数为 C4 单元格的 500,取负值,表示各月支出 500 元;初始投入金额 pv 参数为 C2 单元格中的 0;最后省略 type 参数,表示追加金额投入的时间为期末。计算完成后,C7 单元格中的结果即为 10 年后的总收益金额,将数值格式设置为货币型保留 2 位小数,得到基金定投产品分析计算结果如图 6-18 所示。

由图 6-18 可知,利用 FV 函数计算得到 10 年后的总收益为 102 188.19 元,即采用广告描述的基金定投方案确实能让小吴在 10 年后得到 10 万元的收益。如果想要了解该投资过程中每年的收益及累计金额明细,还可以在工作表"基金定投产品分析"的单元格区域 E2:G12 中构建投资收益明细表,如图 6-19 所示。

| 时间 | 期数 | 累计总收益 |
|---|---|---|
| 第1年 | 12 | |
| 第2年 | 24 | |
| 第3年 | 36 | |
| 第4年 | 48 | |
| 第5年 | 60 | |
| 第6年 | 72 | |
| 第7年 | 84 | |
| 第8年 | 96 | |
| 第9年 | 108 | |
| 第10年 | 120 | |

| 时间 | 期数 | 累计总收益 |
|---|---|---|
| 第1年 | 12 | ¥6,281.62 |
| 第2年 | 24 | ¥13,218.26 |
| 第3年 | 36 | ¥20,878.21 |
| 第4年 | 48 | ¥29,336.91 |
| 第5年 | 60 | ¥38,677.63 |
| 第6年 | 72 | ¥48,992.36 |
| 第7年 | 84 | ¥60,382.66 |
| 第8年 | 96 | ¥72,960.67 |
| 第9年 | 108 | ¥86,850.26 |
| 第10年 | 120 | ¥102,188.19 |

图 6-19　投资收益明细表及计算结果

| | A | B | C | D |
|---|---|---|---|---|
| 1 | | | | |
| 2 | | 初始投资金额PV（元） | 0 | |
| 3 | | 每期收益率RATE | 0.83% | |
| 4 | | 各期追加投资金额PMT(元) | 500 | |
| 5 | | 投资期数NPER（月） | 120 | |
| 6 | | | | |
| 7 | | 10年后的总收益FV(元) | ¥102,188.19 | |
| 8 | | | | |

图 6-18　基金定投产品分析计算结果

接下来在单元格区域 G3:G12 内利用 FV 函数计算从第 1 年到第 10 年各年的累计总收益额。利用编辑输入框或函数参数对话框在 G3 单元格中输入公式计算第 1 年的累计收益：

$$=FV(\$C\$3, F3, -\$C\$4, \$C\$2)$$

在 FV 函数中，rate、pmt 和 pv 参数仍引用 C3、C4 和 C2 单元格中的值。注意，需将这些引用设置为绝对引用形式，以便在复制填充公式过程中冻结引用单元格的行列值。总投资期数 nper 为 F3 单元格中的值 12，即第 1 年时的累计投资期数 12 个月。计算得到结果为 6281.62 元，即在此投资方案中，1 年后可获得的累计收益。使用填充柄复制 G3 单元格中的公式至 G12 单元格，即可得到投资收益明细表计算结果，如图 6-19 所示。

## 6.3.2　贷款等额还款分析

视频讲解

**【例 6-5】**　小李打算购置一套总价值 100 万元的房产，其中首付 30 万元，向银行申请商业贷款 70 万元，还款期限为 20 年。如果银行贷款的年利率为 6%，采用等额还款的方式分期付款，那么小李每个月需要向银行还款多少元？

**1. 贷款还款分析**

商业贷款是当前人们获取购房资金最主要的方式，个人住房商业性贷款的还款方式一般为分期等额还款，即贷款个人每月向银行支付固定的还款金额，等额还款金额的计算需考虑贷款额、还款年限和银行贷款利率等因素，其财务计算公式为：

$$pv(1+rate)^{nper} + pmt \times \frac{(1+rate)^{nper}-1}{rate} = 0 \qquad (6-5)$$

式(6-5)中，pv 表示初始待还款金额，即向银行贷款的金额数；rate 表示银行贷款的利息率；nper 表示还款期数，即贷款年限长度；pmt 表示等额还款的金额。

**2. 利用 Excel 完成贷款等额还款分析**

对比式(6-4)与式(6-5)可以发现，当 fv 与 type 参数均为零时，式(6-4)与式(6-5)是相同的。因此当参数 pv、rate 与 nper 为已知量时，可以利用 Excel 中的 PMT 函数求解银行贷款等额还款的金额。打开 Excel 素材文件"投资决策分析.xlsx"，在工作表"贷款等额还款分析"中的对应单元格中输入贷款等额还款分析参数，如图 6-20 所示。

接下来在 C6 单元格中构建 PMT 函数计算每个

| | A | B | C | D |
|---|---|---|---|---|
| 1 | | | | |
| 2 | | 初始待还款金额PV（元） | 700000 | |
| 3 | | 银行贷款利率RATE | 0.50% | |
| 4 | | 还款期数NPER（月） | 240 | |
| 5 | | | | |
| 6 | | 每期应还款金额PMT(元) | | |
| 7 | | | | |

图 6-20　贷款等额还款分析参数

月应向银行支付的还款金额。PMT 函数可以根据固定的利率，计算定额分期付款过程中每期的还款金额，其表达式为 PMT(rate, nper, pv, fv, type)，包含 3 个必需参数和 2 个可选参数。

（1）rate。必需参数，表示银行贷款利率。

（2）nper。必需参数，表示贷款最大还款期数。设置 rate 和 nper 参数时应注意两者在时间单位上的一致性，一般而言，银行贷款分期还款的期数单位为月，即每月还款一次，因此在设置 rate 参数时需将贷款年利率除以 12 得到月利率作为参数值。

（3）pv。必需参数，表示现值，或称为本金，这里指一系列未来付款当前值的总和，即初始待还款金额。

（4）fv。可选参数，表示未来值，或在最后一次付款后希望得到的现金余额，其默认值为 0。在贷款还款过程中，最后一次还款后希望能够还清所有欠款，达到账务平衡，因此 fv 的值应为 0。

（5）type。可选参数，表示各期付款时间发生在期初还是期末，若 type 的值为 0 或默认值，则表示付款时间为期末；若 type 的值为 1，则表示付款时间为期初。一般银行贷款的还款时间为每期期末，因此取 0 或默认值。

利用编辑输入框或函数参数对话框在 C6 单元格中输入公式：

＝PMT(C3，C4，C2)

在 PMT 函数中，银行贷款利率 rate 参数为 C3 单元格中的 0.50%，即年贷款利率为 6% 时的每月贷款利率；最大还款期数 nper 参数为 C4 单元格中的 240，即 20 年共计 240 个月；现值 pv 为 C2 单元格中的 700 000，取正值，即当前通过银行贷款收入 70 万元，需要在 20 年内还清；未来值 fv 与还款方式 type 参数均为默认值，即均取为 0。计算完成后，C6 单元格中的结果即为每期需还款的金额，将数值格式设置为货币型保留 2 位小数，得到贷款等额还款分析结果如图 6 21 所示。

由图 6-21 可以看出，利用 PMT 函数计算得到的每期还款金额为 −5015.02 元，该金额为负值，即小李需要在 20 年内每个月向银行支付 5015.02 元。实际上，PMT 函数计算得到的每期还款额是由两个部分组成的，一部分用于偿还贷款本身，另一部分用于偿还剩余贷款产生的利息，即还款本金与还款利息。利用 Excel 2016 提供的 PPMT 与 IPMT 函数，可以分别计算各期的还款本金与还款利息。

在工作表"贷款等额还款分析"中的单元格区域 E1:I243 内构建小李购房贷款的各月还款明细表，其部分内容如图 6-22 所示。

| E | F | G | H | I |
|---|---|---|---|---|
| 各月还款明细表 | | | | |
| 期数 | 贷款余额 | 还款本金 | 还款利息 | 还款额 |
| 1 | ¥700,000.00 | | | |
| 2 | | | | |
| 3 | | | | |
| 4 | | | | |
| 236 | | | | |
| 237 | | | | |
| 238 | | | | |
| 239 | | | | |
| 240 | | | | |
| 241 | | | | |

| | A | B | C | D |
|---|---|---|---|---|
| 1 | | | | |
| 2 | | 初始待还款金额PV（元） | 700000 | |
| 3 | | 银行贷款利率RATE | 0.50% | |
| 4 | | 还款期数NPER（月） | 240 | |
| 5 | | | | |
| 6 | | 每期应还款金额PMT(元) | ¥-5,015.02 | |
| 7 | | | | |

图 6-21　贷款等额还款分析结果

图 6-22　各月还款明细表

首先使用 PPMT 函数在 G 列中计算各期还款本金值，PPMT 函数可以根据某一固定的银行贷款利率，计算定额分期付款过程中某一期的还款本金数额，其表达式为 PPMT（rate，per，nper，pv，fv，type），包含 4 个必需参数和 2 个可选参数。

（1）per。必需参数，表示计算还款本金数额的期数，其取值必须介于 1 至 nper 之间。

（2）其他的参数代表的含义与设置的方法均与 PMT 函数相同。

先计算首月的还款本金金额，利用编辑输入框或函数参数对话框在 G3 单元格中输入公式：

＝PPMT（＄C＄3，E3，＄C＄4，＄C＄2）

在 PPMT 函数中，rate、nper 和 pv 参数仍引用 C3、C4 和 C2 单元格中的值。注意，需将这些引用设置为绝对引用形式，以便在复制填充上述公式过程中冻结引用单元格的行列号。当前期数 per 参数为 E3 单元格的值 1，表示正在计算第一个月的还款本金。得到的计算结果为−1515.02 元，表示在第一个月末还款金额中，本金还款为 1515.02 元。接下来利用填充柄将 G3 单元格中的公式复制到 G242 单元格，即可得到每一个月的还款本金金额。

接下来使用 IPMT 函数在 H 列中计算各期的还款利息值，IPMT 函数可以根据某一固定的银行贷款利率，计算定额分期付款过程中某一期的还款利息数额，其表达式为 IPMT（rate，per，nper，pv，fv，type），IPMT 函数的参数构成及设置方法与 PPMT 函数是完全一致的。

先计算首月的还款利息金额，利用编辑输入框或函数参数对话框在 H3 单元格中输入公式：

＝IPMT（＄C＄3，E3，＄C＄4，＄C＄2）

可以看出，在 IPMT 函数中，参数的设置与 PPMT 函数是完全相同的。其中 rate、pmt 和 pv 参数仍使用绝对引用的形式，以便在复制公式过程中保持引用的单元格不变。最后得到计算结果为−3500.00 元，表示在第一个月末还款金额中，有 3500 元是用于偿还贷款产生的利息的。接下来同样利用填充柄将 H3 单元格中的公式复制到 H242 单元格，即可得到每个月的还款利息金额。

确定各月的还款本金和还款利息后，即可将两者相加得到每个月实际的还款额，并填入 I 列中。首先在 I3 单元格中利用编辑输入框输入公式：

＝G3＋H3

单击 Enter 键完成计算，得到首月的总还款额为 5015.02 元。接下来利用填充柄将 I3 单元格中的公式复制到 I242 单元格，即可得到每个月的还款总额。由于是等额还款，因此计算得到的各月还款总额应该都为 5015.02 元。

同时，可以根据 G 列中的还款本金计算各月初的贷款余额并填入 F 列中，其中 F3 单元格中已经写入了第一个月初的贷款余额为 700 000 元，即要还款的本金总额。接下来计算第二个月初的贷款余额，利用编辑输入框在 F4 单元格中输入公式：

＝F3＋G3

即用上个月初的贷款余额与上个月末还款本金相加（由于还款本金是支出，为负数形式，因此这里使用加法运算）得到本月初的贷款余额。单击 Enter 键完成计算，得到第二个月初的还款余额为 698 484.98 元。接下来利用填充柄将 F4 单元格中的公式复制到 F243 单元格，即可得到每一期期初的贷款余额。在第 241 期时，即还款期限后的第一个月初的贷款余额为 0，表示这时所有的贷款已经还清。

最后可以利用 SUM 函数在单元格区域 G243:I243 内分别计算还款本金、还款利息和还款额的总计值。得到的计算结果由于记录数较多，可以使用 Excel 中的数据筛选功能将部分时间点（第 1,24,48,…,240,241 期）的计算结果筛选出来，得到各月还款明细表计算结果筛选如图 6-23 所示。

由图 6-23 可以看出，各月的还款本金金额随时间呈增加趋势，而还款利息金额不断下降。在 20 年的还款期限内，小李实际一共需要向银行支付 1 203 604.18 元，其中有 503 604.18 元用于支付贷款产生的利息，占总还款金额的 41.8%。

| E | F | G | H | I |
|---|---|---|---|---|
| | | 各月还款明细表 | | |
| 期数 | 贷款余额 | 还款本金 | 还款利息 | 还款额 |
| 1 | ¥700,000.00 | ¥-1,515.02 | ¥-3,500.00 | ¥-5,015.02 |
| 24 | ¥663,169.32 | ¥-1,699.17 | ¥-3,315.85 | ¥-5,015.02 |
| 48 | ¥619,956.08 | ¥-1,915.24 | ¥-3,099.78 | ¥-5,015.02 |
| 72 | ¥571,247.86 | ¥-2,158.78 | ¥-2,856.24 | ¥-5,015.02 |
| 96 | ¥516,345.91 | ¥-2,433.29 | ¥-2,581.73 | ¥-5,015.02 |
| 120 | ¥454,462.64 | ¥-2,742.70 | ¥-2,272.31 | ¥-5,015.02 |
| 144 | ¥384,710.31 | ¥-3,091.47 | ¥-1,923.55 | ¥-5,015.02 |
| 168 | ¥306,088.29 | ¥-3,484.58 | ¥-1,530.44 | ¥-5,015.02 |
| 192 | ¥217,468.71 | ¥-3,927.67 | ¥-1,087.34 | ¥-5,015.02 |
| 216 | ¥117,580.28 | ¥-4,427.12 | ¥-587.90 | ¥-5,015.02 |
| 240 | ¥4,990.07 | ¥-4,990.07 | ¥-24.95 | ¥-5,015.02 |
| 241 | ¥-0.00 | ¥-700,000.00 | ¥-503,604.18 | ¥-1,203,604.18 |

图 6-23　各月还款明细表计算结果筛选

### 3. 利用 Excel 完成贷款期数分析

【例 6-6】　看到各月还款明细方案后，小李认为可以每月支付更高的还款金额以缩短还款期限，进而降低总还款额中还款利息所占的比例，小李表示可将每月还款金额提高至 6000 元。那么如按此金额进行分期还款，小李需要多少年就能还清 70 万元的贷款呢？

在上面的案例中，参数 pv、rate 与 pmt 为已知量，因此可以利用 Excel 2016 中的 NPER 函数计算还款期数即 nper 的值。打开 Excel 素材文件"投资决策分析.xlsx"，在工作表"贷款还款期数分析"中的对应单元格中输入贷款还款期数分析参数，如图 6-24 所示。

接下来利用 NPER 函数在 C6 单元格中计算还款期数。NPER 函数可以根据某一固定的银行贷款利率，计算等额贷款还款的总期数，其表达式为 NPER(rate, pmt, pv, fv, type)，包括 3 个必需参数和 2 个可选参数。

（1）pmt。必需参数，表示每期还款金额，由于是等额贷款还款，该参数取值在整个贷款还款期间保持不变。

（2）其他的参数代表的含义与设置的方法均与 PMT 函数相同。

利用编辑输入框或函数参数对话框在 C6 单元格中输入公式：

＝NPER(C3,−C4,C2)/12

在 NPER 函数中，rate 与 pv 参数分别为 C3 与 C2 单元格中的值，即贷款月利率与总贷款金额分别为 0.50% 与 700 000 元，每期还款金额为 C4 单元格的值 6000 元，由于是支出金额，因此取负值。由于 rate 参数取值为月利息率，因此 NPER 函数计算得到的还款期数单位为月，将其除以 12 将其单位转换为年，最终得到贷款还款期数分析结果如图 6-25 所示，其中总还款期数为 14.63 年，即如果小李每月向银行支付 6000 元的还款，在 15 年内即可还清所有贷款。

| | A | B | C | D |
|---|---|---|---|---|
| 1 | | | | |
| 2 | | 初始待还款金额PV（元） | 700000 | |
| 3 | | 银行贷款利率RATE | 0.50% | |
| 4 | | 每期还款金额PMT(元) | 6000 | |
| 5 | | | | |
| 6 | | 还款期数NPER（年） | | |
| 7 | | | | |

图 6-24　贷款还款期数分析参数

| | A | B | C | D |
|---|---|---|---|---|
| 1 | | | | |
| 2 | | 初始待还款金额PV（元） | 700000 | |
| 3 | | 银行贷款利率RATE | 0.50% | |
| 4 | | 每期还款金额PMT(元) | 6000 | |
| 5 | | | | |
| 6 | | 还款期数NPER（年） | 14.63 | |
| 7 | | | | |

图 6-25　贷款还款期数分析结果

## 6.3.3 企业投资决策分析

【例6-7】 某企业打算启动一新投资项目,该项目现有3套实施方案可供选择(方案A、方案B和方案C),投资方案初始投资成本与预期收益如表6-1所示,假设每年的折现率为5%,现在需要对各个项目实施方案进行投资决策分析,找出最优方案进行投资。

表 6-1 各投资方案初始投资成本与预期收益

| 方案名称 | 初始投资成本/万元 | 预期收益/万元 | | | |
|---|---|---|---|---|---|
| | | 第1年 | 第2年 | 第3年 | 第4年 |
| 方案A | 80.0 | 40.0 | 55.0 | 30.0 | 18.0 |
| 方案B | 80.0 | 25.0 | 30.0 | 45.0 | 45.0 |
| 方案C | 100.0 | 80.0 | 40.0 | 25.0 | 15.0 |

### 1. 投资决策分析

要进行投资决策分析,需要对每个方案进行经济评价,找到能为企业自身带来最大收益的方案。需要明确的是,各个方案的实际收益不能简单地通过各年的预期收益和减去投资成本计算,而应该根据折现率计算未来收益的现值,并进一步计算各方案的净现值作为投资决策分析的主要依据。

货币具有时间价值,不难想到10年前的100元与当前的100元相比,其价值显然更高。同理,未来的100元折算到现在可能不到100元,未来的金额折算到当前时间点的价值就是现值。在进行投资分析过程中,由于投资的收益往往发生在未来,因此预期收益的金额不能直接等同于当前的金额值,必须首先计算其现值,计算公式为:

$$pv = \sum_{i=1}^{nper} \frac{fv_i}{(1+rate)^i} \tag{6-6}$$

式(6-6)中,pv表示未来预期收益的现值,即未来收益额在当前时间点的价值;$fv_i$表示第$i$年的未来值,即投资在未来第$i$年的预期收益额;rate表示折现率,即将未来预期收益折算成现值的比率,其取值一般与当前银行利率密切相关,有时为了简化算法,可直接将银行利率作为折现率进行计算;nper表示总投资期数。

得到未来投资收益的现值后,便可计算该投资的净现值,计算公式为:

$$NPV = pv - C \tag{6-7}$$

式(6-7)中,NPV表示净现值,即投资方案产生的收益的折现值与原始投资成本的差额;C表示投资成本。

对于一项投资而言,若其NPV计算结果为正数,则表示项目能够真正为投资方带来收益,可以考虑实行;若其为负数,则表示项目不但没有收益,还可能造成亏损,在投资决策中应不予考虑。如一项投资成本为40万元,10年后可以得到60万元的收益,看似实际收益为20万元,但如果考虑折现率(如5%),使用式(6-6)计算得到10年后的收益折算后的现值仅为36.8万元,其NPV为负数,这意味着即使将40万元存入银行的定期理财方案中,10年后的本金加上利息都要大于60万元,可见该投资方案没有任何实施的必要。

一般而言,NPV值越大,表示该方案投资效益越好,在决策过程中可选择NPV最大的方案作为最优方案考虑。

**2. 利用 Excel 完成企业投资净现值分析**

在 Excel 2016 中，提供了 NPV 函数用于计算项目投资的净现值，因此在本例中，可利用该函数分别计算各个投资方案的净现值，完成投资决策分析。打开 Excel 素材文件"投资决策分析.xlsx"，在工作表"投资净现值分析"中的对应单元格中输入投资净现值分析参数，如图 6-26 所示。

| | A | B | C | D | E | F | G | H | I |
|---|---|---|---|---|---|---|---|---|---|
| 1 | | | | | | | | | |
| 2 | | 折现率 | 5% | | | | | | |
| 3 | | | | | | | | | |
| 4 | | 方案名 | 初始成本 | 第1年 | 第2年 | 第3年 | 第4年 | 净现值（NPV） | |
| 5 | | 方案A | 80.0 | 40.0 | 55.0 | 30.0 | 18.0 | | |
| 6 | | 方案B | 80.0 | 25.0 | 30.0 | 45.0 | 45.0 | | |
| 7 | | 方案C | 100.0 | 80.0 | 40.0 | 25.0 | 15.0 | | |
| 8 | | | | | | | | | |

图 6-26　投资净现值分析参数

接下来在单元格区域 H5：H7 中利用 NPV 函数分别计算每个投资方案的净现值作为决策分析依据。NPV 函数可以根据某一固定的折现率，计算某一系列投资现金流的现值，其表达式为 NPV(rate，value1，value2，…)，包含 1 个必需参数和多个可选参数。

（1）rate。必需参数，表示折现率，在整个投资期中为固定值。

（2）value1，value2，…。表示一系列现金流量值，即投资期内每一年的预期收益序列，该序列可用单元格区域引用的方式在一个参数内表达，序列最大可包含 254 个值，每一个值在时间上必须有相同的间隔，并且必须发生在每期期末，若某一个值为空，则函数将忽略该值将其取为 0，序列中至少应有一个值不为空。

先计算方案 A 的净现值，利用编辑输入框或函数参数对话框在 H5 单元格中输入公式：
＝NPV($C$2,D5:G5)－C5

在 NPV 函数中，折现率参数 rate 为 C2 单元格中的 5%，并使用绝对引用方式，以保证在公式复制填充时该单元格引用位置不变。现金流量序列参数为单元格区域 D5:G5，即投资方案 A 中每年的预期收益。将 NPV 函数返回的结果减去 C5 单元格中的投资方案 A 的初始成本，即可得到投资方案 A 的净现值为 48.7 万元，该值为正数，因此投资方案 A 可以为企业带来实际收益，是可行方案。接下来利用填充柄将 H5 单元格中的公式复制到 H7 单元格，即可得到方案 B 与方案 C 的净现值，投资净现值分析结果如图 6-27 所示。

| | A | B | C | D | E | F | G | H | I |
|---|---|---|---|---|---|---|---|---|---|
| 1 | | | | | | | | | |
| 2 | | 折现率 | 5% | | | | | | |
| 3 | | | | | | | | | |
| 4 | | 方案名 | 初始成本 | 第1年 | 第2年 | 第3年 | 第4年 | 净现值（NPV） | |
| 5 | | 方案A | 80.0 | 40.0 | 55.0 | 30.0 | 18.0 | 48.7 | |
| 6 | | 方案B | 80.0 | 25.0 | 30.0 | 45.0 | 45.0 | 46.9 | |
| 7 | | 方案C | 100.0 | 80.0 | 40.0 | 25.0 | 15.0 | 46.4 | |
| 8 | | | | | | | | | |

图 6-27　投资净现值分析结果

可以看出，3 个投资方案的净现值均为正数，表示每个方案都是可行方案。其中方案 A 的净现值最大，可将其作为最优方案进行项目投资。

事实上,折现率的取值通常会受到众多因素的影响,在投资决策过程中往往给出的是一个预计值,该值如果发生变化,可能对投资方案的净现值产生影响。为了对这一影响进行分析,可以构建一个模拟运算表来描述折现率在1%～10%的变化区间内方案 A、方案 B 与方案 C 的净现值变化情况。在工作表"投资净现值分析"的单元格区域 J2:M13 内构建模拟运算表,如图 6-28 所示。

| J | K | L | M |
|---|---|---|---|
| 折现率 | 方案A | 方案B | 方案C |
|  | 48.7 | 46.9 | 46.4 |
| 1% |  |  |  |
| 2% |  |  |  |
| 3% |  |  |  |
| 4% |  |  |  |
| 5% |  |  |  |
| 6% |  |  |  |
| 7% |  |  |  |
| 8% |  |  |  |
| 9% |  |  |  |
| 10% |  |  |  |

| J | K | L | M |
|---|---|---|---|
| 折现率 | 方案A | 方案B | 方案C |
|  | 48.7 | 46.9 | 46.4 |
| 1% | 59.9 | 61.1 | 57.1 |
| 2% | 57.0 | 57.3 | 54.3 |
| 3% | 54.1 | 53.7 | 51.6 |
| 4% | 51.4 | 50.2 | 49.0 |
| 5% | 48.7 | 46.9 | 46.4 |
| 6% | 46.1 | 43.7 | 43.9 |
| 7% | 43.6 | 40.6 | 41.6 |
| 8% | 41.2 | 37.7 | 39.2 |
| 9% | 38.9 | 34.8 | 37.0 |
| 10% | 36.7 | 32.1 | 34.8 |

图 6-28 净现值模拟运算表及分析结果

其中,单元格区域 J4:J13 内存放了折现率从 1% 到 10% 的变化序列,单元格区域 K3:M3 分别引用了单元格区域 H5:H7 中的公式。接下来在单元格区域 K4:M13 中构建各个投资方案的净现值受折现率变化影响的模拟运算表,选择单元格区域 J3:M13,单击"数据"选项卡"数据工具"组中的"模拟分析"按钮,在下拉列表中选择"模拟运算表"命令,打开"模拟运算表"对话框。在"输入引用列的单元格"后的输入框中选择 C2 单元格,单击"确定"按钮,即可得到模拟运算表计算结果。利用条件格式将单元格区域 K4:M13 中各行的最大值设置为"浅红填充色深红色文本",最小值设置为"绿填充色深绿色文本",得到净现值模拟运算表分析结果如图 6-28 所示。

由图 6-28 中的计算结果可以看出,当折现率小于 3% 时,方案 B 为最优方案;当折现率大于或等于 3% 时,方案 A 为最优方案;同时,折现率为 1%～5% 时,方案 C 的净现值最小,折现率为 6%～10% 时,方案 B 的净现值最小。

### 3. 利用 Excel 完成企业投资内部收益率分析

在企业投资决策分析过程中,除使用净现值的大小评价投资方案外,还可以使用另一个指标寻找最优方案,那就是内部收益率(IRR)。内部收益率指的是使投资方案的净现值等于 0 时的折现率,它是一项投资渴望达到的报酬率,当投资方案的内部收益率大于或等于当前实际折现率时,则认为该项目是可行的。因此,一般认为一个投资方案的内部收益率越高越好,较高的内部收益率意味着较小的投入成本/收益比。

此外,内部收益率还反映了一个投资方案承受风险的能力,如一个投资方案的内部收益率为 12%,表示这个方案在实施过程中每年能够承受最大 12% 的货币贬值率,或者通货膨胀率。可见,一个投资方案的内部收益率越高,表示其应对风险能力越强,在投资决策分析过程中有着十分重要的参考价值。

要计算一个投资方案的内部收益率,需要使用不同的折现率进行迭代试算,因此计算过程相对较为复杂。Excel 2016 提供了 IRR 函数用于内部收益率的计算,利用该函数可以十分方便地获取本案例中各个投资方案的内部收益率,从另一个角度进行投资决策分析。打开 Excel 素材文件"投资决策分析. xlsx"，在工作表"投资内部收益率分析"中的对应单元格中输入投资内部收益率分析参数，如图 6-29 所示。

| | 方案名 | 初始成本 | 第1年 | 第2年 | 第3年 | 第4年 | 内部收益率（IRR） |
|---|---|---|---|---|---|---|---|
| 方案A | | -80.0 | 40.0 | 55.0 | 30.0 | 18.0 | |
| 方案B | | -80.0 | 25.0 | 30.0 | 45.0 | 45.0 | |
| 方案C | | -100.0 | 80.0 | 40.0 | 25.0 | 15.0 | |

图 6-29    投资内部收益率分析参数

接下来在单元格区域 H3：H5 中利用 IRR 函数分别计算每个方案的内部收益率。IRR 函数可以计算一系列现金流的内部收益率，其表达式为 IRR(values，guess)，包含 1 个必需参数和 1 个可选参数。

（1）values。必需参数，一系列用以计算内部收益率的现金流，可以用数组或者单元格区域的引用表示。

（2）guess。可选参数，一个内部收益率的预估值，可以帮助 Excel 更加快速地完成 IRR 迭代运算，如果忽略则为默认值 10%。

先计算方案 A 的内部收益率，利用编辑输入框或函数参数对话框在 H3 单元格中输入公式：

=IRR(C3：G3)

在 IRR 函数中，value 参数为单元格区域 C3：G3 中的值，即方案 A 从第 0 年（初始成本）到第 4 年的现金流序列。需要注意的是，初始成本由于是支出项，因此在现金流序列中取负值。guess 参数省略，取默认值 10%。计算得到方案 A 的内部收益率为 32.7%，表示当折现率为 32.7%时，方案 A 的净现值为 0，由于当前预估的折现率为 5%远小于 32.7%，因此方案 A 为可行方案。接下来利用填充柄将 H3 单元格中的公式复制到 H5 单元格，即可得到方案 B 与方案 C 的内部收益率，投资内部收益率分析结果如图 6-30 所示。

| | 方案名 | 初始成本 | 第1年 | 第2年 | 第3年 | 第4年 | 内部收益率（IRR） |
|---|---|---|---|---|---|---|---|
| 方案A | | -80.0 | 40.0 | 55.0 | 30.0 | 18.0 | 32.7% |
| 方案B | | -80.0 | 25.0 | 30.0 | 45.0 | 45.0 | 25.4% |
| 方案C | | -100.0 | 80.0 | 40.0 | 25.0 | 15.0 | 31.5% |

图 6-30    投资内部收益率分析结果

可以看出，3 个方案的内部收益率均大于折现率 5%，因此均为可行方案，其中方案 A 的内部收益率最大，因此可以将其作为最优方案进行投资。

# 6.4    时间序列预测分析

预测分析是根据客观对象的历史信息而对事物在将来的某些特征、发展状况的一种估计、测算过程。在当今时代，预测分析方法被广泛应用于企业管理、证券分析、社会与经济研究等诸多领域中，时下最热门的大数据预测技术就是一种基于海量历史信息的预测分析方法。一般而言，各类历史数据都包含其对应的时间信息，将这些数据按照时间先后排列起来就形成了不同的时间序列。常用的时间序列预测分析方法包括移动平均法、指数平滑法、趋势预测法等。本节将利用 Excel 2016 提供的各类数据分析工具,对上述时间序列预测分析方法和应用进行详细介绍。

## 6.4.1　移动平均预测分析

【例 6-8】　在 6.2.1 节中,使用描述统计分析方法对中国银行股票数据表中的成交量数据进行了简单的频数分析,对其分布规律进行了初步的评价(详见素材文件"中国银行.xlsx")。接下来若要根据 3 月的每日收盘价数据预测随后 4 月第一个交易日的收盘价,应该如何实现。实际上,图 6-1 中的股票数据是按时间组织排列的(第一列即代表日期信息),可以将数据表中除第一列外的每一列数据视为一个时间序列,中国银行股票时间序列如图 6-31 所示。继而使用时间序列预测方法分析各列数据(如每日收盘价)的变化规律,并预测其以后的发展趋势,从而实现对未来成交日股票收盘价的简单预测。

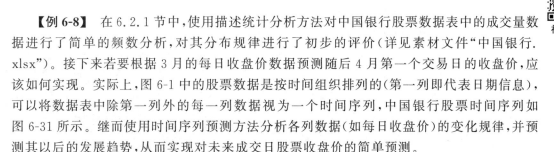

| 日期 | 开盘价 | 最高价 | 最低价 | 收盘价 | 涨跌额 | 涨跌幅(%) | 成交量(手) | 成交金额(万元) | 振幅(%) | 换手率(%) |
|---|---|---|---|---|---|---|---|---|---|---|
| 2019/3/29 | 3.71 | 3.79 | 3.71 | 3.77 | 0.06 | 1.62 | 1,791,175 | 67,257 | 2.16 | 0.09 |
| 2019/3/28 | 3.72 | 3.73 | 3.69 | 3.71 | -0.02 | -0.54 | 1,087,031 | 40,306 | 1.07 | 0.05 |
| 2019/3/27 | 3.73 | 3.75 | 3.72 | 3.73 | 0.01 | 0.27 | 1,058,660 | 39,510 | 0.81 | 0.05 |
| 2019/3/26 | 3.75 | 3.75 | 3.71 | 3.72 | -0.01 | -0.27 | 1,250,035 | 46,574 | 1.07 | 0.06 |
| 2019/3/25 | 时 | 时 | 3.73 | 3.73 | -0.07 | -1.84 | 1,880,807 | 70,767 | 1.58 | 时 |
| 2019/3/22 | 间 | 间 | 3.78 | 3.8 | 0.01 | 0.26 | 1,419,561 | 53,923 | 1.06 | 间 |
| 2019/3/21 | 序 | 序 | 3.79 | 3.79 | 0 | 0 | 1,713,724 | 65,228 | 0.79 | 序 |
| 2019/3/20 | 列 | 列 | 3.77 | 3.79 | - |  | 8,942 | 62,576 | 1.31 | 列 |
| 2019/3/19 | 1 | 2 | 3.8 | 3.81 | - | ...... | 1,599 | 61,221 | 1.3 | n |
| 2019/3/18 |  |  | 3.77 | 3.84 |  |  | 0,221 | 81,025 | 1.85 |  |
| 2019/3/15 |  |  | 3.78 | 3.79 | 0 | 0 | 1,518,035 | 57,629 | 1.06 |  |
| 2019/3/14 | 3.8 | 3.83 | 3.77 | 3.79 | -0.01 | -0.26 | 1,289,656 | 48,960 | 1.58 | 0.08 |
| 2019/3/13 | 3.83 | 3.84 | 3.78 | 3.8 | -0.03 | -0.78 | 1,591,609 | 60,540 | 1.57 | 0.08 |
| 2019/3/12 | 3.79 | 3.87 | 3.79 | 3.83 | 0.04 | 1.06 | 2,473,383 | 94,854 | 2.11 | 0.12 |
| 2019/3/11 | 3.74 | 3.81 | 3.74 | 3.79 | 0.04 | 1.07 | 1,981,058 | 74,496 | 1.87 | 0.09 |
| 2019/3/8 | 3.87 | 3.87 | 3.75 | 3.75 | -0.14 | -3.6 | 3,026,373 | 115,316 | 3.08 | 0.14 |
| 2019/3/7 | 3.93 | 3.93 | 3.88 | 3.89 | -0.04 | -1.02 | 2,513,716 | 98,017 | 1.27 | 0.12 |
| 2019/3/6 | 3.89 | 3.93 | 3.88 | 3.93 | 0.03 | 0.77 | 2,194,504 | 85,759 | 1.28 | 0.1 |

图 6-31　中国银行股票时间序列

### 1. 移动平均预测分析介绍

由"中国银行.xlsx"的工作表"第一季度数据"可以看出,该股票在 2019 年 3 月第一季度(2019 年 3 月 1 日至 2019 年 3 月 29 日)的每日收盘价序列在 3.71 元~3.93 元范围内无明显规律地随机波动,各个成交日的取值没有快速的增长或者下降趋势,也没有受到季节性的影响,因此对于此类型的时间序列,可使用移动平均法进行预测分析。

移动平均法可以根据某一时间跨度(如两个交易日),将该时间跨度内的历史数据进行平均计算,并将此平均数作为下一个时间点的预测结果。如使用第一个交易日与第二个交易日的历史数据的平均值作为第三个交易日的预测值,再使用第二个交易日与第三个交易日的平均值作为第四个交易日的预测值,以此类推完成预测分析,其计算公式如下:

$$F_t = \frac{1}{n}\sum_{i=1}^{n} A_{t-i} \tag{6-8}$$

式(6-8)中,$F_t$ 表示对时间点 $t$ 的预测值;$n$ 表示移动平均时间跨度;$A_{t-i}$ 表示时间点 $t-i$ 的历史数据值。不难看出,移动平均跨度 $n$ 的取值将对预测结果产生影响。在实际预测过程中,可以先使用不同的 $n$ 值对历史数据进行预测,再计算预测数据序列与历史数据序列的均方误差,选取均方误差最小的 $n$ 作为最优的移动平均跨度取值。均方误差是反映估计量与被估计量之间差异程度的一种度量参数,其计算公式为:

$$\text{MSE} = \frac{1}{m} \sum_{i=1}^{m} (A_i - F_i)^2 \tag{6-9}$$

式(6-9)中,MSE 即为均方误差;$m$ 表示对历史数据的预测次数;$F_i$ 与 $A_i$ 表示第 $i$ 次预测的预测值与历史真实数据。

视频讲解

### 2. 利用 Excel 完成股票收盘价移动平均预测分析

在 Excel 2016 中,可以使用数据分析工具库中的相应模块建立和使用移动平均预测分析模型,同时可以利用 SUMXMY2 与 COUNTA 函数进行均方误差 MSE 的计算,从而完成案例中针对股票收盘价的移动平均预测分析。具体操作如下。

(1) 打开 Excel 素材文件"中国银行.xlsx",在工作表"移动平均预测分析"中构建股票收盘价移动平均预测分析表,如图 6-32 所示。

| A | B | C | D | E | F | G |
|---|---|---|---|---|---|---|
| | | | | | | |
| | 中国银行股票收盘价预测分析 | | | | | |
| | 日期 | 收盘价 | | 时间跨度 | | |
| | | | 2 | 3 | 4 | 5 |
| | 2019/3/1 | 3.9 | | | | |
| | 2019/3/4 | 3.92 | | | | |
| | 2019/3/5 | 3.9 | | | | |
| | 2019/3/6 | 3.93 | | | | |
| | 2019/3/7 | 3.89 | | | | |
| | 2019/3/8 | 3.75 | | | | |
| | 2019/3/11 | 3.79 | | | | |
| | 2019/3/12 | 3.83 | | | | |
| | 2019/3/13 | 3.8 | | | | |
| | 2019/3/14 | 3.79 | | | | |
| | 2019/3/15 | 3.79 | | | | |
| | 2019/3/18 | 3.84 | | | | |
| | 2019/3/19 | 3.81 | | | | |
| | 2019/3/20 | 3.79 | | | | |
| | 2019/3/21 | 3.79 | | | | |
| | 2019/3/22 | 3.8 | | | | |
| | 2019/3/25 | 3.73 | | | | |
| | 2019/3/26 | 3.72 | | | | |
| | 2019/3/27 | 3.73 | | | | |
| | 2019/3/28 | 3.71 | | | | |
| | 2019/3/29 | 3.77 | | | | |
| | 2019/4/1 | | | | | |
| | MSE | | | | | |

图 6-32　股票收盘价移动平均预测分析表

图 6-33　"移动平均"对话框

(2) 根据单元格区域 C5:C25 内的 3 月历史收盘价数据,利用 Excel 2016 提供的数据分析工具包在单元格区域 D5:D26 内进行时间跨度为两个交易日的移动平均预测分析。单击"数据"选项卡"分析"组中的"数据分析"按钮,弹出"数据分析"对话框,在"分析工具"列表框中选择"移动平均"选项,单击"确定"按钮,弹出"移动平均"对话框,如图 6-33 所示。在"移动平均"对话框中进行如下参数设置。

① 在"输入区域"右侧的输入框中输入历史数据时间序列,这里选择单元格区域 C5:C25 中的数据。注意,由于单元格区域 C5:C25 的第一行不是标题,因此不要勾选"标志位于第一行"复选框。

② 在"间隔"右侧的输入框中输入"2",表示设置移动平均跨度为 2 个交易日。

③ 在"输出区域"右侧的输入框中输入预测结果显示区域,这里选择 D6 单元格,让所有的预测结果从该单元格开始向下自动填充。

(3) 完成设置后单击"确定"按钮,即可得到预测结果。由于将移动平均跨度设为 2 个交易日,因此从第 3 个交易日,即 2019 年 3 月 5 日对应的 D7 单元格开始得到实际预测结果,而上方的 D6 单元格由于得不到预测结果因此显示为"♯N/A",2019 年 3 月 5 日后每个交易日的预测结果均根据前两个交易日的历史数据求平均值获取,最终 2019 年 4 月第一个交易日(4 月 1 日)的收盘价预测结果被填入 D26 单元格内,其预测值为 3.74 元。

接下来按照相同的方法,在"移动平均"对话框中保持"输入区域"参数的内容不变,并分别设置"间隔"参数为"3,4,5",分别设置输出区域参数为 E6、F6、G6 单元格,完成时间跨度为 3~5 个交易日的移动平均预测分析,其结果序列将分别显示在 E~G 列对应的单元格区域中,最终得到 2019 年 4 月 1 日的收盘价预测结果分别为 3.737 元、3.733 元与 3.732 元,股票收盘价移动平均预测分析结果如图 6-34 所示。那么哪一个预测结果相对更加准确呢?可以对每一个预测序列的均方误差 MSE 进行计算,选取 MSE 最小值作为最佳预测结果。

| A | B | C | D | E | F | G |
|---|---|---|---|---|---|---|
| 1 | | | | | | |
| 2 | 中国银行股票收盘价预测分析 | | | | | |
| 3 | 日期 | 收盘价 | 时间跨度 | | | |
| 4 | | | 2 | 3 | 4 | 5 |
| 5 | 2019/3/1 | 3.9 | | | | |
| 6 | 2019/3/4 | 3.92 | | | | |
| 7 | 2019/3/5 | 3.9 | 3.910 | | | |
| 8 | 2019/3/6 | 3.93 | 3.910 | 3.907 | | |
| 9 | 2019/3/7 | 3.89 | 3.915 | 3.917 | 3.913 | |
| 10 | 2019/3/8 | 3.75 | 3.910 | 3.907 | 3.910 | 3.908 |
| 11 | 2019/3/11 | 3.79 | 3.820 | 3.857 | 3.868 | 3.878 |
| 12 | 2019/3/12 | 3.83 | 3.770 | 3.810 | 3.840 | 3.852 |
| 13 | 2019/3/13 | 3.8 | 3.810 | 3.790 | 3.815 | 3.838 |
| 14 | 2019/3/14 | 3.79 | 3.815 | 3.807 | 3.793 | 3.812 |
| 15 | 2019/3/15 | 3.79 | 3.795 | 3.807 | 3.803 | 3.792 |
| 16 | 2019/3/18 | 3.84 | 3.790 | 3.793 | 3.803 | 3.800 |
| 17 | 2019/3/19 | 3.81 | 3.815 | 3.807 | 3.805 | 3.810 |
| 18 | 2019/3/20 | 3.79 | 3.825 | 3.813 | 3.808 | 3.806 |
| 19 | 2019/3/21 | 3.79 | 3.800 | 3.813 | 3.808 | 3.804 |
| 20 | 2019/3/22 | 3.8 | 3.790 | 3.797 | 3.808 | 3.804 |
| 21 | 2019/3/25 | 3.73 | 3.795 | 3.793 | 3.798 | 3.806 |
| 22 | 2019/3/26 | 3.72 | 3.765 | 3.773 | 3.778 | 3.784 |
| 23 | 2019/3/27 | 3.73 | 3.725 | 3.750 | 3.760 | 3.766 |
| 24 | 2019/3/28 | 3.71 | 3.725 | 3.727 | 3.745 | 3.754 |
| 25 | 2019/3/29 | 3.77 | 3.720 | 3.720 | 3.723 | 3.738 |
| 26 | 2019/4/1 | 3.74 | 3.740 | 3.737 | 3.733 | 3.732 |
| 27 | MSE | | 0.002364 | 0.002479 | 0.002761 | 0.003208 |

图 6-34 股票收盘价移动平均预测分析结果

首先将 D 至 G 列中,所有显示为"♯N/A"的单元格内容删除,以免其对均方误差 MSE 计算结果造成影响。接下来利用 SUMXMY2 与 COUNTA 函数,在 D27 单元格中计算移动平均跨度为 2 个交易日时的均方误差 MSE。COUNTA 函数的使用方法可参考第 5 章中的介绍,SUMXMY2 函数可以计算两个数组中对应数值之差的平方和,其表达式为 SUMXMY2(array_x, array_y),包含 2 个必需参数。

（1）array_x。必需参数，表示第一个数组序列，可使用数组或者单元格区域引用表示。

（2）array_y。必需参数，表示第二个数组序列。可使用数组或者单元格区域引用表示。

需要注意的是，当使用单元格区域引用作为参数时，在 SUMXMY2 运算过程中会自动跳过内容为空的单元格，即对于 array_x 或 array_y 中任何内容为空的元素，其与另一个数组对应元素的差值运算将被跳过。

利用编辑输入框或函数参数对话框在 D27 单元格中输入公式：

＝SUMXMY2（＄C＄5：＄C＄25，D5：D25）/COUNTA（D5：D25）

在 SUMXMY2 函数中，第一个数组序列 array_x 参数为单元格区域 C5：C25，即历史数据序列。注意，这里使用了绝对引用的形式，以保证该单元格区域在公式复制填充的过程中保持不变。第二个数组序列 array_y 参数为单元格区域 D5：D25，即移动平均跨度为 2 个交易日时的预测结果序列，该序列中部分单元格内容为空值，因此在函数运算过程中将被忽略。同时，利用 COUNTA 函数统计单元格区域 D5：D25 内非空单元格的数量作为除数，即可按照式（6-9）计算得到均方误差 MSE 结果为 0.002 364。接下来利用填充柄将 D27 单元格中的公式向右复制到 G27 单元格，即可得到不同时间跨度下的均方误差。

对比各时间跨度对应的均方误差可以得到，移动平均时间跨度为 2 个交易日时均方误差最小，因此可以将时间跨度为 2 时的预测结果作为最优结果填入 C26 单元格中，最终股票收盘价移动平均预测分析结果如图 6-34 所示。由于在"移动平均"对话框中勾选了"图表输出"复选框，Excel 将根据 C 列与 D 列中的数据绘制移动平均预测分析图形，如图 6-35 所示。

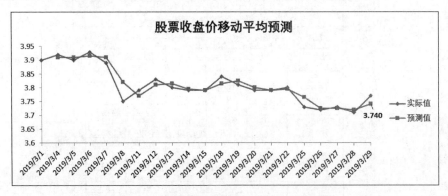

图 6-35　股票收盘价移动平均预测分析图形

视频讲解

## 6.4.2　指数平滑预测分析

【例 6-9】　在 6.4.1 节中，使用移动平均预测分析方法根据 2019 年 3 月中国银行股票收盘价数据对 2019 年 4 月 1 日的收盘价进行了预测，得到结果为 3.74 元（详见素材文件"中国银行.xlsx"中的工作表"移动平均预测"）。该方法实现十分简单，但预测结果往往误差较大。那么导致误差的原因是什么？是否有其他预测方法解决移动平均法存在的问题呢？本节将予以解答。

### 1. 指数平滑预测分析介绍

移动平均预测分析实现方法简单，只需要根据时间跨度进行历史数据的平均值计算即可，但该方法也存在一定的局限。由于计算过程中每一个历史数据项的权数都相同，移动平均法并不能体现各数据项参考价值的差异,如对于股票收盘价而言,近期的历史数据对预测值往往有较大的影响,更能反映近期股票行情变化的趋势。为了解决这一问题,可以使用加权移动平均预测法,即将所有的历史数据都纳入平均值计算,同时为每个历史数据都设置不同的权数值,计算公式如下:

$$F_t = \sum_{i=1}^{N} W_i A_{t-i} \tag{6-10}$$

式(6-10)中,$F_t$ 表示对时间点 $t$ 的预测值;$N$ 表示时间点 $t$ 之前所有的历史数据个数;$A_{t-i}$ 表示时间点 $t-i$ 的历史数据值;$W_i$ 表示历史数据 $A_{t-i}$ 对应的权数值,一般而言,$i$ 的值越小,$W_i$ 越大,即近期的历史数据拥有更大的权数。

加权移动平均预测法中,权数的设置十分重要,目前使用最多的是指数平滑权数设置方法,因此该预测方法也被称为指数平滑预测法。该方法所使用的权数之间按等比级数减少,最终逐渐收敛为零,其计算公式如下:

$$F_t = \sum_{i=1}^{N} \alpha(1-\alpha)^i A_{t-i} \tag{6-11}$$

式(6-11)中,$\alpha$ 表示平滑常数,其取值为 0~1;其他参数均与式(6-10)一致。一般而言,历史数据序列变化幅度越大,或呈明显上升或下降趋势时,$\alpha$ 应设置为较大的值(大于 0.5)。为了选择合适的 $\alpha$ 值,同样可以先使用不同的 $\alpha$ 值对历史数据进行预测,计算预测数据序列与历史数据序列的均方误差,选取均方误差最小的 $\alpha$ 作为最优的平滑常数取值。

在本节中,可以使用指数平滑预测分析法再次对中国银行股票 2019 年 3 月的收盘价数据进行预测分析,比较其在不同平滑常数下的预测结果,并选取一个最优结果作为 2019 年 4 月 1 日的收盘价预测值。

**2. 利用 Excel 完成股票收盘价指数平滑预测分析**

与移动平均预测分析类似,在 Excel 2016 中,同样可以使用数据分析工具库中的相应模块构建不同平滑常数下的指数平滑预测分析模型,并利用 SUMXMY2 与 COUNTA 函数进行均方误差 MSE 的计算,完成案例中针对股票收盘价的指数平滑预测分析。具体操作如下。

视频讲解

(1)打开 Excel 素材文件"中国银行.xlsx",在工作表"指数平滑预测分析"中构建股票收盘价指数平滑预测分析表,如图 6-36 所示。

(2)考虑到中国银行股票 2019 年 3 月各交易日收盘价变化幅度较小,且没有明显的上升或者下降趋势,因此平滑常数 $\alpha$ 的理想取值不会太大,这里选择 0.1~0.4 共 4 个备选值进行试算。首先在单元格区域 D5:D26 内进行 $\alpha$ 取值为 0.1 时的指数平滑预测分析。单击"数据"选项卡"分析"组中的"数据分析"按钮,弹出"数据分析"对话框,在"分析工具"列表框中选择"指数平滑"选项,单击"确定"按钮,弹出"指数平滑"对话框,如图 6-37 所示。在"指数平滑"对话框中进行如下参数设置。

① 在"输入区域"右侧的输入框中输入历史数据时间序列,这里选择单元格区域 C5:C25 中的数据。注意,由于单元格区域 C5:C25 的第一行不是标题,因此不要勾选"标志位于第一行"复选框。

② 阻尼系数参数的值等于 1 减去平滑常数,$\alpha$ 取值为 0.1 时,阻尼系数为 0.9,因此在"阻尼系数"右侧的输入框中输入"0.9"。

| 日期 | 收盘价 | 平滑常数 | | | |
|---|---|---|---|---|---|
| | | 0.1 | 0.2 | 0.3 | 0.4 |
| 2019/3/1 | 3.9 | | | | |
| 2019/3/4 | 3.92 | | | | |
| 2019/3/5 | 3.9 | | | | |
| 2019/3/6 | 3.93 | | | | |
| 2019/3/7 | 3.89 | | | | |
| 2019/3/8 | 3.75 | | | | |
| 2019/3/11 | 3.79 | | | | |
| 2019/3/12 | 3.83 | | | | |
| 2019/3/13 | 3.8 | | | | |
| 2019/3/14 | 3.79 | | | | |
| 2019/3/15 | 3.79 | | | | |
| 2019/3/18 | 3.84 | | | | |
| 2019/3/19 | 3.81 | | | | |
| 2019/3/20 | 3.79 | | | | |
| 2019/3/21 | 3.79 | | | | |
| 2019/3/22 | 3.8 | | | | |
| 2019/3/25 | 3.73 | | | | |
| 2019/3/26 | 3.72 | | | | |
| 2019/3/27 | 3.73 | | | | |
| 2019/3/28 | 3.71 | | | | |
| 2019/3/29 | 3.77 | | | | |
| 2019/4/1 | | | | | |
| MSE | | | | | |

表头：中国银行股票收盘价预测分析

图 6-36　股票收盘价指数平滑预测分析表

图 6-37　"指数平滑"对话框

③ 在"输出区域"右侧的输入框中输入预测结果显示区域，这里选择 D5 单元格，让所有的预测结果从该单元格开始向下自动填充。

（3）完成设置后单击"确定"按钮，即可得到预测结果。由于指数平滑预测至少需要一个历史数据，因此从第二个交易日，即 2019 年 3 月 4 日对应的 D6 单元格开始得到实际预测结果，而上方的 D5 单元格由于得不到预测结果因此显示为"♯N/A"，随后每个交易日的预测结果均根据该时间点之前的所有历史数据按照式（6-11）计算获取，最终将 D25 单元格中的公式复制填充至 D26 单元格，即可得到 2019 年 4 月 1 日的预测结果，其预测值为3.792 元。

（4）接下来按照相同的方法，在"指数平滑"对话框中保持"输入区域"参数的内容不变，并分别设置"阻尼系数"参数为"0.8,0.7,0.6"，分别设置输出区域参数为 E5,F5,G5 单元格，完成平滑常数为 0.2～0.4 的指数平滑预测分析，其结果序列将分别显示在 E～G 列对应的单元格区域中，最后将单元格区域 E25:G25 中的公式复制填充至单元格区域 E26:G26，得到 2019 年 4 月 1 日的预测结果分别为 3.760 元、3.749 元与 3.746 元。

（5）为了确定最优预测结果，接下来需要对每一个预测序列的均方误差 MSE 进行计算。首先将单元格区域 D5:G5 内所有显示为"♯N/A"的单元格内容删除，以免其对均方误差 MSE 计算结果造成影响。接下来利用 SUMXMY2 与 COUNTA 函数，在 D27 单元格中计算平滑常数为 0.1 时的均方误差 MSE。

利用编辑输入框或函数参数对话框在 D27 单元格中输入公式：

=SUMXMY2（$C$5:$C$25,D5:D25）/COUNTA(D5:D25)

完成计算后即可得到均方误差 MSE 结果为 0.004 905。接下来利用填充柄将 D27 单元格中的公式向右复制到 G27 单元格，即可得到不同平滑常数下的均方误差。

（6）通过比较可知当平滑常数 α 为 0.4 时,预测结果的均方误差最小,因此可将其对应的预测结果作为最优结果填入 C26 单元格中,股票收盘价指数平滑预测分析结果如图 6-38 所示。对比图 6-34 与图 6-38 可以看出,指数平滑预测分析结果得到的 2019 年 4 月 1 日收盘价比移动平均预测分析结果更大。通过网络数据资料可以得到中国银行股票在 2019 年 4 月 1 日实际收盘价结果为 3.83 元。可见无论哪种方法的预测结果均与真实值存在一定误差,但指数平滑分析法得到的结果相对更加接近真实数据,这也与本节的分析相符。在实际的应用过程中,可根据具体情况灵活的选择上述两种预测分析方法的结果作为决策参考依据。

| | A | B | C | D | E | F | G |
|---|---|---|---|---|---|---|---|
| 1 | | | | | | | |
| 2 | | 中国银行股票收盘价预测分析 | | | | | |
| 3 | | 日期 | 收盘价 | 平滑常数 | | | |
| 4 | | | | 0.1 | 0.2 | 0.3 | 0.4 |
| 5 | | 2019/3/1 | 3.9 | | | | |
| 6 | | 2019/3/4 | 3.92 | 3.900 | 3.900 | 3.900 | 3.900 |
| 7 | | 2019/3/5 | 3.9 | 3.902 | 3.904 | 3.906 | 3.908 |
| 8 | | 2019/3/6 | 3.93 | 3.902 | 3.903 | 3.904 | 3.905 |
| 9 | | 2019/3/7 | 3.89 | 3.905 | 3.909 | 3.912 | 3.915 |
| 10 | | 2019/3/8 | 3.75 | 3.903 | 3.905 | 3.905 | 3.905 |
| 11 | | 2019/3/11 | 3.79 | 3.888 | 3.874 | 3.859 | 3.843 |
| 12 | | 2019/3/12 | 3.83 | 3.878 | 3.857 | 3.838 | 3.822 |
| 13 | | 2019/3/13 | 3.8 | 3.873 | 3.852 | 3.836 | 3.825 |
| 14 | | 2019/3/14 | 3.79 | 3.866 | 3.841 | 3.825 | 3.815 |
| 15 | | 2019/3/15 | 3.79 | 3.858 | 3.831 | 3.814 | 3.805 |
| 16 | | 2019/3/18 | 3.84 | 3.852 | 3.823 | 3.807 | 3.799 |
| 17 | | 2019/3/19 | 3.81 | 3.850 | 3.826 | 3.817 | 3.815 |
| 18 | | 2019/3/20 | 3.79 | 3.846 | 3.823 | 3.815 | 3.813 |
| 19 | | 2019/3/21 | 3.79 | 3.841 | 3.816 | 3.807 | 3.804 |
| 20 | | 2019/3/22 | 3.8 | 3.836 | 3.811 | 3.802 | 3.798 |
| 21 | | 2019/3/25 | 3.79 | 3.832 | 3.809 | 3.802 | 3.799 |
| 22 | | 2019/3/26 | 3.72 | 3.822 | 3.793 | 3.780 | 3.771 |
| 23 | | 2019/3/27 | 3.73 | 3.812 | 3.779 | 3.762 | 3.751 |
| 24 | | 2019/3/28 | 3.71 | 3.803 | 3.769 | 3.752 | 3.743 |
| 25 | | 2019/3/29 | 3.77 | 3.794 | 3.757 | 3.740 | 3.730 |
| 26 | | 2019/4/1 | 3.746 | 3.792 | 3.760 | 3.749 | 3.746 |
| 27 | | MSE | | 0.004905 | 0.003012 | 0.002407 | 0.002153 |

图 6-38 股票收盘价指数平滑预测分析结果

## 6.4.3 线性趋势预测分析

视频讲解

【例 6-10】 在第 5 章折线图的案例中可以了解到,全球变暖已经成为当今人类普遍关注的问题,也催生出长达数年之久的争议,一些怀疑论者认为,气候变化和全球变暖只不过是部分学者编造出来的,或者说一些人夸大了温室气体和全球变暖间的联系,实际上根本没有那么严重。这究竟是怎么回事? 为了对这一问题进行简单的论证,现构建 1950—2015 年全球平均气温数据表,如表 6-2 所示。显然,表 6-2 中的数据属于时间序列,因此,可以使用时间序列趋势分析方法对其发展规律进行剖析,从而了解全球变暖是否属实,并对未来的气候变化趋势进行预测。

表 6-2 1950—2015 年全球平均气温数据表(单位:摄氏度)

| 年份 | 1950 年 | 1951 年 | 1952 年 | 1953 年 | 1954 年 | 1955 年 | 1956 年 | 1957 年 | 1958 年 | 1959 年 | 1960 年 |
|---|---|---|---|---|---|---|---|---|---|---|---|
| 温度 | 13.81 | 13.94 | 14.02 | 14.09 | 13.88 | 13.87 | 13.81 | 14.04 | 14.04 | 14.02 | 13.96 |

| 年份 | 1961 年 | 1962 年 | 1963 年 | 1964 年 | 1965 年 | 1966 年 | 1967 年 | 1968 年 | 1969 年 | 1970 年 | 1971 年 |
|---|---|---|---|---|---|---|---|---|---|---|---|
| 温度 | 14.05 | 14.04 | 14.07 | 13.8 | 13.9 | 13.96 | 13.99 | 13.95 | 14.06 | 14.04 | 13.94 |

续表

| 年份 | 1972 年 | 1973 年 | 1974 年 | 1975 年 | 1976 年 | 1977 年 | 1978 年 | 1979 年 | 1980 年 | 1981 年 | 1982 年 |
|------|---------|---------|---------|---------|---------|---------|---------|---------|---------|---------|---------|
| 温度 | 14.02 | 14.16 | 13.93 | 13.99 | 13.88 | 14.15 | 14.06 | 14.12 | 14.23 | 14.28 | 14.09 |
| 年份 | 1983 年 | 1984 年 | 1985 年 | 1986 年 | 1987 年 | 1988 年 | 1989 年 | 1990 年 | 1991 年 | 1992 年 | 1993 年 |
| 温度 | 14.27 | 14.12 | 14.08 | 14.15 | 14.29 | 14.35 | 14.24 | 14.39 | 14.38 | 14.19 | 14.21 |
| 年份 | 1994 年 | 1995 年 | 1996 年 | 1997 年 | 1998 年 | 1999 年 | 2000 年 | 2001 年 | 2002 年 | 2003 年 | 2004 年 |
| 温度 | 14.29 | 14.43 | 14.33 | 14.46 | 14.62 | 14.4 | 14.41 | 14.53 | 14.62 | 14.6 | 14.51 |
| 年份 | 2005 年 | 2006 年 | 2007 年 | 2008 年 | 2009 年 | 2010 年 | 2011 年 | 2012 年 | 2013 年 | 2014 年 | 2015 年 |
| 温度 | 14.66 | 14.59 | 14.63 | 14.49 | 14.6 | 14.67 | 14.55 | 14.57 | 14.6 | 14.68 | 14.73 |

### 1. 线性趋势预测分析介绍

从表 6-2 中的数据不难看出，全球近 66 年来的平均气温确实呈上升趋势，对于存在某一整体变化趋势的时间序列，可使用趋势预测分析方法对其未来的取值进行预测。根据时间序列变化趋势特征的不同，趋势预测分析又可以分为线性趋势分析与非线性趋势分析两种。对于含有线性趋势的时间序列，可以将每个历史数据取值与其对应的时间点之间的线性关系表示为：

$$Y_i = a + bX_i + \varepsilon_i \tag{6-12}$$

式(6-12)中，$Y_i$ 表示在时间点 $X_i$ 的历史数据取值；$a$、$b$ 为线性参数；$\varepsilon_i$ 为随机因素导致的误差。由于 $\varepsilon_i$ 取值无法预测，式(6-12)也可用下述线性趋势函数表达：

$$Y = a + bX \tag{6-13}$$

只要能够确定式(6-13)中截距 $a$ 与斜率 $b$ 的取值，便可以求得某一未来时间点 $X$ 对应的 $Y$ 值作为该点的线性趋势预测结果。

### 2. 利用 Excel 完成全球气温线性趋势预测分析

视频讲解

为了确定本例中全球平均气温时间序列的变化趋势特征，可以在素材文件"线性趋势预测分析.xlsx"的工作表"全球气温变化数据"中构建全球气候变化线性趋势预测分析表，如图 6-39 所示。在 Excel 2016 中，可以使用两种方法对图 6-39 中的气温变化数据进行线性趋势分析，并根据得到的线性趋势函数预测 2016 年和 2017 年的全球平均气温结果。具体操作如下。

1）方法一：使用图表趋势线完成线性趋势预测分析

（1）利用单元格区域 C4:C69 中的数据绘制全球平均气温变化趋势散点图，如图 6-40 所示。可以看出，图中每年全球平均气温虽然存在上下随机波动，但整体上呈十分明显的上升趋势，这也证实了全球变暖这一问题确实存在。接下来，可以使用趋势线工具进一步确立线性趋势函数。

（2）在图 6-40 的数据系列上右击，在弹出的快捷菜单中选择"添加趋势线"命令，弹出"设置趋势线格式"对话框。在对话框中选择"趋势预测/回归分析类型"为"线性"，勾选界面下方的"显示公式"与"显示 R 平方值"复选框，即可为气温变化散点图添加一个线性趋势线，并显示该趋势线的线性函数与 R 平方值，全球平均气温变化趋势散点图趋势线结果如图 6-40 所示。

（3）由线性函数可以看出其截距 $a$ 与斜率 $b$ 的取值分别为 −11.17 与 0.0128。R 平方值是趋势线拟合程度的指标，作用与统计分析中的决定系数类似，其数值大小可以反映趋势线的

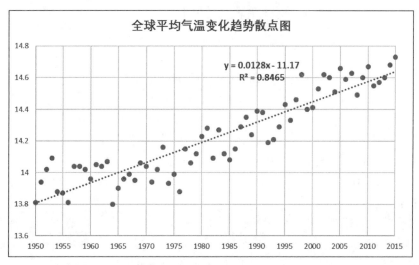

图 6-39　全球气候变化线性趋势预测分析表

图 6-40　全球平均气温变化趋势散点图及趋势线结果

估计值与对应的实际数据之间的拟合程度,拟合程度越高,趋势线的可靠性就越高。R 平方值取值范围为 0～1,一般而言,R 平方值应大于 0.5,并且越接近 1 越好。由图 6-40 可知反映全球平均气温变化趋势的线性函数的 R 平方值为 0.8465,明显大于 0.5 的最低要求,因此可以认为 1950—2015 年全球平均气温基本呈线性增长的趋势,可以根据此线性函数进行预测分析。

（4）接下来可将截距 $a$ 与斜率 $b$ 的值分别输入到工作表"全球气温变化数据"的 H4 与 H5 单元格内,再利用式(6-13)对 2016 年和 2017 年的全球气温进行线性趋势预测分析。利用编辑输入框或函数参数对话框在 D4 单元格中输入公式:

　　＝＄H＄4＋＄H＄5＊B4

注意,需将截距 $a$ 与斜率 $b$ 对应的单元格引用设置为绝对引用形式,以便在公式复制填充的过程中保持引用位置不变。利用填充柄将 D4 单元格中的公式向下复制到 D69 单元格,即在单元格区域 D4:D69 中得到 1950—2015 年历史全球平均温度的预测结果。同理,在 H12 单元格内输入公式"＝＄H＄4＋＄H＄5＊G12"并向下复制到 H13 单元格,即可在单元格区域 H12:H13 中对 2016 年和 2017 年的全球平均温度进行预测,得到全球平均气温变化线性趋势预测分析结果如图 6-41 所示。

| ▲ | A | B | C | D | E | F | G | H | I |
|---|---|---|---|---|---|---|---|---|---|
| 1 | | | | | | | | | |
| 2 | | 全球气候变化线性趋势预测分析 | | | | | | | |
| 3 | | 年份 | 平均气温 | 方法一 | 方法二 | | 方法一—参数 | | |
| 4 | | 1950 | 13.81 | 13.79 | 13.81 | | 截距a | -11.17 | |
| 5 | | 1951 | 13.94 | 13.80 | 13.82 | | 斜率b | 0.0128 | |
| 6 | | 1952 | 14.02 | 13.82 | 13.83 | | 方法二—参数 | | |
| 7 | | 1953 | 14.09 | 13.83 | 13.85 | | 截距a | -11.16978 | |
| 8 | | 1954 | 13.88 | 13.84 | 13.86 | | 斜率b | 0.01281 | |
| 9 | | 1955 | 13.87 | 13.85 | 13.87 | | MSE | 0.01080 | |
| 10 | | 1956 | 13.81 | 13.87 | 13.89 | | | | |
| 11 | | 1957 | 14.04 | 13.88 | 13.90 | | 预测结果 | 方法一 | 方法二 |
| 12 | | 1958 | 14.04 | 13.89 | 13.91 | | 2016 | 14.63 | 14.65 |
| 13 | | 1959 | 14.02 | 13.91 | 13.92 | | 2017 | 14.65 | 14.67 |
| 14 | | 1960 | 13.96 | 13.92 | 13.94 | | | | |
| 15 | | 1961 | 14.05 | 13.93 | 13.95 | | | | |
| 16 | | 1962 | 14.04 | 13.94 | 13.96 | | | | |
| 17 | | 1963 | 14.07 | 13.96 | 13.97 | | | | |
| 18 | | 1964 | 13.8 | 13.97 | 13.99 | | | | |
| 19 | | 1965 | 13.9 | 13.98 | 14.00 | | | | |
| 20 | | 1966 | 13.96 | 13.99 | 14.01 | | | | |
| 21 | | 1967 | 13.99 | 14.01 | 14.03 | | | | |

图 6-41　全球平均气温变化线性趋势预测分析结果

2) 方法二:使用规划求解工具完成线性趋势预测分析

除使用趋势线工具外,还可以使用 Excel 2016 提供的规划求解工具,依据均方误差 MSE 最小的原则确定截距 $a$ 与斜率 $b$ 的值。具体操作如下。

(1) 在工作表“全球气温变化数据”的 H7 与 H8 单元格内输入关于截距 $a$ 与斜率 $b$ 的两个初始假设值,如 200 与 100。接下来利用此假设值,按照式(6-13)在 E 列中对 1950—2015 年历史全球平均温度进行预测分析。利用编辑输入框或函数参数对话框在 E4 单元格中输入公式:

＝＄H＄7＋＄H＄8＊B4

利用填充柄将 E4 单元格中的公式向下复制到 E69 单元格,即在单元格区域 E4:E69 中得到了历史数据的预测值。接下来利用 SUMXMY2 与 COUNTA 函数计算单元格区域 E4:E69 中的预测数据与单元格区域 C4:C69 中的实际历史数据之间的均方误差 MSE。利用编辑输入框或函数参数对话框在 H9 单元格中输入公式:

＝SUMXMY2(E4:E69,C4:C69)/COUNTA(E4:E69)

(2) 计算完成后即可得到当前假设的截距 $a$ 与斜率 $b$ 条件下的趋势预测均方误差结果。接下来便可使用 Excel 2016 提供的规划求解工具,不断修正截距 $a$ 与斜率 $b$ 的取值,直到计算得到的均方误差最小为止。单击“数据”选项卡“分析”组中的“规划求解”按钮,弹出“规划求解参数”对话框,如图 6-42 所示。在“规划求解参数”对话框中进行如下参数设置。

① 在“设置目标”右侧的输入框中输入趋势预测均方误差结果,这里选择 H9 单元格。

② 选择“最小值”作为求解目标,使均方误差最小。

③ 在“通过更改可变单元格”下方的输入框中输入求解变量,这里选择存放截距 $a$ 与斜率 $b$ 假设值的单元格区域 H7:H8。

④ 取消勾选“使无约束变量为非负数”复选框,让规划运算过程中截距 $a$ 与斜率 $b$ 能取负数。

图 6-42　"规划求解参数"对话框

（3）单击"求解"按钮，Excel 将返回"规划求解结果"对话框显示一个求解报告，单击"确定"按钮，可以看到此时 H7 与 H8 单元格中的数据已经更新，反复执行规划求解工具直到 H7 与 H8 单元格中的数据不再明显变化，此时 H7 与 H8 单元格中已经填入了能使均方误差最小的截距 $a$ 与斜率 $b$ 的取值。接下来便可按照式（6-13）在对 2016 年和 2017 年的全球平均气温进行预测，在 I12 单元格中输入公式：

＝＄H＄7＋＄H＄8＊G12

将公式向下复制到 I13 单元格，即可在单元格区域 I12:I13 中对 2016 年和 2017 年的全球平均温度进行预测，得到全球平均气温变化线性趋势预测分析结果如图 6-41 所示。可以看出使用两种线性趋势预测分析得到的预测结果存在差异，但其取值十分接近，可取两者的平均数作为最终预测结果。

## 6.4.4　非线性趋势预测分析

【例 6-11】　1978—2019 年国内生产总值（GDP）数据如表 6-3 所示，现需要对这些时间序列历史数据进行预测分析，构建适当的趋势变化模型，预测我国 2020 年的 GDP 情况。

表 6-3　1978—2019 年国内生产总值（GDP）数据

| 年份 | 1978 年 | 1979 年 | 1980 年 | 1981 年 | 1982 年 | 1983 年 | 1984 年 |
|---|---|---|---|---|---|---|---|
| GDP（亿元） | 3678.7 | 4100.5 | 4587.6 | 4935.8 | 5373.4 | 6020.9 | 7278.5 |
| 年份 | 1985 年 | 1986 年 | 1987 年 | 1988 年 | 1989 年 | 1990 年 | 1991 年 |
| GDP（亿元） | 9098.9 | 10376.2 | 12174.6 | 15180.4 | 17179.7 | 18872.9 | 22005.6 |
| 年份 | 1992 年 | 1993 年 | 1994 年 | 1995 年 | 1996 年 | 1997 年 | 1998 年 |
| GDP（亿元） | 27194.5 | 35673.2 | 48637.5 | 61339.9 | 71813.6 | 79715 | 85195.5 |

续表

| 年份 | 1999 年 | 2000 年 | 2001 年 | 2002 年 | 2003 年 | 2004 年 | 2005 年 |
|---|---|---|---|---|---|---|---|
| GDP(亿元) | 90564.4 | 100280.1 | 110863.1 | 121717.4 | 137422 | 161840.2 | 187318.9 |
| 年份 | 2006 年 | 2007 年 | 2008 年 | 2009 年 | 2010 年 | 2011 年 | 2012 年 |
| GDP(亿元) | 219438.5 | 270092.3 | 319244.6 | 348517.7 | 412119.3 | 487940.2 | 538580 |
| 年份 | 2013 年 | 2014 年 | 2015 年 | 2016 年 | 2017 年 | 2018 年 | 2019 年 |
| GDP(亿元) | 592963.2 | 641280.6 | 685992.9 | 740060.8 | 820754.3 | 900309.5 | 990865 |

除线性时间序列外,在日常生活中还存在大量具有非线性趋势特征的时间序列,此时需要采用不同的非线性趋势函数对时间序列进行拟合,获取其主要参数取值,从而根据其表达式进行非线性趋势预测分析。

为了确定表 6-3 中的国内生产总值时间序列属于哪种趋势特征,可以在素材文件“非线性趋势预测分析.xlsx”的工作表“我国 GDP 变化趋势表”中构建关于我国 GDP 时间序列的趋势分析表,如图 6-43 所示。

| | A | B | C | D | E | F | G |
|---|---|---|---|---|---|---|---|
| 1 | | | | | | | |
| 2 | | 我国GDP变化趋势分析 | | | | | |
| 3 | | 年份 | GDP(亿元) | 预测值 | | 预测参数 | |
| 4 | | 1978年 | 3678.7 | | | a | |
| 5 | | 1979年 | 4100.5 | | | b | |
| 6 | | 1980年 | 4587.6 | | | c | |
| 7 | | 1981年 | 4935.8 | | | d | |
| 8 | | 1982年 | 5373.4 | | | | |
| 9 | | 1983年 | 6020.9 | | | 预测结果 | |
| 10 | | 1984年 | 7278.5 | | | 2020年 | |
| 11 | | 1985年 | 9098.9 | | | | |
| 12 | | 1986年 | 10376.2 | | | | |

图 6-43 我国 GDP 变化趋势预测分析表

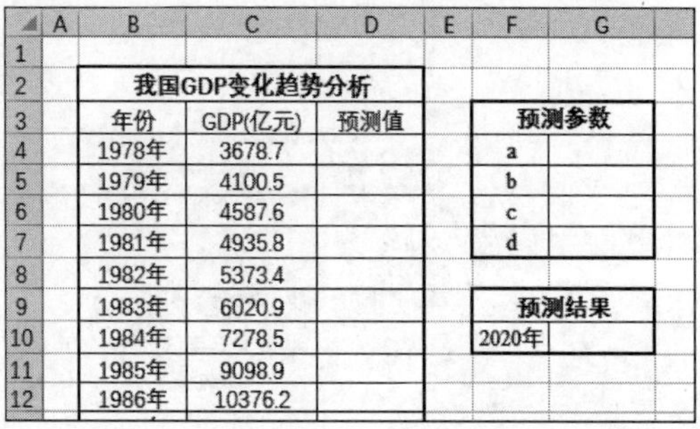

利用单元格区域 C4:C45 中的数据绘制我国 GDP 变化散点图及趋势线结果,如图 6-44 所示。可以看出,自改革开放以来,我国每年国内生产总值呈明显的上升趋势,且上升速度越来越快,表现出清晰的非线性特征,因此可以使用非线性趋势预测模型对我国 GDP 变化趋势进行预测。在进行预测时,首先需要根据历史数据的变化规律确定其非线性趋势预测函数,常用的非线性趋势预测函数类型包括指数型、对数型、幂型以及多项式型等(其详细内容将在 6.5 节进行介绍)。

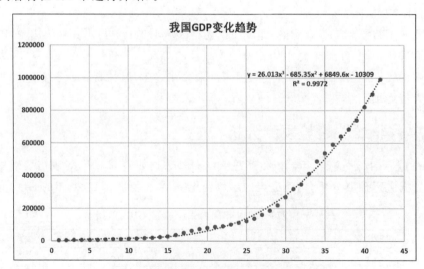

图 6-44 我国 GDP 变化散点图及趋势线结果

为了确定最能反映人口数变化的趋势预测函数类型,可在图 6-44 的数据系列上右击,在弹出的快捷菜单中选择“添加趋势线”命令,弹出“设置趋势线格式”对话框。在对话框中

分别将“趋势预测/回归分析类型”设置为“指数”“对数”“幂”及“多项式”，并选择界面下方的“显示公式”与“显示 R 平方值”项，得到每一种非线性趋势预测函数类型对应的趋势线函数参数及 R 平方值，各非线性趋势预测函数类型表达式及 R 平方值如表 6-4 所示。

**表 6-4 各非线性趋势预测函数类型表达式及 R 平方值**

| 函数类型 | 函数表达式 | 结果表达式 | R 平方值 |
|---|---|---|---|
| 指数函数 | $y=ae^{bx}$ | $y=3177.4e^{0.1448x}$ | 0.9913 |
| 对数函数 | $y=a+b\ln x$ | $y=-377167+214564\ln x$ | 0.4363 |
| 幂函数 | $y=ax^b$ | $y=368.68x^{1.8781}$ | 0.8526 |
| 二次多项式函数 | $y=a+bx+cx^2$ | $y=100\,427-22\,350x+992.47x^2$ | 0.9806 |
| 三次多项式函数 | $y=a+bx+cx^2+dx^3$ | $y=-10\,309+6849.6x-685.35x^2+26.013x^3$ | 0.9972 |

由表 6-4 可知指数函数、二次多项式和三次多项式函数的 R 平方值均十分接近 1，因此上述 3 种趋势预测函数表达式都能够很好地对图 6-43 中的 GDP 变化曲线进行拟合。这里选择 R 平方值最大的三次多项式函数进行预测，将其对应的参数 a、b、c 与 d 的值分别输入到工作表“我国 GDP 变化趋势表”的单元格区域 H4:H7 内。接下来即可按照表 6-4 中所示的多项式结果表达式对历史 GDP 数据进行预测。由于图 6-44 中每个数据点对应的横轴坐标值是 1～42 的序号而非年份，因此在预测时，首先在 C 列前插入一列序号列，并使用自动填充方式写入 1～42 的序号值。接下来利用编辑输入框或函数参数对话框在 E4 单元格中输入公式：

=$H$4+$H$5*C4+$H$6*C4^2+$H$7*C4^3

注意，需将参数 a、b、c、d 对应的单元格引用设置为绝对引用形式，以便在公式复制填充的过程中保持引用位置不变。利用填充柄将 E4 单元格中的公式向下复制到 E45 单元格，即在 E 列中得到历史数据的预测值。对比 E 列和 D 列中的数据可知，除开始若干年外，大部分预测结果都与实际 GDP 数据较为接近。最后在 H10 单元格内利用多项式预测函数对 2020 年的 GDP 进行预测，在 H10 单元格内输入公式：

=$H$4+$H$5*43+$H$6*43^2+$H$7*43^3

式中的 43 即为 2020 年对应的序号 43。计算完成后，得到非线性趋势预测结果为 1 085 227 亿元，我国 GDP 数据非线性趋势预测结果如图 6-45 所示。

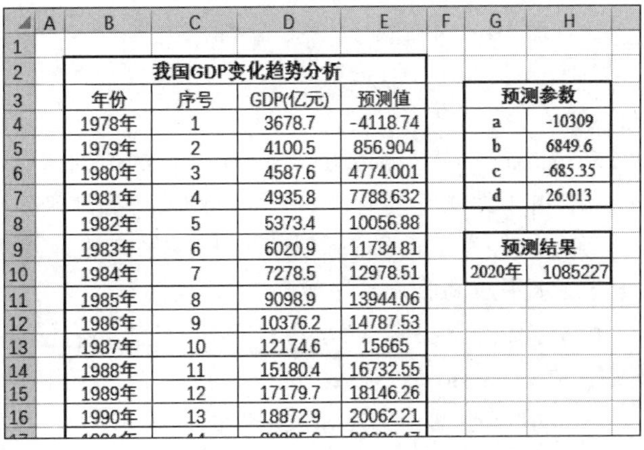

我国GDP变化趋势分析

| 年份 | 序号 | GDP(亿元) | 预测值 |
|---|---|---|---|
| 1978年 | 1 | 3678.7 | -4118.74 |
| 1979年 | 2 | 4100.5 | 856.904 |
| 1980年 | 3 | 4587.6 | 4774.001 |
| 1981年 | 4 | 4935.8 | 7788.632 |
| 1982年 | 5 | 5373.4 | 10056.88 |
| 1983年 | 6 | 6020.9 | 11734.81 |
| 1984年 | 7 | 7278.5 | 12978.51 |
| 1985年 | 8 | 9098.9 | 13944.06 |
| 1986年 | 9 | 10376.2 | 14787.53 |
| 1987年 | 10 | 12174.6 | 15665 |
| 1988年 | 11 | 15180.4 | 16732.55 |
| 1989年 | 12 | 17179.7 | 18146.26 |
| 1990年 | 13 | 18872.9 | 20062.21 |

| 预测参数 | |
|---|---|
| a | -10309 |
| b | 6849.6 |
| c | -685.35 |
| d | 26.013 |

| 预测结果 | |
|---|---|
| 2020年 | 1085227 |

图 6-45 我国 GDP 数据非线性趋势预测结果

## 6.5  相关分析与回归分析

数据分析的一项十分重要的工作就是发现和解释两个或多个变量之间的关系。变量之间的关系一般可以分为确定性关系和非确定性关系两类。对于确定性关系,可以通过回归分析方法确定其函数形式;对于非确定性关系,可以通过相关分析方法确定其相关系数。因此相关分析和回归分析在数据分析领域中应用都十分广泛。本节将利用 Excel 2016 的数据分析工具,对相关与回归分析方法和应用进行详细介绍。

### 6.5.1  相关分析

视频讲解

【例 6-12】  6.4 节将中国银行股票数据表中除日期外的每一列作为一个时间变化序列,并使用不同的方法对中国银行股票的收盘价进行了时间序列分析。实际上,数据表中各列数据除了随日期变化外,各列数据之间也存在着相互关联和影响。例如每天的成交金额可能会受到成交量的影响,振幅又可能受到成交金额的影响等。那么究竟哪些数据之间存在关联? 不同数据之间关联的程度是否有所不同呢? 这里,可以将数据表中的每一列数据视为一个变量(编号为变量 $a$ ~变量 $l$),中国银行股票数据列的变量表示如图 6-46 所示。使用相关分析方法可以确立变量之间的相关关系,从而找到上述问题的答案。

| 日期 | 开盘价 | 最高价 | 最低价 | 收盘价 | 涨跌额 | 涨跌幅(%) | 成交量(手) | 成交金额(万元) | 振幅(%) | 成交量(手) | 换手率(%) |
|---|---|---|---|---|---|---|---|---|---|---|---|
| 2019/3/29 | 3.71 | 3.79 | 3.71 | 3.77 | 0.06 | 1.62 | 1,791,175 | 67,257 | 2.16 | 1,791,175 | 0.09 |
| 2019/3/28 | 3.72 | 3.73 | 3.69 | 3.71 | -0.02 | -0.54 | 1,087,031 | 40,306 | 1.07 | 1,087,031 | 0.05 |
| 2019/3/27 | 3.73 | 3.75 | 3.72 | 3.73 | 0.01 | 0.27 | 1,058,660 | 39,510 | 0.81 | 1,058,660 | 0.05 |
| 2019/3/26 | 3.75 | 3.75 | 3.71 | 3.72 | -0.01 | -0.27 | 1,250,035 | 46,574 | 1.07 | 1,250,035 | 0.06 |
| 2019/3/25 | 3.78 | 3.79 | 3.73 | 3.73 | -0.07 | -1.84 | 1,880,807 | 70,767 | 1.58 | 1,880,807 | 0.09 |
| 2019/3/22 | | 3.82 | 3.78 | 3.8 | 0.01 | 0.26 | 1,419,561 | 53,923 | 1.06 | 1,419,561 | |
| 2019/3/21 | | 3.82 | 3.79 | | 0 | 0 | | 65,228 | | 1,713,724 | |
| 2019/3/20 | | 3.82 | 3.77 | | .02 | -0.52 | | 62,576 | | 1,648,942 | |
| 2019/3/19 | | 3.85 | 3.8 | | .03 | -0.78 | | 61,221 | | 1,601,599 | |
| 2019/3/18 | | 3.84 | 3.77 | 3.84 | 0.05 | 1.32 | | 81,025 | 1.85 | 2,130,221 | |
| 2019/3/15 | | 3.82 | 3.78 | 3.79 | 0 | 0 | | 57,629 | 1.06 | 1,518,035 | |
| 2019/3/14 | 3.8 | 3.83 | 3.79 | | -0.01 | -0.26 | 1,289,656 | 48,960 | 1.58 | 1,289,656 | 0.06 |
| 2019/3/13 | 3.83 | 3.84 | 3.78 | 3.8 | -0.03 | -0.78 | 1,591,609 | 60,540 | 1.57 | 1,591,609 | 0.08 |
| 2019/3/12 | 3.79 | 3.87 | 3.79 | 3.83 | 0.04 | 1.06 | 2,473,383 | 94,854 | 2.11 | 2,473,383 | 0.12 |
| 2019/3/11 | 3.74 | 3.81 | 3.74 | 3.79 | 0.04 | 1.07 | 1,981,058 | 74,496 | 1.87 | 1,981,058 | 0.09 |
| 2019/3/7 | 3.87 | 3.87 | 3.75 | 3.75 | -0.14 | -3.6 | 3,026,373 | 115,316 | 3.08 | 3,026,373 | 0.14 |
| 2019/3/6 | 3.93 | 3.93 | 3.88 | 3.89 | -0.04 | -1.02 | 2,513,716 | 98,017 | 1.27 | 2,513,716 | 0.12 |
| 2019/3/5 | 3.89 | 3.93 | 3.88 | 3.93 | 0.03 | 0.77 | 2,194,504 | 85,759 | 1.28 | 2,194,504 | 0.1 |
| 2019/3/4 | 3.9 | 3.92 | 3.88 | 3.9 | -0.02 | -0.51 | 2,257,338 | 87,968 | 1.02 | 2,257,338 | 0.11 |
| 2019/3/1 | 3.93 | 4 | 3.92 | | 0.02 | 0.51 | 3,865,455 | 152,597 | 2.05 | 3,865,455 | 0.18 |

变量 a  变量 b  变量 h  变量 l

图 6-46  中国银行股票数据列的变量表示

**1. 相关关系**

相关关系是指两个变量之间相互产生影响,当一个变量的值确定后,另一个变量的值会在一个确定的范围内变化,由于无法直接通过一个变量的值精确地确定另一个变量的值,因此相关关系也被称为非确定性关系。例如一个人的学历水平和收入水平,两者之间显然是存在关联的,一般而言学历水平越高收入水平越高,但仅通过学历水平并不能确定一个人的收入有多少,后者往往由多方面因素决定,除学历水平外,可能还有综合素质、年龄、工作经验等。学历水平相同的人群,收入水平可能各不相同,但会在一个相对确定的范围内波动,因此两者之间为相关关系。现实生活中满足相关关系的因素有很多,如身高与体重、人口与GDP 总量等。

### 2. 相关分析介绍

相关分析即是研究两个变量之间是否存在相关关系的统计分析方法,该方法可以明确两个或多个变量之间的相关性质和相关程度,目前已经广泛地应用于工业生产、社会经济、自然科学研究等领域中。进行相关分析的主要方法有图示法和相关系数法,图示法主要通过绘制散点图来定性的描述变量之间是否具有关联,而相关系数法则通过相关系数来描述变量之间的相关程度。下面将通过几个例子介绍如何使用 Excel 2016 中的工具完成两种相关分析方法的应用。

### 3. 利用 Excel 完成相关分析

视频讲解

要判断两个变量之间是否存在相关关系,最直观的方式便是根据两个变量的取值范围构建直角坐标系,以成对出现的变量值为坐标系中的点构建散点图,从而通过散点图判断两个变量之间是否存在相关性。以图 6-46 中的变量 $h$(成交量)和变量 $i$(成交金额)的相关分析为例,在"中国银行.xlsx"的"第一季度数据"工作表中选择变量数据存放的单元格区域 I2:J60,使用 Excel 2016 的图表功能根据上述数据绘制成交量与成交金额变化散点图,如图 6-47 所示。

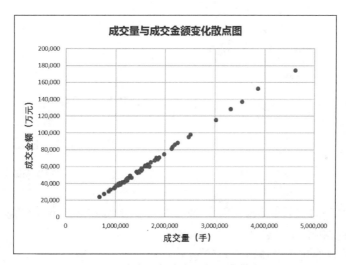

图 6-47　成交量与成交金额变化散点图

由图 6-47 可以看出,成交量与成交金额有着十分明确的相关关系,成交量增加时,成交金额也随之增长,在数据分析领域中,将这种相关关系称为正相关关系。反之,如果一个变量的取值随着另一个变量的增大而减小,则两者之间为负相关关系。此外,由图 6-47 可以看出数据点在主要呈直线分布,这说明两个变量之间为线性相关关系。若数据点的分布呈一条曲线,则这种相关关系也被称为非线性相关关系。

散点图法具有简单直观的优点,但该方法只能定性的确定两个变量之间是否具有相关性,无法定量的评价变量之间的相关程度大小。要进行定量相关分析,可以使用相关系数这一评价指标。使用 Excel 2016 的相关系数工具,可以根据变量的数据取值计算其相关系数。以成交量和成交金额两个变量为例。具体操作如下。

(1) 单击"数据"选项卡"分析"组中的"数据分析"按钮,弹出"数据分析"对话框,在"分析工具"列表框中选择"相关系数"选项,单击"确定"按钮,弹出"相关系数"对话框,如

图 6-48 所示。

（2）在"相关系数"对话框中进行如下设置。

① 在"输入区域"中输入需要进行相关系数计算的变量数据范围,这里通过鼠标框选成交量和成交金额两个变量对应的单元格区域 I2:J60。注意,此参数只能选择连续单元格区域范围,如果需要进行相关分析的变量数据区域不连续,则需要先将其移动至一起再进行相关系数计算。

② 在"分组方式"中设置变量数据的存储方式,这里选择"逐列"单选按钮,即每个变量的值是按列存放的。

③ 勾选"标志位于第一行"复选框,表示输入区域的第一行为变量标题而非数据。

④ 在"输出选项"中设置计算结果的输出位置,这里选择将计算结果显示于当前工作表以 P3 单元格为左上角的区域内。

（3）设置完成后,单击"确定"按钮开始相关系数计算。结果将显示在工作表的对应位置中,相关系数计算结果如图 6-49 所示。

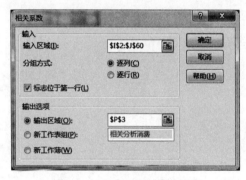

图 6-48　"相关系数"对话框

| P | Q | R |
|---|---|---|
| | 成交量(手) | 成交金额(万元) |
| 成交量(手) | 1 | |
| 成交金额(万元) | 0.999003699 | 1 |
| | 成交金额(万元) | 振幅(%) |
| 成交金额(万元) | 1 | |
| 振幅(%) | 0.729452316 | 1 |
| | 成交量(手) | 换手率(%) |
| 成交量(手) | 1 | |
| 换手率(%) | 0.997614692 | 1 |

图 6-49　相关系数计算结果

图 6-49 中单元格区域 P3:R5 显示了成交量和成交金额之间相关系数的计算结果,其中 Q5 单元格内的值 0.999003699 即为相关系数的值。

实际上,在数据分析中常用的相关系数有 3 种:皮尔逊(Pearson)相关系数、斯皮尔曼(Spearman)相关系数和肯德尔(Kendall)相关系数。Excel 2016 的相关系数模块计算的是皮尔逊(Pearson)相关系数。其计算原理涉及统计学的相关知识,这里仅给出计算公式,其详细理论方法释义可参考统计学相关资料。皮尔逊(Pearson)相关系数如下:

$$r = \frac{\mathrm{cov}(X,Y)}{\sigma_X \sigma_Y} = \frac{\sum (X_i - \bar{X}) \sum (Y_i - \bar{Y})}{\sqrt{\sum (X_i - \bar{X})^2} \sqrt{\sum (Y_i - \bar{Y})^2}} \tag{6-14}$$

式(6-14)中,$r$ 表示两个变量 $X$ 和 $Y$ 之间的相关系数;$\mathrm{cov}(X,Y)$ 表示变量 $X$ 和 $Y$ 的协方差;$\sigma_X$ 和 $\sigma_Y$ 分别表示变量 $X$ 和 $Y$ 的标准差。$r$ 的取值范围为$[-1,+1]$,其大小可以反映两个变量之间的相关程度大小,其判断标准如下。

（1）$r$ 的绝对值越大,则两个变量之间的相关性越强;绝对值越小,则相关性越低。当 $r = \pm 1$ 时,两个变量呈线性相关,当 $r = 0$ 时,两个变量完全不相关。

（2）$r > 0$ 时,表示两个变量正相关;$r < 0$ 时,两个变量负相关。

（3）两个变量满足 $|r| \geqslant 0.8$ 时，可认为其高度相关。

（4）两个变量满足 $0.8 > |r| \geqslant 0.5$ 时，可认为其中度相关。

（5）两个变量满足 $0.5 > |r| \geqslant 0.3$ 时，可认为其低度相关。

（6）两个变量满足 $|r| < 0.3$ 时，表示两个变量相关性很低，可认为其不相关。

Q5 单元格中的相关系数值接近 1，根据上述标准，可以看出成交量和成交金额相关性极强，且呈正线性相关关系。实际上，当两个变量呈线性相关关系时，其关系已属于确定性关系了，可以通过数据分析方法确定其关联函数表达式，从而通过一个变量的值计算另一个变量的值，这一过程被称为线性回归分析，将在 6.5.2 节中进行详细介绍。

同理，可以使用同样的操作步骤分析图 6-46 中其他变量之间的相关关系。将"输入区域"设置为单元格区域 J2:K60，将"输出区域"设置为 P7 单元格，可以计算变量 $i$（成交金额）和变量 $j$（振幅）之间的相关系数，并显示在 P7 单元格为顶点的区域内，相关系数计算结果如图 6-49 所示。由 Q9 单元格的计算结果 0.729 452 316 可得成交金额和振幅之间存在中度相关关系，即每日振幅的取值会受到成交金额大小的影响，但同时也与其他变量的取值的相关。由于成交量和换手率两列数据并不相邻，为了分析两者之间的相关关系，可以在换手率列前插入一个空列，将成交量列的数据复制并粘贴至此列中，并继续使用"相关系数"工具进行计算，得到成交量和换手率之间的相关系数为 0.997 614 692，相关系数计算结果如图 6-49 中的 Q13 单元格所示，可见成交量和换手率之间也呈线性相关关系，两者关系十分密切，可以使用回归分析方法确定其函数表达式，从而使用某一天的成交量数据对当天换手率的结果进行预测。

【例 6-13】 2018 年全国居民收入和消费统计数据表如图 6-50 所示（详见素材文件"线性回归.xlsx"的"消费和收入"工作表）。人们常说收入水平决定消费水平，那么这两组数据之间是否真的存在相关性呢？可以将两列数据视为两个变量，利用 Excel 2016 对其进行相关分析，计算其相关系数证实两者的相关性。

| | A | B | C | D |
|---|---|---|---|---|
| 1 | | | | |
| 2 | | 地区 | 居民人均可支配收入(元) | 居民人均消费支出(元) |
| 3 | | 北京市 | 62361.22 | 39842.69 |
| 4 | | 天津市 | 39506.15 | 29902.91 |
| 5 | | 河北省 | 23445.65 | 16722 |
| 6 | | 山西省 | 21990.14 | 14810.12 |
| 7 | | 内蒙古自治区 | 28375.65 | 19665.22 |
| 8 | | 辽宁省 | 29701.45 | 21398.31 |
| 9 | | 吉林省 | 22798.37 | 17200.41 |
| 10 | | 黑龙江省 | 22725.85 | 16993.96 |
| 11 | | 上海市 | 64182.65 | 43351.3 |
| 12 | | 江苏省 | 38095.79 | 25007.44 |
| 13 | | 浙江省 | 45839.84 | 29470.68 |
| 14 | | 安徽省 | 23984.45 | 17044.64 |
| 15 | | 福建省 | 32643.93 | 22996.04 |
| 16 | | 江西省 | 24079.68 | 15792.02 |
| 17 | | 山东省 | 29204.61 | 18779.77 |
| 18 | | 河南省 | 21963.54 | 15168.5 |
| 19 | | 湖北省 | 25814.54 | 19537.79 |

图 6-50　2018 年全国居民收入和消费统计数据表

打开工作表"消费和收入"，单击"数据"选项卡"分析"组中的"数据分析"按钮，弹出"数据分析"对话框，在"分析工具"列表框中选择"相关系数"选项，单击"确定"按钮，弹出"相关系数"对话框，如图 6-51 所示，并在对话框中设置计算参数。设置完成后单击"确定"按钮完成计算。消费与支出相关系数计算结果如图 6-52 所示。

图 6-51 "相关系数"对话框

| F | G | H |
| --- | --- | --- |
| | 居民人均可支配收入(元) | 居民人均消费支出(元) |
| 居民人均可支配收入(元) | 1 | |
| 居民人均消费支出(元) | 0.988124579 | 1 |

图 6-52 消费与支出相关系数计算结果

由图 6-52 可以看出，居民人均可支配收入和人均消费支出之间相关系数为 0.988 124 579，属于高度线性相关。以两列数据为依据绘制居民人均收入与支出散点图，如图 6-53 所示。可以看出，数据点基本呈线性分布。可见从 2018 年全国统计数据来看，收入水平决定消费水平的说法确实成立。

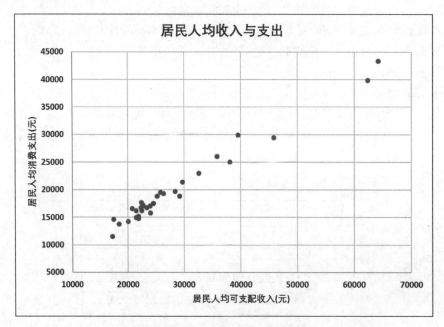

图 6-53 居民人均收入与支出散点图

【例 6-14】 2018 年 9 月至 2020 年 2 月全国汽油、柴油与国际原油价格数据如图 6-54 所示(详见素材文件"线性回归.xlsx"的"油价"工作表)。一般来说，国内汽油价格和柴油价格会受到国际原油价格的波动影响而变化，为了验证这一说法，可以使用相关分析方法对上述 3 列数据进行相关系数计算。

多个变量之间的相关系数计算和两个变量相似。打开"油价"工作表，单击"数据"选项卡"分析"组中的"数据分析"按钮，弹出"数据分析"对话框，在"分析工具"列表框中选择"相关系数"选项，单击"确定"按钮，弹出"相关系数"对话框，如图 6-55 所示。将 3 列数据对应

| ▲ | A | B | C | D | E |
|---|---|---|---|---|---|
| 1 | | | | | |
| 2 | | 日期 | 汽油（元/吨） | 柴油（元/吨） | 原油（美元/桶） |
| 3 | | 2020-02-05 | 7520 | 6540 | 50.06 |
| 4 | | 2019-12-31 | 7940 | 6945 | 63.05 |
| 5 | | 2019-12-03 | 7705 | 6715 | 59.2 |
| 6 | | 2019-11-19 | 7650 | 6665 | 57.77 |
| 7 | | 2019-11-05 | 7580 | 6600 | 57.24 |
| 8 | | 2019-10-22 | 7475 | 6495 | 56.66 |
| 9 | | 2019-09-19 | 7625 | 6640 | 58.09 |
| 10 | | 2019-09-04 | 7500 | 6515 | 56.52 |
| 11 | | 2019-08-21 | 7385 | 6410 | 54.17 |
| 12 | | 2019-08-07 | 7595 | 6615 | 54.5 |
| 13 | | 2019-07-10 | 7675 | 6685 | 60.21 |
| 14 | | 2019-06-27 | 7525 | 6545 | 58.47 |
| 15 | | 2019-06-12 | 7645 | 6660 | 52.51 |
| 16 | | 2019-05-28 | 8110 | 7105 | 53.5 |
| 17 | | 2019-05-14 | 8060 | 7055 | 62.76 |
| 18 | | 2019-04-27 | 8135 | 7130 | 63.3 |
| 19 | | 2019-04-13 | 7940 | | 63.80 |

图 6-54　2018 年 9 月至 2020 年 2 月全国汽油、柴油与国际原油价格数据

的单元格区域 C2:E32 设为输入区域，将结果显示于 G2 单元格顶点范围内。单击"确定"按钮完成计算。油价相关系数计算结果如图 6-56 所示。

图 6-55　"相关系数"对话框

| G | H | I | J |
|---|---|---|---|
| | 汽油（元/吨） | 柴油（元/吨） | 原油（美元/桶） |
| 汽油（元/吨） | 1 | | |
| 柴油（元/吨） | 0.999809676 | 1 | |
| 原油（美元/桶） | 0.807044051 | 0.812283266 | 1 |

图 6-56　油价相关系数计算结果

由图 6-56 可以看出，多变量之间相关系数的计算结果以矩阵的形式呈现。其中汽油价格和柴油价格相关系数十分接近 1，体现出两者的高度线性相关性。此外国内汽油价格、柴油价格与国际原油价格之间的相关系数分别为 0.807 044 051 和 0.812 283 266，均为高度相关关系，可见国内油价确实很大程度上受到国际原油价格影响。然而，上述相关系数的取值并没有非常接近 1，这也反映出国内油价除受到国际原油价格影响外，还由国家发改委的相关调控政策决定。

## 6.5.2　一元线性回归分析

【例 6-15】　在 6.5.1 节中，已经使用相关分析方法得知在中国银行股票数据表中，列与列之间的数据取值有密切的关系。例如成交量与成交金额之间存在十分明显的线性相关关系。但是相关分析方法只能确定两个变量是否相关及相关程度的大小，而两者之间究竟如何产生影响的、是否能够通过一个变量的取值推演另一个变量的可能值，需要通过线性回归分析方法来进一步确定。

### 1. 回归分析

回归分析是根据已有数据确定变量之间相互依赖关系,并使用数学模型对其进行具体描述的统计分析方法,这是一种预测性建模技术,其主要用途在于通过建立变量之间的函数关系表达式,从而使用自变量(输入数据)的值计算因变量(预测结果)对应的值。根据涉及变量数量的多少,回归分析可分为一元回归分析(两个变量)和多元回归分析(多个变量);根据变量之间关系的类型,回归分析又可分为线性回归分析和非线性回归分析。对于一元线性回归,实际上就是在两个变量 $X$ 和 $Y$ 对应的散点图中寻找一条最优拟合直线并确定其函数表达式 $Y=aX+b$,使得所有的数据点尽可能地靠近这条直线。要确定表达式中 $a$ 和 $b$ 的值,可以使用最小二乘法进行线性拟合运算。

### 2. 利用 Excel 完成股票数据回归分析

视频讲解

在本节案例中,可以利用 Excel 2016 中的"数据分析"工具,使用一元线性回归分析法根据历史数据建立中国银行股票成交量和成交金额之间的一元线性函数关系,从而在新交易日的成交量确定后,可以通过该函数预测成交金额的大小。具体操作如下。

(1) 打开"中国银行.xlsx"工作簿中的"第一季度数据"工作表,单击"数据"选项卡"分析"组中的"数据分析"按钮,弹出"数据分析"对话框,在"分析工具"列表框中选择"回归"选项,单击"确定"按钮,弹出"回归"对话框,如图 6-57 所示。

(2) 在"回归"对话框中进行回归分析参数设置,具体如下。

图 6-57 "回归"对话框

① 在"Y 值输入区域"输入框中设置回归分析的因变量数据区域,这里选择成交金额列对应的单元格区域 J2:J60,将成交金额列作为回归分析的因变量。

② 在"X 值输入区域"输入框中设置回归分析的自变量数据区域,这里选择成交量列对应的单元格区域 I2:I60,将成交量列作为回归分析的自变量,从而建立成交量与成交金额之间的因果关系函数,从而通过成交量预测成交金额的值。

③ 勾选"标志"复选框,表示 XY 值输入区域的第一行为标题而非数据。

④ 勾选"置信度"复选框,保留其取值为默认值"95％"。

⑤ 在下方的"输出选项"中设置结果的输出方式,这里将结果显示在"新工作表组"中,并在输入框中设置工作表名为"交易量与交易金额回归分析"。

(3) 设置完成后,单击"确定"按钮完成一元线性回归分析计算。其结果显示在名为"交易量与交易金额回归分析"的新工作表中,一元线性回归分析结果如图 6-58 所示。

由图 6-58 可以看出,Excel 回归分析计算结果分为多个部分显示,各个部分相关参数的含义如下。

| | A | B | C | D | E | F | G | H | I |
|---|---|---|---|---|---|---|---|---|---|
| 1 | SUMMARY OUTPUT | | | | | | | | |
| 2 | | | | | | | | | |
| 3 | 回归统计 | | | | | | | | |
| 4 | Multiple R | 0.9990037 | | | | | | | |
| 5 | R Square | 0.99800839 | | | | | | | |
| 6 | Adjusted R Square | 0.99797283 | | | | | | | |
| 7 | 标准误差 | 1376.86337 | | | | | | | |
| 8 | 观测值 | 58 | | | | | | | |
| 9 | | | | | | | | | |
| 10 | 方差分析 | | | | | | | | |
| 11 | | df | SS | MS | F | Significance F | | | |
| 12 | 回归分析 | 1 | 5.32E+10 | 5.32E+10 | 28061.96 | 2.5354E-77 | | | |
| 13 | 残差 | 56 | 1.06E+08 | 1895753 | | | | | |
| 14 | 总计 | 57 | 5.33E+10 | | | | | | |
| 15 | | | | | | | | | |
| 16 | | Coefficients | 标准误差 | t Stat | P-value | Lower 95% | Upper 95% | 下限 95.0% | 上限 95.0% |
| 17 | Intercept | -3743.2955 | 424.895 | -8.80993 | 3.66E-12 | -4594.4625 | -2892.13 | -4594.46 | -2892.13 |
| 18 | 成交量(手) | 0.03965934 | 0.000237 | 167.517 | 2.54E-77 | 0.03918508 | 0.040134 | 0.039185 | 0.040134 |

图 6-58 一元线性回归分析结果

（1）回归统计。

① Multiple 代表相关系数，即 6.5.1 节中通过相关分析得到的成交量与成交金额之间的相关系数 $r$，其计算结果与相关分析得到的结果一致，反映了两个变量间的相关程度。

② R Square 代表测定系数，其取值即为相关系数 $r$ 的平方。此参数一般用来表述线性回归方程对数据点的拟合程度，其含义与 6.4.3 节与 6.4.4 节中趋势线分析中的 $R^2$ 参数一致，取值越靠近 1 即代表线性回归拟合程度越好。

③ Adjusted R Square 代表校正测定系数，是考虑回归过程中自变量和样本个数后对测定系数进行校正计算后的结果，其取值越靠近 1 越好。

④ 标准误差即统计学中的标准误差值，它反映了通过线性回归方程计算得到的变量值与真实值之间的差异大小，其取值越小越好。

⑤ 观测值即数据的个数，在单元格区域 I2:J60 中共有 58 组成交量和成交金额数据。

本例中相关系数、测定系数和校正测定系数结果均在 0.99 以上，说明线性回归计算得到了较为理想的结果。

（2）方差分析。

此部分包含的计算结果较多，包括自由度、误差平方和、均方差、$F$ 值、$P$ 值等。这里需要重点关注的是最后一列的显著值（Significance F），在统计学中也被称为 $P$ 值。该参数是回归分析中显著性检验的重要结果，其取值代表弃真概率，即回归模型得到的计算结果不正确的概率。显然 $P$ 值的结果越小，线性回归得到的结果可信度越高。一般而言，如果回归结果 $P$ 值小于 0.05，即可认为回归模型具有较高的置信度（大于 95%），回归方程是有效的。本例中 $P$ 值结果为 2.5354E-77，即 $2.5354 \times 10^{-77}$，这是一个极小的数（< 0.0001），因此本例线性回归方程的置信度在 99.99% 以上。

（3）回归参数。

此部分显示了线性回归得到的回归系数等结果。需要重点关注的内容包括如下。

① Coefficients 即为计算得到的回归系数，即线性函数表达式中斜率 $a$ 与截距 $b$ 的取值，这里分别得到 $a=0.0397$ 和 $b=-3743.2955$（精确到小数点后 4 位），由此可以建立回归模型：

$$Y = -3743.2955 + 0.0397X \qquad (6\text{-}15)$$

式(6-15)中, $X$ 为成交量; $Y$ 为成交金额。

② P value 表示各个回归系数的 $P$ 值,这里主要指针对斜率 $a$ 的 $P$ 值,其判断标准和模型整体 $P$ 值一致,一般要求在 0.05 以下。实际上,对于一元线性回归而言,由于自变量只有一个,因此斜率 $a$ 的 P value 结果和模型整体 $P$ 值是一致的。

③ Lower 95%、Upper 95% 和下限 95%、上限 95% 结果完全一致,均表示置信度在95% 时的置信区间范围 $(0.0392 \leqslant a \leqslant 0.0401, -4594.4625 \leqslant b \leqslant -2892.1286)$。为了更好地理解置信区间和置信度等概念,下面针对现有的 58 组成交量与成交金额数据进行线性回归预测。

在工作表"交易量与交易金额回归分析"的单元格区域 K2:O60 中构建关于交易量和交易金额的线性回归预测分析表,并将工作表"第一季度数据"中交易量和交易金额的实际取值粘贴至单元格区域 K3:L60 内,得到交易量和交易金额的线性回归预测分析表,如图 6-59所示。接下来在 M 列中使用式(6-15)中的线性回归模型对交易金额数据进行预测,在 M3单元格中输入回归预测公式:

$= K3 * 0.0397 - 3743.2955$

利用填充柄将 M3 单元格中的公式向下复制到 M60 单元格,即在单元格区域 M3:M60中根据每行成交量的值对成交金额进行线性预测,得到的线性回归预测分析结果如图 6-59所示。接下来分别在 N 列和 O 列中根据置信空间的范围内 $a$ 和 $b$ 的取值范围计算置信度为 95% 时的成交金额预测范围(最高值和最低值)。在 N3 单元格中输入公式:

$= K3 * 0.0392 - 4594.4625$

在 O3 单元格中输入公式:

$= K3 * 0.0401 - 2892.1286$

利用填充柄分别将 N3 和 O3 单元格中的公式向下复制到 N60 和 O60 单元格,得到线性回归预测分析结果如图 6-59 所示。

| K | L | M | N | O |
|---|---|---|---|---|
| 成交量 | 实际成交金额 | 预测成交金额 | 预测成交金额(低) | 预测成交金额(高) |
| 1791175 | 67257 | 67366.35 | 65619.60 | 68933.99 |
| 1087031 | 40306 | 39411.84 | 38017.15 | 40697.81 |
| 1058660 | 39510 | 38285.51 | 36905.01 | 39560.14 |
| 1250035 | 46574 | 45883.09 | 44406.91 | 47234.27 |
| 1880807 | 70767 | 70924.74 | 69133.17 | 72528.23 |
| 1419561 | 53923 | 52613.28 | 51052.33 | 54032.27 |
| 1713724 | 65228 | 64291.55 | 62583.52 | 65828.20 |
| 1648942 | 62576 | 61719.70 | 60044.06 | 63230.45 |
| 1601599 | 61221 | 59840.18 | 58188.22 | 61331.99 |
| 2130221 | 81025 | 80826.48 | 78910.20 | 82529.73 |
| 1518035 | 57629 | 56522.69 | 54912.51 | 57981.07 |
| 1289656 | 48960 | 47456.05 | 45960.05 | 48823.08 |
| 1591609 | 60540 | 59443.58 | 57796.61 | 60931.39 |
| 2473383 | 94854 | 94450.01 | 92362.15 | 96290.53 |
| 1981058 | 74496 | 74904.71 | 73063.01 | 76548.30 |
| 3026373 | 115316 | 116403.71 | 114039.36 | 118465.43 |
| 2513716 | 98017 | 96051.23 | 93943.20 | 97907.88 |
| 2194504 | 85759 | 83378.51 | 81430.09 | 85107.48 |
| 2257338 | 87968 | 85873.02 | 83893.19 | 87627.13 |
| 3865455 | 152597 | 149715.27 | 146931.37 | 152112.62 |
| 2158459 | 83247 | 81947.53 | 80017.13 | 83662.08 |
| 1823786 | 70337 | 68661.01 | 66897.95 | 70241.69 |

图 6-59　交易量和交易金额的线性回归预测分析表及分析结果

　　由图 6-59 可以看出,虽然图 6-58 中得到的线性回归分析结果比较理想,但在实际的预测过程中,M 列中的交易金额预测值和 L 列中的实际值之间往往仍存在一定的偏差,此偏差在数理统计中被称为残差。实际上,无论回归分析的结果多么理想,残差是无法避免的,因变量实际的取值可能会落在预测值附近的某一范围中。因此,除了使用线性回归方程计算预测值外,还可以给出相应的预测范围,并确定真实值出现在这个范围内的概率,这就是置信区间和置信度。以图 6-59 中的第 3 行数据为例,置信度为 95% 的置信区间范围为 65 619.60～68 933.99,即当交易量为 1 791 175 时,交易金额有 95% 的概率出现在上述范围内,或者有 95% 的信心认为实际交易金额将会出现在此范围内,而实际成交金额取值 67 257 也确实属于此范围中。

　　此外,还可以根据图 6-59 中的数据绘制出散点图和折线图,从而更加清晰、直观地描述置信区间的范围。选择单元格区域 K2：O60 范围插入散点图,单击"图表工具-设计"选项卡中的"更改图表类型"按钮,弹出"更改图表类型"对话框,分别将数据系列"预测成交金额""预测成交金额(低)"和"预测成交金额(高)"的图表类型设

图 6-60　图表类型设置结果

为"带平滑线的散点图",图表类型设置结果如图 6-60 所示。对图表进行适当的编辑,得到成交量与成交金额线性回归最佳拟合直线及置信区间图,如图 6-61 所示。图 6-61 中,红色的直线代表线性回归得到的最佳拟合直线,橙色和灰色的直线代表置信区间的上限和下限,蓝色的数据点即代表真实的成交量与成交金额数据。根据置信区间的定义,对于任意一对自变量(成交量)与因变量(成交金额),有 95% 的信心(概率)认为其对应的数据点出现在灰色与橙色直线

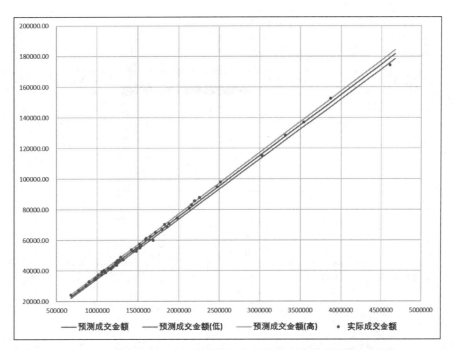

图 6-61　成交量与成交金额线性回归最佳拟合直线及置信区间图

之间的区域内。一般而言，置信度越高，其相应的置信区间范围越大。在图 6-57 所示的"回归"对话框内，可以将置信度参数设置为其他值（如 90% 等），此时可以在回归结果中得到其他置信度对应的置信区间范围，读者可以自己尝试此操作并观察置信区间范围的变化。

在对中国银行股票数据表进行相关分析时，除成交量和成交金额外，成交量与换手率之间存在十分明确的线性相关关系，相关系数 $r=0.997\,614\,692$。因此，可以采用类似的方式对成交量和换手率进行一元线性回归分析，确立两者之间的回归模型，从而利用成交量数据预测换手率的值。

单击"数据"选项卡"分析"组中的"数据分析"按钮，弹出"数据分析"对话框，在"分析工具"列表框中选择"回归"选项，单击"确定"按钮，弹出"回归"对话框，在对话框中进行参数设置，"回归"对话框及参数设置如图 6-62 所示。单击"确定"按钮进行回归分析，得到结果将被保存在新工作表"成交量与换手率回归分析"中，成交量与换手率线性回归分析结果如图 6-63 所示。

图 6-62　"回归"对话框及参数设置 1

由图 6-63 中所示的回归结果可以看出，相关系数 $r$、测定系数 $R^2$、校正测定系数的值均在 0.99 以上，回归模型的 $P$ 值为 $1.029\,16\times10^{-66}$，回归分析取得了较好的结果，模型整体置信度在 99% 以上。根据 B17 和 B18 单元格中的回归系数，可以得到成交量与换手率之间的回归模型表达式为：

$$Y=9.521\times10^{-4}+4.718\times10^{-8}X \tag{6-16}$$

式（6-16）中，$X$ 为成交量；$Y$ 为换手率。

| | A | B | C | D | E | F | G | H | I |
|---|---|---|---|---|---|---|---|---|---|
| 1 | SUMMARY OUTPUT | | | | | | | | |
| 2 | | | | | | | | | |
| 3 | | 回归统计 | | | | | | | |
| 4 | Multiple R | 0.9976147 | | | | | | | |
| 5 | R Square | 0.9952351 | | | | | | | |
| 6 | Adjusted R Square | 0.99515 | | | | | | | |
| 7 | 标准误差 | 0.0025373 | | | | | | | |
| 8 | 观测值 | 58 | | | | | | | |
| 9 | | | | | | | | | |
| 10 | 方差分析 | | | | | | | | |
| 11 | | df | SS | MS | F | Significance F | | | |
| 12 | 回归分析 | 1 | 0.075302 | 0.075302 | 11696.54 | 1.02916E-66 | | | |
| 13 | 残差 | 56 | 0.000361 | 6.44E-06 | | | | | |
| 14 | 总计 | 57 | 0.075662 | | | | | | |
| 15 | | | | | | | | | |
| 16 | | Coefficients | 标准误差 | t Stat | P-value | Lower 95% | Upper 95% | 下限 95.0% | 上限 95.0% |
| 17 | Intercept | 0.0009521 | 0.000783 | 1.215918 | 0.229117 | -0.00061648 | 0.002521 | -0.00062 | 0.002521 |
| 18 | 成交量(手) | 4.718E-08 | 4.36E-10 | 108.1506 | 1.03E-66 | 4.63103E-08 | 4.81E-08 | 4.63E-08 | 4.81E-08 |

图 6-63　成交量与换手率线性回归分析结果

根据式（6-16）和单元格区域 F17:I18 内的置信区间结果，可以使用类似方法构建关于交易量和换手率的线性回归预测分析表，并绘制相应的散点图和折线图，得到成交量与换手率线性回归最佳拟合直线及置信区间如图 6-64 所示。

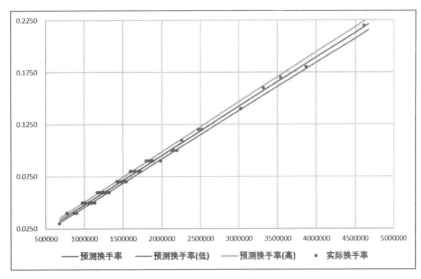

图 6-64 成交量与换手率线性回归最佳拟合直线及置信区间

### 3. 利用 Excel 完成居民消费与支出回归分析

视频讲解

【例 6-16】 在相关分析小节中,根据 2018 年各省、市、自治区的居民收入和支出统计数据计算了居民人均可支配收入和人均消费支出之间的相关性,发现两者之间存在高度线性相关关系(结果详见素材文件"线性回归.xlsx"的"消费和收入"工作表)。2019 年由国家统计局公布的各地居民人均可支配收入数据已被写入工作表的 E 列中,得到 2019 年各省、市、自治区居民人均消费预测表如图 6-65 所示。若需要对 2019 年各地居民的人均消费支出情况进行预测,可以利用 2018 年收入和消费数据确立关于居民收入和支出的线性回归模型,并使用此模型根据 2019 年的人均可支配收入数据预测各地的人均消费支出值。

| A | B | C | D | E | F |
|---|---|---|---|---|---|
| | 地区 | 居民人均可支配收入(元) | 居民人均消费支出(元) | 2019人均可支配收入 | 2019人均消费（预测） |
| | 北京市 | 62361.22 | 39842.69 | 67756 | |
| | 天津市 | 39506.15 | 29902.91 | 42404 | |
| | 河北省 | 23445.65 | 16722 | 25665 | |
| | 山西省 | 21990.14 | 14810.12 | 23828 | |
| | 内蒙古自治区 | 28375.65 | 19665.22 | 30555 | |
| | 辽宁省 | 29701.45 | 21398.31 | 31820 | |
| | 吉林省 | 22798.37 | 17200.41 | 24563 | |
| | 黑龙江省 | 22725.85 | 16993.96 | 24254 | |
| | 上海市 | 64182.65 | 43351.3 | 69442 | |
| | 江苏省 | 38095.79 | 25007.44 | 41400 | |
| | 浙江省 | 45839.84 | 29470.68 | 49899 | |
| | 安徽省 | 23983.58 | 17044.64 | 26415 | |
| | 福建省 | 32643.93 | 22996.04 | 35616 | |
| | 江西省 | 24079.68 | 15792.02 | 26262 | |
| | 山东省 | 29204.61 | 18779.77 | 31597 | |
| | 河南省 | 21963.54 | 15168.5 | 23903 | |
| | 湖北省 | 25814.54 | 19537.79 | 28319 | |
| | 湖南省 | 25240.75 | 18807.94 | 27680 | |
| | 广东省 | 35809.9 | 26053.98 | 39014 | |
| | 广西壮族自治区 | 21485.03 | 14934.75 | 23328 | |
| | 海南省 | 24579.04 | 17528.44 | 26679 | |
| | 重庆市 | 26385.84 | 19248.47 | 28920 | |

图 6-65 2019 年各省、市、自治区居民人均消费预测表

首先利用 2018 年的收入和支出数据,以居民人均可支配收入为自变量,居民人均消费支出为因变量构建一元线性回归模型。单击"数据"选项卡"分析"组中的"数据分析"按钮,弹出"数据分析"对话框,在"分析工具"列表框中选择"回归"选项,单击"确定"按钮,弹出"回

归"对话框，在对话框中进行参数设置，"回归"对话框及参数设置如图 6-66 所示。单击"确定"按钮进行回归分析，得到的结果将被保存在新工作表"居民收入与支出回归分析"中，居民收入与支出线性回归分析结果如图 6-67 所示。由图 6-67 可以看出，回归分析得到的相关系数、测定系数、校正测定系数的值均在 0.97 以上，回归模型的 $P$ 值远小于 0.01，回归分析取得了较好的结果，模型整体置信度在 99% 以上。根据 B17 和 B18 单元格中的回归系数，可以得到居民人均可支配收入与消费支出之间的回归模型表达式为：

图 6-66　"回归"对话框及参数设置 2

$$Y = 2372.6296 + 0.6232X \qquad (6\text{-}17)$$

式(6-17)中，$X$ 为人均可支配收入；$Y$ 为人均消费支出。

利用式(6-17)便可在 F 列中构建 2019 年居民人均消费预测模型，根据 2019 年各地居民人均可支配收入的大小预测人均消费数据。在 F3 单元格中输入公式：

＝E3 * 0.6232+2372.6296

|  | A | B | C | D | E | F | G | H | I |
|---|---|---|---|---|---|---|---|---|---|
| 1 | SUMMARY OUTPUT | | | | | | | | |
| 2 | | | | | | | | | |
| 3 | | 回归统计 | | | | | | | |
| 4 | Multiple R | 0.98812458 | | | | | | | |
| 5 | R Square | 0.97639018 | | | | | | | |
| 6 | Adjusted R Square | 0.97557605 | | | | | | | |
| 7 | 标准误差 | 1130.16655 | | | | | | | |
| 8 | 观测值 | 31 | | | | | | | |
| 9 | | | | | | | | | |
| 10 | 方差分析 | | | | | | | | |
| 11 | | | df | SS | MS | F | Significance F | | |
| 12 | 回归分析 | | 1 | 1.53E+09 | 1.53E+09 | 1199.303 | 3.8167E-25 | | |
| 13 | 残差 | | 29 | 37041016 | 1277276 | | | | |
| 14 | 总计 | | 30 | 1.57E+09 | | | | | |
| 15 | | | | | | | | | |
| 16 | | Coefficients | 标准误差 | t Stat | P-value | Lower 95% | Upper 95% | 下限 95.0% | 上限 95.0% |
| 17 | Intercept | 2372.6296 | 546.0272 | 4.345259 | 0.000156 | 1255.87857 | 3489.381 | 1255.879 | 3489.381 |
| 18 | 居民人均可支配收入(元) | 0.62324162 | 0.017997 | 34.63095 | 3.82E-25 | 0.58643431 | 0.660049 | 0.586434 | 0.660049 |

图 6-67　居民收入与支出线性回归分析结果

利用填充柄将 F3 单元格中的公式向下复制到 F60 单元格，即在 F 列中完成了 2019 年人均消费金额的预测，2019 年各地居民人均消费支出预测结果如图 6-68 所示。为了检验线性回归预测的效果，收集了 2019 年国家统计局最新发布的各地居民人均消费支出实际数据，存放在工作表"消费与支出"的 G 列中，同时在 H 列中计算了实际数据与预测数据之间的残差值。根据图 6-68 中的结果绘制散点折线图，得到 2019 年居民收入与支出线性回归预测结果与真实数据比较如图 6-69 所示。图中实际数据用数据点表示，直线为利用 2018 年数据得到的关于居民收入与支出的线性回归最佳拟合直线。

结合图 6-68 和图 6-69 中的结果可以看出，虽然通过线性回归预测得到的各地居民人均消费支出结果与实际数据之间均存在一定的误差，但大多差距不大，因此可以认为预测得到了比较理想的结果。此外，大部分地区的数据点位于回归拟合直线上方，即实际数据大于

| E | F | G | H |
|---|---|---|---|
| 2019人均可支配收入 | 2019人均消费（预测） | 2019人均消费（实际） | 残差 |
| 67756 | 44598.17 | 43038.00 | -1560.1688 |
| 42404 | 28798.80 | 31854.00 | 3055.1976 |
| 25665 | 18367.06 | 17987.00 | -380.0576 |
| 23828 | 17222.24 | 15863.00 | -1359.2392 |
| 30555 | 21414.51 | 20743.00 | -671.5056 |
| 31820 | 22202.85 | 22203.00 | 0.1464 |
| 24563 | 17680.29 | 18075.00 | 394.7088 |
| 24254 | 17487.72 | 18111.00 | 623.2776 |
| 69442 | 45648.88 | 45605.00 | -43.884 |
| 41400 | 28173.11 | 26697.00 | -1476.1096 |
| 49899 | 33469.69 | 32026.00 | -1443.6864 |
| 26415 | 18834.46 | 19137.00 | 302.5424 |
| 35616 | 24568.52 | 25314.00 | 745.4792 |
| 26262 | 18739.11 | 17650.00 | -1089.108 |
| 31597 | 22063.88 | 20427.00 | -1636.88 |
| 23903 | 17268.98 | 16332.00 | -936.9792 |
| 28319 | 20021.03 | 21567.00 | 1545.9696 |
| 27680 | 19622.81 | 20479.00 | 856.1944 |
| 39014 | 26686.15 | 28995.00 | 2308.8456 |
| 23328 | 16910.64 | 16418.00 | -492.6392 |
| 26679 | 18998.98 | 19555.00 | 556.0176 |
| 28920 | 20395.57 | 20774.00 | 378.4264 |

图 6-68　2019 年各地居民人均消费支出预测结果

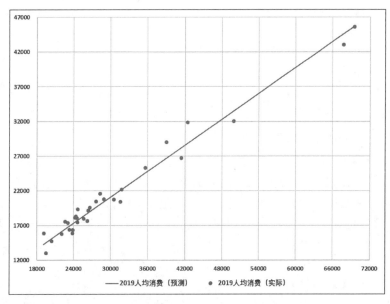

图 6-69　2019 年居民收入与支出线性回归预测结果与真实数据比较

预测数据。由这些信息不难得出一个结论：与 2018 年相比，2019 年随着国内经济水平的不断发展，人民生活品质和消费意识也随之提升，大家更愿意使用所得的工资收入进行消费，因此使用 2018 年数据分析出的回归模型得到的预测结果往往比 2019 年的实际消费数据更低。从大量数据中挖掘和提炼出潜在的、更加有用的信息，这也正是数据分析的本质所在。

　　实际上，除本节介绍的案例外，6.4.3 节中介绍的时间序列趋势线分析方法也是一种特殊的回归方法，即自变量固定为时间或日期，通过回归分析确定其他变量随时间变化的规律，从而预测未来的数据取值。因此，本节介绍的一元线性回归案例中，也可以使用 6.4.3 节介绍的趋势线方法，利用 Excel 2016 的图表趋势线功能添加两个变量散点图对应的趋势线，从而根据趋势线方程确立线性回归方程中截距 $a$ 与斜率 $b$ 的值，其具体操作步骤将不再赘述，读者可尝试自己完成。此外对于非线性回归分析过程，也可以使用类似的方法绘制非线性趋势线进行计算。

### 6.5.3　多元线性回归分析

【例6-17】　在6.5.2节中，已经使用一元线性回归分析方法对中国银行股票数据表中成交量与成交金额、成交量与换手率之间的相互影响规则进行了计算，并建立了回归模型，利用成交量对其他两个变量的结果进行预测（结果详见素材文件"中国银行.xlsx"）。实际上，现实中的事物和现象往往受到多个因素的影响，即一个因变量受到多个自变量的影响。例如中国银行股票数据表中，每日的收盘价格就是在多方面因素共同作用下确定的。如果要根据每日已有的信息对当日收盘价格进行预测，可以使用多元线性回归分析方法来实现。

#### 1. 多元线性回归分析介绍

若在线性回归分析中涉及多个自变量，则称为多元线性回归。多元线性回归是对一元线性回归分析的推广，并且相较而言有着更加重要的应用价值和意义。这是由于现实世界中的事物和现象通常受到多方面因素的影响而非一个，因此在对其变化规律进行回归预测时，由多个自变量的最优组合共同构成的线性回归方程往往更加准确，更符合实际。从本质上来说，多元线性回归分析方法与一元线性回归分析并无太大不同，同样是使用最小二乘法或其他方法根据现有的数据寻找最优拟合方程：

$$Y = \beta_0 + \beta_1 X_1 + \beta_2 X_2 + \cdots + \beta_k X_k \tag{6-18}$$

式(6-18)中，$Y$表示因变量；$X_1, \cdots, X_k$表示自变量组合；$\beta_0$表示常数项，类似一元线性方程中的截距$b$；$\beta_1, \cdots, \beta_k$表示每个自变量对应的回归系数，类似一元线性方程中的斜率$a$。

#### 2. 利用Excel完成股票收盘价回归分析

视频讲解

在本节案例中，可以利用Excel 2016中的"数据分析"工具，使用多元线性回归方法建立中国银行股票每日收盘价与其他变量之间的多元线性函数关系。一般而言，股票每日收盘价受到众多因素的影响，如开盘价、成交量、大盘走势、经营业绩等。本例为了简化回归分析过程，假设每日收盘价仅与当日开盘价、最高价和最低价3个因素相关，继而以收盘价为因变量，以开盘价、最高价和最低价为自变量进行多元线性回归分析，构建多元线性回归方程，从而根据中国银行股票在某交易日的开盘价、当前最高价和最低价对当日收盘价进行预测分析。具体操作如下。

（1）打开"中国银行.xlsx"工作簿中的"第一季度数据"工作表，单击"数据"选项卡"分析"组中的"数据分析"按钮，弹出"数据分析"对话框，在"分析工具"列表框中选择"回归"选项，单击"确定"按钮，弹出"回归"对话框，在对话框内完成多元线性回归分析的参数设置。"回归"对话框及参数设置如图6-70所示。由图6-70可知，在Excel 2016中多元线性回归与一元线性回归参数设置方法基本

图6-70　"回归"对话框及参数设置3

一致。

① 在"Y 值输入区域"输入框中设置因变量收盘价对应的单元格区域 F2:F60。

② 在"X 值输入区域"输入框中设置回归分析的自变量数据区域,这里输入 3 个自变量开盘价、最高价和最低价对应的单元格区域 C2:E60。注意,此参数只能使用连续的单元格区域,若参与回归分析的自变量来自不连续的单元格区域中,则需要先手动将它们移动至相邻位置。

③ 在输出选项中设置结果的显示方式,这里将回归分析结果显示在名为"收盘价回归分析"的新工作表组中。

(2) 参数设置完成后,单击"确定"按钮进行多元线性回归分析计算。收盘价回归分析结果如图 6-71 所示。

| | A | B | C | D | E | F | G | H | I |
|---|---|---|---|---|---|---|---|---|---|
| 1 | SUMMARY OUTPUT | | | | | | | | |
| 2 | | | | | | | | | |
| 3 | 回归统计 | | | | | | | | |
| 4 | Multiple R | 0.99240686 | | | | | | | |
| 5 | R Square | 0.98487138 | | | | | | | |
| 6 | Adjusted R Square | 0.9840309 | | | | | | | |
| 7 | 标准误差 | 0.01567519 | | | | | | | |
| 8 | 观测值 | 58 | | | | | | | |
| 9 | | | | | | | | | |
| 10 | 方差分析 | | | | | | | | |
| 11 | | df | SS | MS | F | Significance F | | | |
| 12 | 回归分析 | 3 | 0.863773 | 0.287924 | 1171.798 | 4.22168E-49 | | | |
| 13 | 残差 | 54 | 0.013268 | 0.000246 | | | | | |
| 14 | 总计 | 57 | 0.877041 | | | | | | |
| 15 | | | | | | | | | |
| 16 | | Coefficients | 标准误差 | t Stat | P-value | Lower 95% | Upper 95% | 下限 95.0% | 上限 95.0% |
| 17 | Intercept | 0.09794423 | 0.065871 | 1.486899 | 0.142858 | -0.034120157 | 0.230009 | -0.03412 | 0.230009 |
| 18 | 开盘价 | -0.6131417 | 0.09745 | -6.29188 | 5.78E-08 | -0.808516636 | -0.41777 | -0.80852 | -0.41777 |
| 19 | 最高价 | 0.78000245 | 0.077225 | 10.10037 | 4.8E-14 | 0.625175379 | 0.93483 | 0.625175 | 0.93483 |
| 20 | 最低价 | 0.80628601 | 0.117986 | 6.833737 | 7.67E-09 | 0.569738125 | 1.042834 | 0.569738 | 1.042834 |

图 6-71 收盘价回归分析结果

由图 6-71 可以看出,多元线性回归分析的结果形式基本与一元线性回归一致。从整体来看,回归分析得到的相关系数、测定系数、校正测定系数的值均在 0.98 以上,说明因变量收盘价与多个自变量(开盘价、最高价和最低价)之间确实存在十分明显的线性相关关系。回归模型的 $P$ 值为 $4.22168 \times 10^{-49}$,远小于可接受的最大值 0.05,说明回归分析取得了很好的拟合效果,线性回归模型整体置信度在 99% 以上。由于存在多个自变量,因此在下方的回归系数统计结果中共有 4 行数据,分别对应常数项和 3 个自变量(开盘价、最高价和最低价)。由单元格区域 B17:B20 中的结果可以确定常数项 $\beta_0$ 和回归系数 $\beta_1$、$\beta_2$、$\beta_3$ 的值,得到关于每日收盘价的多元线性回归模型:

$$Y = 0.0979 - 0.6131X_1 + 0.7800X_2 + 0.8063X_3 \tag{6-19}$$

式(6-19)中,$X_1$ 为开盘价;$X_2$ 为最高价;$X_3$ 为最低价;$Y$ 为收盘价。

除回归系数外,另一个需要关注的结果是单元格区域 E18:E20 中列举的 P-value 结果,该结果反映了回归分析中针对每个自变量回归系数的 $P$ 值。一般而言,若某一自变量的 $P$ 值小于 0.05,则可认为该自变量对因变量存在显著性影响,即该回归系数的计算结果具有较好的说服力。由图 6-71 显示的结果可以看出,3 个自变量对应的回归系数的 $P$ 值($5.78 \times 10^{-8}$、$4.8 \times 10^{-14}$、$7.67 \times 10^{-9}$)均远小于 0.05,说明每日开盘价、最高价和最低价均对当日收盘价有显著性影响，进一步证实式(6-19)描述的回归模型可信度较高。

接下来，便可利用式(6-19)根据股票中国银行股票某一交易日的开盘价、当前最高价和最低价，对当口收盘价进行预测分析。为了验证回归模型的实际预测效果，利用中国银行股票 2019 年 4 月的每日开盘价、最高价、最低价和实际收盘价数据构建多元线性回归模型预测表，如图 6-72 所示(详见素材文件"中国银行.xlsx"的工作表"4 月数据")。下面将使用式(6-18)对每日收盘价进行预测分析，并与实际收盘价进行对比。在 H3 单元格中输入公式：

＝0.0979－0.6131＊D3＋0.78＊E3＋0.8063＊F3

利用填充柄将 H3 单元格中的公式向下复制到 H23 单元格，即在 H 列中完成了 2019 年 4 月各交易日中国银行股票收盘价的预测，得到中国银行股票 2019 年 4 月每日收盘价预测结果如图 6-72 所示。为了进一步验证预测效果，可在 I 列中计算各个交易日收盘价线性回归预测的残差值，并利用 SUMXMY2 与 COUNTA 函数计算预测的均方误差 MSE。从结果来看，多元线性回归预测得出的每日收盘价与实际数据差异较小，整体均方误差在 0.001 以下，可见预测取得了较好的效果，根据每日开盘价、最高价和最低价预测得到的收盘价具有较高的参考价值。

| 日期 | 开盘价 | 最高价 | 最低价 | 实际收盘价 | 预测收盘价 | 残差 | MSE |
|---|---|---|---|---|---|---|---|
| 2019-04-30 | 3.89 | 3.9 | 3.85 | 3.89 | 3.8592 | 0.0308 | 0.000356 |
| 2019-04-29 | 3.87 | 3.91 | 3.86 | 3.89 | 3.8873 | 0.0027 | |
| 2019-04-26 | 3.87 | 3.89 | 3.84 | 3.86 | 3.8556 | 0.0044 | |
| 2019-04-25 | 3.9 | 3.91 | 3.87 | 3.89 | 3.8770 | 0.0130 | |
| 2019-04-24 | 3.96 | 3.96 | 3.88 | 3.91 | 3.8873 | 0.0227 | |
| 2019-04-23 | 3.93 | 3.95 | 3.92 | 3.95 | 3.9457 | 0.0043 | |
| 2019-04-22 | 4.04 | 4.05 | 3.92 | 3.93 | 3.9407 | -0.0107 | |
| 2019-04-19 | 4.01 | 4.04 | 4 | 4.03 | 4.0158 | 0.0142 | |
| 2019-04-18 | 4.02 | 4.05 | 3.98 | 4 | 4.0013 | -0.0013 | |
| 2019-04-17 | 4 | 4.06 | 3.96 | 4.03 | 4.0052 | 0.0248 | |
| 2019-04-16 | 3.88 | 4.01 | 3.86 | 4 | 3.9592 | 0.0408 | |
| 2019-04-15 | 3.91 | 3.97 | 3.89 | 3.89 | 3.9338 | -0.0438 | |
| 2019-04-12 | 3.87 | 3.89 | 3.85 | 3.87 | 3.8637 | 0.0063 | |
| 2019-04-11 | 3.86 | 3.88 | 3.84 | 3.86 | 3.8539 | 0.0061 | |
| 2019-04-10 | 3.86 | 3.88 | 3.83 | 3.86 | 3.8459 | 0.0141 | |
| 2019-04-09 | 3.89 | 3.9 | 3.86 | 3.87 | 3.8673 | 0.0027 | |
| 2019-04-08 | 3.91 | 3.96 | 3.87 | 3.9 | 3.9099 | -0.0099 | |
| 2019-04-04 | 3.85 | 3.89 | 3.84 | 3.89 | 3.8679 | 0.0221 | |
| 2019-04-03 | 3.81 | 3.85 | 3.79 | 3.84 | 3.8209 | 0.0191 | |
| 2019-04-02 | 3.84 | 3.86 | 3.81 | 3.83 | 3.8264 | 0.0036 | |
| 2019-04-01 | 3.79 | 3.85 | 3.78 | 3.83 | 3.8251 | 0.0049 | |

图 6-72    多元线性回归模型预测表及中国银行股票 2019 年 4 月每日收盘价预测结果

### 3. 利用 Excel 完成商品销售额回归分析

【例 6-18】 某年 200 种热销商品的商品广告宣传费用与销售额数据如图 6-73 所示(详见素材文件"销售额回归分析.xlsx"的工作表"销售额预测")。显然，商品全年的销售额受其广告宣传费用的影响，一般广告宣传投入的资金越多，商品越容易被大众认知和接受，其销售额也会随之上升，这便是广告效应。那么 3 种广告宣传途径是如何对商品销售额产生影响的？哪些宣传手段起到了决定性的影响作用？而哪些手段对商品销售产生的实际影响较小？这里可以使用多元线性回归分析方法寻找解答。

下面将利用 Excel 2016 中的"数据分析"工具，以电视、电台和报纸 3 类广告宣传费用为自变量，以商品全年销售额为因变量，使用多元线性回归方法建立两者之间的多元线性函数关系模型,从而明确各类宣传途径对商品销售额的影响程度。同时,当对某种商品未来的广告宣传费用进行预算时,可以利用线性回归模型根据计划广告宣传费用投资额预测其未来可能的销售额。具体操作如下。

(1)打开工作表"销售额预测",单击"数据"选项卡"分析"组中的"数据分析"按钮,弹出"数据分析"对话框,在"分析工具"列表框中选择"回归"选项,单击"确定"按钮,弹出"回归"对话框,在对话框内完成多元线性回归分析的参数设置。"回归"对话框及参数设置如图 6-74 所示。

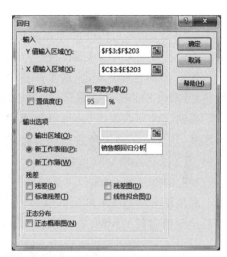

| A | B | C | D | E | F |
|---|---|---|---|---|---|
| 1 | | | | | |
| 2 | 商品序号 | 广告宣传费用（万元） | | | 销售额(百万元) |
| 3 | | 电视 | 电台 | 报纸 | |
| 4 | 1 | 230.1 | 37.8 | 69.2 | 22.1 |
| 5 | 2 | 44.5 | 39.3 | 45.1 | 10.4 |
| 6 | 3 | 17.2 | 45.9 | 69.3 | 9.3 |
| 7 | 4 | 151.5 | 41.3 | 58.5 | 18.5 |
| 8 | 5 | 180.8 | 10.8 | 58.4 | 12.9 |
| 9 | 6 | 8.7 | 48.9 | 75 | 7.2 |
| 10 | 7 | 57.5 | 32.8 | 23.5 | 11.8 |
| 11 | 8 | 120.2 | 19.6 | 11.6 | 13.2 |
| 12 | 9 | 8.6 | 2.1 | 1 | 4.8 |
| 13 | 10 | 199.8 | 2.6 | 21.2 | 10.6 |
| 14 | 11 | 66.1 | 5.8 | 24.2 | 8.6 |
| 15 | 12 | 214.7 | 24 | 4 | 17.4 |
| 16 | 13 | 23.8 | 35.1 | 65.9 | 9.2 |
| 17 | 14 | 97.5 | 7.6 | 7.2 | 9.7 |
| 18 | 15 | 204.1 | 32.9 | 46 | 19 |
| 19 | 16 | 195.4 | 47.7 | | |

图 6-73　某年 200 种热销商品的商品广告宣传费用与销售额数据

图 6-74　"回归"对话框及参数设置 4

(2)参数设置完成后单击"确定"按钮,进行多元线性回归分析计算。其结果将显示在名为"销售额回归分析"的新工作表中,销售额回归分析结果如图 6-75 所示。

| | A | B | C | D | E | F | G | H | I |
|---|---|---|---|---|---|---|---|---|---|
| 1 | SUMMARY OUTPUT | | | | | | | | |
| 2 | | | | | | | | | |
| 3 | 回归统计 | | | | | | | | |
| 4 | Multiple R | 0.947212 | | | | | | | |
| 5 | R Square | 0.8972106 | | | | | | | |
| 6 | Adjusted R Square | 0.8956373 | | | | | | | |
| 7 | 标准误差 | 1.6855104 | | | | | | | |
| 8 | 观测值 | 200 | | | | | | | |
| 9 | | | | | | | | | |
| 10 | 方差分析 | | | | | | | | |
| 11 | | df | SS | MS | F | Significance F | | | |
| 12 | 回归分析 | 3 | 4860.323 | 1620.108 | 570.2707 | 1.5752E-96 | | | |
| 13 | 残差 | 196 | 556.8253 | 2.840945 | | | | | |
| 14 | 总计 | 199 | 5417.149 | | | | | | |
| 15 | | | | | | | | | |
| 16 | | Coefficients | 标准误差 | t Stat | P-value | Lower 95% | Upper 95% | 下限 95.0% | 上限 95.0% |
| 17 | Intercept | 2.9388894 | 0.311908 | 9.422288 | 1.27E-17 | 2.32376228 | 3.554016 | 2.323762 | 3.554016 |
| 18 | 电视 | 0.0457646 | 0.001395 | 32.80862 | 1.51E-81 | 0.04301371 | 0.048516 | 0.043014 | 0.048516 |
| 19 | 电台 | 0.18853 | 0.008611 | 21.8935 | 1.51E-54 | 0.17154745 | 0.205513 | 0.171547 | 0.205513 |
| 20 | 报纸 | -0.001037 | 0.005871 | -0.17671 | 0.859915 | -0.012616 | 0.010541 | -0.01262 | 0.010541 |

图 6-75　销售额回归分析结果

由图 6-75 可以看出,销售额回归分析得到的相关系数在 0.94 以上,这说明商品的销售额确实与其广告宣传费用高度相关,测定系数、校正测定系数虽然与例 6-17 相比稍低,但仍接近 0.9，说明线性回归的拟合效果尚可。回归模型的 $P$ 值为 $1.5752 \times 10^{-96}$，远小于 0.05 的界定值，表明本例中的多元线性回归模型是可信的。根据单元格区域 B17:B20 内的回归系数值，可知关于商品销售额的多元线性回归模型表达式为：

$$Y = 2.9389 + 0.0458X_1 + 0.1885X_2 - 0.0010X_3 \tag{6-20}$$

式（6-20）中，$X_1$ 为电视；$X_2$ 为电台；$X_3$ 为报纸；$Y$ 为销售额。

需要关注的是，单元格区域 E18:E20 中的 $P$ 值反映了各个自变量对因变量的影响程度，由图 6-75 中的结果可以看出，自变量电视和电台的 $P$ 值均远小于 0.05，这表明广告宣传手段中，电视和电台两种渠道均会对商品销售产生显著影响。而自变量报纸的 $P$ 值明显大于 0.05（0.8599），$P$ 值过大表明该自变量对因变量没有显著性的影响，即通过报纸渠道对商品进行宣传并不会对商品销售产生明显的作用。此外，在 3 种广告宣传渠道中，电视的 $P$ 值远小于其他两个变量，这反映出该变量对因变量的影响最为显著，这也与客观现实情形相符，即电视的受众面最广，广告效应最明显。

得到线性回归模型后，可以利用式（6-20）根据现有商品的广告宣传费用对其销售额进行预测，并与实际销售额数据进行对比。在工作表"销售额预测"的数据右侧添加预测销售额列，在 G4 单元格中输入公式：

＝2.9389＋0.0458 * C4＋0.1885 * D4－0.001 * E4

利用填充柄将 G4 单元格中的公式向下复制到 G203 单元格，即在 G 列中完成了每种商品全年销售额的预测值。线性回归模型预测商品销售额结果如图 6-76 所示。

| A | B | 广告宣传费用（万元） | | | 销售额(百万元) | 预测销售额 |
|---|---|---|---|---|---|---|
| | 商品序号 | 电视 | 电台 | 报纸 | | |
| | 1 | 230.1 | 37.8 | 69.2 | 22.1 | 20.5336 |
| | 2 | 44.5 | 39.3 | 45.1 | 10.4 | 12.3400 |
| | 3 | 17.2 | 45.9 | 69.3 | 9.3 | 12.3095 |
| | 4 | 151.5 | 41.3 | 58.5 | 18.5 | 17.6042 |
| | 5 | 180.8 | 10.8 | 58.4 | 12.9 | 13.1969 |
| | 6 | 8.7 | 48.9 | 75 | 7.2 | 12.4800 |
| | 7 | 57.5 | 32.8 | 23.5 | 11.8 | 11.7317 |
| | 8 | 120.2 | 19.6 | 11.6 | 13.2 | 12.1271 |
| | 9 | 8.6 | 2.1 | 1 | 4.8 | 3.7276 |
| | 10 | 199.8 | 2.6 | 21.2 | 10.6 | 12.5586 |
| | 11 | 66.1 | 5.8 | 24.2 | 8.6 | 7.0354 |
| | 12 | 214.7 | 24 | 4 | 17.4 | 17.2922 |

图 6-76　线性回归模型预测商品销售额结果

## 6.5.4　非线性回归分析

【例 6-19】　某一商品近 2 年来每月的商品广告宣传费用与销售额数据如图 6-77 所示（详见素材文件"销售额回归分析.xlsx"的工作表"非线性回归预测"）。该商品下月预计投入的广告宣传费用为 30 万元，现需要根据已有数据对下月的商品销售额进行预测。

与 6.5.3 节的案例类似，该商品每月的销售额受广告宣传费用的影响，为了确立两者的相关关系，可以根据表格中对应的两列数据绘制广告宣传支出与销售额变化散点图，如图 6-78 所示。可以看出，反映该商品每月广告宣传费用和销售额大小的数据点呈非线性分布。对于这一类相关关系，可以使用非线性回归方法构建变量之间的回归模型，从而根据下月计划的广告投入费用对下月的商品销售额进行预测。

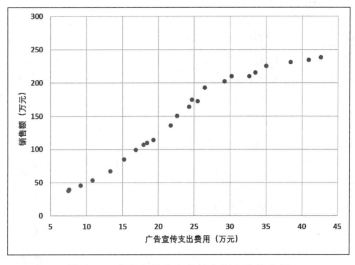

| ▲ | A | B | C | D | E | F | G |
|---|---|---|---|---|---|---|---|
| 1 | | | | | | | |
| 2 | | 周期 | 广告支出(万元) | 销售额(万元) | | 下月计划广告投入(万元) | 30 |
| 3 | | 1 | 32.7 | 209.8 | | 下月预计销售额（万元） | |
| 4 | | 2 | 24.3 | 164.1 | | | |
| 5 | | 3 | 10.8 | 53.5 | | | |
| 6 | | 4 | 15.2 | 84.9 | | | |
| 7 | | 5 | 13.3 | 67.4 | | | |
| 8 | | 6 | 35 | 225.2 | | | |
| 9 | | 7 | 7.6 | 39.5 | | | |
| 10 | | 8 | 9.2 | 45.7 | | | |
| 11 | | 9 | 42.6 | 238.4 | | | |
| 12 | | 10 | 40.9 | 234.7 | | | |
| 13 | | 11 | 38.4 | 231.3 | | | |
| 14 | | 12 | 26.5 | 192.8 | | | |
| 15 | | 13 | 21.7 | 126.2 | | | |

图 6-77 某一商品近 2 年来每月的商品广告宣传费用与销售额数据

图 6-78 广告宣传支出与销售额变化散点图

## 1. 非线性回归分析介绍

在数据分析中,很多时候变量之间的关系呈非线性特征,需要使用非线性回归模型进行描述。与线性回归不同,非线性回归模型可能有多种函数表达形式,常用的包括幂函数、指数函数、对数函数、多项式函数等。要直接对非线性回归问题进行求解是十分困难的,因此在数理统计过程中,一般使用数据变换手段将非线性回归转换为线性回归问题进行处理。常见的非线性回归函数模型表达式与相应的线性化回归方法如下。

（1）幂函数回归模型。幂函数回归方程的表达式为:

$$Y = aX^b$$

在进行回归分析时,可以将等式两边取自然对数,从而将回归方程转换为:

$$\ln Y = \ln a + b \ln X$$

以 $\ln Y$ 为因变量,以 $\ln X$ 为自变量,即可将幂函数回归转换为一元线性回归问题进行求解,得到回归系数 $a$ 和 $b$ 的值。

（2）指数函数回归模型。指数函数回归方程的表达式为:

$$Y = a\,\mathrm{e}^{bX}$$

其中，$e$ 为自然常数。进行回归分析时，同样可以将等式两边取对数，将回归方程转换为：

$$\ln Y = \ln a + bX$$

以 $\ln Y$ 为因变量，以 $X$ 为自变量，即可将幂函数回归转换为一元线性回归问题进行求解，得到回归系数 $a$ 和 $b$ 的值。

（3）对数函数回归模型。对数函数回归方程的表达式为：

$$Y = a + b\ln X$$

在进行回归分析时，可以直接以 $Y$ 为因变量，以 $\ln X$ 为自变量进行一元线性回归分析，得到回归系数 $a$ 和 $b$ 的值。

（4）多项式函数回归模型。多项式函数回归方程的表达式为：

$$Y = a + b_1 X + b_2 X^2 + \cdots + b_n X^n$$

其中，$n$ 为最大次数。若 $n$ 为 2，则为二次多项式函数：

$$Y = a + b_1 X + b_2 X^2$$

在回归分析中，$n$ 的值可以根据实际问题需要来指定。$n$ 的值越大，回归分析的拟合效果越好，但相对模型越复杂，计算量更大。一般而言可将 $n$ 设为 2，使用二次多项式函数即可满足大部分回归分析的需求，当自变量和因变量变化规律较为复杂时，才考虑使用更高次数的多项式回归模型。对于二次多项式回归分析而言，可将 $X^2$ 视为另一个自变量 $X_2$，将回归方程转换为：

$$Y = a + b_1 X + b_2 X_2$$

以 $Y$ 为因变量，以 $X$、$X_2$ 为自变量，即可将二次多项式回归转化为多元线性回归问题进行求解，得到回归系数 $a$、$b_1$、$b_2$ 的值。

**2. 利用 Excel 完成商品销售额非线性回归分析**

在本节案例中，可以利用 Excel 2016 中的"数据分析"工具，使用非线性回归分析方法分别以上述 4 种非线性回归函数描述商品销售额与广告宣传支出费用的关系，从而根据未来计划的广告宣传投入金额预测商品可能的销售情况。下面以幂函数和多项式函数为例分别介绍回归分析的实现过程。

1）幂函数回归分析

首先使用 Excel 公式和函数对原始数据进行处理，将幂函数回归分析转换为一元线性回归分析问题。将图 6-77 中的数据复制到新工作表"非线性回归分析"中，在数据右侧添加两列"ln（广告支出）"和"ln（销售额）"。在 E3 单元格中输入公式：

＝LN(C3)

其中，LN 函数为自然对数函数，可以返回函数参数值的自然对数结果。利用填充柄将 E3 单元格中的公式向下复制到 E26 单元格，即在 E 列中完成了对广告支出列的自然对数运算，得到 $\ln X$ 对应的值。在 F3 单元格中输入公式：

＝LN(D3)

利用填充柄将 F3 单元格中的公式向下复制到 F26 单元格，即在 F 列中完成了对销售额列的自然对数运算，得到 $\ln Y$ 对应的值，从而完成幂函数回归线性化处理，如图 6-79 所示。接下来即可将 E 列作为自变量，以 F 列作为因变量进行一元线性回归分析计算。单击"数据"选项卡"分析"组中的"数据分析"按钮，打开"数据分析"对话框，在"分析工具"列表框中选择"回归"选项，单击"确定"按钮，弹出"回归"对话框，在对话框内进行回归参数设置，

"回归"对话框及参数设置如图 6-80 所示。单击"确定"按钮,回归分析结果将显示在名为"幂函数回归分析"的新工作表中。幂函数回归分析结果如图 6-81 所示。

图 6-79 幂函数回归线性化处理

| | A | B | 周期 | 广告支出(万元) | 销售额(万元) | ln(广告支出) | ln(销售额) |
|---|---|---|---|---|---|---|---|
| 1 | | | | | | | |
| 2 | | | 周期 | 广告支出(万元) | 销售额(万元) | ln(广告支出) | ln(销售额) |
| 3 | | | 1 | 32.7 | 209.8 | 3.4874 | 5.3462 |
| 4 | | | 2 | 24.3 | 164.1 | 3.1905 | 5.1005 |
| 5 | | | 3 | 10.8 | 53.5 | 2.3795 | 3.9797 |
| 6 | | | 4 | 15.2 | 84.9 | 2.7213 | 4.4415 |
| 7 | | | 5 | 13.3 | 67.4 | 2.5878 | 4.2106 |
| 8 | | | 6 | 35 | 225.2 | 3.5553 | 5.4170 |
| 9 | | | 7 | 7.6 | 39.5 | 2.0281 | 3.6763 |
| 10 | | | 8 | 9.2 | 45.7 | 2.2192 | 3.8221 |
| 11 | | | 9 | 42.6 | 238.4 | 3.7519 | 5.4739 |
| 12 | | | 10 | 40.9 | 234.7 | 3.7111 | 5.4583 |

图 6-80 "回归"对话框及参数设置 5

| | A | B | C | D | E | F | G | H | I |
|---|---|---|---|---|---|---|---|---|---|
| 1 | SUMMARY OUTPUT | | | | | | | | |
| 2 | | | | | | | | | |
| 3 | 回归统计 | | | | | | | | |
| 4 | Multiple R | 0.989491 | | | | | | | |
| 5 | R Square | 0.979093 | | | | | | | |
| 6 | Adjusted R Square | 0.978143 | | | | | | | |
| 7 | 标准误差 | 0.088614 | | | | | | | |
| 8 | 观测值 | 24 | | | | | | | |
| 9 | | | | | | | | | |
| 10 | 方差分析 | | | | | | | | |
| 11 | | df | SS | MS | F | Significance F | | | |
| 12 | 回归分析 | 1 | 8.090413 | 8.090413 | 1030.3 | 5.66386E-20 | | | |
| 13 | 残差 | 22 | 0.172755 | 0.007852 | | | | | |
| 14 | 总计 | 23 | 8.263167 | | | | | | |
| 15 | | | | | | | | | |
| 16 | | Coefficients | 标准误差 | t Stat | P-value | Lower 95% | Upper 95% | 下限 95.0% | 上限 95.0% |
| 17 | Intercept | 1.306712 | 0.111639 | 11.70477 | 6.4E-11 | 1.075186457 | 1.538238 | 1.075186 | 1.538238 |
| 18 | ln(广告支出) | 1.161192 | 0.036176 | 32.09828 | 5.66E-20 | 1.086166843 | 1.236216 | 1.086167 | 1.236216 |

图 6-81 幂函数回归分析结果

由图 6-80 可以看出,幂函数回归分析得到的相关系数、测定系数、校正测定系数的值均在 0.97 以上,$P$ 值远小于 0.05,表明线性回归拟合效果较好,回归方程总体显著。由单元格区域 B17:B18 内的回归系数可得 $b$ 为 1.1612,$\ln a$ 为 1.3067。利用 EXP 指数函数计算可得:

$$a = e^{1.3067} = 3.6940$$

由非线性回归分析得到的商品销售额幂函数回归模型表达式为:

$$Y = 3.6940X^{1.1612} \qquad (6\text{-}21)$$

式(6-21)中,$X$ 为广告支出;$Y$ 为销售额。

接下来便可利用式(6-21)根据下月计划的广告投入金额预测下月的预计销售额。在工作表"非线性回归预测"的 G3 单元格中输入公式:

$$=3.694 * \text{POWER}(G2, 1.1612)$$

其中,POWER 函数为幂运算函数,其中第一个参数为幂运算的底数,第二个参数为幂值,即以 G2 单元格中的下月计划的广告投入金额值为底数计算其 1.1612 次幂,再乘以 3.694,最后得到下月销售额的预测结果 191.7477 万元。

2) 多项式函数回归分析

继续对工作表"非线性回归分析"中的数据进行处理,将多项式函数回归分析转换为多元线性回归分析问题。在工作表"非线性回归分析"的 D 列前添加新数据列"广告支出$^2$",即广告支出的平方。在 D3 单元格中输入公式:

＝C3^2

利用填充柄将 D3 单元格中的公式向下复制到 D26 单元格,即在 D 列中完成了对广告支出列的平方数运算,得到 $X^2$ 对应的值,从而多项式函数回归线性化处理,如图 6-82 所示。接下来即可将 C 列和 D 列作为自变量,以 E 列作为因变量进行二元线性回归分析计算。单击"数据"选项卡"分析"组中的"数据分析"按钮,弹出"数据分析"对话框,在"分析工具"列表框中选择"回归"选项,单击"确定"按钮,弹出"回归"对话框,在对话框中进行回归参数设置,"回归"对话框及参数设置如图 6-83 所示。单击"确定"按钮,回归分析结果将显示在名为"多项式函数回归分析"的新工作表中。多项式函数回归分析结果如图 6-84 所示。

| | A | B | C | D | E | F | G |
|---|---|---|---|---|---|---|---|
| 1 | | | | | | | |
| 2 | | 周期 | 广告支出(万元) | 广告支出$^2$ | 销售额(万元) | ln(广告支出) | ln(销售额) |
| 3 | | 1 | 32.7 | 1069.29 | 209.8 | 3.4874 | 5.3462 |
| 4 | | 2 | 24.3 | 590.49 | 164.1 | 3.1905 | 5.1005 |
| 5 | | 3 | 10.8 | 116.64 | 53.5 | 2.3795 | 3.9797 |
| 6 | | 4 | 15.2 | 231.04 | 84.9 | 2.7213 | 4.4415 |
| 7 | | 5 | 13.3 | 176.89 | 67.4 | 2.5878 | 4.2106 |
| 8 | | 6 | 35 | 1225 | 225.2 | 3.5553 | 5.4170 |
| 9 | | 7 | 7.6 | 57.76 | 39.5 | 2.0281 | 3.6763 |
| 10 | | 8 | 9.2 | 84.64 | 45.7 | 2.2192 | 3.8221 |
| 11 | | 9 | 42.6 | 1814.76 | 238.4 | 3.7519 | 5.4739 |
| 12 | | 10 | 40.9 | 1672.81 | 234.7 | 3.7111 | 5.4583 |

图 6-82　多项式函数回归线性化处理

图 6-83　"回归"对话框及参数设置 6

由图 6-84 可以看出,多项式回归分析得到的相关系数、测定系数、校正测定系数的值均在 0.97 以上,$P$ 值远小于 0.05,表明线性回归拟合效果较好,回归方程总体显著。由单元

| | A | B | C | D | E | F | G | H | I |
|---|---|---|---|---|---|---|---|---|---|
| 1 | SUMMARY OUTPUT | | | | | | | | |
| 2 | | | | | | | | | |
| 3 | 回归统计 | | | | | | | | |
| 4 | Multiple R | 0.99075399 | | | | | | | |
| 5 | R Square | 0.98159346 | | | | | | | |
| 6 | Adjusted R Square | 0.97984046 | | | | | | | |
| 7 | 标准误差 | 9.72889888 | | | | | | | |
| 8 | 观测值 | 24 | | | | | | | |
| 9 | | | | | | | | | |
| 10 | 方差分析 | | | | | | | | |
| 11 | | df | SS | MS | F | Significance F | | | |
| 12 | 回归分析 | 2 | 106000.1 | 53000.03 | 559.9494 | 6.0563E-19 | | | |
| 13 | 残差 | 21 | 1987.681 | 94.65147 | | | | | |
| 14 | 总计 | 23 | 107987.7 | | | | | | |
| 15 | | | | | | | | | |
| 16 | | Coefficients | 标准误差 | t Stat | P-value | Lower 95% | Upper 95% | 下限 95.0% | 上限 95.0% |
| 17 | Intercept | -54.023647 | 10.43491 | -5.1772 | 3.95E-05 | -75.724222 | -32.3231 | -75.7242 | -32.3231 |
| 18 | 广告支出(万元) | 11.3158959 | 0.934217 | 12.11271 | 6.13E-11 | 9.37308626 | 13.25871 | 9.373086 | 13.25871 |
| 19 | 广告支出$^2$ | -0.0997413 | 0.018792 | -5.30759 | 2.91E-05 | -0.1388218 | -0.06066 | -0.13882 | -0.06066 |

图 6-84　多项式函数回归分析结果

格区域 E18:E19 中的结果可知,各个回归系数对应的 $P$ 值均远小于 0.05,表明多元回归分析中的每个自变量均对因变量有显著性影响,回归系数置信度较高。由单元格区域 B17:B19 中的回归系数结果可知多项式函数中的 $a$ 为 $-54.0236$,$b_1$ 为 $11.3159$,$b_2$ 为 $-0.0997$,由此可以确定商品销售额的多项式函数回归模型表达式为:

$$Y = -54.0236 + 11.3159X - 0.0997X^2 \tag{6-22}$$

式(6-22)中,$X$ 为广告支出;$Y$ 为广告销售额。

接下来便可利用式(6-22)根据下月计划的广告投入金额预测下月的预计销售额。在工作表"非线性回归预测"的 G3 单元格中输入公式:

$=-54.0236 + 11.3159 * G2 - 0.0997 * G2^2$

得到当计划广告投入为 30 万元时,下月销售额的预测结果 195.7234 万元。

此外,还可以根据 C 列中的历史广告支出数据利用式(6-22)进行多项式回归预测,根据预测值绘制多项式函数拟合曲线,并与原始数据的散点图进行对比,得到二次多项式函数回归非线性拟合结果如图 6-85 所示。

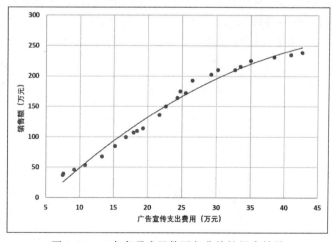

图 6-85　二次多项式函数回归非线性拟合结果

图 6-85 中曲线即为二次多项式回归分析得到的最佳拟合曲线,可以看出大部分数据点都分布在曲线附近,回归分析整体拟合效果较好。实际上,若想取得更好的拟合效果,可以

采用更高阶的多项式回归函数，如三次多项式。在工作表"非线性回归分析"的 E 列前再添加一列"广告支出³"，并使用公式在该列中计算广告支出三次幂的值。接下来便可将 C、D、E 3 列作为自变量，以 F 列作为因变量，将三次多项式回归转换为三元线性回归问题，并使用与二次多项式回归类似的方法使用 Excel 2016 完成回归分析，得到三次多项式函数回归分析结果如图 6-86 所示。

| | A | B | C | D | E | F | G | H | I |
|---|---|---|---|---|---|---|---|---|---|
| 1 | SUMMARY OUTPUT | | | | | | | | |
| 2 | | | | | | | | | |
| 3 | | 回归统计 | | | | | | | |
| 4 | Multiple R | 0.99702362 | | | | | | | |
| 5 | R Square | 0.99405609 | | | | | | | |
| 6 | Adjusted R Square | 0.99316451 | | | | | | | |
| 7 | 标准误差 | 5.66510898 | | | | | | | |
| 8 | 观测值 | 24 | | | | | | | |
| 9 | | | | | | | | | |
| 10 | 方差分析 | | | | | | | | |
| 11 | | df | SS | MS | F | ignificance F | | | |
| 12 | 回归分析 | 3 | 107345.9 | 35781.96 | 1114.93 | 2.03E-22 | | | |
| 13 | 残差 | 20 | 641.8692 | 32.09346 | | | | | |
| 14 | 总计 | 23 | 107987.7 | | | | | | |
| 15 | | | | | | | | | |
| 16 | | Coefficients | 标准误差 | t Stat | P-value | Lower 95% | Upper 95% | 下限 95.0% | 上限 95.0% |
| 17 | Intercept | 21.0149569 | 13.08424 | 1.606127 | 0.12392 | -6.2783 | 48.30821 | -6.2783 | 48.30821 |
| 18 | 广告支出(万元) | -1.1047102 | 1.993696 | -0.5541 | 0.585652 | -5.26349 | 3.054068 | -5.26349 | 3.054068 |
| 19 | 广告支出² | 0.4738861 | 0.089255 | 5.309325 | 3.39E-05 | 0.287703 | 0.66007 | 0.287703 | 0.66007 |
| 20 | 广告支出³ | -0.0077929 | 0.001203 | -6.47566 | 2.59E-06 | -0.0103 | -0.00528 | -0.0103 | -0.00528 |

图 6-86　三次多项式函数回归分析结果

由图 6-86 可以看出，三次多项式回归的测定系数为 0.9941，比图 6-84 中的二次多项式回归测定系数更高。根据单元格区域 B17:B20 中的回归系数，可以确定商品销售额的三次多项式函数回归模型表达式为：

$$Y = 21.0150 - 1.1047X + 0.4739X^2 - 0.0078X^3 \qquad (6\text{-}23)$$

式(6-23)中，$X$ 为广告支出；$Y$ 为销售额。

利用式(6-23)便可根据商品广告支出金额预测销售额的大小，得到当计划广告投入为 30 万元时，下月销售额的预测结果为 203.784 万元。同样地，可以绘制式(6-23)所代表的三次多项式回归拟合曲线，得到三次多项式函数回归非线性拟合结果如图 6-87 所示。可以看出，图 6-87 中的三次多项式曲线拟合效果相比二次多项式回归更加理想。

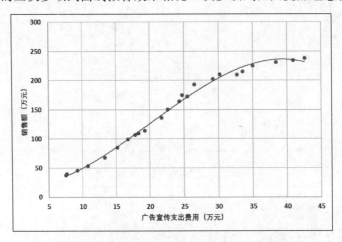

图 6-87　三次多项式函数回归非线性拟合结果

# 本章小结

在"大数据时代"背景下,数据已经渗透到每一个行业和业务职能领域,无论从事什么行业和工作,人们每天都在接收海量的数据和信息,如何把隐没在大量看似杂乱无章的数据里的信息、规律和关键点挖掘出来,是大部分人需要了解乃至深入学习和研究的学问,而这门学问就是数据分析。实际上,数据分析对于非专业人士而言并非难以掌握和理解,Excel 2016 就提供了丰富且简单易用的数据统计与分析工具,这些工具足以满足大多数人日常工作中的数据分析需求。在本章的学习中,借助 Excel 2016 完成了以下数据分析相关工具与方法的学习:

描述性统计分析:通过 Excel 2016 提供的描述统计工具,对数据发生的频数、数据的集中趋势与离散趋势进行分析,了解数据的分布规律;同时利用数据透视表工具分析变量与变量之间的关联信息。

投资决策分析:利用 Excel 2016 提供的财务分析函数,对基金定额投资、银行贷款等额还款过程进行分析,以帮助投资者进行合理决策;使用净现值和内部收益率等指标对企业不同的投资方案进行评价,帮助管理者选择最优方案进行投资。

时间序列预测分析:利用 Excel 2016 提供的数据分析工具完成对时间序列数据的移动平均与指数平滑趋势预测,使用趋势线与规划求解工具完成线性与非线性趋势预测分析,从而根据历史信息对未来的数据进行预测。

相关与回归分析:利用 Excel 2016 提供的相关系数工具分析并量化变量之间的关联程度,同时利用回归分析工具构建变量之间的线性与非线性回归模型,从而根据自变量的取值计算因变量的对应值。

# 思考题

1. 我国 2001—2018 年上市公司数量数据如表 6-5 所示。

表 6-5 我国 2001—2018 年上市公司数量数据

| 年度 | 上市公司(家) | 年度 | 上市公司(家) | 年度 | 上市公司(家) |
|---|---|---|---|---|---|
| 2001 年 | 1160 | 2007 年 | 1550 | 2013 年 | 2489 |
| 2002 年 | 1224 | 2008 年 | 1625 | 2014 年 | 2613 |
| 2003 年 | 1287 | 2009 年 | 1718 | 2015 年 | 2827 |
| 2004 年 | 1377 | 2010 年 | 2063 | 2016 年 | 3052 |
| 2005 年 | 1381 | 2011 年 | 2342 | 2017 年 | 3485 |
| 2006 年 | 1434 | 2012 年 | 2494 | 2018 年 | 3584 |

请根据以上数据,使用合适的方法对 2019 年我国上市公司数量进行预测。

2. 2020 年 4 月的上证指数与深证成指数据如表 6-6 所示。

表 6-6　2020 年 4 月的上证指数与深证成指数据

| 日期 | 深证成指 | 上证指数 | 日期 | 深证成指 | 上证指数 | 日期 | 深证成指 | 上证指数 |
| --- | --- | --- | --- | --- | --- | --- | --- | --- |
| 4.1 | 9951.84 | 2734.52 | 4.13 | 10223.16 | 2783.05 | 4.22 | 10617.19 | 2843.98 |
| 4.2 | 10179.2 | 2780.64 | 4.14 | 10475.71 | 2827.28 | 4.23 | 10564.05 | 2838.50 |
| 4.3 | 10110.11 | 2763.99 | 4.15 | 10417.37 | 2811.17 | 4.24 | 10423.46 | 2808.53 |
| 4.7 | 10428.91 | 2820.76 | 4.16 | 10470.79 | 2819.94 | 4.27 | 10452.17 | 2815.49 |
| 4.8 | 10386.55 | 2815.37 | 4.17 | 10527.99 | 2838.49 | 4.28 | 10501.15 | 2810.02 |
| 4.9 | 10463.05 | 2825.90 | 4.20 | 10621.5 | 2852.55 | 4.29 | 10514.17 | 2822.44 |
| 4.10 | 10298.41 | 2796.63 | 4.21 | 10506.86 | 2827.01 | 4.30 | 10721.78 | 2860.08 |

请根据以上数据分析两大股市指数之间的相关性。

3. 某公司对其主要产品进行了一系列的用户需求调查,发现该产品的定价与用户需求量之间的对应关系如表 6-7 所示。

表 6-7　某主要产品的定价与用户需求量之间的对应关系

| 定价/元 | 800 | 850 | 900 | 950 | 1000 | 1050 | 1100 |
| --- | --- | --- | --- | --- | --- | --- | --- |
| 需求量/万件 | 7.3 | 7.2 | 6.8 | 6.7 | 6.5 | 6 | 5.9 |
| 定价/元 | 1150 | 1200 | 1250 | 1300 | 1350 | 1400 | 1450 |
| 需求量/万件 | 5.6 | 5.4 | 5.3 | 4.9 | 4.3 | 4.1 | 3.6 |

请根据以上数据进行回归分析,并预测当定价为 700 元与 1500 元时的产品需求量。

# 第7章

# 大数据分析实战

本书第1~6章已经对大数据分析相关理论知识体系、工具和方法进行了系统介绍,大数据分析本身是大数据及相关信息技术在各行业及相关领域实际应用的过程,需要通过大量的实践训练才能透彻地掌握其应用方法和手段。本章将结合本书前面章节涉及的所有内容,通过两个大数据分析综合应用案例将相关的知识点、工具方法进行串联,详细介绍包括数据获取、数据预处理、数据分析、结果展示在内的大数据分析实战任务。通过本章的学习,可以加深对大数据分析相关理论方法的理解,以便将其应用于自身的研究与工作领域中解决实际问题。

## 7.1 大数据分析实战案例一:中南映像新闻文本分析

### 7.1.1 案例背景与任务介绍

【例7-1】 小王是某高校信息管理部的成员,负责学校官方主页新闻板块——"中南映像"的内容和信息的管理。经过几年的运营,网站发布了众多不同类型的新闻文稿,形成了大量的新闻数据。小王希望能够利用大数据分析的相关方法和工具对这些新闻数据进行分析,提取其中的关键信息,如每年的新闻热点事件、年度热门关键词、热门人物等,并最终形成"中南映像年度分析宣传册"文档。

新闻文本分析是大数据分析的重要应用方向,也是大数据和人工智能领域的重要分支。通过对海量文本数据的处理、挖掘和建模,可以对其包含的关键因子、情感要素进行提炼,从而完成舆情评价、趋势洞察等后续工作。

本案例基于对中南映像新闻的文本分析以及相关的 Office 操作,主要任务流程如图 7-1 所示,分为 5 部分。

(1) 编写爬虫脚本获取中南映像的新闻文本。

(2) 对获取的新闻文本进行预处理操作。

(3) 对新闻文本进行分析,统计年度新闻的词频并标注词性以及获取关键词。

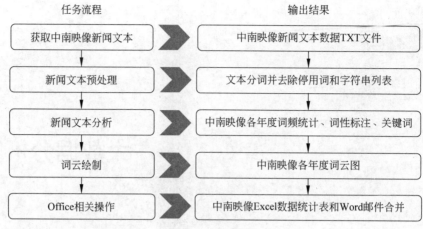

图 7-1  任务流程

(4)基于文本分词和词频统计的结果绘制词云。

(5)Office 相关操作,包括 Excel 数据透视表和 Word 邮件合并。

## 7.1.2  获取中南映像新闻文本

在 3.5.2 节中,已经介绍了使用基于 requests 库和 lxml 库的 XPath 工具实现中南映像新闻标题和供稿单位数据获取的方法。本节案例将继续使用 lxml、requests、random 等 Python 库实现对中南映像新闻文本的抓取,其中爬虫的主要功能依靠 lxml 库和 requests 库来实现。在爬虫案例中,首先使用 requests 库的 get()方法向网站发送请求,并通过 random 库随机挑选预先设定的用户代理,以此在一定程度上防止网站的反抓机制。获得网站的 get()方法返回字段之后,使用 lxml 库的 etree 模块解析字符串格式的 HTML 的文档,从而构造 xpath 的解析对象,并使用 etree 类的 xpath()方法对网站页面各元素进行定位,从而实现对新闻文本的下载。具体实现过程如下所述。

(1)使用 requests 库的 get()方法构造一个向服务器请求资源的 url 对象,在这个过程中可以传入不同指定用户代理(User Agent)来构造随机请求头。具体做法如下:首先定义一个用于存放用户代理的列表,接着使用 random 库的 choice()方法从列表中随机挑选一个用户代理用于构造请求头,并将构造的请求头通过自定义的 make_header()函数返回。具体代码如下。

```
import requests
import random
from lxml import etree

USER_AGENTS = [
    "Mozilla/5.0 (Windows; U; MSIE 9.0; Windows NT 9.0; en-US)",
    "Mozilla/5.0 (Windows; U; Windows NT 5.1; zh-CN) AppleWebKit/523.15 (KHTML, like
Gecko, Safari/419.3) Arora/0.3 (Change: 287 c9dfb30)",
```

```
        "Mozilla/5.0 (Windows; U; Windows NT 5.1; en-US; rv:1.8.1.2pre) Gecko/20070215 K-
Ninja/2.1.1",
        "Mozilla/5.0 (Windows; U; Windows NT 5.1; zh-CN; rv:1.9) Gecko/20080705 Firefox/3.0
Kapiko/3.0",
        "Mozilla/5.0 (Windows NT 6.1; WOW64) AppleWebKit/535.11 (KHTML, like Gecko) Chrome/
17.0.963.56 Safari/535.11",
        "Mozilla/5.0 (Windows NT 6.1; WOW64) AppleWebKit/536.11 (KHTML, like Gecko) Chrome/
20.0.1132.11 TaoBrowser/2.0 Safari/536.11",
        "Mozilla/5.0 (Windows NT 6.1; WOW64) AppleWebKit/537.1 (KHTML, like Gecko) Chrome/
21.0.1180.71 Safari/537.1 LBBROWSER",
        "Mozilla/5.0 (Windows NT 6.1; WOW64) AppleWebKit/535.11 (KHTML, like Gecko) Chrome/
17.0.963.84 Safari/535.11 LBBROWSER",
        "Mozilla/5.0 (Windows NT 5.1) AppleWebKit/537.1 (KHTML, like Gecko) Chrome/21.0.1180.89
Safari/537.1",
        "Mozilla/5.0 (Windows NT 6.1; WOW64) AppleWebKit/537.1 (KHTML, like Gecko) Chrome/
21.0.1180.89 Safari/537.1",
        "Mozilla/5.0 (Windows NT 6.1; Win64; x64; rv:2.0b13pre) Gecko/20110307 Firefox/
4.0b13pre",
        "Mozilla/5.0 (Windows NT 6.1; WOW64) AppleWebKit/537.11 (KHTML, like Gecko) Chrome/
23.0.1271.64 Safari/537.11",
    ]                                            # 用户代理列表


def make_header():                               # 构造随机请求头
    return {
        'User-Agent': random.choice(USER_AGENTS),
    }


def get_HTML(url):
    html = requests.get(url, headers = make_header(), timeout = 10)   # 使用随机请求头
    html.encoding = 'utf-8'
    return etree.HTML(html.text)
```

（2）新闻内容与标题的获取。中南映像的新闻有两套页面布局，2021年和2012年新闻页面布局分别如图7-2和图7-3所示。在抓取新闻的文本过程中，要分别处理这两种页面布局，可以通过try语句来实现这一操作。获取新闻文本内容的步骤如下：首先需要使用xpath()方法定位页面存放新闻文本的标签，接着获取标签下的全部文本，最后还需要去除文本中的特殊字符并将获取的文本中的列表合成字符串。在实际的代码编写中，还需对新闻的页面链接进行处理。即需要在新闻链接之前加上字符串"https://www.zuel.edu.cn"。

在布局1中，文本内容存放在一个<div>标签下，新闻文本页面元素如图7-4所示。

查看该<div>标签的XPath表达式，代码如下：

```
//*[@id = "container"]/div/div[2]/div[2]/div/div[1]/div[1]/div
```

图 7-2　2021 年新闻页面布局

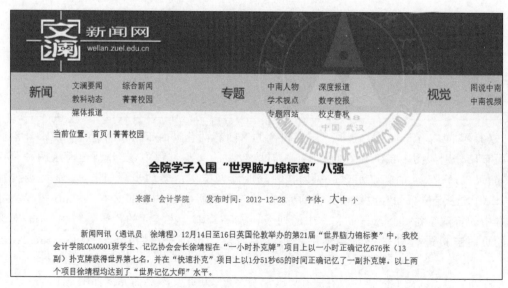

图 7-3　2012 年新闻页面布局

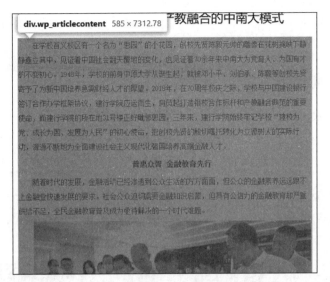

图 7-4 新闻文本页面元素

获取该标签下的全部文本信息,并保存在变量 content 中,代码为:

```
content = html.xpath('//*[@id="container"]/div/div[2]/div[2]/div/div[1]/div[1]/
div//text()')
content = ''.join(content)
```

变量 html 为预先定义,用来存放页面源代码的变量,//text()表示获取该标签下的全部文本,最后再将 content 转化为字符串。

使用同样的方法对新闻标题进行定位、获取文本,并保存在变量 title 中,代码如下:

```
title = (html.xpath('//*[@id="container"]/div/div[2]/div[2]/div/h1/text()'))[0]
```

同理,对布局 2 进行同样的定位操作,可得到新闻标题与内容的文本。代码如下:

```
title = html.xpath('//*[@id="container"]/div/div[1]/div[2]/div/h1/text()')[0].
split('\r\n')[1].strip()
content = html.xpath('//*[@id="newsContent"]/div/div//text()')
```

获取一条新闻的文本的自定义函数 get_news_info()完整代码如下:

```
def get_news_info(news_url):                    #获取新闻的标题、内容
html = get_HTML('https://www.zuel.edu.cn' + news_url)
title,content = None,None
try:  #新版页面
    title = (html.xpath('//*[@id="container"]/div/div[2]/div[2]/div/h1/text()'))[0]
                                    #找到标题
    content = html.xpath('//*[@id="container"]/div/div[2]/div[2]/div/div[1]/div
[1]/div//text()')                   #获取所有内容片段
    content = ''.join(content)
```

```
except:#旧版页面
    title = html.xpath('//*[@id="container"]/div/div[1]/div[2]/div/h1/text()')[0].
split('\r\n')[1].strip()
    content = html.xpath('//*[@id="newsContent"]/div/div//text()')   #content列表
    content = ''.join( [i for i in (''.join(content).split('\r\n')) if (i != '' and i != ' '
and i != ' 'and i != '\xa0')]).strip()
return title,content
```

（3）某一年份页面新闻链接的获取。中南映像网站的新闻是按年份展示的，新闻标题、供稿者、新闻预览图片如图 7-5 所示。要想获取某一年份的全部新闻文本，首先需要获取全部新闻的链接。获取全部新闻的链接方法如下：首先找到该年份所有的页面链接，接着通过一个 for 循环语句依次遍历每一个页面，并使用 xpath() 方法获取定位该页面全部的新闻链接。

图 7-5　新闻标题、供稿者、新闻预览图片

中南映像的新闻标题与链接存放于一个无序列表 < ul > 中，每一条新闻作为无序列表的列表项目 < li >。如果要获取页面全部的新闻链接，首先需要找到存放新闻的无序列表，通过浏览器查看该板块的 XPath 表达式如下：

```
//*[@id="wp_news_w26"]/ul
```

找到无序列表之后，需要获取该列表下所有的列表项目。假设已经通过上文的 get_HTML() 函数解析了该年份的首页面，这里将首页面的地址命名为 first_page_url，并将结果保存在变量 html 中，即

```
html = get_HTML(first_page_url)
```

然后，可通过如下代码获取所有的列表项目，代码中的"//li"符号表示获取该元素下所有<li>标签，结果保存在列表 li_list 中。

```
li_list = html.xpath('//*[@id="wp_news_w26"]/ul//li')
```

获取了全部列表项目后，依次遍历列表 li_list 中每一个<li>标签获取其下的子标签来得到想要的内容。

以下代码展示了某一条新闻板块（见图 7-6）的页面标签详细内容，为了表示简便，使用 url 来代替 href 和 src 属性的实际地址。

```
<li class="news n1 clearfix">
  <div class="slt">
      <a href=url target="_blank" title="大课！3000 余名师生阳光长跑重温建党精神
">< img src=url width="770" height="270"></a></div>
  <div class="wzly">供稿：校报学通社 </div>
</li>
```

图 7-6　新闻板块

可以看到新闻的链接存储在<li>标签下的第一个<div>标签的第一个<a>标签的 href 属性中，如果将列表 li_list 中的每一个元素用变量 li 来表示，新闻的链接用变量 url 来存储，那么获取新闻链接的代码如下：

```
url = li. xpath('div[1]/a')[0]. xpath('@href')
```

上述代码表示获取<li>标签下的第一个<div>标签下的第一个<a>标签,由于 xpath()方法返回的是一个列表,因此还需要从返回列表中取出<a>标签,并再次通过 xpath()方法获取<a>标签的 href 属性,即可获取新闻的链接。

通过上述流程,可以获取到一个页面上的全部新闻链接。接下来,只需循环遍历每个年份的所有页面,即可获取该年份全部的新闻链接。

新闻页码板块如图 7-7 所示,首先需要获取该年份的全部页面数,用变量 all_pages 保存。在浏览器中查看"全部页面"(这里的"全部页面"指图 7-7 中的"页码 1/2"中的 2)的xpath 表达式,代码如下:

```
//＊[@id ="wp_paging_w26"]/ul/li[3]/span[1]/em[2]
```

每页 14 记录  总共 18 记录  第一页  <<上一页 下一页>>  尾页 页码1/2 □  跳转到

图 7-7　新闻页码板块

通过 xpath()方法获取该字段,转换为 int 类型,并命名为 all_pages,用于循环迭代,代码如下:

```
all_pages = int(html.xpath('//＊[@id ="wp_paging_w26"]/ul/li[3]/span[1]/em[2]/text()')[0])
                                            ＃获取全部页数
```

为了获取当前年份每个页面的链接,需要观察页面链接的地址,从中寻找规律,以 2017年的页面链接为例:

```
https://www.zuel.edu.cn/2017n/list1.htm            ＃第 1 页
https://www.zuel.edu.cn/2017n/list2.htm            ＃第 2 页
```

可以看到年份页面的链接形式为 www. zuel. edu. cn/＋年份(数字)＋n/list＋当前页面数＋. html。因此,若用变量 current_page 表示当前页面数,用变量 current_page_url 表示当前遍历的页面地址,则每次更新页面链接可用如下代码表示:

```
current_page += 1
current_page_url = 'https://www.zuel.edu.cn/' + year + 'n/list' + str(current_page) + '. htm'
                                            ＃下一页
```

在遍历页面的过程中,需要保存每一条新闻链接的文本信息。定义变量 title、content分别为新闻的标题和内容,通过以下代码获取新闻的标题和代码:

```
title,content = get_news_info(page_news_url_list[i][0])
```

接下来,需要将新闻的年份、标题、供稿者、内容写入文件,文件命名为 news. txt。获取每一年全部的新闻文本代码如下:

```
def get_year_info(first_page_url):            # 获取每一年所有的新闻
year = first_page_url[24:28]                  # 年份
html = get_HTML(first_page_url)
all_pages = int(html.xpath('//*[@id = "wp_paging_w26"]/ul/li[3]/span[1]/em[2]/
text()')[0])                                  # 获取全部页数
current_page = 1                              # 当前页
while current_page <= all_pages:
    page_news_url_list = [news_url.xpath('div[1]/a')[0].xpath('@href') for news_url in
html.xpath('//*[@id = "wp_news_w26"]/ul//li')]     # 获取当前页面所有的新闻链接
    contributor = html.xpath('//*[@id = "wp_news_w26"]/ul//li/div[3]/text()')
                                              # 获取供稿人
    title,content = None,None
    for i in range(len(page_news_url_list)):
        print(year,current_page,i,'\n')       # 打印年份,页面,第几条新闻
        try:
            title,content = get_news_info(page_news_url_list[i][0])
        except:
            print('fail','\n')                # 异常
            continue
        else:
            file = open('news.txt','a',encoding = 'utf - 8')
            # 将内容写入文件
            file.write(year + '\t' + title + '\t' + contributor[i][3:] + '\t' + content + '\n')
            file.close()
    current_page += 1
current_page_url = 'https://www.zuel.edu.cn/' + year + 'n/list' + str(current_page) + '.htm'
html = get_HTML(current_page_url)             # 遍历下一页
```

(4) 获取年份。在完成上述三步之后,需要获取新闻年份列表,然后逐年将新闻数据写入文件便可完成对中南映像新闻的抓取。

中南映像年份板块如图 7-8 所示,中南映像的新闻全部按年份分类,首先需要对存放年份的标签进行定位。年份页面元素定位结果如图 7-9 所示。

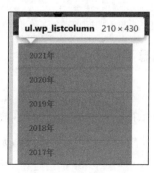

| 2021年 |
| 2020年 |
| 2019年 |
| 2018年 |
| 2017年 |
| 2016年 |

图 7-8　中南映像年份板块　　　　图 7-9　年份页面元素定位结果

年份存放在一个无序列表中,每个列表项目用来保存年份。查看该列表的 XPath 表达式如下:

```
//*[@id="wp_listcolumn_w24"]/ul
```

由于需要获取年份的链接,而该列表下除了< li >标签以外没有其他标签,因此可以直接获取该标签下的所有< a >标签,再获取< a >标签的 href 属性即可,代码如下:

```
html = get_HTML('https://www.zuel.edu.cn/story/')
years = [year.xpath('@href')[0] for year in html.xpath('//*[@id="wp_listcolumn_
w24"]/ul//a')]
```

完成上述步骤后,通过一个 for 循环语句对 years 进行遍历,每次调用 get_year_info() 函数写入当前年份的新闻数据,代码如下:

```
for year in years:
get_year_info('https://www.zuel.edu.cn' + year)
```

运行上述代码后,即可将抓取的所有新闻数据写入 news.txt 文本文件中。

## 7.1.3 词频统计与词云绘制

获取中南映像新闻文本数据后,可使用 jieba、wordcloud、Matplotlib 等 Python 库进行词频统计、词性标注、词云绘制等操作。其中 jieba 库主要使用了 posseg 模块对新闻文本进行分词与词性标注,wordcloud 库和 Matplotlib 库用于绘制词云。本例的代码包括以下 5 部分:①读取新闻数据和停用词表;②分词与词频统计;③词云绘制与结果展示;④词性分类;⑤热门人物与热门地点统计。具体实现过程如下。

(1) 读取新闻数据和停用词表。在将抓取结果写入文本文件时,同一新闻的不同字段间用\t 分隔,不同新闻间用\n 分隔,news.txt 中存放的新闻文本数据抓取结果如图 7-10 所示。因此可以先对全部新闻文本按\n 进行字符串切片,得到包含所有新闻的列表,再对每一条新闻按\t 进行字符串切片,即可获得新闻的不同字段。

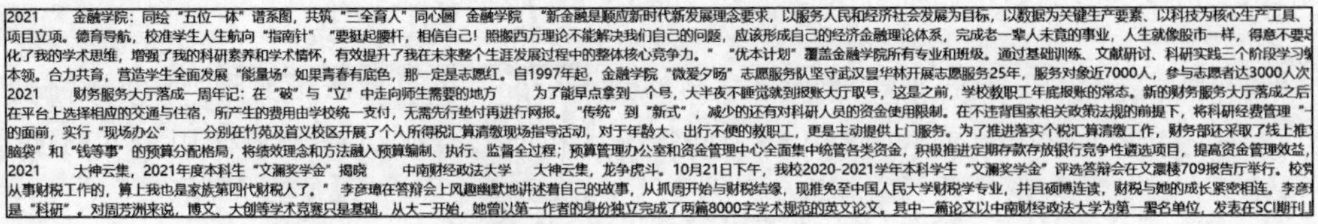
2021　金融学院:同绘"五位一体"谱系图,共筑"三全育人"同心圆　金融学院　"新金融是顺应新时代新发展理念要求,以服务人民和经济社会发展为目标,以数据为关键生产要素、以科技为核心生产工具、
项目立项。德育导航,校准学生人生航向"指南针"　"要挺起腰杆,相信自己!照搬西方理论不能解决我们自己的问题,应该形成自己的经济金融理论体系,完成老一辈人未竟的事业,人生就像股市一样,得意不要
化了我的学术思维,增强了我的科研素养和学术情怀,有效提升了我在未来整个生涯发展过程中的整体核心竞争力。" "优本计划"覆盖金融学院所有专业和班级。通过基础训练、文献研讨、科研实践三个阶段学习
本领。合力共育,营造学生全面发展"能量场"如果青春有底色,那一定是志愿红。自1997年起,金融学院"微爱夕阳"志愿服务队坚守武汉昙华林开展志愿服务25年,服务对象近7000人,参与志愿者达3000人次
2021　财务服务大厅落成一周年记:在"破"与"立"中走向师生需要的地方　为了能早点拿到一个号,大半夜不睡觉就到报账大厅取号,这是之前,学校教职工年底报账的常态。新的财务服务大厅落成之后
在平台上选择相应的交通与住宿,所产生的费用由学校统一支付,无需先行垫付再进行网报。"传统"到"新式",减少的还有对科研人员的资金使用限制。在不违背国家相关政策法规的前提下,将科研经费管理"
的面前,实行"现场办公"——分别在竹苑及首义校区开展了个人所得税汇算清缴现场指导活动,对于年龄大、出行不便的教职工,更是主动提供上门服务。为了推进落实个税汇算清缴工作,财务部还采取了线上推
脑袋"和"钱等事"的预算分配格局,将绩效理念和方法融入预算编制、执行、监督全过程;预算管理办公室和资金管理中心全面集中统管各类资金,积极推进定期存款存放银行竞争性遴选项目,提高资金管理效益,
2021　大神云集,2021年度本科生"文澜奖学金"揭晓　中南财经政法大学　大神云集,龙争虎斗。10月21日下午,我校2020-2021学年本科学生"文澜奖学金"评选答辩会在文澜楼709报告厅举行。校
从事财税工作的,算上我也是家族第四代财税人了。" 李彦璐在答辩会上风趣幽默地讲述着自己的故事,从抓周开始与财税结缘,现推免至中国人民大学财税学专业,并且硕博连读,财税与她的成长紧密相连。李彦
是"科研"。对周芳洲来说,博文、大创等学术竞赛只是基础,从大二开始,她曾以第一作者的身份独立完成了两篇8000字学术规范的英文论文,其中一篇论文以中南财经政法大学为第一署名单位,发表在SCI期刊

图 7-10　新闻文本数据抓取结果

为了对不同年份的新闻数据进行词频统计,还需要将新闻文本按年份分类。每条新闻的第 1 个字段为年份信息,第 4 个字段为新闻内容,因此可以通过一个 for 循环语句依次判断每条新闻的年份,将相同年份的新闻内容保存在一个列表中,再将所有列表保存在一个列表中,用变量 content_list 来表示,代码如下:

```
with open('./data/news.txt','r',encoding = 'utf − 8') as file:
data = file.read().split('\n')                    #读取新闻数据
content_list = []
years = list(range(2021,2011, − 1))
for year in years:
#从新闻数据中提取出新闻内容,并按年份划分,保存在 content_list
content_list.append([content.split('\t')[3] for content in data if int(content[0:4]) ==
year])
content_list = [''.join(content) for content in content_list]

with open('./data/baidu_stopwords.txt','r',encoding = 'utf − 8') as file:
stop_words = file.read().split('\n')              #加载停用词表
```

(2) 分词与词频统计。使用 jieba. posseg. cut()方法对新闻文本进行分词,并标注词性。完成分词操作之后,还需过滤停用词与标点符号。过滤停用词可以通过 for 循环语句对分词结果依次遍历,并去除出现在停用词列表中的词。标点字符的处理可以通过去掉长度为 1 的词来实现。由于 jieba. posseg. cut()方法返回的结果为 pair(word,flag)结构,要对词语进行遍历需要访问 pair 的 word 成员,词语的词性则是 pair 的 flag 成员。完成新闻文本的预处理之后,便可进行词频统计。将上述流程用 words_content()函数来表示,为了方便绘制词云,words_content()函数除了返回词频统计的结果外,还返回了分词结果,代码如下:

```
def words_count(content):
words = list(jieba. posseg. cut(content,HMM = False))      #分词,标注词性
words = [w for w in words if w.word not in stop_words]     #过滤停用词
words = [w for w in words if len(w.word)> 1]              #过滤长度为 1 的词和特殊字符
words = [(w.word,w.flag) for w in words]
words_count_dict = {}
#统计词频
for word in words:
    words_count_dict[word] = words_count_dict.get(word,0) + 1
return [w[0] + '' for w in words], sorted(words_count_dict.items(), key = lambda x:x[1],
reverse = True)                                          #词频从大到小排序
```

(3) 词云绘制与结果展示。词云的绘制通过 wordcloud()方法来实现,此外还需使用 matplotlib. pyplot 模块来显示词云。除了词频统计和词云绘制,本案例还使用了 TFIDF 算法来获取新闻的年度关键词,代码如下:

```
i = 0
for content in content_list:
cut_text,result = words_count(content)
print(years[i],'词频统计前 20 位:')
print(result[0:20])
TDIDF_10 = jieba. analyse. TFIDF(). extract_tags(content,topK = 10,withWeight = True)
#提取关键词,前 10 位
```

```
    print(years[i],'关键词:')
    print(TDIDF_10,'\n')
    wc = WordCloud(font_path = './data/simfang.ttf',background_color =
                                        'white').generate(''.join(cut_text))    #绘制词云
    plt.ion()
    plt.figure(i)
    plt.axis('off')
    plt.imshow(wc)
    i = i + 1
```

年度新闻词频统计、词性标注、关键词结果如图 7-11 所示。

```
2021 词频统计前20位:
[(('金融', 'n'), 85), (('学生', 'n'), 75), (('学院', 'n'), 58), (('教育', 'vn'), 53), (('学校', 'n'), 50), (('活动', 'vn'), 50), (('研究', 'vn'), 50), (('工作', 'vn'), 50), (('服务',
'vn'), 49), (('发展', 'vn'), 44), (('中国', 'ns'), 40), (('武汉', 'ns'), 40), (('建行', 'v'), 39), (('学习', 'v'), 37), (('实践', 'v'), 35), (('育人', 'nrt'), 32), (('财务', 'n'), 32),
(('红色', 'n'), 31), (('文献', 'n'), 31), (('财务部', 'nt'), 30)]
2021 关键词:
[('朱金超', 0.06857027846026024), ('金融', 0.03820818292038781), ('学生', 0.03700420654430271), ('育人', 0.03317227821645407), ('学院', 0.03230839508504922), ('毛磊',
0.02975061564078418), ('财务部', 0.027538628083896923), ('西华县', 0.025871153255226435), ('教育', 0.02576447278822875), ('我校', 0.02558592479860457)]

2020 词频统计前20位:
[(('学生', 'n'), 331), (('预算', 'v'), 212), (('教学', 'n'), 205), (('学校', 'n'), 157), (('工作', 'vn'), 153), (('中国', 'ns'), 149), (('老师', 'n'), 122), (('教授', 'n'), 120), (('专
业', 'n'), 120), (('研究', 'vn'), 112), (('经济', 'n'), 112), (('管理', 'vn'), 110), (('毕业', 'n'), 100), (('同学', 'n'), 100), (('学院', 'n'), 99), (('会计', 'v'), 99), (('武汉',
'ns'), 98), (('学习', 'v'), 97), (('发展', 'vn'), 97), (('国家', 'n'), 93)]
2020 关键词:
[('学生', 0.06207563317352249), ('预算', 0.04972044660266572), ('教学', 0.04938986839565748), ('中原大学', 0.029552206687140023), ('学校', 0.029080511091005175), ('会计',
0.02605083351973089), ('老师', 0.02530205497306303), ('专业', 0.024183393149770593), ('同学', 0.02344901107497315), ('我们', 0.022622764740260648)]

2019 词频统计前20位:
[(('学生', 'n'), 366), (('研究', 'vn'), 140), (('教学', 'n'), 130), (('老师', 'n'), 128), (('工作', 'vn'), 119), (('教授', 'n'), 105), (('学校', 'n'), 102), (('团队', 'n'), 93), (('实
践', 'v'), 87), (('教育', 'vn'), 79), (('会计', 'v'), 79), (('政府', 'n'), 77), (('经济', 'n'), 76), (('中国', 'ns'), 75), (('学习', 'v'), 72), (('社会', 'n'), 68), (('课堂', 'n'), 67),
(('学院', 'n'), 65), (('发展', 'vn'), 64), (('知识产权', 'n'), 61)]
2019 关键词:
[('学生', 0.09525655467949422), ('教学', 0.04346583029410676), ('老师', 0.03684058804971098), ('团队', 0.02967805766455383), ('会计', 0.028849224281604496), ('研究',
0.027335857360594296), ('课堂', 0.027262103102025377), ('教授', 0.027117526448213962), ('学校', 0.0262194256604263), ('实践', 0.02615767415275741)]

2018 词频统计前20位:
[(('学生', 'n'), 192), (('学校', 'n'), 138), (('工作', 'vn'), 130), (('中南', 'ns'), 121), (('研究生', 'n'), 77), (('国家', 'n'), 65), (('老师', 'n'), 64), (('发展', 'vn'), 63), (('中
国', 'ns'), 63), (('湖北', 'ns'), 59), (('研究', 'vn'), 59), (('高校', 'n'), 58), (('教学', 'n'), 56), (('建设', 'vn'), 55), (('我校', 'r'), 55), (('论坛', 'n'), 54), (('学习', 'v'),
51), (('金融', 'n'), 49), (('学科', 'n'), 45), (('资助', 'n'), 44)]
2018 关键词:
[('学生', 0.06202982845499411), ('中南', 0.058451389916028926), ('学校', 0.04403395113140423), ('我校', 0.03685813177081114), ('研究生', 0.03627278579821514), ('工作',
0.030627059504764843), ('朱巧玲', 0.02747606186551376), ('文澜', 0.026539781018499468), ('高校', 0.026234100573575874), ('校友', 0.026168208656028924)]

2017 词频统计前20位:
[(('研究', 'vn'), 108), (('工作', 'vn'), 71), (('老师', 'n'), 68), (('学生', 'n'), 63), (('中国', 'ns'), 54), (('同学', 'n'), 53), (('政府', 'n'), 48), (('发展', 'vn'), 46), (('学校',
'n'), 45), (('中南', 'ns'), 44), (('志愿', 'n'), 44), (('经济', 'n'), 44), (('团队', 'n'), 38), (('会计', 'v'), 37), (('学术', 'n'), 36), (('专业', 'n'), 35), (('教授', 'n'), 33), (('研
究所', 'n'), 33), (('活动', 'vn'), 32), (('教学', 'n'), 31)]
2017 关键词:
[('陈艳辉', 0.06681709116543143), ('研究', 0.035752635623198845), ('老师', 0.03318219721436337), ('志愿', 0.030483154817750553), ('同学', 0.029241568521005283), ('中南',
0.029030614242597046), ('学生', 0.027799307463514278), ('会计', 0.022908065496175637), ('工作', 0.022846221063230227), ('陈柏峰', 0.021967262848908965)]

2015 词频统计前20位:
[(('学生', 'n'), 120), (('教授', 'n'), 100), (('学校', 'n'), 83), (('校友', 'n'), 82), (('老师', 'n'), 79), (('工作', 'vn'), 77), (('研究', 'vn'), 72), (('中国', 'ns'), 68), (('活动',
'vn'), 65), (('武汉', 'ns'), 64), (('中南', 'ns'), 55), (('社会', 'n'), 55), (('学术', 'n'), 47), (('答疑', 'v'), 45), (('生活', 'vn'), 41), (('微笑', 'vn'), 41), (('中南财经政法大学',
'nt'), 39), (('发展', 'vn'), 39), (('全国', 'n'), 38), (('时间', 'n'), 38)]
2015 关键词:
[('校友', 0.05295055481635736), ('学生', 0.04113691521713062), ('郭老', 0.03578973781079586), ('教授', 0.03401711394747793), ('老师', 0.0299488649105044), ('刘宁',
0.028443415424458718), ('中南', 0.028191831178812753), ('学校', 0.02810203602902213), ('中南财经政法大学', 0.02714933796748751), ('答疑', 0.02707839405273019)]

2014 词频统计前20位:
[(('学生', 'n'), 39), (('我校', 'r'), 36), (('比赛', 'vn'), 28), (('学院', 'n'), 27), (('环节', 'n'), 27), (('考研', 'vn'), 25), (('学校', 'n'), 24), (('12', 'eng'), 22), (('选手',
'v'), 22), (('中国', 'ns'), 20), (('被告', 'n'), 20), (('代表队', 'n'), 20), (('全国', 'n'), 19), (('教职工', 'n'), 18), (('来自', 'v'), 17), (('文化', 'n'), 16), (('博文', 'nr'), 16),
(('原告', 'n'), 16), (('大学', 'n'), 15), (('决赛', 'n'), 15)]
2014 关键词:
[('我校', 0.08661131618120346), ('考研', 0.05947492508703964), ('12', 0.05052326777236869), ('学生', 0.04523404931673978 6), ('代表队', 0.04299376867417915), ('教职工',
0.03988438440205273), ('环节', 0.03866118538703763), ('比赛', 0.03850553803440531), ('选手', 0.03819861502415375), ('学院', 0.03535592327842422 6)]

2013 词频统计前20位:
[(('实践', 'v'), 61), (('我校', 'r'), 59), (('学院', 'n'), 40), (('学生', 'n'), 38), (('戏剧', 'n'), 31), (('合作', 'vn'), 31), (('大学', 'n'), 27), (('中南财经政法大学', 'nt'), 23),
(('活动', 'vn'), 22), (('基地', 'n'), 21), (('发展', 'vn'), 20), (('专业', 'n'), 20), (('大赛', 'n'), 19), (('工作', 'vn'), 19), (('新闻网', 'nz'), 18), (('教育', 'vn'), 18), (('文化',
'n'), 18), (('院长', 'n'), 18), (('中南', 'ns'), 18), (('学校', 'n'), 17)]
2013 关键词:
[('我校', 0.15936088627905556), ('实践', 0.09176020413013557), ('中南财经政法大学', 0.060817763379078175), ('学院', 0.05880523598617261), ('戏剧', 0.05001899995946905), ('学生',
0.04948140741820153 4), ('12', 0.04321651153330320 6), ('暑期社会', 0.04321651153330320 6), ('通讯员', 0.04303214474175328), ('合作', 0.03859050469973565)]

2012 词频统计前20位:
[(('发展', 'vn'), 48), (('金融', 'n'), 42), (('中国', 'ns'), 37), (('工作', 'vn'), 34), (('宪法', 'n'), 26), (('报告', 'n'), 24), (('同学', 'n'), 23), (('学校', 'n'), 22), (('教授',
'n'), 22), (('创业', 'n'), 22), (('我校', 'r'), 19), (('学院', 'n'), 19), (('学生', 'n'), 17), (('推进', 'v'), 17), (('我国', 'r'), 17), (('建设', 'vn'), 16), (('项目', 'n'), 15), (('世
界', 'n'), 14), (('记忆', 'n'), 14), (('中南', 'ns'), 13)]
2012 关键词:
[('我校', 0.06272868891331124), ('金融', 0.06090293860034797), ('宪法', 0.04991612570316487), ('占座', 0.04952264914208781 6), ('发展', 0.04739107937617233), ('同学',
0.045772068116362884), ('创业', 0.042438274640563385), ('2012', 0.03961811931367025), ('工作', 0.03946234124272300 6), ('教授', 0.03474649498224247)]
```

图 7-11　年度新闻词频统计、词性标注、关键词结果

由图 7-11 的年度关键词统计结果可以发现，2012—2021 年期间"学生""教学""教师""老师"等词出现的次数较多，其中"学生"一词在 2020 年、2019 年、2018 年、2016 年、2015 年、2014 年出现的次数均为第一名，这与高校"以学生为中心"的办学理念契合。"研究""学术"等词出现的次数较高，这也体现了高校注重科研、专心学术的特点。"金融""经济"等词汇在一些年份出现的次数较高，尤其是 2021 年，这从侧面体现了该高校的学科特长。2014 年，"我校""比赛""选手""代表队"等词汇出校较高，可以推测该高校在这一年组织或参加了一些赛事。

利用 matplotlib.pyplot 模块的 ion()、figure()、imshow()方法，可以实现在 for 循环语句下展示多张图片，2019—2021 年度新闻词云图结果如图 7-12 所示。

图 7-12 2019—2021 年度新闻词云图结果

（4）词性分类。在对文本按词性分词的基础上，可以对分词结果按词性进行分类，例如获取某一年份的所有名词或者动词等，代码如下：

```
def word_cla(content,cla):
    ♯如果 content 是字符串先分词再统计词频,如果 content 是统计好的词频字典则不需要处理
    words_count_dict = words_count(content)[1] if type(content) == str else content
    return [w for w in words_count_dict if w[0][1] == cla]
```

（5）热门人物与热门地点统计。利用上述 word_cla()函数可以对年度热门人物和热门地点进行统计。在 jieba 分词的词性标注 jieba.posseg.cut()方法中，人名用 nr 来表示，地名用 ns 来表示。以 2020 年的词性标注分词结果为例，统计该年度各人名和各地名出现的次数，以此获取 2020 年的热门人物和热门地点，代码如下：

```
words_count_2020 = words_count(content_list[1])[1]      ♯获取 2020 年的分词结果
person = word_cla(words_count_2020,'nr')[0:20]
print(person,'\n')
place = word_cla(words_count_2020,'ns')[0:20]
print(place)
```

运行上述代码，得到 2020 年热门人物和热门地点结果，如图 7-13 所示。

```
[(('师生', 'nr'), 51), (('谭飞', 'nr'), 44), (('吴汉东', 'nr'), 33), (('智慧', 'nr'), 33), (('博士生', 'nr'), 26), (('王金秀', 'nr'), 25), (('郭月梅', 'nr'), 22), (('杜兴祥', 'nr'), 18), (('荣获', 'nr'), 17), (('李晓丹', 'nr'), 15), (('蔡超雄', 'nr'), 15), (('黄浩菊', 'nr'), 14), (('玉兰', 'nr'), 14), (('郭道扬', 'nr'), 13), (('汉语言', 'nr'), 13), (('杰出青年', 'nr'), 10), (('周凌', 'nr'), 10), (('阳光', 'nr'), 9), (('全校师生', 'nr'), 9), (('龚强', 'nr'), 9)]

[(('中国', 'ns'), 149), (('武汉', 'ns'), 98), (('中南', 'ns'), 74), (('湖北省', 'ns'), 40), (('湖北', 'ns'), 39), (('武汉市', 'ns'), 17), (('青春', 'ns'), 14), (('中原', 'ns'), 14), (('东西', 'ns'), 14), (('河南', 'ns'), 11), (('保家卫国', 'ns'), 8), (('郑昌', 'ns'), 8), (('武昌', 'ns'), 8), (('长江', 'ns'), 8), (('湖南', 'ns'), 7), (('关联', 'ns'), 7), (('南湖', 'ns'), 7), (('扎根', 'ns'), 6)]
```

图 7-13 2020 年热门人物和热门地点结果

从运行结果中可以看出,2020 年人名的词汇出现的次数从高到低依次为谭飞、吴汉东、王金秀、郭月梅、杜兴洋、李晓丹、蔡超雄、黄洁莉、郭道扬、周凌、龚强,2020 年热门人物柱状图如图 7-14 所示;2020 年地名的词汇出现的次数从高到低依次为中国、武汉、湖北省、河南、武昌、长江、湖南、南湖,2020 年热门地点柱状图如图 7-15 所示。可以将上述人物和地点作为 2020 年度新闻的热门和热门地点。

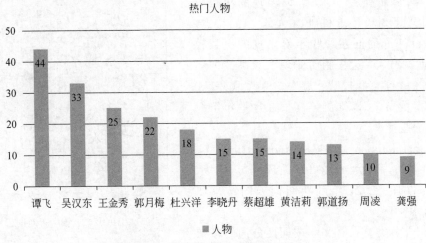

图 7-14　2020 年热门人物柱状图

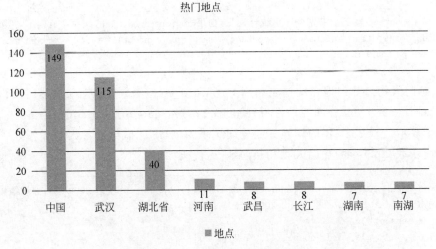

图 7-15　2020 年热门地点柱状图

## 7.1.4　基于 Excel 数据透视表的词频统计

使用 Excel 统计词频,首先需要将分词结构写入 TXT 文件,再将 TXT 文件导入 Excel 表格中。以 2021 年为例,将分词结果写入 TXT 文件,并命名为 2021.txt,代码如下:

```
words_count_2021 = words_count(content_list[0])[0]      #获取 2021 年度新闻分词结果
file = open('2021.txt','a',encoding = 'utf - 8')
```

```
file.write('分词' + '\n')
for word in words_count_2021:
    file.write(word[ : -1] + '\n')
file.close()
```

运行上述代码,得到的分词结果 TXT 文件如图 7-16 所示。

在 Excel 中,单击"数据"选项卡"获取外部数据"组中的"自文本"按钮,弹出"导入文本文件"对话框,选择 2021.txt 文件,单击"导入"按钮,便可将文本数据导入 Excel 表格。将新闻文本导入 Excel 结果如图 7-17 所示。

首先,在 Excel 表格中选中需要进行词频统计的单元表格,然后单击"插入"选项卡"表格"组中的"数据透视表"按钮,弹出"来自表格或区域的数据透视表"对话框,如图 7-18 所示。

单击"确定"按钮后,将"分词"项拖入"行"和"计数项"的值窗口,如图 7-19 所示。

再按"计数项:分词"降序排列便可得到词频统计结果,如图 7-20 所示。

按照上述方法可以对新闻文本做更多的文本分析,例如统计各单位的投稿数量。选择"来源"列,插入

| 文件(F) | 编辑(E) | 格式(O) | 查看(V) | 帮助(H) |
| --- | --- | --- | --- | --- |
| 分词 | | | | |
| 学校 | | | | |
| 首义 | | | | |
| 校区 | | | | |
| 名为 | | | | |
| 思园 | | | | |
| 花园 | | | | |
| 创校 | | | | |
| 先贤 | | | | |
| 陈毅 | | | | |
| 元帅 | | | | |
| 雕像 | | | | |
| 花树 | | | | |
| 掩映 | | | | |
| 静静 | | | | |
| 矗立 | | | | |
| 见证 | | | | |
| 中国 | | | | |
| 社会 | | | | |
| 翻天覆地 | | | | |
| 变化 | | | | |
| 见证 | | | | |

图 7-16 分词结果 TXT 文件

| | A | B | C | D | E | F | G | H | I |
| --- | --- | --- | --- | --- | --- | --- | --- | --- | --- |
| 1 | 分词 | | | | | | | | |
| 2 | 学校 | | | | | | | | |
| 3 | 首义 | | | | | | | | |
| 4 | 校区 | | | | | | | | |
| 5 | 名为 | | | | | | | | |
| 6 | 思园 | | | | | | | | |
| 7 | 花园 | | | | | | | | |
| 8 | 创校 | | | | | | | | |
| 9 | 先贤 | | | | | | | | |
| 10 | 陈毅 | | | | | | | | |
| 11 | 元帅 | | | | | | | | |
| 12 | 雕像 | | | | | | | | |
| 13 | 花树 | | | | | | | | |
| 14 | 掩映 | | | | | | | | |
| 15 | 静静 | | | | | | | | |
| 16 | 矗立 | | | | | | | | |
| 17 | 见证 | | | | | | | | |
| 18 | 中国 | | | | | | | | |
| 19 | 社会 | | | | | | | | |
| 20 | 翻天覆地 | | | | | | | | |
| 21 | 变化 | | | | | | | | |
| 22 | 见证 | | | | | | | | |
| 23 | 余年 | | | | | | | | |
| 24 | 中南 | | | | | | | | |
| 25 | 大为 | | | | | | | | |
| 26 | 育人 | | | | | | | | |
| 27 | 育才 | | | | | | | | |
| 28 | 学校 | | | | | | | | |

图 7-17 将新闻文本导入 Excel 结果

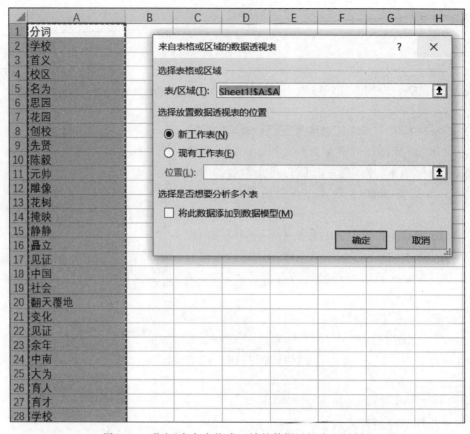

图 7-18　弹出"来自表格或区域的数据透视表"对话框

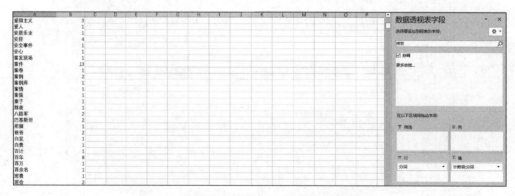

图 7-19　将"分词"项拖入"行"和"计数项"的值窗口

数据透视表,并按"来源"列进行计数后降序排列,即可得到投稿数量较多的单位名称。各单位的投稿数量如图 7-21 所示。还可以对各年份的新闻数量进行统计。选择"年份"列,插入数据透视表,并按"年份"列进行计数后降序排列,各年份新闻数量如图 7-22 所示。从排序结果可以看出,2020 年的新闻数量最多,2012 年的新闻数量最少。

| | 行标签 | 计数项:分词 |
|---|---|---|
| | 金融 | 85 |
| | 学生 | 75 |
| | 学院 | 58 |
| | 教育 | 53 |
| | 学校 | 50 |
| | 研究 | 50 |
| | 活动 | 50 |
| | 工作 | 50 |
| | 服务 | 49 |
| | 发展 | 44 |
| | 中国 | 40 |
| | 武汉 | 40 |
| | 建行 | 39 |
| | 学习 | 37 |
| | 实践 | 35 |
| | 育人 | 32 |
| | 财务 | 32 |
| | 文献 | 31 |
| | 红色 | 31 |
| | 财务部 | 30 |
| | 教授 | 29 |
| | 禅让 | 29 |
| | 参加 | 29 |
| | 西华县 | 27 |
| | 项目 | 27 |

图 7-20　词频统计结果

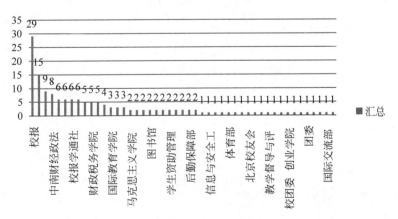

图 7-21　各单位的投稿数量

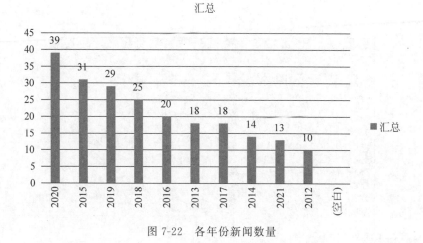

图 7-22　各年份新闻数量

## 7.1.5　基于 Word 邮件合并的新闻汇总

按照与 7.1.4 节类似的方法将 news. txt 文件中的新闻本文数据导入 Excel 表格中，得到新闻汇总表格文件，命名为 news. xlsx，如图 7-23 所示。

| | | | |
|---|---|---|---|
| 2021 | 夏世华：专注于冷门绝学研究的"赶路人" | 校报学通社 | 2020年末全国哲学社会科学工作办公室网站公布了"2020年度国家社科基金冷门绝学研究专项立项名单"，其 |
| 2020 | 吴汉东："我为中国知识产权事业鼓与呼" | 知识产权研究中心 | 12月10日，在由中国版权协会主办的2020年中国版权年会上，全国政协文化文史和学习委员会副主任、中国 |
| 2020 | 扎根中国大地的"80后"法学家陈柏峰 | 法学院 | 第九届"全国杰出青年法学家"座谈会9日上午在人民大会堂召开，10名"全国杰出青年法学家"称号获得者和20 |
| 2020 | 万后芬：躬耕不辍研营销之学，大爱无闻育英才辈出 | 工商管理学院 | 她坚守讲台40余载，经历了从小学老师、中学老师到大学教授的教学生涯，为国家培养了大批优秀人才。她 |
| 2020 | 李晓丹：高校复兴甘当铺路石，勤勉治学教改天地宽 | 工商管理学院 | 她是文革后我国恢复研究生招生制度的第一批硕士研究生，她是学校第一批被国家委派前往苏联留学的专家 |
| 2020 | 欧阳旭初：致力农本精神之弘扬，培养善治"三农"之人才 | 工商管理学院 | 他孜孜不倦在中国"三农"问题理论研究与实践探索道路上耕耘了四十余载他开拓创新为我校农业经济学科改 |
| 2020 | 余鑫炎：勤勉治学促商经发展，春风化雨润桃李满园 | 工商管理学院 | 总有一些名字，在历史的长卷中，被我们永远传诵。是他们，改变了未来的走向，让我们踏上光明坦途。他 |
| 2020 | 邬义钧：凝心悉力工经发展，峥嵘传扬中原精神 | 工商管理学院 | 他，从小家境贫寒努力克服一切困难发愤图强成为我国经济学界一代知名学者他，无私奉献甘为人梯坚守讲 |
| 2020 | 《中国会计通史》——改变了"只有西式簿记才是科学的"结论 | 会计学院 | 郭道扬：中南财经政法大学资深教授，享誉中外的会计史学家，全国五一劳动奖章获得者，荣获湖北省劳动 |
| 2020 | 景洋子：执法国际网球赛场的体育老师 | 校报学通社 | 秋天的一个午后，清爽的空气中洒下温暖的阳光，轻快而活跃。此时，一道健美活力的身影迎面向我们走来 |
| 2020 | 优秀保研生：这一站青春无悔，下一站星辰大海 | 校报学通社 | "光阴可惜，譬诸逝水"，大学时光匆匆，然仍有着许多在有限的四年时光中"博览机要，以济功业"的优秀学子 |
| 2020 | 抗美援朝战争中的中南大人：雄赳赳、气昂昂，保家卫国！ | 中南财经政法大学 | 10月23日上午，纪念中国人民志愿军抗美援朝出国作战70周年大会在北京人民大会堂隆重召开。中共中央总 |
| 2020 | 谭飞：与汉语言相拥的耕耘者 | 新闻与文化传播学院 | 天空飘着小雨，隔着朦胧水汽，我们看到艺体屋檐下伫着一个单薄的身影，他个子不高，穿简单的浅色休闲 |
| 2020 | 王金秀：构建中国特色预算教学成果体系的"先行者" | 财政税务学院 | 我校预算教学团队成员15人，由校党委副书记、校长杨灿明教授引领，大多为教授和博士，年龄和知识结构 |
| 2020 | 第二届"教书育人奖"获得者肖杰：潜心一线，以体育人 | 体育部 | 26年来，肖杰坚守在教学工作第一线，凭借过硬的专业能力和丰富的教学实践经验，致力于学校体育教育改 |
| 2020 | 第二届"教书育人奖"获得者龚强：探索文澜学院跨越式发展 | 文澜学院 | 龚强，1999年赴美国留学，2004年获得美国西北大学（Northwestern University，USA）凯洛格商学院管理经 |
| 2020 | 第二届"教书育人奖"获得者杜兴洋：君子本色当为师 | 公共管理学院 | 杜兴洋是公共管理学院副教授，MPA中心主任，硕士生导师。他于2011年荣获全国县（市）科技进步考核先 |
| 2020 | 第二届"教书育人奖"获得者黄洁莉：内外兼修，与学生一起成长！ | 会计学院 | 黄洁莉是会计学院副教授、硕士生导师，财务管理系副主任。自2008年7月参加工作以来，先后获得"中南好 |
| 2020 | 第二届"教书育人奖"获得者邓爱民：一名好老师的教育信条 | 工商管理学院 | 当一个好老师，必须讲好课，对学生好，为国家培养社会主义事业建设者和接班人，讲好中国故事、传播好 |
| 2020 | 第二届"教书育人奖"获得者吴玉兰：深受学生欢迎的"幸福学"教授 | 新闻与文化传播学院 | 吴玉兰,新闻与文化传播学院教授、硕士生导师。曾任新闻与文化传播学院副院长，获得中南财经政法大学本 |
| 2020 | 第二届"教书育人奖"获得者周凌：智慧教学探索者 | 刑事司法学院 | 在我校智慧校园的打造进程中，刑事司法学院周凌从BB网络教学平台、清华"雨课堂"智慧教学工具到文波楼 |
| 2020 | 第二届"教书育人奖"获得者郭倍倍：做好一名引导者 | 法学院 | 首届中南大卓越法律人才实验班班主任，法学主题式新型实习项目开创者，卓越法律人才实验班培养方案的 |
| 2020 | 第二届"教书育人奖"获得者郭月梅："三心"贯穿我的教学生涯 | 财政税务学院 | "虽毕业十年，恩师未曾走远。"新冠疫情突袭，我校一名校友不幸感染病毒，在痊愈后，她发出如此感叹， |
| 2020 | 第二届"教书育人奖"获得者朱巧玲：我要把阳光的一面留给学生 | 经济学院 | 熟悉经济学院朱巧玲教授的师生校友都常常评价她"教书育人德为先，位卑勿敢忘忧校"。作为一名优秀的党 |

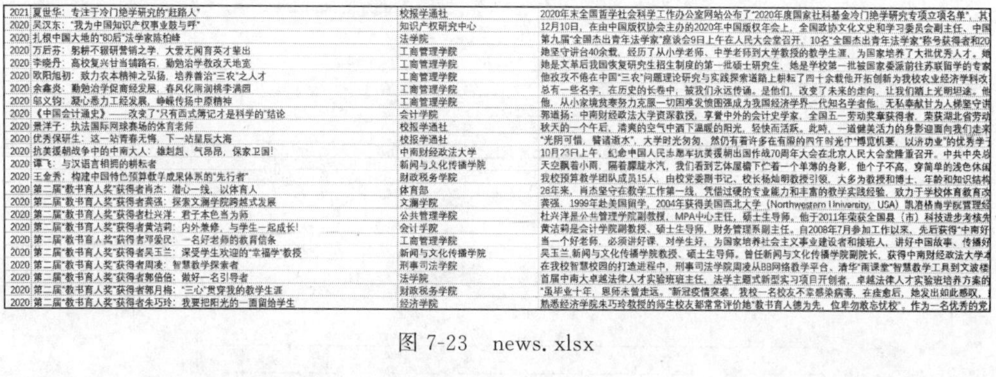

图 7-23　news. xlsx

新建一个 Word 文件，命名为"素材. docx"。在"素材. docx"中预留新闻标题、年份、来源和内容的位置，其中第一行为新闻标题，将标题设置为"标题 1"并居中，第二行为新闻的年份和来源，第三行为新闻的内容，素材内容如图 7-24 所示。

为了成功生成目录，在第三行内容的后面插入分页符。单击"布局"选项卡"页面设置"组中的"分隔符"按钮，然后单击"分页符"按钮，插入分页符过程如图 7-25 所示。

单击"邮件"选项卡"开始邮件合并"组中的"选择收件人"按钮，在下拉列表中选择"使用现有列表"命令，如图 7-26 所示。在弹出的对话框中选择 news. xlsx，单击"打开"按钮。

接着单击"邮件"选项卡"编写和插入域"组中的"插入合并域"按钮，如图 7-27 所示。分别将标题、年份、来源、内容依次插入相应的位置。

单击"邮件"选项卡中的"完成并合并"按钮，在下拉列表中选择"编辑单个文档"命令，在弹出对话框的"合并记录"组中选择"全部"单选按钮，然后单击"确定"按钮。完成邮件合并过程如图 7-28 所示。

图 7-24　素材内容

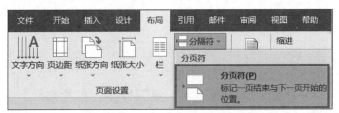

图 7-25　插入分页符过程

图 7-26　选择"使用现有列表"命令

图 7-27　单击"邮件"选项卡"编写和插入域"组中的"插入合并域"按钮

图 7-28　完成邮件合并过程

待合并结束,便可从 Excel 的新闻表格导出生成新闻文本汇总 Word 文档,中南映像新闻汇总结果如图 7-29 所示。

图 7-29　中南映像新闻汇总结果

接着，为文档生成目录，如图 7-30 所示。

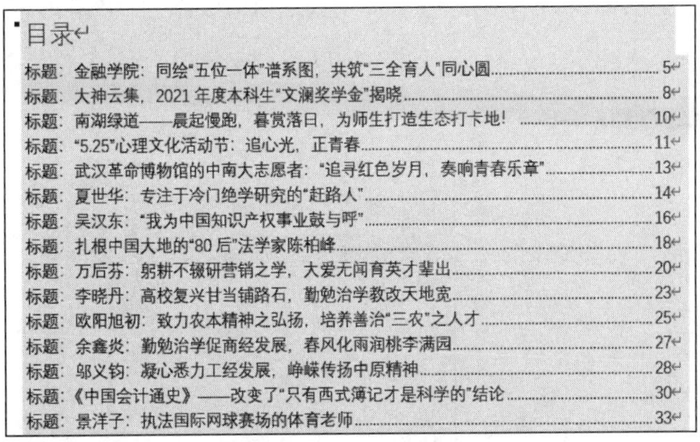

目录

标题：金融学院：同绘"五位一体"谱系图，共筑"三全育人"同心圆……5
标题：大神云集，2021 年度本科生"文澜奖学金"揭晓……8
标题：南湖绿道——晨起慢跑，暮赏落日，为师生打造生态打卡地！……10
标题："5.25"心理文化活动节：追心光，正青春……11
标题：武汉革命博物馆的中南大志愿者："追寻红色岁月，奏响青春乐章"……13
标题：夏世华：专注于冷门绝学研究的"赶路人"……14
标题：吴汉东："我为中国知识产权事业鼓与呼"……16
标题：扎根中国大地的"80 后"法学家陈柏峰……18
标题：万后芬：躬耕不辍研营销之学，大爱无闻育英才辈出……20
标题：李晓丹：高校复兴甘当铺路石，勤勉治学教改天地宽……23
标题：欧阳旭初：致力农本精神之弘扬，培养善治"三农"之人才……25
标题：余鑫炎：勤勉治学促商经发展，春风化雨润桃李满园……27
标题：邬义钧：凝心悉力工经发展，峥嵘传扬中原精神……28
标题：《中国会计通史》——改变了"只有西式簿记才是科学的"结论……30
标题：景洋子：执法国际网球赛场的体育老师……33

图 7-30　生成目录

## 7.1.6　结果发布与展示

最后，可以利用 PowerPoint 制作"中南映像年度分析宣传册"演示文稿，从而对案例结果进行发布与展示。具体操作如下。

(1) 九宫格展示词云。单击"插入"选项卡"插图"组中的"形状"按钮，如图 7-31 所示。选择"矩形"命令。

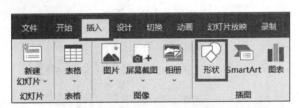

图 7-31　单击"插入"选项卡"插图"组中的"形状"按钮

根据词云图的大小，首先画出一个矩形。然后复制矩形，在竖直或水平方向上复制 3 个矩形，放置矩形框时会自动出现标尺线，让上下或左右保持相同的间距。矩形框添加结果如图 7-32 所示。

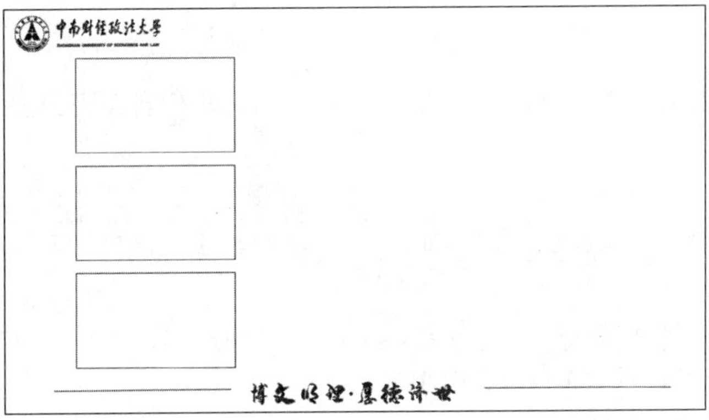


图 7-32　矩形框添加结果

　　按住 Shift 键的同时单击，分别选择这 3 个矩形框，将 3 个矩形框同时选中并复制。同时复制 3 个矩形框，注意标尺线控制好左右间距，最终排列出 9 个矩形框，形成九宫格结构，如图 7-33 所示。

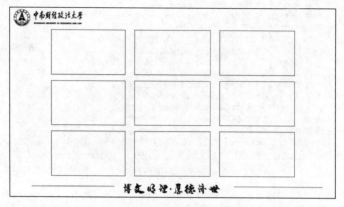

图 7-33　九宫格结构

　　选中一个矩形框后右击，在弹出的快捷菜单中选择"填充"命令。在下拉列表中选择"图片"命令，如图 7-34 所示。再选择词云图片，便可将词云图插入矩形框中，如图 7-35 所示。

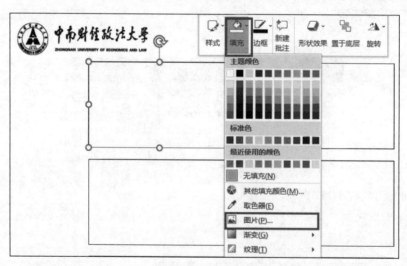

图 7-34　在下拉列表中选择"图片"命令

　　重复上述步骤，将 9 个矩形框全部插入图片，得到各年份新闻词云展示结果，如图 7-36 所示。

　　（2）图文混排。首先创建文本框，单击"插入"选项卡"文本"组中的"文本框"按钮，在下拉列表中选择"绘制横排文本框"命令，如图 7-37 所示。通过鼠标绘制一个文本框，插入文本框结果如图 7-38 所示。

　　然后，更改文本框的样式。在文本框上右击，在弹出的快捷菜单中选择"边框"命令，为文本框设置边框颜色以及边框的粗细，如图 7-39 所示。本案例中，文本框的边框颜色为"珊瑚红"，粗细为"4.5 磅"。

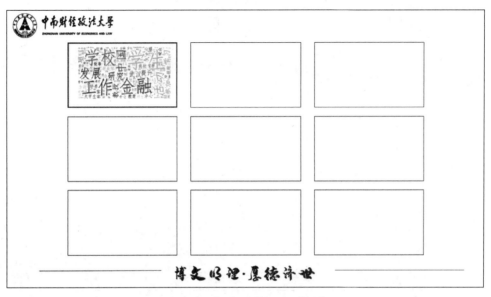

图 7-35 将词云图插入矩形框中

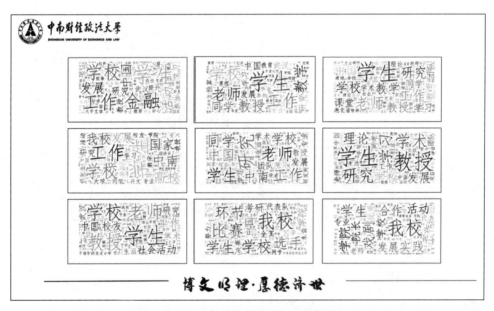

图 7-36 各年份新闻词云展示结果

图 7-37 选择"绘制横排文本框"命令

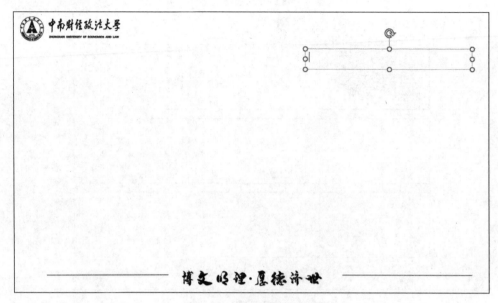

图 7-38　插入文本框结果

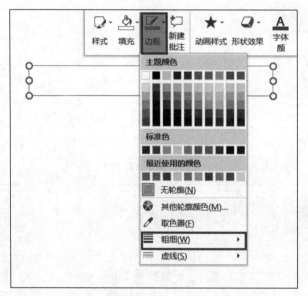

图 7-39　为文本框设置边框颜色以及边框的粗细

　　然后，在演示文稿中插入图片，单击"插入"选项卡"图像"组中的"图片"按钮，如图 7-40 所示。在下拉列表中选择要插入演示文稿中的图片。

图 7-40　单击"插入"选项卡"图像"组中的"图片"按钮

按照标尺线将图片和文本框对齐,形成年度新闻热点人物介绍,如图7-41所示。

图 7-41　年度新闻热点人物介绍

(3) 插入 Excel 图表。打开需要插入图表的 Excel 工作簿,在要插入的图片上右击,在弹出的快捷菜单中选择"复制"命令,如图7-42所示。

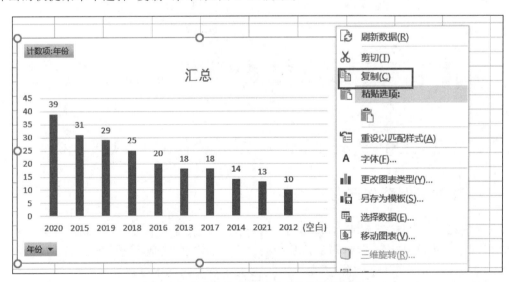

图 7-42　在弹出的快捷菜单中选择"复制"命令

返回本案例的演示文稿,在需要插入图片处右击,在弹出的快捷菜单中选择"粘贴选项"→"图片"命令,如图7-43所示,即可将 Excel 图表插入演示文稿中。调整图片的大小和位置,为图片插入文本框标题,可以形成 Excel 图表展示结果,如图7-44所示。

图 7-43　在弹出的快捷菜单中选择"粘贴选项"→"图片"命令

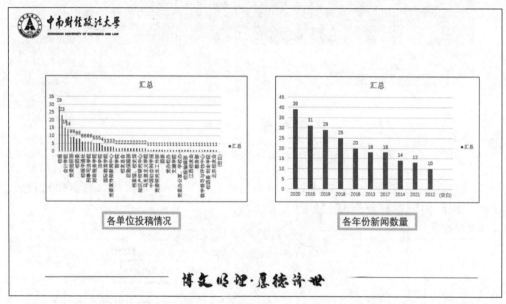

图 7-44　Excel 图表展示结果

# 7.2　大数据分析实战案例二：楚天科技股票数据分析

## 7.2.1　案例背景与任务介绍

【例 7-2】　在全球"新冠肺炎"疫情持续肆虐爆发的大背景下，2021 年我国证券市场的整体发展呈现错综复杂的态势，与疫情紧密相关的医药、生物类股票异军突起，以九安医疗、明德生物等为代表的"新冠概念股"在 2021 年的证券交易市场中表现极为强势，年涨幅均突破 100%。小赵是某证券公司市场分析部的实习生，正在学习简单的股票交易数据分析理论与方法。近期，小赵开始关注一只名为"楚天科技"的"新冠概念股"。楚天科技股份有限公司成立于 2000 年，现已成为世界医药装备行业的主要企业之一。2021 年在全球新冠疫情下，楚天科技等相关医药企业的主要业务及核心产品得到推广，促进其投资新引力大幅上涨。据网易财经数据中心统计资料显示，楚天科技（300358）个股 2021 年投资态势良好，交易价格整体涨幅高达 92.87%。小赵希望能对楚天科技股票 2021 年全年交易数据进行深入分析,寻找其中的规律,进而尝试对该只股票 2022 年初的交易情况进行预测,最终完成对楚天科技股票交易数据的分析预测报告。

股票数据分析是大数据分析在金融领域的主要应用形式之一,通过大数据分析的相关理论、方法和工具,可以从股票交易市场的海量交易数据中提炼关键的信息,发掘其潜在发展规律及与市场内部和外部影响因子的关联,从而完成建模运算,达到预测股票未来走势的目标,为股票市场分析、风险评估及量化投资提供有力的数据支持。本节将结合第 1~6 章介绍的大数据分析理论与方法,利用 Python 程序设计语言、Office 2016 等软件工具,帮助小赵完成对楚天科技股票 2021 年度交易数据的大数据分析应用任务,进而建立相关模型对2022 年该只股票的发展态势和投资价值进行预测。然后,将根据大数据分析的实际应用流程,从数据获取、数据预处理、描述性统计、预测分析与结果展示等角度详细介绍本案例任务的实现过程,相关任务流程如图 7-45 所示。

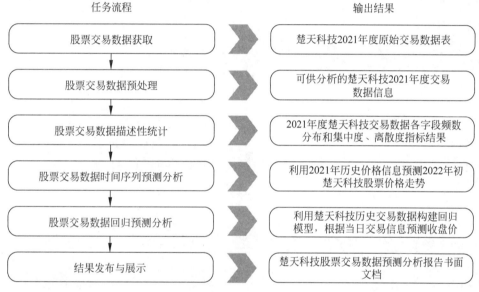

图 7-45　任务流程

## 7.2.2　股票交易数据获取

根据大数据分析的基本应用流程,首先需要获取用于分析的原始数据资料。在本节案例中,楚天科技 2021 年度股票交易数据可以通过网络资源获取。3.5.2 节已经介绍如何利用 Python 程序设计语言构建网络爬虫抓取中国银行股票交易数据信息,并以 Excel 电子表格的形式存储。本节将使用类似的方式获取案例所需的原始数据信息。具体操作如下。

(1) 寻找已公开的楚天科技 2021 年股票交易数据,目前提供该数据的网络资源服务器较多,本节案例将通过由网易财经提供的楚天科技历史交易数据页面获取原始数据,网址(URL)为 http://quotes.money.163.com/trade/lsjysj_300358.html?year=2021&season=1,股票交易数据页面浏览结果如图 7-46 所示。

(2) 根据图 7-46 中的数据展示方式可知,由于 2021 年度交易数据记录较多,单个页面仅展示了一个季度的数据信息,因此需要浏览 4 个页面才能获取全年的交易信息。观察每

楚天科技(300358) 历史交易数据

2021 | 一季度 | 查询 | 下载数据

| 日期 | 开盘价 | 最高价 | 最低价 | 收盘价 | 涨跌额 | 涨跌幅(%) | 成交量(手) | 成交金额(万元) | 振幅(%) | 换手率(%) |
|---|---|---|---|---|---|---|---|---|---|---|
| 2021-03-31 | 12.27 | 12.29 | 11.94 | 12.01 | -0.16 | -1.31 | 31,761 | 3,828 | 2.88 | 0.68 |
| 2021-03-30 | 12.24 | 12.39 | 12.05 | 12.17 | -0.13 | -1.06 | 52,410 | 6,381 | 2.76 | 1.12 |
| 2021-03-29 | 12.40 | 12.69 | 12.16 | 12.30 | 0.16 | 1.32 | 84,258 | 10,476 | 4.37 | 1.80 |
| 2021-03-26 | 11.65 | 12.14 | 11.65 | 12.14 | 0.53 | 4.57 | 67,388 | 8,076 | 4.22 | 1.44 |
| 2021-03-25 | 11.84 | 11.97 | 11.60 | 11.61 | -0.22 | -1.86 | 37,461 | 4,403 | 3.13 | 0.80 |
| 2021-03-24 | 12.20 | 12.22 | 11.70 | 11.83 | -0.36 | -2.95 | 52,596 | 6,269 | 4.27 | 1.12 |
| 2021-03-23 | 12.02 | 12.25 | 11.97 | 12.19 | 0.09 | 0.74 | 62,817 | 7,614 | 2.31 | 1.34 |
| 2021-03-22 | 11.69 | 12.39 | 11.69 | 12.10 | 0.45 | 3.86 | 80,260 | 9,739 | 6.01 | 1.72 |
| 2021-03-19 | 11.62 | 12.00 | 11.60 | 11.65 | -0.15 | -1.27 | 60,375 | 7,116 | 3.39 | 1.29 |
| 2021-03-18 | 11.28 | 11.85 | 11.23 | 11.80 | 0.50 | 4.42 | 86,925 | 10,088 | 5.49 | 1.86 |
| 2021-03-17 | 11.14 | 11.39 | 11.14 | 11.30 | 0.11 | 0.98 | 32,138 | 3,626 | 2.23 | 0.69 |
| 2021-03-16 | 11.15 | 11.28 | 11.08 | 11.19 | 0.07 | 0.63 | 29,736 | 3,318 | 1.80 | 0.64 |
| 2021-03-15 | 11.07 | 11.38 | 10.92 | 11.12 | -0.06 | -0.54 | 36,641 | 4,100 | 4.11 | 0.78 |
| 2021-03-12 | 10.96 | 11.35 | 10.87 | 11.18 | 0.33 | 3.04 | 47,311 | 5,280 | 4.42 | 1.01 |
| 2021-03-11 | 10.64 | 10.88 | 10.64 | 10.85 | 0.13 | 1.21 | 29,282 | 3,159 | 2.24 | 0.63 |

图 7-46 股票交易数据页面浏览结果

个季度页面的网址结构可以发现网址前部内容固定不变,仅有最后关于季度的参数项发生变化,即第一季度网址以“season=1”为结尾,第二季度网址以“season=2”为结尾,以此类推。因此,可以通过 Python 构建 for 循环语句实现 2021 年 4 个季度的股票交易信息获取,其代码如下:

```
for i in range(4):                                    # 构建循环完成各个季度的数据抓取
  url = "http://quotes.money.163.com/trade/lsjysj_300358.html?year = 2021&season = " +
str(i + 1)
                                                      # 设置待抓取的股票网址(以季度为单位)
  getdata(url,i)                                      # 调用 getdata()函数完成单季度数据抓取
```

其中,变量 url 用于存放每次循环抓取数据的网络地址,该地址由固定部分和变化部分组成,其中变化部分表示为 str(i+1),即按照循环次数由 1 变化至 4,对应 2021 年的 4 个季度。确定地址后,将地址传入自定义函数 getdata()中,然后,需要实现该函数,根据传入的 URL 地址完成单季度数据抓取和存储。

(3) 查看股票交易数据网页的 HTML 源代码,可以发现楚天科技股票交易数据的网页结构与 3.5.2 节中国银行股票数据一致。因此,可以使用类似的方法利构建 getdata()函数,利用 requests、xpath 和 CSV 等库和工具完成网页数据的解析和抓取,并将得到的交易数据以电子表格文件的形式存储,具体实现代码如下:

```
import requests
from lxml import etree
import csv
```

```
def getdata(url, i):                              #定义一个 getdata()函数完成各个季度的股
                                                  #票交易数据抓取

    row = [ ]                                     #存储每一行数据
    rows = [ ]                                    #按行存储所有数据
    colnum = 11                                   #股票一共有 11 列属性
    res = requests.get(url)                       #访问股票网址
    res.encoding = 'utf - 8'                      #设置为 utf - 8 编码
    content = res.text                            #获取股票网页源代码
    page = etree.HTML(content)                    #解析 HTML 页面
    if i == 0:                                     #当抓取第一季度数据时,加入表头信息
        heads = page.xpath('//tr[@class = "dbrow"]/th/text()')   #设置股票表头的 XPath
        rows.append(heads)                        #把表头加入第一行
    tds = page.xpath('//table[@class = "table_bg001 border_box limit_sale"]/tr/td/text()')
                                                  #设置股票内容的 XPath
    j = 1                                         #i 用于计数,每 11 个为一组加入列表
    for td in tds:
        if(j % colnum!= 0):                       #如果不是 11 的倍数,就直接加入 row 中
            row.append(td)
        else:                                     #每 11 个为一组存放到 rows 中
            row.append(td)
            rows.append(row)
            row = [ ]
        j = j + 1
    f = open('楚天科技.csv', 'a', newline = '')    #将数据写入 Excel 文件中,设置 a 模式以便后
                                                  #续追加数据
    f_csv = csv.writer(f)
    f_csv.writerows(rows)
    f.close()
    print("第" + str(i + 1) + "季度数据已抓取,", len(rows), "行数据写入完毕")
```

首先,导入必要的库文件,包括获取网页数据的 requests 库,用于解析网页数据的 lxml 库,用于将结果存储为电子表格的 CSV 库。然后,使用 requests 库的 get()方法根据 URL 网址获取网页数据,再通过 XPath 工具实现对 HTML 代码的解析,从中抽取所需要的股票交易数据信息,最后通过 CSV 库的 writer()方法将数据写入 CSV 电子表格文件存储。由于需要通过循环语句多次调用并执行 getdata()函数,因此需要加入 if 语句块对当前循环次数进行判断,仅在第一次循环时获取表头标题信息。

```
if i == 0:      #当抓取第一季度数据时,加入表头信息
    heads = page.xpath('//tr[@class = "dbrow"]/th/text()')      #设置股票表头的 XPath
    rows.append(heads)                                         #把表头加入第一行
```

实现股票交易数据抓取的完整代码见素材文件"楚天科技股票数据抓取.py"。

(4) 运行上述代码,进而对楚天科技股票 2021 年度交易信息进行抓取,运行结果如图 7-47 所示。程序执行完毕后,得到的交易数据信息将全部存放至名为"楚天科技.csv"的文件中,使用 Excel 2016 打开该文件,得到股票交易数据抓取结果如图 7-48 所示。

图 7-47　运行结果

| | A | B | C | D | E | F | G | H | I | J | K |
|---|---|---|---|---|---|---|---|---|---|---|---|
| 1 | 日期 | 开盘价 | 最高价 | 最低价 | 收盘价 | 涨跌额 | 涨跌幅(%) | 成交量(手) | 成交金额( | 振幅(%) | 换手率(%) |
| 2 | ###### | 12.27 | 12.29 | 11.94 | 12.01 | -0.16 | -1.31 | 31,761 | 3,828 | 2.88 | 0.68 |
| 3 | ###### | 12.24 | 12.39 | 12.05 | 12.17 | -0.13 | -1.06 | 52,410 | 6,381 | 2.76 | 1.12 |
| 4 | ###### | 12.4 | 12.69 | 12.16 | 12.3 | 0.16 | 1.32 | 84,258 | 10,476 | 4.37 | 1.8 |
| 5 | ###### | 11.65 | 12.14 | 11.65 | 12.14 | 0.53 | 4.57 | 67,388 | 8,076 | 4.22 | 1.44 |
| 6 | ###### | 11.84 | 11.97 | 11.6 | 11.61 | -0.22 | -1.86 | 37,461 | 4,403 | 3.13 | 0.8 |
| 7 | ###### | 12.2 | 12.22 | 11.7 | 11.83 | -0.36 | -2.95 | 52,596 | 6,269 | 4.27 | 1.12 |
| 8 | ###### | 12.02 | 12.25 | 11.97 | 12.19 | 0.09 | 0.74 | 62,817 | 7,614 | 2.31 | 1.34 |
| 9 | ###### | 11.69 | 12.39 | 11.69 | 12.1 | 0.45 | 3.86 | 80,260 | 9,739 | 6.01 | 1.72 |
| 10 | ###### | 11.62 | 12 | 11.6 | 11.65 | -0.15 | -1.27 | 60,375 | 7,116 | 3.39 | 1.29 |
| 11 | ###### | 11.28 | 11.85 | 11.23 | 11.8 | 0.4 | 4.42 | 86,925 | 10,088 | 5.49 | 1.86 |
| 12 | ###### | 11.14 | 11.39 | 11.14 | 11.3 | 0.11 | 0.98 | 32,138 | 3,626 | 2.23 | 0.69 |
| 13 | ###### | 11.15 | 11.28 | 11.08 | 11.19 | 0.07 | 0.63 | 29,736 | 3,318 | 1.8 | 0.64 |
| 14 | ###### | 11.07 | 11.38 | 10.92 | 11.12 | -0.06 | -0.54 | 36,641 | 4,100 | 4.11 | 0.78 |
| 15 | ###### | 10.96 | 11.35 | 10.87 | 11.18 | 0.33 | 3.04 | 47,311 | 5,280 | 4.42 | 1.01 |
| 16 | ###### | 10.64 | 10.88 | 10.64 | 10.85 | 0.13 | 1.21 | 29,282 | 3,159 | 2.24 | 0.63 |
| 17 | ###### | 11.03 | 11.07 | 10.72 | 10.72 | -0.17 | -1.56 | 33,931 | 3,682 | 3.21 | 0.73 |
| 18 | 2021/3/9 | 11.38 | 11.5 | 10.83 | 10.89 | -0.53 | -4.64 | 61,266 | 6,774 | 5.87 | 1.31 |
| 19 | 2021/3/8 | 11.72 | 11.72 | 11.31 | 11.42 | 0 | 0 | 55,998 | 6,455 | 3.59 | 1.2 |
| 20 | 2021/3/5 | 11.22 | 11.52 | 11.22 | 11.42 | 0.13 | 1.15 | 41,614 | 4,742 | 2.66 | 0.89 |
| 21 | 2021/3/4 | 11.5 | 11.56 | 11.28 | 11.29 | -0.37 | -3.17 | 50,187 | 5,720 | 2.4 | 1.07 |
| 22 | 2021/3/3 | 11.46 | 11.68 | 11.18 | 11.66 | 0.17 | 1.48 | 97,894 | 11,101 | 4.35 | 2.09 |
| 23 | 2021/3/2 | 11.75 | 12.01 | 11.43 | 11.49 | -0.25 | -2.13 | 74,455 | 8,714 | 4.94 | 1.59 |
| 24 | 2021/3/1 | 11.56 | 12.04 | 11.55 | 11.74 | 0.16 | 1.38 | 61,096 | 7,221 | 4.23 | 1.31 |
| 25 | ###### | 11.4 | 11.9 | 11.26 | 11.58 | 0.06 | 0.52 | 60,418 | 7,019 | 5.56 | 1.29 |
| 26 | ###### | 12.1 | 12.12 | 11.5 | 11.52 | -0.52 | -4.32 | 78,102 | 9,183 | 5.15 | 1.67 |
| 27 | ###### | 12.37 | 12.46 | 11.93 | 12.04 | -0.43 | -3.45 | 98,327 | 11,922 | 4.25 | 2.1 |
| 28 | ###### | 12.76 | 13.08 | 12.43 | 12.47 | -0.39 | -3.03 | 116,068 | 14,734 | 5.05 | 2.48 |
| 29 | ###### | 12.28 | 13.33 | 12.02 | 12.86 | 0.55 | 4.47 | 182,893 | 22,960 | 10.64 | 3.91 |
| 30 | ###### | 12.25 | 12.47 | 12.03 | 12.31 | 0.08 | 0.65 | 110,239 | 13,529 | 3.6 | 2.36 |
| 31 | ###### | 12.27 | 12.66 | 11.77 | 12.23 | 0.58 | 4.98 | 194,312 | 23,866 | 7.64 | 4.15 |

图 7-48　股票交易数据抓取结果

## 7.2.3　股票交易数据预处理

图 7-48 所示的楚天科技股票交易信息是通过爬虫获取的原始数据，需要进行清洗、加工、补全等数据预处理操作才能作为大数据分析的输入源。本节将利用 Excel 2016 工具完成对楚天科技 2021 年度股票交易数据的预处理，使其满足后续股票交易数据分析的需要。具体操作如下。

(1) 使用 Excel 2016 打开通过网络爬虫获取的 2021 年度楚天科技股票交易原始数据文件"楚天科技.csv"，单击"开始"选项卡中的"另存为"按钮，弹出"另存为"对话框，在对话框中选择合适的路径,并在"保存类型"下拉列表中选择"Excel 工作簿",如图 7-49 所示。单击"保存"按钮,即可将原始数据保存为扩展名为 xlsx 的 Excel 工作簿文件进行后续操作。

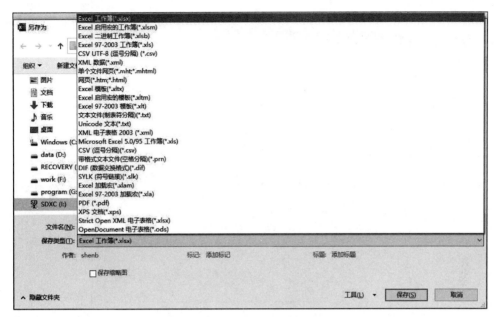

图 7-49 在"保存类型"下拉列表中选择"Excel 工作簿"

(2) 打开 Excel 工作簿文件"楚天科技.xlsx",观察原始数据可知 A 列中的日期信息由于列宽不足无法正常显示,因此需要调整数据表的行高与列宽。选中数据清单对应的单元格区域 A1:K244,单击"开始"选项卡"单元格"组中的"格式"按钮,在下拉列表中选择"自动调整列宽"命令,让各列列宽自动调整为合适的大小以便完整显示所有数据信息。继续在下拉列表中选择"行高"命令,弹出"行高"对话框,将各行行高设置为 15,单击"确定"按钮完成行高列宽的设置。

(3) 继续对数据清单进行格式化设置,首先选择单元格区域 A1:K244,单击"开始"选项卡"字体"组右下角的对话框启动器按钮 ⌐,弹出"设置单元格格式"对话框。切换至"对齐"选项卡,在"水平对齐"和"垂直对齐"下拉列表中选择"居中"命令,让区域内所有单元格内容水平垂直均居中对齐。然后,切换至"边框"选项卡,将单元格区域外边框设置为黑色粗实线,内边框设置为黑色细实线,边框参数设置结果如图 7-50 所示。设置标题行的格式,选中标题单元格区域 A1:K1,在"开始"选项卡"字体"组中的"字号"下拉列表中选择 12 号字,单击"加粗"按钮,在"填充颜色"下拉列表中选择"蓝色,个性色 1,淡色 60%",标题行格式设置结果如图 7-51 所示。

(4) 对各个字段的数字格式进行设置,使其能够能直观的反映所包含的信息。首先选择日期列对应的单元格区域 A2:A244,单击"开始"选项卡"数据"组右下角的对话框启动器按钮 ⌐,打开"设置单元格格式"对话框的"数字"选项卡。在左侧的"分类"列表框中设置数字格式类型为"日期",在右侧的"类型"列表框中设置具体的日期格式类型为"2012 年 3 月 14 日",日期数字格式设置结果如图 7-52 所示。然后,使用类似的操作方式,设置 B～D 列中的股票交易价格数字格式为"会计专用"型,人民币货币符号,保留小数位数为 2 位。

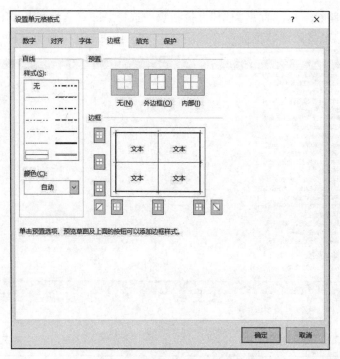

图 7-50　边框参数设置结果

| | A | B | C | D | E | F | G | H | I | J | K |
|---|---|---|---|---|---|---|---|---|---|---|---|
| 1 | 日期 | 开盘价 | 最高价 | 最低价 | 收盘价 | 涨跌额 | 涨跌幅(%) | 成交量(手) | 成交金额(万元) | 振幅(%) | 换手率(%) |
| 2 | 2021/3/31 | 12.27 | 12.29 | 11.94 | 12.01 | -0.16 | -1.31 | 31,761 | 3,828 | 2.88 | 0.68 |

图 7-51　标题行格式设置结果

图 7-52　日期数字格式设置结果

(5) 对 F 列与 G 列中的涨跌信息进行条件格式设置,使其符合股票交易数据的显示习惯。选择涨跌数据对应的单元格区域 F2:G244,单击"开始"选项卡"样式"组中的"条件格式"按钮,选择"突出显示单元格规则"→"大于"命令,弹出"大于"对话框。在"为大于以下值的单元格设置格式"下方的输入框中输入数值 0,在右侧的"设置为"下拉列表中选择"自定义格式"命令,打开"设置单元格格式"对话框的"字体"选项卡,在该选项卡中将满足格式的单元格字体设置为标准色"红色"和"加粗",单击"确定"按钮返回"大于"对话框,再次单击"确定"按钮完成设置。上涨股票单元格的条件格式设置过程如图 7-53 所示。使用类似的操作方法为单元格区域 F2:G244 设置下跌股票单元格的条件格式,将所有值小于 0 的单元格格式设置为标准色"绿色"和"加粗"。

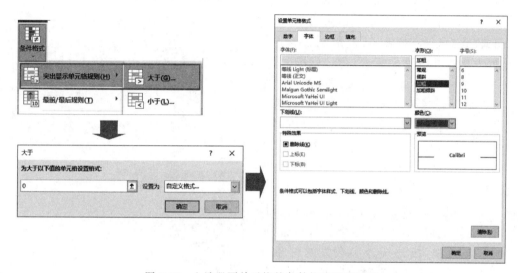

图 7-53  上涨股票单元格的条件格式设置过程

(6) 对所有数据按照日期升序排序,选择"日期"列中的任何一个单元格,单击"开始"选项卡"编辑"组中的"排序和筛选"按钮,在下拉列表中选择"升序"命令即可完成排序。完成上述操作后,得到的数据预处理结果如图 7-54 所示。

| | A | B | C | D | E | F | G | H | I | J | K |
|---|---|---|---|---|---|---|---|---|---|---|---|
| 1 | 日期 | 开盘价 | 最高价 | 最低价 | 收盘价 | 涨跌额 | 涨跌幅(%) | 成交量(手) | 成交金额(万元) | 振幅(%) | 换手率(%) |
| 2 | 2021年1月4日 | ¥11.05 | ¥11.22 | ¥10.90 | ¥11.13 | 0.1 | 0.91 | 61,859 | 6,842 | 2.9 | 1.32 |
| 3 | 2021年1月5日 | ¥11.14 | ¥11.15 | ¥10.76 | ¥11.01 | -0.12 | -1.08 | 70,889 | 7,769 | 3.5 | 1.52 |
| 4 | 2021年1月6日 | ¥10.96 | ¥11.36 | ¥10.96 | ¥11.19 | 0.18 | 1.63 | 84,099 | 9,426 | 3.63 | 1.8 |
| 5 | 2021年1月7日 | ¥11.10 | ¥11.21 | ¥10.41 | ¥10.64 | -0.55 | -4.92 | 98,485 | 10,568 | 7.15 | 2.1 |
| 6 | 2021年1月8日 | ¥10.70 | ¥10.79 | ¥10.36 | ¥10.46 | -0.18 | -1.69 | 57,103 | 6,011 | 4.04 | 1.22 |
| 7 | 2021年1月11日 | ¥10.41 | ¥10.47 | ¥9.88 | ¥10.06 | -0.4 | -3.82 | 84,986 | 8,578 | 5.64 | 1.82 |
| 8 | 2021年1月12日 | ¥10.08 | ¥10.38 | ¥10.03 | ¥10.11 | 0.05 | 0.5 | 42,035 | 4,280 | 3.48 | 0.9 |
| 9 | 2021年1月13日 | ¥10.08 | ¥10.08 | ¥9.62 | ¥9.73 | -0.38 | -3.76 | 74,245 | 7,259 | 4.55 | 1.59 |
| 10 | 2021年1月14日 | ¥9.83 | ¥10.05 | ¥9.39 | ¥9.90 | 0.17 | 1.75 | 76,752 | 7,476 | 6.78 | 1.64 |
| 11 | 2021年1月15日 | ¥9.87 | ¥10.12 | ¥9.80 | ¥10.06 | 0.16 | 1.62 | 51,549 | 5,142 | 3.23 | 1.1 |
| 12 | 2021年1月18日 | ¥10.11 | ¥10.43 | ¥10.06 | ¥10.26 | 0.2 | 1.99 | 52,496 | 5,403 | 3.68 | 1.12 |
| 13 | 2021年1月19日 | ¥10.36 | ¥10.46 | ¥10.23 | ¥10.29 | 0.03 | 0.29 | 48,359 | 5,003 | 2.24 | 1.03 |
| 14 | 2021年1月20日 | ¥10.35 | ¥10.60 | ¥10.17 | ¥10.54 | 0.25 | 2.43 | 62,400 | 6,493 | 4.18 | 1.33 |
| 15 | 2021年1月21日 | ¥10.57 | ¥11.27 | ¥10.57 | ¥11.15 | 0.61 | 5.79 | 127,633 | 14,054 | 6.64 | 2.73 |
| 16 | 2021年1月22日 | ¥11.00 | ¥11.32 | ¥10.92 | ¥11.22 | 0.07 | 0.63 | 94,861 | 10,614 | 3.59 | 2.03 |
| 17 | 2021年1月25日 | ¥11.26 | ¥11.31 | ¥10.64 | ¥10.98 | -0.24 | -2.14 | 84,879 | 9,257 | 5.97 | 1.81 |
| 18 | 2021年1月26日 | ¥10.92 | ¥10.95 | ¥10.50 | ¥10.52 | -0.46 | -4.19 | 57,704 | 6,160 | 4.1 | 1.23 |
| 19 | 2021年1月27日 | ¥10.45 | ¥10.69 | ¥10.44 | ¥10.47 | -0.05 | -0.48 | 41,808 | 4,406 | 2.38 | 0.89 |
| 20 | 2021年1月28日 | ¥10.45 | ¥10.68 | ¥10.23 | ¥10.37 | -0.1 | -0.96 | 56,281 | 5,857 | 4.3 | 1.2 |

图 7-54  数据预处理结果

### 7.2.4 股票交易数据描述性统计分析

完成数据预处理操作后,即可对楚天科技2021年度股票交易数据进行简单的描述性统计分析,计算各字段的集中度和离散度统计指标结果,并对收盘价、涨跌额等关键交易字段进行频数分析,获取其整体分布状态和规律等信息,为后续的数据分析提供参考。具体操作如下。

(1) 使用Excel 2016的描述性统计分析工具对各字段的集中度和离散度度量指标进行计算,得到各类交易数据信息的整体分布区间情况。打开完成预处理的股票交易数据工作簿文件"楚天科技.xlsx",单击"数据"选项卡"分析"组中的"数据分析"按钮,弹出"数据分析"对话框(如果在"数据"选项卡中找不到"分析"组或"数据分析"按钮,可使用6.2.1节中介绍的方法将其设置为显示),在"分析工具"列表框中选择"描述统计"选项,弹出"描述统计"对话框。在"输入区域"中设置要进行描述性统计的数据源,这里选择数据清单对应的单元格区域B1:K244(由于A列是日期数据,无法进行统计,因此无须选择),分组方式选择"逐列",勾选"标志位于第一行"复选框。在"输出选项"组中选择"新工作表组"单选按钮,在右侧的输入框中输入"描述统计",勾选"汇总统计"复选框,描述统计参数设置结果如图7-55所示。单击"确定"按钮,统计结果将被存放至名为"描述统计"的新工作表中,股票交易数据描述性统计结果如图7-56所示。

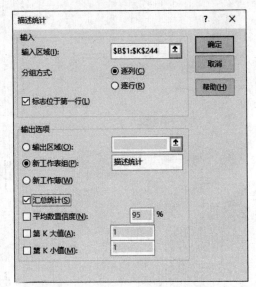

图7-55 描述统计参数设置结果

图7-56 股票交易数据描述性统计结果

(2) 由图7-56中H列中的结果可知,在2021年度共243个交易日的数据样本中,楚天科技股票收盘价变化区间为$9.73 \sim 28.55$元,中位数为18.66元,标准差为5.134,在股票交易数据中属于波动较大的范畴,说明2021年度该股票存在较为明显的变化走势。由J列中的结果可知,2021年度楚天科技股票涨跌额变化区间为$-1.7 \sim 2.89$元,均值为0.062元,中位数为0.04元,均值与中位数均为正数,这表明2021年度楚天科技股票整体呈较为明显的上涨趋势。了解各类交易数据信息的整体分布区间后,可以使用频数统计工具对收盘价和涨跌幅等关键字段进行分析。

（3）对股票收盘价数据进行频数分析。根据描述性统计结果可知,收盘价取值范围为 9.73～28.55 元,因此可以按照每 1 元为一个区间对其进行分组,在单元格区域 M1:M21 范围内构建分组标准。然后,单击"数据"选项卡"分析"组中的"数据分析"按钮,弹出"数据分析"对话框,在"分析工具"列表框中选择"直方图"选项,弹出"直方图"对话框。在"输入区域"文本框内设置要进行频数分析的数据源,这里选择收盘价对应的单元格区域 E1:E244,在"接收区域"文本框内设置分组标准区域,这里输入 M 列对应的分组标准单元格区域 M1:M21,勾选"标志"复选框。在"输出选项"组中选择"新工作表组"单选按钮,在右侧的文本框中输入"收盘价频数分析",勾选"累计百分率"和"图表输出"复选框。收盘价频数分析参数设置结果如图 7-57 所示。单击"确定"按钮,结果将显示在名为"收盘价频数分析"的新工作表中,对 A 列中的分组名称按照其含义进行手动调整,得到收盘价频数分析结果如图 7-58 所示。通过频数分析结果可知,2021 年度楚天科技股票收盘价格主要分布在 11～14 元、18～21 元等多个区间内。

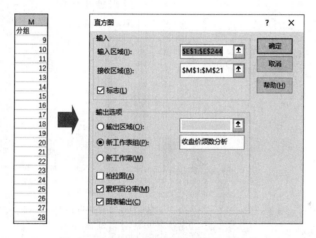

图 7-57 收盘价频数分析参数设置结果

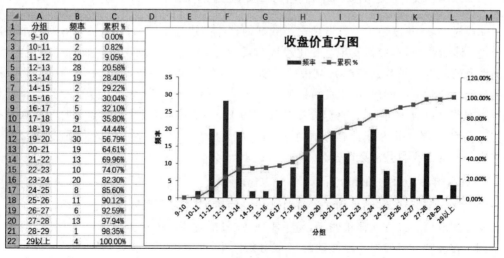

图 7-58 收盘价频数分析结果

（4）对涨跌额数据进行频数分析。由于涨跌额波动区间为－1.5～2.89 元，可以以每 0.5 元为一个区间对其进行分组，并在单元格区域 N1：N10 内构建分组标准。单击"数据"选项卡"分析"组中的"数据分析"按钮，弹出"数据分析"对话框，在"分析工具"列表框中选择"直方图"选项，弹出"直方图"对话框。在对话框内使用与收盘价类似的操作完成涨跌额频数分析参数设置，并将结果显示在名为"涨跌额频数分析"的新工作表中。对 A 列中的分组名称进行调整，由于涨跌额可能取负值，因此第一个分组区间实际为"小于－1.5"，最终涨跌额频数分析结果如图 7-59 所示。由结果可知，2021 年度楚天科技股票涨跌额数据主要分布在－0.5～0.5 元，整体基本满足以 0 为均值的正态分布。此外由直方图可以明显看出涨跌额呈正数的样本数量多于负数，其占比超过 50%（53.5%），进一步说明 2021 年度该只股票呈整体上涨趋势。

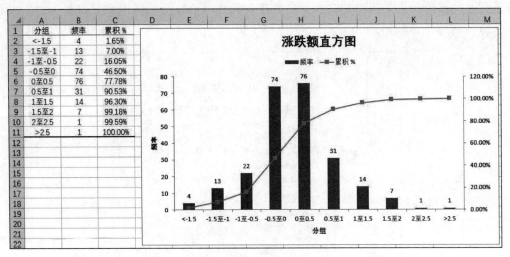

图 7-59 涨跌额频数分析结果

## 7.2.5 股票交易数据时间序列预测分析

完成对 2021 年度楚天科技股票交易数据的整体描述性统计分析后，可以针对各个字段开展进一步数据分析，以便发现其变化趋势与规律，进而完成预测建模。如前文所述，本节案例涉及的股票交易数据都以 A 列中的日期信息为依据组织存放，各个字段均可视为按照交易日期而变化的时间序列，因此可以使用 6.4 节介绍的时间序列分析方法对其进行分析预测。本节将以收盘价数据为例，介绍如何使用 Excel 2016 实现关于收盘价时间序列数据的移动平均、指数平滑和线性趋势预测分析，从而利用 2021 年度的历史数据预测 2022 年前两个交易日的楚天科技股票收盘价。

### 1. 收盘价移动平均预测分析

如 6.4.1 节所述，移动平均法通过对某一时间跨度内的序列数据进行平均计算预测未来时间点的取值。该方法简单明了，易于实现，在股票时间序列预测中得到了十分广泛的应用。例如在反映某只股票价额波动的 K 线分析图中，通常绘制了 5 日均线（MA5，即以 5 个交易日为跨度的移动平均分析曲线，后同）、10 日均线（MA10）、20 日均线（MA20）等，用以显示价格的历史波动情况并反映未来发展趋势。下面将对 2021 年楚天科技股票收盘价进行移动平均分析预测。具体操作如下。

（1）打开存放 2021 年楚天科技股票交易数据的工作簿文件"楚天科技.xlsx"，在工作表"移动平均预测"中构建收盘价移动平均预测分析表，如图 7-60 所示。

| | A | B | C | D | E | F |
|---|---|---|---|---|---|---|
| 1 | 日期 | 收盘价 | MA2 | MA5 | MA10 | MA20 |
| 2 | 2021年1月4日 | 11.13 | | | | |
| 3 | 2021年1月5日 | 11.01 | | | | |
| 4 | 2021年1月6日 | 11.19 | | | | |
| 5 | 2021年1月7日 | 10.64 | | | | |
| 6 | 2021年1月8日 | 10.46 | | | | |
| 7 | 2021年1月11日 | 10.06 | | | | |
| 8 | 2021年1月12日 | 10.11 | | | | |
| 9 | 2021年1月13日 | 9.73 | | | | |
| 10 | 2021年1月14日 | 9.90 | | | | |
| 11 | 2021年1月15日 | 10.06 | | | | |
| 12 | 2021年1月18日 | 10.26 | | | | |
| 13 | 2021年1月19日 | 10.29 | | | | |
| 14 | 2021年1月20日 | 10.54 | | | | |
| 15 | 2021年1月21日 | 11.15 | | | | |
| 16 | 2021年1月22日 | 11.22 | | | | |
| 17 | 2021年1月25日 | 10.98 | | | | |
| 18 | 2021年1月26日 | 10.52 | | | | |
| 19 | 2021年1月27日 | 10.47 | | | | |
| 20 | 2021年1月28日 | 10.37 | | | | |

图 7-60 收盘价移动平均预测分析表

（2）依据 B 列中的股票收盘价历史时间序列数据，在 C～F 列中使用不同的时间跨度完成移动平均计算，得到关于楚天科技收盘价的 MA2、MA5、MA10 和 MA20 变化曲线。首先在 C 列中完成时间跨度为两个交易日的移动平均预测分析。单击"数据"选项卡"分析"组中的"数据分析"按钮，弹出"数据分析"对话框，在"分析工具"列表框中选择"移动平均"选项，弹出"移动平均"对话框。在"输入区域"文本框中设置要进行移动平均分析的数据源，这里选择 B 列中的历史收盘价时间序列单元格区域 B1:B244，勾选"标志位于第一行"复选框。在"间隔"文本框中输入时间跨度 2，即两个交易日。在"输出区域"文本框中选择 C3单元格，即将结果填入以 C3 单元格为顶点的单元格区域内。勾选"图表输出"复选框，单击"确定"按钮即可完成移动平均计算。由于时间跨度为两个交易日，因此自第三个交易日对应的 C4 单元格起得到预测结果，并以折线图的形式输出。MA2 预测参数设置及图表输出结果如图 7-61 所示。由结果可知橙色的 MA2 预测曲线能够较好拟合真实收盘价变化趋势。利用填充柄将 C245 单元格中的公式向下复制到 C246，即可得到 2022 年前两个交易日（1 月 4 日，1 月 5 日）的收盘价预测结果，分别为 26.03 元和 26.07 元。

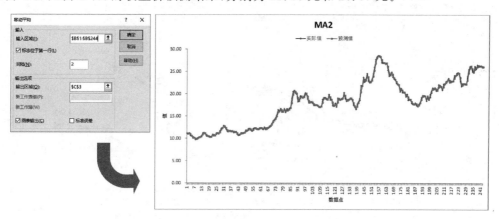

图 7-61 MA2 预测参数设置及图表输出结果

（3）在 D～F 列中使用类似的操作分别完成 MA5、MA10、MA20 序列的计算。单击"数据"选项卡"分析"组中的"数据分析"按钮，弹出"数据分析"对话框，在"分析工具"列表框中选择"移动平均"选项，弹出"移动平均"对话框。仍将"输入区域"设置为单元格区域 B1：B244，在"间隔"文本框中分别输入 MA5、MA10、MA20 序列对应的时间间隔 5、10、20，将"输出区域"分别设置为 D3、E3、F3 单元格，单击"确定"按钮即可得到时间间隔为 5 个、10 个和 20 个交易日时的移动平均预测分析结果，并绘制相应的折线图。收盘价 MA5、MA10、MA20 曲线如图 7-62 所示。由图中显示结果可知，当时间跨度变大时，移动平均预

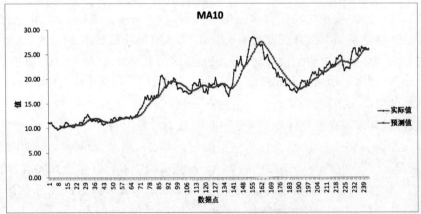

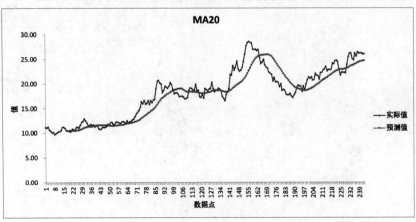

图 7-62　收盘价 MA5、MA10、MA20 曲线

测曲线更加平滑,对真实数据的拟合效果下降,但更能够反映出时间序列长期的变化趋势。分别将 D245、E245 和 F245 单元格内的公式复制填充至 D246、E246 和 F246 单元格,即可得到不同时间间隔条件下 2022 年 1 月 4 日、1 月 5 日的收盘价预测结果,如图 7-63 所示。

| | A | B | C | D | E | F |
|---|---|---|---|---|---|---|
| 1 | 日期 | 收盘价 | MA2 | MA5 | MA10 | MA20 |
| 245 | 2022年1月4日 | | 26.03 | 26.15 | 25.89 | 24.71 |
| 246 | 2022年1月5日 | | 26.07 | 26.14 | 25.98 | 24.81 |

图 7-63　不同时间间隔条件下 2022 年 1 月 4 日、1 月 5 日的收盘价预测结果

(4) 可以参考 6.4.1 节,利用均方误差(MSE)作为指标对各个时间间隔的预测结果进行评价。首先,将 C～F 列中所有显示为"♯N/A"的单元格内容删除,以免其对均方误差计算结果产生影响,然后利用编辑输入框或函数参数对话框在 C247 单元格中构建公式:

$$=\text{SUMXMY2}(C2:C244,\$B\$2:\$B\$244)/\text{COUNTA}(C2:C244)$$

其中,单元格区域 B2:B244 和 C2:C244 分别表示历史数据序列和时间跨度为两个交易日时的移动平均预测序列,其中单元格区域 B2:B244 设置了绝对引用形式,以便让其在后续公式复制填充过程中始终保持不变。完成计算后得到时间跨度为两个交易日时的 MSE 结果为 0.637。利用填充柄将 C247 单元格内的公式向右复制填充至 F247 单元格,即可得到时间跨度为其他值时的 MSE。通过比较可知时间跨度为两个交易日时的均方误差值最小,因此可将其作为移动平均的最终结果填入单元格区域 B245:B246 内。收盘价移动平均预测最终结果如图 7-64 所示。

| | A | B | C | D | E | F |
|---|---|---|---|---|---|---|
| 1 | 日期 | 收盘价 | MA2 | MA5 | MA10 | MA20 |
| 245 | 2022年1月4日 | 26.03 | 26.03 | 26.15 | 25.89 | 24.71 |
| 246 | 2022年1月5日 | 26.07 | 26.05 | 26.12 | 25.98 | 24.87 |
| 247 | MSE | | 0.637 | 1.299 | 2.318 | 5.022 |

图 7-64　收盘价移动平均预测最终结果

(5) 可以参考股票 K 线分析图的形式,以单元格区域 A22:F244 为数据源绘制楚天科技股票 2021 年度收盘价与 MA2、MA5、MA10、MA20 序列折线图,如图 7-65 所示。观察各

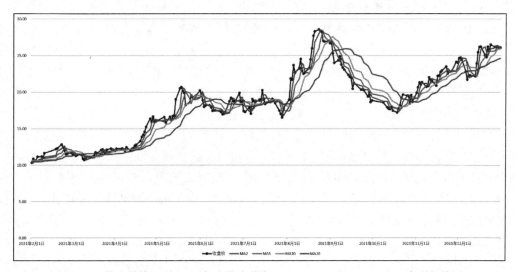

图 7-65　楚天科技股票 2021 年度收盘价与 MA2、MA5、MA10、MA20 序列折线图

条曲线的变化趋势,可以对股票行情走势进行简单分析。例如,在 2021 年 12 月初,MA5 曲线(灰色)向上穿过了 MA10 与 MA20 曲线(黄色与绿色)。在股市分析中,一般将短期移动平均线从下向上突破中长期移动平均线形成的交叉称为"黄金交叉",预示着股票未来的价格会上涨,即 2022 年初楚天科技股票预计仍呈上升趋势。

**2. 收盘价指数平滑预测分析**

如 6.4.1 节所述,股票收盘价往往更容易受到近期的历史数据的影响,而较为久远的数据对当前的数据的影响程度相对较少。为了更好地反映不同历史数据点对当前及未来时间序列变化趋势的影响差异,可以使用指数平滑法确定各个历史数据时间点的权数值。下面将使用此方法对楚天科技股票收盘价进行预测分析,具体操作过程如下:

(1) 打开存放 2021 年楚天科技股票交易数据的工作簿文件"楚天科技.xlsx",在工作表"指数平滑预测"中构建收盘价指数平滑预测分析表,如图 7-66 所示。

| | A | B | C | D | E | F |
|---|---|---|---|---|---|---|
| 1 | 日期 | 收盘价 | 平滑常数 | | | |
| 2 | | | 0.9 | 0.8 | 0.7 | 0.6 |
| 3 | 2021年1月4日 | 11.13 | | | | |
| 4 | 2021年1月5日 | 11.01 | | | | |
| 5 | 2021年1月6日 | 11.19 | | | | |
| 6 | 2021年1月7日 | 10.64 | | | | |
| 7 | 2021年1月8日 | 10.46 | | | | |
| 8 | 2021年1月11日 | 10.06 | | | | |
| 9 | 2021年1月12日 | 10.11 | | | | |
| 10 | 2021年1月13日 | 9.73 | | | | |
| 11 | 2021年1月14日 | 9.90 | | | | |
| 12 | 2021年1月15日 | 10.06 | | | | |
| 13 | 2021年1月18日 | 10.26 | | | | |
| 14 | 2021年1月19日 | 10.29 | | | | |

图 7-66　收盘价指数平滑预测分析表

(2) 根据 B 列中的收盘价历史序列信息,可以使用不同的平滑常数构建指数平滑预测模型。由描述性统计分析结果可知,2021 年度楚天科技股票收盘价存在较大幅度的波动,并呈现十分明显的上升趋势,根据 6.4.2 节关于平滑常数的介绍,对于此类时间序列数据应选取较大的平滑常数。本节案例中将分别使用 0.9、0.8、0.7 和 0.6 这 4 个平滑常数值进行预测,并在 C~F 列中得到不同时间点的预测结果。

(3) 在 C 列中计算平滑常数为 0.9 时的预测结果。单击"数据"选项卡"分析"组中的"数据分析"按钮,弹出"数据分析"对话框,在"分析工具"列表框中选择"指数平滑"选项,弹出"指数平滑"对话框。在"输入区域"内设置要进行指数平滑预测的数据源,这里选择收盘价历史时间序列数据单元格区域 B3:B244,在"阻尼系数"文本框中输入值 0.1(阻尼系数等于 1 减去平滑常数),注意由于输入区域没有选择标题信息,因此此处无须勾选"标志"复选框,在"输出区域"文本框中选择 C3 单元格,即将结果填入以 C3 单元格为顶点的单元格区域内,指数平滑参数设置结果如图 7-67 所示。单击"确定"按钮完成计算,最后将 C245 单元格中的公式向下复制填充至 C246 单元格,即可得到平滑常数为 0.9 时 2022 年第一个交易日(1 月 4 日)的收盘价预测结果,为 26.064 元。(注意:由于指数平滑计算需要当前时刻前一个时间节点的历史数据,因此只能对未来下一个时间节点的值进行预测,无法预测 1 月 5日及以后的收盘价信息)。

(4) 使用类似的操作在 D~F 列中完成其他平滑常数条件下的预测计算。单击"数据"

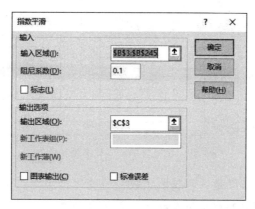

图 7-67 指数平滑参数设置结果

选项卡"分析"组中的"数据分析"按钮,弹出"数据分析"对话框,在"分析工具"列表框中选择"指数平滑"选项,弹出"指数平滑"对话框。在"输入区域"内仍选择单元格区域 B3:B244 为数据源,分别将"阻尼系数"设置为 0.2、0.3 和 0.4,将"输出区域"分别设置为 D3、E3 和 F3 单元格,单击"确定"按钮完成计算。最后将单元格区域 D244:F244 中的公式向下复制填充至单元格区域 D246:F246,即可得到其他平滑常数条件下 2022 年 1 月 4 日收盘价预测结果,分别为 26.063 元、26.067 元和 26.075 元。

(5) 分别计算每个平滑常数条件下的预测数据与历史序列数据的 MSE,从而对预测结果进行评价。首先将单元格区域 C3:F3 中的错误值"♯N/A"删除,以免其对均方误差计算产生影响。然后,利用编辑输入框或函数参数对话框在 C247 单元格中构建公式:

=SUMXMY2(C3:C245,$B$3:$B$245)/COUNTA(C3:C245)

得到平滑常数为 0.9 时的均方误差 MSE 结果为 0.501。然后,将 C247 中的公式向右复制填充至 F247 单元格,即可得到其他平滑常数条件下的 MSE。通过比较可知当平滑常数为 0.9 时 MSE 值最小,因此可将 C246 单元格内的值作为最优预测结果填入 B246 单元格内,收盘价指数平滑最终预测结果如图 7-68 所示。

| | A | B | C | D | E | F |
|---|---|---|---|---|---|---|
| 1 | 日期 | 收盘价 | 平滑常数 | | | |
| 2 | | | 0.9 | 0.8 | 0.7 | 0.6 |
| 246 | 2022年1月4日 | 26.064 | 26.064 | 26.063 | 26.067 | 26.075 |
| 247 | MSE | | 0.501 | 0.526 | 0.567 | 0.629 |

图 7-68 收盘价指数平滑最终预测结果

### 3. 收盘价线性趋势预测分析

通过描述性统计分析可知,2021 年度楚天科技股票收盘价呈整体上升趋势,因此可以使用 6.4.3 节中介绍的线性趋势预测分析方法对其进行预测分析,根据历史数据信息构建线性拟合模型,进而对 2022 年前两个交易日的收盘价进行预测。具体操作如下。

(1) 打开存放 2021 年楚天科技股票交易数据的工作簿文件"楚天科技.xlsx",在工作表"线性趋势预测"中构建收盘价线性趋势预测分析表,如图 7-69 所示。

(2) 根据收盘价历史时间序列数据绘制散点图,利用趋势线确定其线性拟合方程。为了让线性拟合函数表达式更加简洁,在 A 列中对历史序列数据进行顺序编号后,以 A 列与

| | A | B | C | D | E | F | G | H |
|---|---|---|---|---|---|---|---|---|
| 1 | 序号 | 日期 | 收盘价 | 预测1 | 预测2 | | | |
| 2 | 1 | 2021年1月4日 | 11.13 | | | | 趋势线拟合 | |
| 3 | 2 | 2021年1月5日 | 11.01 | | | | 斜率 | |
| 4 | 3 | 2021年1月6日 | 11.19 | | | | 截距 | |
| 5 | 4 | 2021年1月7日 | 10.64 | | | | 规划求解 | |
| 6 | 5 | 2021年1月8日 | 10.46 | | | | 斜率 | |
| 7 | 6 | 2021年1月11日 | 10.06 | | | | 截距 | |
| 8 | 7 | 2021年1月12日 | 10.11 | | | | MSE | |
| 9 | 8 | 2021年1月13日 | 9.73 | | | | | |
| 10 | 9 | 2021年1月14日 | 9.90 | | | | | |

图 7-69　收盘价线性趋势预测分析表

C 列为数据源绘制 2021 年度楚天科技股票收盘价变化趋势散点图,如图 7-70 所示。可以看出 2021 年楚天科技股票收盘价虽然存在上下波动,但整体上升趋势较为明显。在图 7-70 中的数据系列上右击,在弹出的快捷菜单中选择"添加趋势线"命令,打开"设置趋势线格式"对话框,在"趋势线选项"下方的列表中选择"线性"单选按钮,勾选"显示公式"和"显示 R 平方值"复选框,得到趋势线及函数表达式结果如图 7-70 所示。由线性拟合函数表达式可知其截距和斜率分别为 10.327 和 0.0636,R 平方值为 0.7578,满足大于 0.5 的基本条件,由此可以构建关于楚天科技股票收盘价的线性趋势预测模型为

$$Y = 10.327 + 0.0636X \tag{7-1}$$

其中,$X$ 为交易日序号。

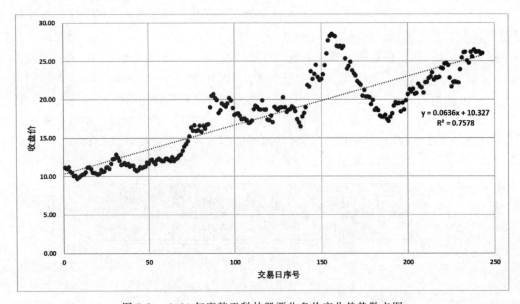

图 7-70　2021 年度楚天科技股票收盘价变化趋势散点图

（3）根据式(7-1)所示的线性趋势预测函数对各个历史时间点的收盘价数据进行计算,并对 2022 年前两个交易日(1 月 4 日和 1 月 5 日)的收盘价信息进行预测。首先,将式(7-1)中的斜率和截距值填入单元格区域 H3:H4 中,然后,在 D2 单元格中构建公式:

＝A2 * ＄H＄3＋＄H＄4

即可在 D2 单元格中按照式(7-1)完成第一个历史交易日(2021 年 1 月 4 日)的收盘价趋势预测计算。注意,公式内 H3 单元格和 H4 单元格使用了绝对引用,以便在公式复制填充过

程中保持不变。将 D2 单元格中的公式向下复制填充至 D246 单元格,即可完成关于股票收盘价的线性趋势预测计算,其中 2022 年前两个交易日的预测结果将填入单元格区域 D245:D246 内,分别为 25.845 元和 25.909 元。

(4)除使用趋势线法外,还可以使用 6.4.3 节中介绍的规划求解法确定关于 2021 年度楚天科技股票收盘价的线性拟合函数表达式。首先在单元格区域 H6:H7 中分别输入关于斜率和截距的初始假设值,如 100 和 200。然后,在 E2 单元格中构建公式:

=A2＊＄H＄6＋＄H＄7

将 E2 单元格中的公式向下复制到 E246 单元格,即可按照单元格区域 H6:H7 中的初始参数完成线性趋势预测计算。然后,对当前参数下的预测结果与历史真实序列数据的 MSE 进行计算,利用编辑输入框或函数参数对话框在 H8 单元格中构建公式:

=SUMXMY2(E2:E244,C2:C244)/COUNTA(E2:E244)

计算得到的 MSE 值很大,说明当前参数条件下的线性趋势函数对真实数据的拟合效果较差。然后,利用 Excel 2016 提供的规划求解工具不断调整参数值,达到让 MSE 最小的优化目标。

(5)单击"数据"选项卡"分析"组中的"规划求解"按钮,弹出"规划求解参数"对话框。在"设置目标"文本框内选择存放 MSE 计算结果的 H8 单元格,选择"最小值"单选按钮,即以让 MSE 最小作为优化目标。在"通过更改可变单元格"文本框中选择用于存放线性表达式参数的单元格区域 H6:H7,取消勾选"使无约束变量为非负数"复选框,让线性函数参数可以取负数,规划求解参数设置结果如图 7-71 所示。单击"求解"按钮,在弹出的"规划求解

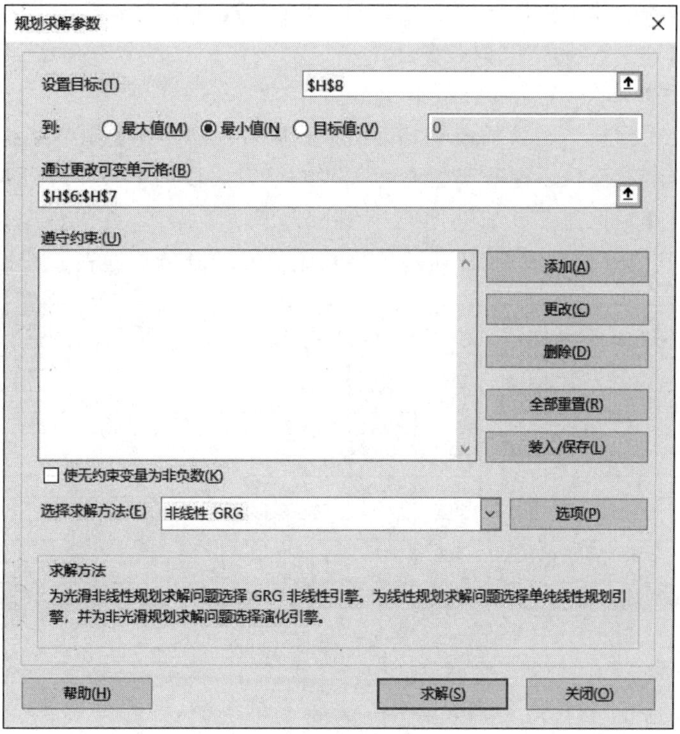

图 7-71　规划求解参数设置结果

结果"对话框中单击"确定"按钮。反复执行上述规划求解操作直到单元格区域 H6:H7 内的参数不再变化,此时的参数结果即为规划求解得到的最优参数。对比单元格区域 H3:H4 和 H6:H7 的结果,可以发现使用两种方法得到的线性拟合函数参数十分接近,单元格区域 E245:E246 中得到的 2022 年 1 月 4 日、1 月 5 日收盘价预测结果也与单元格区域 D245:D246 十分相似,分别为 25.842 元和 25.906 元。可以将其中一组填入单元格区域 B245:B246 中作为最优预测结果。收盘价线性趋势最终预测结果如图 7-72 所示。

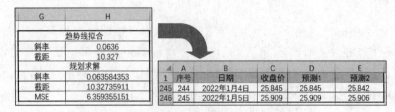

图 7-72　收盘价线性趋势最终预测结果

## 7.2.6　股票交易数据回归预测分析

股票交易数据除随日期发生变化外,还受到众多因素的作用和影响,若要对股票交易数据的分析和预测,必须要考虑目标变量与其他变量之间的依赖关系。在 6.4 节中,已经介绍了利用 Excel 2016 进行相关和回归分析描述变量之间的关联和规律的方法。在本节案例中,将对 2021 年度楚天科技股票收盘价的回归预测分析,寻找收盘价与其他交易数据字段之间的依赖关系,并构建线性回归模型完成对 2022 年前两个交易日的收盘价预测,具体操作实现过程如下。

(1) 打开存放 2021 年楚天科技股票交易数据的工作簿文件"楚天科技.xlsx"。在现实中,股票收盘价会受到众多因素的影响,其预测分析是一项十分复杂的工作,为了简化回归预测分析过程,本节案例仅考虑收盘价与数据表中已有字段的依赖关系,即以收盘价为因变量,其他字段为自变量构建多元线性回归模型。为了便于操作,首先将原始数据中 E 列中的收盘价移动至其他变量字段前(B 列),构建收盘价回归分析数据表,如图 7-73 所示。

| | A | B | C | D | E | F | G | H | I | J | K |
|---|---|---|---|---|---|---|---|---|---|---|---|
| 1 | 日期 | 收盘价 | 开盘价 | 最高价 | 最低价 | 涨跌额 | 涨跌幅(%) | 成交量(手) | 成交金额(万元) | 振幅(%) | 换手率(%) |
| 2 | 2021年1月4日 | 11.13 | 11.05 | 11.22 | 10.90 | 0.1 | 0.91 | 61,859 | 6,842 | 2.9 | 1.32 |
| 3 | 2021年1月5日 | 11.01 | 11.14 | 11.15 | 10.76 | -0.12 | -1.08 | 70,889 | 7,769 | 3.5 | 1.52 |
| 4 | 2021年1月6日 | 11.19 | 10.96 | 11.36 | 10.96 | 0.18 | 1.63 | 84,099 | 9,426 | 3.63 | 1.8 |
| 5 | 2021年1月7日 | 10.64 | 11.10 | 11.21 | 10.41 | -0.55 | -4.92 | 98,485 | 10,568 | 7.15 | 2.1 |
| 6 | 2021年1月8日 | 10.46 | 10.70 | 10.79 | 10.36 | -0.18 | -1.69 | 57,103 | 6,011 | 4.04 | 1.22 |
| 7 | 2021年1月11日 | 10.06 | 10.41 | 10.47 | 9.88 | -0.4 | -3.82 | 84,986 | 8,578 | 5.64 | 1.82 |
| 8 | 2021年1月12日 | 10.11 | 10.05 | 10.38 | 10.03 | 0.05 | 0.5 | 42,035 | 4,280 | 3.48 | 0.9 |
| 9 | 2021年1月13日 | 9.73 | 10.08 | 10.08 | 9.62 | -0.38 | -3.76 | 74,245 | 7,259 | 4.55 | 1.59 |
| 10 | 2021年1月14日 | 9.90 | 9.83 | 10.05 | 9.39 | 0.17 | 1.75 | 76,752 | 7,476 | 6.78 | 1.64 |
| 11 | 2021年1月15日 | 10.06 | 9.87 | 10.12 | 9.80 | 0.16 | 1.62 | 51,549 | 5,142 | 3.23 | 1.1 |
| 12 | 2021年1月18日 | 10.26 | 10.11 | 10.43 | 10.06 | 0.2 | 1.99 | 52,496 | 5,403 | 3.68 | 1.12 |
| 13 | 2021年1月19日 | 10.29 | 10.36 | 10.46 | 10.23 | 0.03 | 0.29 | 48,359 | 5,003 | 2.24 | 1.03 |

图 7-73　收盘价回归分析数据表

(2) 由于无法确定收盘价主要受哪些交易信息的影响,因此可先将 C~K 列所有数据字段作为自变量构建线性回归模型,分析各个自变量对因变量的显著性影响程度。单击"数据"选项卡"分析"组中的"数据分析"按钮,弹出"数据分析"对话框,在"分析工具"列表框中选择"回归"选项,弹出"回归"对话框。在"Y值输入区域"文本框中设置因变量数据区域,这里选择收盘价对应的单元格区域B1:B244,在"X值输入区域"文本框中设置自变量数据区域,这里选择其他交易数据字段对应的单元格区域C1:K244,勾选"标志"复选框,在"输出选项"组中选择"新工作表组"单选按钮,在文本框中输入"回归分析1",回归分析参数设置结果如图7-74所示。单击"确定"按钮,回归结果将被显示在名为"回归分析1"的工作表内,回归分析结果如图7-75所示。

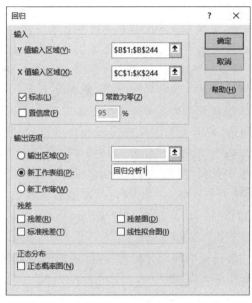

图7-74 回归分析参数设置结果

| | A | B | C | D | E | F | G | H | I |
|---|---|---|---|---|---|---|---|---|---|
| 1 | SUMMARY OUTPUT | | | | | | | | |
| 2 | | | | | | | | | |
| 3 | 回归统计 | | | | | | | | |
| 4 | Multiple R | 0.999465762 | | | | | | | |
| 5 | R Square | 0.99893181 | | | | | | | |
| 6 | Adjusted R Square | 0.998890549 | | | | | | | |
| 7 | 标准误差 | 0.171018369 | | | | | | | |
| 8 | 观测值 | 243 | | | | | | | |
| 9 | | | | | | | | | |
| 10 | 方差分析 | | | | | | | | |
| 11 | | df | SS | MS | F | Significance F | | | |
| 12 | 回归分析 | 9 | 6372.777 | 708.086314 | 24210.32838 | 0 | | | |
| 13 | 残差 | 233 | 6.814617 | 0.02924728 | | | | | |
| 14 | 总计 | 242 | 6379.591 | | | | | | |
| 15 | | | | | | | | | |
| 16 | | Coefficients | 标准误差 | t Stat | P-value | Lower 95% | Upper 95% | 下限 95.0% | 上限 95.0% |
| 17 | Intercept | 0.029983476 | 0.108876 | 0.27539113 | 0.783259821 | -0.184523692 | 0.244491 | -0.18452 | 0.244491 |
| 18 | 开盘价 | 0.23211251 | 0.053725 | 4.32037861 | 2.30696E-05 | 0.126263567 | 0.337961 | 0.126264 | 0.337961 |
| 19 | 最高价 | 0.494314852 | 0.150898 | 3.27582221 | 0.001214057 | 0.197016076 | 0.791614 | 0.197016 | 0.791614 |
| 20 | 最低价 | 0.271814376 | 0.149747 | 1.81515981 | 0.07078503 | -0.023216413 | 0.566845 | -0.02322 | 0.566845 |
| 21 | 涨跌额 | 0.638181696 | 0.082827 | 7.70496116 | 3.74477E-13 | 0.474995403 | 0.801368 | 0.474995 | 0.801368 |
| 22 | 涨跌幅(%) | -0.019372543 | 0.015165 | -1.2774563 | 0.202712594 | -0.049250464 | 0.010505 | -0.04925 | 0.010505 |
| 23 | 成交量(手) | 1.81192E-06 | 2.09E-06 | 0.86599772 | 0.387382252 | -2.3103E-06 | 5.93E-06 | -2.3E-06 | 5.93E-06 |
| 24 | 成交金额(万元) | -7.80451E-06 | 5.78E-06 | -1.350027 | 0.178317332 | -1.91942E-05 | 3.59E-06 | -1.9E-05 | 3.59E-06 |
| 25 | 振幅(%) | -0.031499354 | 0.028532 | -1.1040198 | 0.270723403 | -0.087712071 | 0.024713 | -0.08771 | 0.024713 |
| 26 | 换手率(%) | 0.000582827 | 0.083525 | 0.00697785 | 0.9944385 | -0.163978486 | 0.165144 | -0.16398 | 0.165144 |

图7-75 回归分析结果

（3）由图 7-75 所示的回归分析结果可知，以收盘价为因变量，其他所有交易数据字段为自变量进行回归分析得到的相关系数、测定系数和校正测定系数均在 0.99 以上，回归模型的整体 P 值十分接近 0（在 Excel 中直接显示为 0），说明回归模型取得了很好的拟合效果。观察下方各个自变量的回归结果参数，由单元格区域 E18：E26 中显示的各自变量的 P 值可知，部分自变量（涨跌额、成交量、成交金额、振幅和换手率）的 P 值明显高于 0.05，说明这些变量对收盘价没有显著性影响，无须在回归分析中进行考虑。因此，可以将上述变量剔除，仅保留显著性程度较大的变量（开盘价、最高价、最低价和涨跌额）进行下一轮回归分析。

【提示】　在回归分析中，应避免将过多的数据特征信息作为自变量参与分析，这会导致模型过于复杂，即使得到的模型表达式能够较好地拟合历史真实数据，对于未来新数据的预测效果往往较差。在机器学习领域中，往往将这种模型拟合程度较好但泛化性不足的现象称为过拟合。一般而言，可以通过降低特征维度（即减少自变量数量）的方式简化模型来解决上述问题，本节案例中根据自变量的显著性指标对其进行筛选正是基于这一思路。

（4）选取开盘价、最高价、最低价和涨跌额字段为自变量，以收盘价为因变量构建四元线性回归分析模型。单击"数据"选项卡"分析"组中的"数据分析"按钮，弹出"数据分析"对话框，在"分析工具"列表框中选择"回归"选项，弹出"回归"对话框。在"Y 值输入区域"文本框中仍选择收盘价对应的单元格区域 B1：B244，在"X 值输入区域"文本框中设置新的自变量单元格区域 C1：F244，勾选"标志"复选框，在"输出选项"组中选择"新工作表组"单选按钮，在文本框中输入"回归分析 2"，勾选"残差"复选框，第二次回归分析参数设置结果如图 7-76 所示。单击"确定"按钮完成回归分析运算，得到的结果将保存在名为"回归分析 2"的新工作表中，第二次回归分析结果如图 7-77 所示。

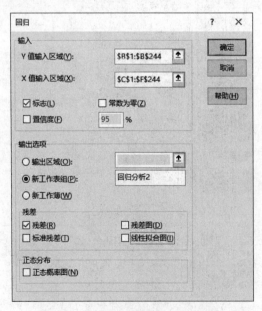

图 7-76　第二次回归分析参数设置结果

（5）由图 7-77 所示的回归分析结果可知，第二次回归分析得到的相关系数、测定系数和校正测定系数同样均在 0.99 以上，回归模型的整体 P 值也接近 0，说明第二次回归模型也取得了很好的拟合效果。观察下方各个自变量的回归结果参数，由单元格区域 E18：E26

| ▲ | A | B | C | D | E | F | G | H | I |
|---|---|---|---|---|---|---|---|---|---|
| 1 | SUMMARY OUTPUT | | | | | | | | |
| 2 | | | | | | | | | |
| 3 | | 回归统计 | | | | | | | |
| 4 | Multiple R | 0.999451387 | | | | | | | |
| 5 | R Square | 0.998903075 | | | | | | | |
| 6 | Adjusted R | 0.998884639 | | | | | | | |
| 7 | 标准误差 | 0.171473291 | | | | | | | |
| 8 | 观测值 | 243 | | | | | | | |
| 9 | | | | | | | | | |
| 10 | 方差分析 | | | | | | | | |
| 11 | | df | SS | MS | F | Significance F | | | |
| 12 | 回归分析 | 4 | 6372.59351 | 1593.148377 | 54183.0268 | 0 | | | |
| 13 | 残差 | 238 | 6.997935268 | 0.029403089 | | | | | |
| 14 | 总计 | 242 | 6379.591445 | | | | | | |
| 15 | | | | | | | | | |
| 16 | | Coefficients | 标准误差 | t Stat | P-value | Lower 95% | Upper 95% | 下限 95.0% | 上限 95.0% |
| 17 | Intercept | 0.032985859 | 0.04142258 | 0.796325574 | 0.42663642 | -0.0486159 | 0.114588 | -0.04862 | 0.114588 |
| 18 | 开盘价 | 0.239077474 | 0.052355606 | 4.566415894 | 7.9614E-06 | 0.1359379 | 0.342217 | 0.135938 | 0.342217 |
| 19 | 最高价 | 0.354268074 | 0.034324774 | 10.32106069 | 7.0408E-21 | 0.2866489 | 0.421887 | 0.286649 | 0.421887 |
| 20 | 最低价 | 0.405103721 | 0.038875432 | 10.42055861 | 3.437E-21 | 0.32851984 | 0.481688 | 0.32852 | 0.481688 |
| 21 | 涨跌额 | 0.536680206 | 0.031835236 | 16.85805663 | 1.7158E-42 | 0.47396538 | 0.599395 | 0.473965 | 0.599395 |

图 7-77　第二次回归分析结果

中各自变量的 P 值可知,第二次回归分析中所有自变量的 P 值均远小于 0.05,表明开盘价、最高价、最低价和涨跌额均会对收盘价产生显著影响,回归模型具有较高的可信度。由单元格区域 B17:B21 中的回归参数,可以确定关于楚天科技股票收盘价的多元线性回归模型如下:

$$Y = 0.0330 - 0.2391X_1 + 0.3543X_2 + 0.4051X_3 + 0.5367X_4 \qquad (7\text{-}2)$$

其中,$X_1$ 为开盘价;$X_2$ 为最高价;$X_3$ 为最低价;$X_4$ 为涨跌额。

为了对式(7-2)中的线性回归模型预测效果进行评价,在工作表"回归分析 2"中的单元格区域 F27:M44 中构建 2022 年 1 月楚天科技股票收盘价预测分析表,如图 7-78 所示。其中单元格区域 F27:K44 中存放了通过网络获取的 2022 年 1 月 4 日至 1 月 25 日楚天科技真实股票交易数据。然后,可以依据式(7-2)结合 H~K 列存放的最高价、最低价、开盘价和涨跌幅信息构建线性回归模型,对 1 月各交易日收盘价进行预测,并将结果写入 L 列中。在 L28 单元格中构建公式:

＝J28＊＄B＄18＋H28＊＄B＄19＋I28＊＄B＄20＋K28＊＄B＄21＋＄B＄17

公式中对于回归系数的单元格区域 B17:B21 均为绝对引用,以便在公式复制填充的过程中保持不变。将 L28 单元格中的公式复制填充至 L43 单元格,即可得到楚天科技 2022 年 1 月的收盘价预测结果,如图 7-78 所示。然后,可在 M 列中依据收盘价预测结果与真实值计算残差与 MSE,得到的结果如图 7-78 所示。由结果可知,通过式(7-2)得到的收盘价与真实值差异较小,大部分交易日的残差值均在 0.2 元以下,整体 MSE 为 0.055 293。最后,可以根据 G 列与 L 列的收盘价预测值和真实值结果,绘制 2022 年 1 月楚天科技股票收盘价预测值与真实值对比图,如图 7-79 所示。由图 7-79 可知大部分数据点分布在对角线附近,说明本节案例得到的线性回归预测模型能够较好地反映收盘价与其他交易数据之间的依赖关系,得到的预测结果具有一定的参考性。

(6) 在 7.2.5 节中,已经使用三种时间序列预测分析方法对 2022 年前两个交易日楚天科技股票收盘价进行了预测,结合本节介绍的线性回归预测结果,不同方法得到的 2022 年初楚天科技股票收盘价预测结果对例如表 7-1 所示。由表 7-1 中的结果可知,每种方法的

| | F | G | H | I | J | K | L | M |
|---|---|---|---|---|---|---|---|---|
| 27 | 日期 | 收盘价 | 最高价 | 最低价 | 开盘价 | 涨跌额 | 预测值 | 残差 |
| 28 | 2022/1/4 | 25.3 | 26.4 | 25.29 | 26.29 | -0.77 | 25.50284 | -0.20284 |
| 29 | 2022/1/5 | 23.7 | 25.66 | 23.52 | 25.65 | -1.6 | 23.92519 | -0.22519 |
| 30 | 2022/1/6 | 24.35 | 24.8 | 23.7 | 23.84 | 0.65 | 24.46824 | -0.11824 |
| 31 | 2022/1/7 | 24.96 | 26.17 | 24.3 | 24.66 | 0.61 | 25.37123 | -0.41123 |
| 32 | 2022/1/10 | 25.3 | 25.49 | 24.12 | 24.85 | 0.34 | 24.95793 | 0.342073 |
| 33 | 2022/1/11 | 25.49 | 26.84 | 25.4 | 25.6 | 0.19 | 26.05353 | -0.56353 |
| 34 | 2022/1/12 | 25.21 | 25.88 | 25.05 | 25.79 | -0.28 | 25.36483 | -0.15483 |
| 35 | 2022/1/13 | 23.36 | 25.52 | 23.24 | 25.29 | -1.85 | 23.54193 | -0.18193 |
| 36 | 2022/1/14 | 24.9 | 25.18 | 23.03 | 23.3 | 1.54 | 24.67999 | 0.220013 |
| 37 | 2022/1/17 | 24.45 | 25.12 | 24.3 | 24.74 | -0.45 | 24.44949 | 0.000509 |
| 38 | 2022/1/18 | 23.5 | 24.46 | 23.23 | 24.46 | -0.95 | 23.44693 | 0.053069 |
| 39 | 2022/1/19 | 22.68 | 23.69 | 22.48 | 23.32 | -0.82 | 22.66754 | 0.012463 |
| 40 | 2022/1/20 | 22.33 | 23.15 | 22.18 | 22.8 | -0.35 | 22.48262 | -0.15262 |
| 41 | 2022/1/21 | 22.06 | 22.95 | 21.8 | 22.33 | -0.27 | 22.1884 | -0.1284 |
| 42 | 2022/1/24 | 21.56 | 22.23 | 21.47 | 21.97 | -0.5 | 21.59013 | -0.03013 |
| 43 | 2022/1/25 | 20.47 | 21.9 | 20.38 | 21.62 | -1.09 | 20.63134 | -0.16134 |
| 44 | | | | | | | MSE | 0.055293 |

图 7-78　楚天科技 2022 年 1 月的收盘价预测结果

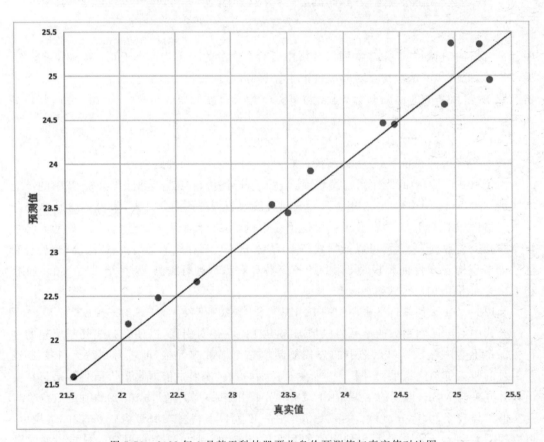

图 7-79　2022 年 1 月楚天科技股票收盘价预测值与真实值对比图

预测结果与真实数据之间均存在一定差异，这也反映了股票收盘价数据由于受到多方因素的共同影响作用，存在较大的不确定性，其预测分析难度较大。相比较而言，使用本节介绍的多元线性回归模型得到的预测结果最接近真实数据。如何综合考虑股票交易市场内外部复杂多变的环境和各类影响因素，构建合理的模型描述股票大盘走势和变化规律，是股票市场分析行业从业者们所共同面临的问题。

表 7-1 不同方法得到的 2022 年初楚天科技股票收盘价预测结果对比

| 日　期 | 预测结果 | | | | 真实值 |
|---|---|---|---|---|---|
| | 移动平均法 | 指数平滑法 | 线性趋势法 | 线性回归法 | |
| 2022 年 1 月 4 日 | 26.03 | 26.064 | 25.845 | 25.503 | 25.3 |
| 2022 年 1 月 5 日 | 26.07 | 无 | 25.909 | 23.925 | 23.7 |

## 7.2.7 结果发布与展示

在本节案例中，利用 Python 程序设计语言与 Excel 2016 等工具，已经完成了针对楚天科技股票数据的获取、预处理和数据分析操作，得到了一系列数据分析结果。根据这些结果，小赵完成了楚天科技股票交易数据预测分析报告原始文档的撰写，并存放在名为“楚天科技股票交易数据预测分析报告.docx”的文档中，楚天科技股票交易数据预测分析报告原始文档如图 7-80 所示。本节将利用 Word 2016 工具对该文档进行编辑，形成美观规范、图文并茂的科技报告，完成结果发布和展示。具体操作如下。

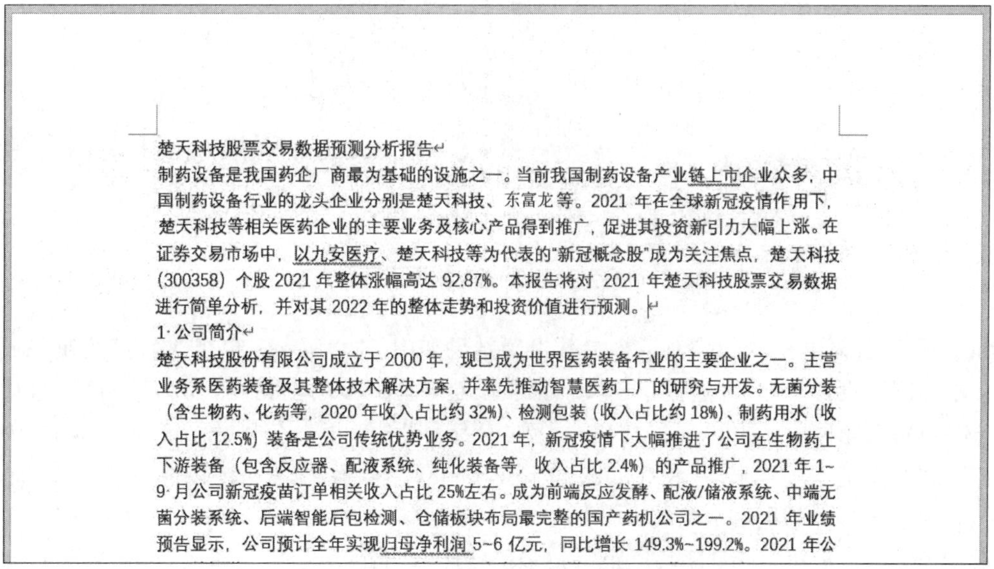
楚天科技股票交易数据预测分析报告
制药设备是我国药企厂商最为基础的设施之一。当前我国制药设备产业链上市企业众多，中国制药设备行业的龙头企业分别是楚天科技、东富龙等。2021 年在全球新冠疫情作用下，楚天科技等相关医药企业的主要业务及核心产品得到推广，促进其投资新引力大幅上涨。在证券交易市场中，以九安医疗、楚天科技等为代表的"新冠概念股"成为关注焦点，楚天科技(300358) 个股 2021 年整体涨幅高达 92.87%。本报告将对 2021 年楚天科技股票交易数据进行简单分析，并对其 2022 年的整体走势和投资价值进行预测。
1 公司简介
楚天科技股份有限公司成立于 2000 年，现已成为世界医药装备行业的主要企业之一。主营业务系医药装备及其整体技术解决方案，并率先推动智慧医药工厂的研究与开发。无菌分装（含生物药、化药等，2020 年收入占比约 32%)、检测包装 (收入占比约 18%)、制药用水 (收入占比 12.5%) 装备是公司传统优势业务。2021 年，新冠疫情下大幅推进了公司在生物药上下游装备（包含反应器、配液系统、纯化装备等，收入占比 2.4%）的产品推广，2021 年 1~9 月公司新冠疫苗订单相关收入占比 25%左右。成为前端反应发酵、配液/储液系统、中端无菌分装系统、后端智能后包检测、仓储板块布局最完整的国产药机公司之一。2021 年业绩预告显示，公司预计全年实现归母净利润 5~6 亿元，同比增长 149.3%~199.2%。2021 年公

图 7-80 楚天科技股票交易数据预测分析报告原始文档

(1) 对原始文档的页面参数进行设置，单击“布局”选项卡“页面设置”右下角的对话框启动器按钮，弹出“页面设置”对话框。在“页边距”选项卡中将文档页面上、下、左、右页边距均设置为 3 厘米，切换至“文档网格”选项卡，选择“无网格”单选按钮，“页面设置”对话框参数设置结果如图 7-81 所示。

(2) 对文档文本和段落格式进行设置。选择位于文档第一行的标题文本，通过“开始”选项卡“字体”组中的相应按钮及命令将文档标题设置为“华文新魏”、20 号字、标准色红色。单击“开始”选项卡“段落”组右下角的对话框启动器按钮，弹出“段落”对话框。选择“对齐方式”为“居中”选项，在“特殊”下拉列表中选择“无”选项，并分别设置段前、段后间距为 2

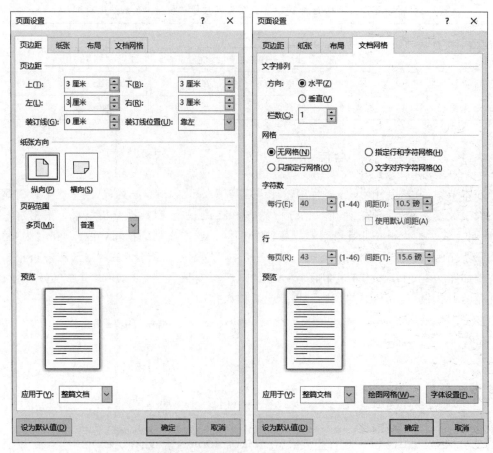

图 7-81 "页面设置"对话框参数设置结果

行和 1.5 行，标题文本"段落"对话框参数设置结果如图 7-82 所示。单击"确定"按钮完成标题文本的段落设置。然后，选择位于文档第二段至最后一段的正文本文，单击"开始"选项卡"字体"组右下角的对话框启动器按钮，弹出"字体"对话框。分别设置正文文本的"中文字体"和"西文字体"为"宋体"和 Times New Roman，字号为 11 号，单击"确定"按钮。单击"开始"选项卡"段落"组右下角的对话框启动器按钮，弹出"段落"对话框。将文档正文部分设置为"首行"缩进"2 字符"，"行距"为"多倍行距"，行距值为 1.2，单击"确定"按钮，文档正文字体及段落参数设置结果如图 7-83 所示。为正文第一段添加首字下沉效果，选择第一段文本内容，单击"插入"选项卡"文本"组中的"首字下沉"按钮，在下拉列表中选择"下沉"命令。文档文本和段落格式设置结果如图 7-84 所示。

（3）利用样式工具构建文档的大纲结构。选中正文第二段文本内容"1 公司简介"，该内容应为文档的小节标题。这里先通过"开始"选项卡"字体"组和"段落"组的相关按钮和命令对其格式进行设置，设置字体为"黑体"、小四号字，段落为无缩进，段前、段后间距分别为 1 行和 0.5 行。然后，以该小节标题及相关格式为依据创建自定义样式，保持小节标题文本的选中状态，单击"开始"选项卡"样式"组右下角的对话框启动器按钮，弹出"样式"对话框。单击左下角的"新建样式"按钮，弹出"根据格式化创建新样式"对话框。在"名称"文本框中输入样式名称"小节标题"，单击左下角的"格式"按钮，在弹出的菜单中选择"段落"命

图 7-82　标题文本"段落"对话框参数设置结果

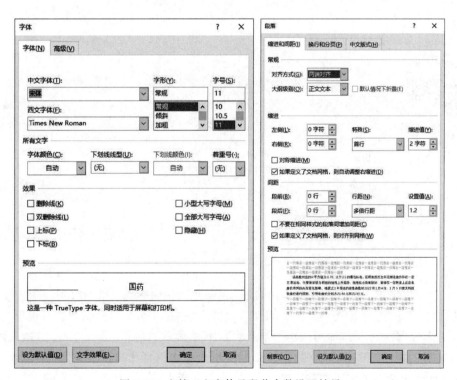

图 7-83　文档正文字体及段落参数设置结果

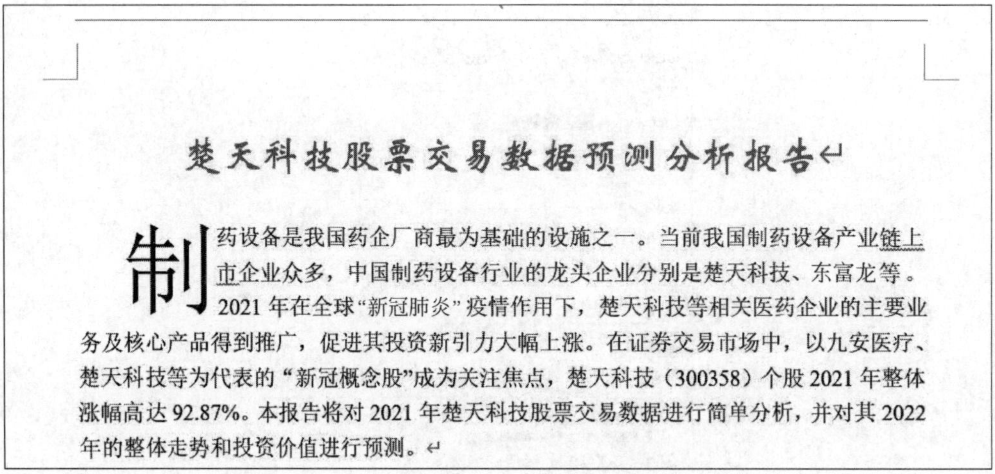

楚天科技股票交易数据预测分析报告↵

制药设备是我国药企厂商最为基础的设施之一。当前我国制药设备产业链上市企业众多，中国制药设备行业的龙头企业分别是楚天科技、东富龙等。2021 年在全球"新冠肺炎"疫情作用下，楚天科技等相关医药企业的主要业务及核心产品得到推广，促进其投资新引力大幅上涨。在证券交易市场中，以九安医疗、楚天科技等为代表的"新冠概念股"成为关注焦点，楚天科技（300358）个股 2021 年整体涨幅高达 92.87%。本报告将对 2021 年楚天科技股票交易数据进行简单分析，并对其 2022 年的整体走势和投资价值进行预测。↵

图 7-84　文档文本和段落格式设置结果

令，弹出"段落"对话框，选择"大纲级别"为"1 级"，单击"确定"按钮返回"根据格式化创建新样式"对话框，再次单击"确定"按钮完成样式创建。此时将依据当前选中文档的格式创建一个名为"小节标题"的新样式，并且所有应用该样式的文档内容将作为文档大纲级别的第 1 级别。"小节标题"样式创建过程如图 7-85 所示。

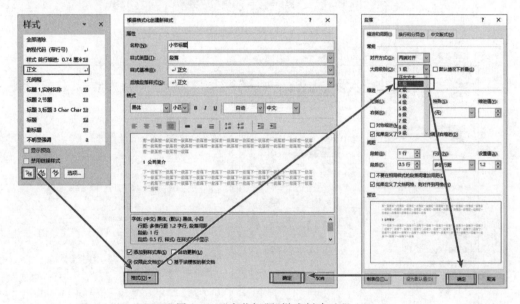

图 7-85　"小节标题"样式创建过程

　　（4）选中位于正文第五段的文本内容"2.1 概述"，该内容为文档第 2 小节的子小节标题。先通过"开始"选项卡"字体"组和"段落"组的相关按钮和命令对其格式进行设置，设置字体为"宋体"，字号为 11 号，加粗，设置段落为无缩进，段前、段后均为 0.5 行。然后，按照与图 7-85 类似的操作过程，以该小节标题及相关格式为依据创建自定义样式"子小节标题"，并设置该样式为文档大纲级别的第 2 级别。"小节标题"和"子小节标题"样式创建完毕后，可以根据原始文档内容为各小节标题文本和子小节标题文本应用对应的样式。通过上述操作,可以根据对应样式的内容构建文档的大纲结构,在"视图"选项卡的"显示"组中勾选"导航窗格"复选框,文档大纲结构内容将显示在导航窗口内,文档大纲结构结果如图7-86所示。

（5）原始文档中的各级大纲标题编号均为手动输入,当大纲结构发生改变时无法自动更新,为文档的编辑带来较大不便。本小节将借助"多级列表"工具为文档大纲创建多级自动编号,以便在大纲结构发生改变时能够实时更新。单击"开始"选项卡"段落"组中的"多级列表"按钮，在下拉列表中选择"定义新的多级列表"命令,弹出"定义新多级列表"对话框。单击右下角的"更多"按钮,让对话框界面完整显示,在"单击要修改的级别"列表中选择第1级别,在"将级别链接到样式"下拉列表中选择"小节标题",为所有应用了样式"小节标题"的文本内容添加1级编号,设置"文本缩进位置"为"0

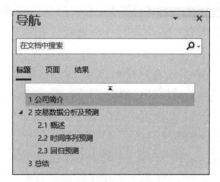

图7-86　文档大纲结构结果

厘米",在"编号之后"下拉列表中选择"空格"。然后,在"单击要修改的级别"列表中选择第2级别,在"将级别链接到样式"下拉列表中选择"子小节标题",为所有应用了样式"子小节标题"的文本内容添加2级编号,其他格式选项均与第1级别保持一致。"定义新多级列表"对话框内参数设置结果如图7-87所示。单击"确定"按钮,即可为文档大纲标题添加多级自动编号。

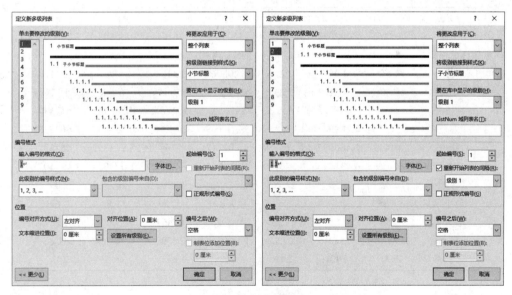

图7-87　"定义新多级列表"对话框内参数设置结果

（6）为文档添加图表元素,完成图文混排操作,让文档内容更加丰富。首先将插入光标定位至文档2.1节第一段末尾,按Enter键插入新的段落。通过"开始"选项卡"段落"组中的相应按钮和命令设置该段落的格式为无缩进,"居中"对齐。使用图7-85所示的操作以该段落格式为依据创建自定义样式"图表",以便对文档中所有图表段落的格式进行统一。然后，插入"表1描述性统计结果"的相关内容，首先通过"题注"工具构建表格标题，单击"引用"选项卡"题注"组中的"插入题注"按钮，弹出"题注"对话框。单击"新建标签"按钮，在文本框中输入新建标签名称"表"，单击"确定"按钮返回"题注"对话框，再次单击"确定"按钮完成题注的创建，此时会根据标签内容顺序自动生成图表编号"表1"，该编号会在文档图表标签内容发生改变时自动更新。在编号后输入图表标题"描述性统计结果"，按 Enter 键切换至下一行。然后，将 7.2.4 节中得到的楚天科技股票交易数据描述性统计结果复制到文档当前位置，在粘贴时选择"保留源格式"单选按钮（注意：在复制前可先在 Excel 2016 中对描述性统计结果表格进行适当的编辑使其更加简洁）。利用"表格工具"上下文选项卡中的相关按钮及命令对表格进行格式化操作，使其更加简洁美观，得到表格插入结果如图 7-88 所示。按照上述操作流程将 7.2.4～7.2.6 节中得到的数据分析结果图表插入文档相应位置，统一应用"图表"样式并通过题注工具插入图表标题。

表 1　描述性统计结果

| 指数 | 收盘价 | 涨跌额 | 涨跌幅 | 成交量 | 成交金额 | 振幅(%) | 换手率 |
|---|---|---|---|---|---|---|---|
| 平均 | 18.08465 | 0.062099 | 0.420905 | 135470.1 | 26156 | 5.6693 | 2.806008 |
| 标准误差 | 0.329371 | 0.04472 | 0.23407 | 5078.347 | 1162.924 | 0.166722 | 0.104779 |
| 中位数 | 18.66 | 0.04 | 0.23 | 120806 | 23354 | 5.03 | 2.41 |
| 众数 | 18.68 | -0.16 | 0.63 | 无 | 5003 | 3.59 | 1.32 |
| 标准差 | 5.134389 | 0.697123 | 3.64879 | 79163.6 | 18128.2 | 2.598941 | 1.633345 |
| 方差 | 26.36195 | 0.485981 | 13.31367 | 6.27E+09 | 3.29E+08 | 6.754492 | 2.667815 |
| 峰度 | -1.04499 | 1.466995 | 1.118769 | 3.119247 | 1.576832 | 3.915825 | 3.063382 |
| 偏度 | -0.0009 | 0.431873 | 0.546139 | 1.474854 | 1.136188 | 1.574054 | 1.494507 |
| 区域 | 18.82 | 4.59 | 23.76 | 461596 | 94292 | 17.27 | 9.09 |
| 最小值 | 9.73 | -1.7 | -8.53 | 29282 | 3159 | 1.8 | 0.63 |
| 最大值 | 28.55 | 2.89 | 15.23 | 490878 | 97451 | 19.07 | 9.72 |
| 求和 | 4394.57 | 15.09 | 102.28 | 32919234 | 6355907 | 1377.64 | 681.86 |
| 观测数 | 243 | 243 | 243 | 243 | 243 | 243 | 243 |

图 7-88　表格插入结果

　　（7）为文档插入其他元素。将插入光标定位至正文第一段倒数第二句末尾，即文本"……整体涨幅高达 92.87％"后。单击"引用"选项卡"脚注"组中的"插入脚注"按钮，在文档当前位置插入脚注，脚注内容将显示在当前页面底端，输入脚注内容"数据来源：网易财经行情中心，http://quotes. money. 163. com/old/＃query＝MRLHB&DataType＝lhb&sort＝TDATE&order＝ desc&  count ＝150&page＝0"，脚注插入结果如图 7-89 所示。将插入光标定位至2.2节第二段文本末尾,按Enter键添加新段落,单击"插入"选项卡"符号"组中的"公式"按钮,在下拉列表中选择"插入新公式"命令,在当前段落中插入新公式,输入公式内容,得到公式插入结果如图7-90所示。

数据来源:网易财经行情中心,
http://quotes.money.163.com/old/#query=MRLHB&DataType=lhb&sort=TDATE&order=desc&count=150&page=0

图7-89 脚注插入结果

收盘价的线性趋势函数如下:

$$Y(收盘价) = 10.327 + 0.636 \times X(交易日序号)\cdots\cdots(1)$$

该函数对应的R平方值为0.76,大于0.5的最低标准。说明虽然在全年范围收盘价存

图7-90 公式插入结果

(8)为文档插入水印和页码。单击"设计"选项卡"页面背景"组中的"水印"按钮,在下拉列表中选择"自定义水印"命令,弹出"水印"对话框。选择"图片水印"单选按钮,单击"选择图片"按钮,弹出"插入图片"对话框,通过对话框浏览选取素材文件夹中的图片"logo.jpg",单击"插入"按钮返回"水印"对话框,勾选"冲蚀"复选框,单击"确定"按钮完成水印插入,文档水印插入过程及结果如图7-91所示。双击任意页面的页脚区域进入文档页眉和页脚编辑状态,单击"页眉和页脚工具-设计"选项卡"页眉和页脚"组中的"页码"按钮,在下拉列表中选择"当前位置"→"普通数字"命令在页脚处插入页码,选中页码数字内容后右击,在弹出的快捷菜单中选择"设置页码格式"命令,弹出"页码格式"对话框,在"编号格式"下拉列表中选择"-1-,-2-,-3-,…"选项,单击"确定"按钮完成页码格式设置,最后将页码设置为居中对齐。

图7-91 文档水印插入过程及结果

（9）完成上述操作后,得到的最终文档结果见素材文件"结果展示－楚天科技股票交易数据预测分析报告(结果).docx"。

# 本章小结

本章通过中南映像新闻文本分析和楚天科技股票数据分析两组综合案例,分别以新闻文本和股票交易数据为对象,详细介绍了针对非结构化和结构化两类数据的大数据分析应用完整路线和实现过程。通过本章内容的学习,希望能够通过实战演练进一步加深对第1～6章相关理论知识、工具方法和操作技巧的理解和掌握,在完成本章案例任务的同时,体会从数据获取、数据预处理、数据分析到最终结果展示的大数据分析基本流程。

应明确的是,本书涉及的相关案例仅体现了大数据分析相对常见、简单的文本与表格数据分析应用。在充分理解本书内容后,可以尝试将相关方法与自身专业领域结合,举一反三,使用类似的思路和方法完成相应的大数据分析应用任务,进而解决各专业领域的数据管理和数据分析问题。

# 图 书 资 源 支 持

感谢您一直以来对清华版图书的支持和爱护。为了配合本书的使用,本书提供配套的资源,有需求的读者请扫描下方的"书圈"微信公众号二维码,在图书专区下载,也可以拨打电话或发送电子邮件咨询。

如果您在使用本书的过程中遇到了什么问题,或者有相关图书出版计划,也请您发邮件告诉我们,以便我们更好地为您服务。

**我们的联系方式:**

地　　址:北京市海淀区双清路学研大厦 A 座 714

邮　　编:100084

电　　话:010-83470236　010-83470237

客服邮箱:2301891038@qq.com

QQ:2301891038(请写明您的单位和姓名)

**资源下载:**关注公众号"书圈"下载配套资源。

资源下载、样书申请

书 圈

图书案例

清华计算机学堂

观看课程直播